Fritz Scheidegger

Herausgeber

AUS DER GESCHICHTE DER BAUTECHNIK

Band 2: Anwendungen

Birkhäuser Verlag
Basel · Boston · Berlin

Die Drucklegung des Werkes wurde freundlicherweise unterstützt durch:

Betonstrassen AG, Wildegg
Gadola Fassaden AG, Oetwil am See
Gruppe der Schweizerischen Bauindustrie (SBI), Zürich
Sika AG, Zürich
Verband Schweizerischer Ziegel- und Steinfabrikanten, Zürich

Einbandabbildungen:
Symbolische Darstellung der vier Hauptthemen dieses Bandes. «Geometria» – Antike Straße – Teilansicht eines Aquädukts – Alter Holzbau. Umzeichnungen von Bildvorlagen aus Archiv Herausgeber.

Die Deutsche Bibliothek – CIP-Einheitsaufnahme
Aus der Geschichte der Bautechnik / Fritz Scheidegger (Hrsg.).
– Basel; Boston; Berlin: Birkhäuser.
NE: Scheidegger, Fritz [Hrsg.]
Bd. 2. Anwendungen. – 1992
ISBN 3-7643-2642-5

© 1992 Birkhäuser Verlag AG, Basel
Buchgestaltung: Albert Gomm swb/asg
Layout: Eric Bourquin
ISBN 3-7643-2642-5

Inhalt

Vorwort des Herausgebers

«Beton in Tuben. Eine kolossale Vereinfachung im Schornsteinbau bedeutet diese Erfindung des Dr.-Ing. Findig. Es wird nur noch das Fundament gemauert. Der Essenkopf, welcher in 6 Größen vorrätig zu haben ist, wird mit Elevator in die Höhe gebracht. Durch Dampfwalzendruck gelangt der Beton durch eine Hochdruckschlauchleitung in das Innere des Essenkopfes. Man läßt ihn nun langsam bis zum Fundament herabrieseln. In 12 bis 15 Minuten erstarrt der Tubenbeton zu Stein, und die Esse ist fertig. Mit einer Tube lassen sich drei bis vier Schornsteine bauen. Leere Tuben werden mit 8 Mark zurückgenommen.»

Nachdem in Band I die wichtigsten Grundlagen der Bautechnik von der Politik und Normung bis zu den Baumaschinen behandelt wurden, ist es für den Leser sicher von Interesse, über einige spezielle Anwendungen dieser Grundlagen bei der Ausführung von Bauwerken orientiert zu werden.

Für jede Erstellung einer Baute sind viele ineinandergreifende Bauverfahren notwendig. Im Laufe der Geschichte wurden unzählige Bauverfahren entwickelt, verbessert und den Zeiten angepaßt; oft verschwanden sie wieder. Es ist daher unmöglich, in einem einzigen Band einen auch nur einigermaßen vollständigen Überblick über alle Bauverfahren resp. deren Anwendungen in der Bautechnik zu geben.

Neue Baumethoden werden oft aus dem Willen, die Qualität des Bauwerkes zu verbessern, «erfunden», oft aber auch, um die Arbeit zu vereinfachen oder um Arbeitskräfte einzusparen. Ein weiterer Grund für die Entwicklung neuer Verfahren ist der Wunsch nach erhöhter Wirtschaftlichkeit. Auch die Vergrößerung des Bauvolumens kann zu einer neuen Baumethode führen; wie z. B. das in Band I, Kap. 5 beschriebene plötzliche Auftauchen und Verschwinden eines Zwangsmischers für die Herstellung großer Mengen von Beton resp. Mörtel.

Daß Neuentwicklungen von Bauverfahren auch beinahe prophetisch von Zeichnern, besonders von Humoristen längst vor ihrer Entwicklung «vorerfunden» werden, davon zeugt eine Karikatur aus den «Lustigen Blättern» aus dem Jahre 1914. Schon in diesem Jahre sah der Zeichner Schaberschul die Anwendung von Pumpbeton voraus. Dieses Transportverfahren für Beton wurde erst nach dem Zweiten Weltkrieg entwickelt. Heute ist der Transport von Pumpbeton auf die Höhe eines Hochkamins technisch ausführbar, allerdings kann der Frischbeton auch heute noch nicht in Tuben angeliefert werden, die leergedrückt sogar zurückgenommen werden (Recycling).

Eingeleitet wird dieser Band mit dem Kapitel «Messen, Berechnen, Planen». Diese für jede Bauausführung notwendigen Tätigkeiten bilden den Übergang von den in Band I behandelten Grundlagen zu deren Anwendungen. Ohne Messen und Abstechen, ohne das Setzen von Zeichen, ohne Marksteine und ohne «Schnurgerüst» kann keine Baustelle begonnen werden. Zu den Vorarbeiten gehört auch das Planen, das die Kenntnis der Festigkeit der Baustoffe und der damit erstellten Bauteile und Bauwerke voraussetzt; es wurde deshalb ein Beitrag über die «Frühgeschichte der Festigkeitslehre» aufgenommen.

Es folgen die Kapitel «Tiefbau – Straßenbau», «Tiefbau – Wasserbau» und «Hochbau».

Der Bau von Straßen, Pfaden und Wegen war schon in frühesten Zeiten sehr wichtig, wenn sich auch im Laufe der Geschichte Wasserstraßen (siehe Kapitel «Tiefbau – Wasserbau») und Luftstraßen zugesellt haben. Der Bau von Straßen jeglicher Art bedingte auch den Bau von Tunnels, Brücken und Unterkunftshäusern. An Straßen entstanden neue Niederlassungen, die sich vergrößerten und zu Städten wurden, was wiederum das Bauwesen beflügelte. Zum Wasserbau gehört auch die Wasserver- und entsorgung.

Ein kurzer Abschnitt ist dem Hochbau gewidmet. Auf Grund archäologischer Untersuchungen werden zwei mittelalterliche Haustypen, die Grubenhäuser und die Grubenhütten, beschrieben. Ebenfalls aus alter Zeit stammt das Bauverfahren der Unterfangung von Gebäuden zwecks Einbau eines Kellers. Eine andere alte Bauweise, der Bau von Häusern mit Lehm (später als Pisé-Verfahren bezeichnet), findet sich in Kap. 3 des ersten Bandes im Abschnitt «Das erste Bindemittel: Lehm (Erde)» (S. 76). Den Abschluß des Buches bildet eine Beschreibung der Bauverfahren, die im ländlichen Hochbau angewendet wurden und die sich dort länger erhalten haben.

Fritz Scheidegger

Kapitel 1
Messen, Berechnen, Planen

Mit den in Band I («Grundlagen») zusammengefaßten Bauelementen war und ist der Mensch fähig zu bauen. Bevor er jedoch die praktische Bautätigkeit in Angriff nehmen kann, benötigt er eine Vorstellung des künftigen Bauwerks; er muß einen Plan oder ein Modell haben. Ein Plan ist die Umsetzung der geistigen Idee des Baufachmanns. Es spielt dabei keine Rolle, ob der zu erstellende Plan des künftigen Bauwerks in Sand, auf Ton, Holz, Papier, Pergament oder auf irgendeinem anderen Werkstoff dargestellt ist. Früher nannte man diese in verkleinertem Maßstab gezeichneten Pläne Risse. Sicher kann bei kleinen Bauten, z. B. einer Hütte aus Ästen, und bei stets sich wiederholenden Bauvorhaben wie Ställen oder Scheunen, d. h. bei Bauten, bei denen jeder Handgriff und die Lage jedes Baustoffes im Bauwerk bekannt sind, auch ohne Plan gearbeitet werden. Auch für militärische Bauwerke, z. B. Brücken und Schützengräben, deren Erstellung in Friedenszeiten eingeübt wurde, sind Pläne im Moment der Ausführung nicht erforderlich. Sobald jedoch ein von anderen Bauwerken sich unterscheidendes Objekt zu erstellen ist, sind Pläne (Risse) notwendig.
Es ist ein Irrtum zu glauben, ein römischer Ingenieur, ein romanischer oder gotischer Baumeister hätte seine von uns heute noch bewunderten Bauwerke intuitiv aus dem Ärmel geschüttelt. Die Vorstellung, ein gotischer Bauhüttenmeister habe den Chor einer Kathedrale aus der linken und das Schiff aus der rechten Hosentasche «gezogen», ist ebenso falsch. Man behauptet oft, daß die Baumeister vergangener Zeiten alles, auch das letzte Detail ihres Bauvorhabens, im Kopf gehabt hätten. Dies würde bedeuten, daß sie Tag und Nacht – ohne Schlaf, denn Genies benötigen keinen Schlaf – an jedem Punkt ihres weitläufigen Bauplatzes ihre Anweisungen gegeben hätten, zum Nutzen und Frommen des entstehenden Hauses, der Festungsmauer oder der Kathedrale. Wie in Band I dargelegt wurde (siehe u. a. «Die Meister und Gesellen der Bauhütten», auch «Die Rolle des Architekten in der Geschichte» oder im Kapitel «Werkzeuge» der Abschnitt «Von 400 n. Chr. bis zum Ende der Romanik»), waren Risse ein übliches Hilfsmittel und gehörten zur Bauvorbereitung.
Bevor der Mensch jedoch seine «Bauidee» vom Kopf auf das «Papier» bringen und den Riß erstellen konnte, mußte er die Erdoberfläche des Gebietes, in dem er das Bauwerk zu erstellen gedachte, genau kennen. Er war also gezwungen, das Land zu vermessen. Zu diesem Zwecke mußte er Geräte und Werkzeuge, die ihm das Vermessen und Messen ermöglichten, besitzen und diese auch anwenden können. Wie er seine Idee vom Bau im Riß zweidimensional darstellte, so mußte er anschließend seine Idee wieder auf das Gelände übertragen können.

Alter Spruch:
«Wilt richtig bawn, so thut dir not
Dass du oft sehest nach dem Lot»

Aus diesem Grunde beginnt der Band II «Anwendungen» mit dem Beitrag «Feldmeßkunst in der Antike und im Mittelalter». Diese Disziplin war und ist heute noch eine wichtige Voraussetzung nicht nur für das Bauhandwerk, sondern auch für ein friedliches Zusammenleben der Menschen. Zwei Beispiele mögen dies erläutern: «Bundzeichen» und «Marksteine». Der vierte Beitrag «Meilensteine» veranschaulicht die anhaltende Bedeutung der Feldmeßkunst für den Verkehr.
Erst wenn die Beziehungen zwischen Bauidee, Erdoberfläche, Maßstab und Riß bekannt sind, kann mit dem Bauen begonnen werden.
Die Baufachleute früherer Zeiten kannten noch nicht die Möglichkeiten der heute üblichen statischen und dynamischen Berechnung. Sie hatten nur sehr unvollkommene Vorstellungen vom Verhalten der Tragkonstruktionen unter ruhender und bewegter Last. Sie kannten jedoch weit besser als unsere heutigen Baufachleute ihre Baumaterialien (s. Band I, Kap. 3 «Baustoffe»)

und deren Verhalten unter Lasteinwirkung. Dieses Wissen nutzten sie bei der Planung, und bei der Ausführung bestens aus. So achteten sie z. B. streng auf guten Ablauf des Regenwassers. Sie ließen die Belastung langsam einwirken, um dem langsam abbindenden Kalkmörtel die Möglichkeit zu geben, sich anzupassen. Dieser Vorgang baut schädliche Spannungen ab. Für die Baufachleute früherer Zeiten galt in weit stärkerem Maße der Leitsatz, den der Altmeister der Baumaterialkunde an der ETH Zürich, Prof. M. Ros, seinen Studenten immer wieder einprägte: «Das (Bau-)Material spricht» – man muß es nur verstehen. Ein überzeugendes Beispiel findet der Leser im Abschnitt über die Geschichte der Festigkeitslehre.

Trotz der geringen Kenntnisse über die statischen und dynamischen Vorgänge in ihren Werken, während und nach der Erstellung, war es den Baumeistern jeglicher Epoche möglich, die ihnen in Auftrag gegebenen kleinen, mittleren und großen Bauwerke sicher zu erstellen – so sicher, daß diese nicht nur Jahre und Jahrzehnte, sondern Jahrhunderte und sogar Jahrtausende überdauerten.

Feldmeßkunst in der Antike und im Mittelalter – Instrumente und Methoden

Abb. 1
Ein ägyptischer Bauer schwört, den
Grenzstein nicht versetzt zu haben.
Bruchstück eines Wandbildes aus dem
Grab des Nebama in Theben, um 1400
v. Chr.

Beschäftigt man sich mit der über 5000jährigen Geschichte des Bauwesens, erkennt man, daß die alten Völker reiche Kenntnisse auf dem Gebiet der Technik und der Naturwissenschaft entwickelten, um zu einem geordneten und planvollen Zusammenleben zu gelangen. Man denkt dabei u.a. an die großartigen Bauwerke in Ägypten, Mesopotamien, Indien oder China. Solche Bauten erforderten ein hohes Maß an rechnerischem und planerischem Können. Auch besteht kein Zweifel, daß schon vor Jahrtausenden zur Erstellung solcher Bauwerke Vermessungen durchgeführt worden sind. Wie sonst könnte man sich die langen geraden Strecken und die rechten Winkel erklären, wie man sie auch bei den Tempeln der griechischen und der römischen Zeit findet?
Leider haben uns die alten Völker kaum Nachricht hinterlassen, wie sie bei der Absteckung ihrer Bauwerke vorgegangen sind. Die mit modernen Mitteln vermessenen Reste einiger alter Bauwerke können aber verwertbare Anhaltspunkte dafür sein, welche Methoden angewendet und welche Geräte möglicherweise damals be-

nutzt worden sind. Auch die aus dem Altertum überlieferte Literatur der Renaissance-Zeit kann dazu vielfältige Hinweise vermitteln. Im folgenden werden nicht nur die Vermessungsgeräte, sondern auch die Aufnahmemethoden, die Rechengänge und Zeichenverfahren, die Grenzerfassung und Grenzvermarkung in knapper Form dargestellt.

Ägypten

Die ägyptische Feldmeßkunst dürfte so alt sein wie der Ackerbau in Ägypten. In keinem Land der Antike zwang die Natur nach den jährlichen Überschwemmungen so sehr zu wiederholten Vermessungen wie in dem dichtbesiedelten Niltal, wo der Grund und Boden Staatseigentum war. Wie aus alten ägyptischen Chroniken hervorgeht, wurden nach jeder Nilüberschwemmung die Veränderungen an den Feldern von Vermessungsbeamten ermittelt. Sie hatten die Aufgabe, sich davon zu überzeugen, daß die Grenzsteine nicht verändert worden waren (Abb. 1). Der führende Landmesser verglich die Lage der Grenzsteine mit den Eintragungen im Kataster. Das erste amtliche Verzeichnis des ägyptischen

Grundbesitzes, also ein Liegenschaftskataster, soll nach Herodot (Historien II, 109) um 1850 v.Chr. angelegt worden sein. Die Flur- und Lagerbücher enthielten nicht nur Angaben über die Größe des Grundstücks, sondern auch den Namen des Pächters oder Eigentümers, Eintragungen über die Maße der Kanäle sowie über die Art und Größe der angebauten Flächen.

Mehrere Katasterschreiber waren damit beschäftigt, Eintragungen und Bescheinigungen über die Richtigkeit der Messung vorzunehmen (Abb. 2), während Seilspanner (Harpedonapten) die Messungen ausführten (Abb. 3). Dazu benutzte man geeichte Meßseile aus Binsen oder Hanf, die im allgemeinen 100 Ellen (= 52 m) lang waren.

Der Feldmesser (hunu), der die Vermessungsarbeiten auch bei großen Bauwerken beaufsichtigte, war ein angesehener Beamter, der als Standesabzeichen das aufgerollte Meßseil trug (Abb. 4). Viele Grabkammern Ägyptens geben durch ihre Inschriften Aufschluß über diese Feldmesser, die auch als «Aufseher der Ländereien und Grenzsteine» bezeichnet wurden. Darstellungen über die Vermessung von Feldern lassen eine Unter-

Abb. 2
Statue des Schreibers
Heti, um 2300 v. Chr.
«Er ist der Schreiber,
der die Steuern erhebt,
... das ganze Land
vermißt ...».

Abb. 3
*Feldmesser bei der Arbeit. Die Gehilfen
tragen die Meßschnüre und das Senklot.
Ausschnitt aus einem ägyptischen Relief.*

vermessungen Anwendung fand. Durch
das Rechenbuch des Ahmes (Papyrus
Rhind und Papyrus Moskau) aus der
Zeit um 1800 v.Chr. sind wir über die
mathematischen Kenntnisse und die Regeln der damaligen Feldmeßkunst, die
sicherlich auf ältere Traditionen zurückgeht, gut unterrichtet. Darin findet sich
u.a. nebst einem Beispiel zur Berechnung des Inhaltes eines Pyramiden-
stumpfes auch die angenäherte Berechnung einer Kreisfläche (Abb. 6).
Um 2200 v.Chr. ließ Amenenhêt III. zur
Regelung der Nilüberschwemmungen
den Möris-See anlegen; auf der Insel
Elephantine brachte man einen (heute
noch vorhandenen) Nilpegel an, um
über den jeweiligen Stand der Nilflut
informiert zu sein (Abb. 7). Später bestand auch eine nivellierte Verbindung
zu anderen Nilmessern.

teilung der Meßseile durch Knoten erkennen (Abb. 5). Wenn das Meßseil in
gleichen Abständen zwölf Knoten hatte,
dann konnte man aus einem solchen Seil
ein rechtwinkliges Dreieck mit dem Sei-
tenverhältnis 3:4:5 bilden.
Möglich war damit nun auch die Bildung eines gleichseitigen Dreiecks
4:(2+2):4, wobei sich dann aus den
symmetrischen Dreiecken der rechte
Winkel ergab, der beim Festlegen der
Grundstücksgrenzen und bei Bauwerks-

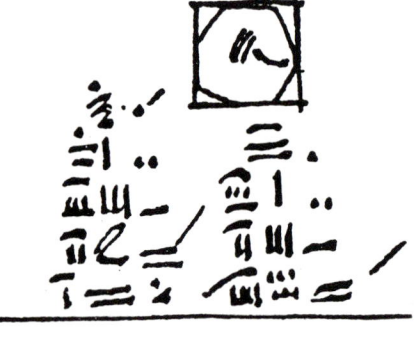

Abb. 6
*Angenäherte Berechnung der Kreis-
fläche. 48. Aufgabe aus dem Rechenbuch
des Ahmes, um 1650 v.Chr.*

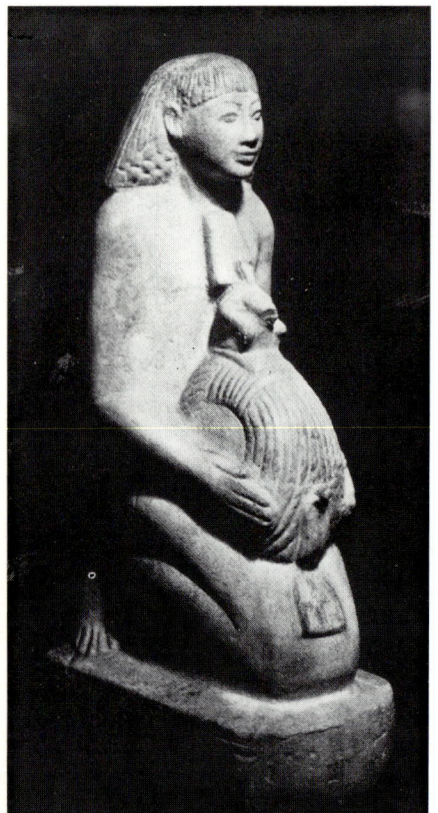

Abb. 4
*Statue eines ägyptischen Priesters und
Landmessers, der das aufgerollte Meß-
seil in den Armen hält.*

Abb. 5
*Landvermessung. Malerei aus dem Grab
von Djeserkere-sonb in Theben, um 1450
v.Chr.*

Abb. 7
Der Nilpegel bei
Elephantine, um
2200 v. Chr.
Zeichnung nach
dem noch erhal-
tenen Bauwerk.

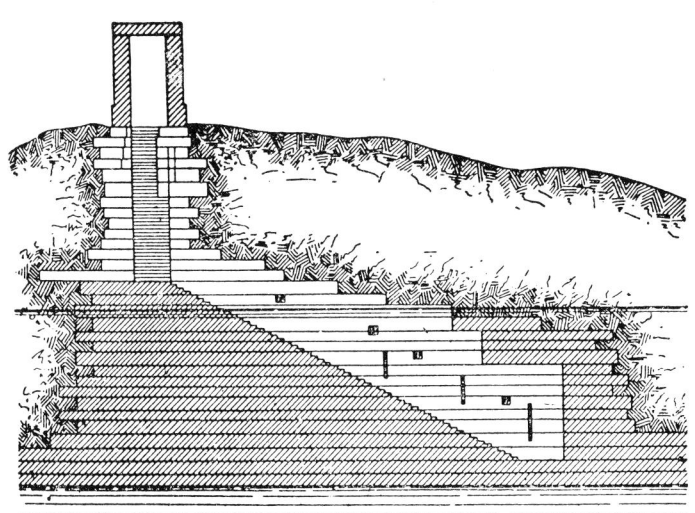

Die ägyptischen Ingenieure benutzten für die Absteckung des Grundrisses wohl ebenfalls die zwölfknotige Meß-schnur. Vor dem Bau der Pyramide hatte man den felsigen Untergrund durch Abtragen der Unebenheiten vollkommen horizontal gemacht. Noch heute findet man auf allen vier Ecken des Bauwerkes einige Höhenfestpunkte, deren Abweichung nur ± 0,0114 m beträgt (Abb. 11). Diese geringe Differenz erstaunt, wenn man bedenkt, daß die Geometer und Architekten damals nur ein einfaches Höhenmeßgerät, die Setzwaage mit Richtscheit, benutzt haben sollen. Möglicherweise wurden die Eckpunkte durch Aufgießen von Wasser in eine Rinne nivelliert und die Zwischenpunkte dann ausgetafelt.

Abb. 8
Fragment einer Papyrusrolle mit dem
Lageplan eines nubischen Goldberg-
werks, um 1250 v. Chr.

Die moderne Forschung hat auf verschiedene Bergbaugebiete der alten Ägypter hingewiesen und vermutet, daß bereits in der Pharaonenzeit die Karawanenwege zu den Bergwerken im Wüstengebiet markiert wurden. Es wird berichtet, daß man mit Hilfe steinerner Wegzeichen (Alamate) den Weg zu den Gruben gefunden habe. In diesen Alamaten kann man Ansätze zu einer alten Landesvermessung vermuten. Der Stand, den die Landesvermessung im Mittleren Reich (um 1900 v. Chr.) erreicht hatte, läßt sich aus Inschriften in Karnak erkennen; dort wird in einer Liste der ägyptischen Gaue die offizielle Gesamtlänge Ägyptens mit 106 Iteru angegeben (1 Iteru = 20000 Ellen = ca. 10,5 km). Aus der Zeit Ramses' II. (um 1250 v. Chr.) stammt eines der ältesten kartographischen Dokumente. Eine Papyrusrolle (Fragment) enthält die Darstellung des Golddistriktes bei Bechen östlich von Koptos in Nubien. Dargestellt sind Gebäude, Stollengänge und Einzelheiten der Umgebung mit «Wegen, die zum (Roten) Meer führen» (Abb. 8).

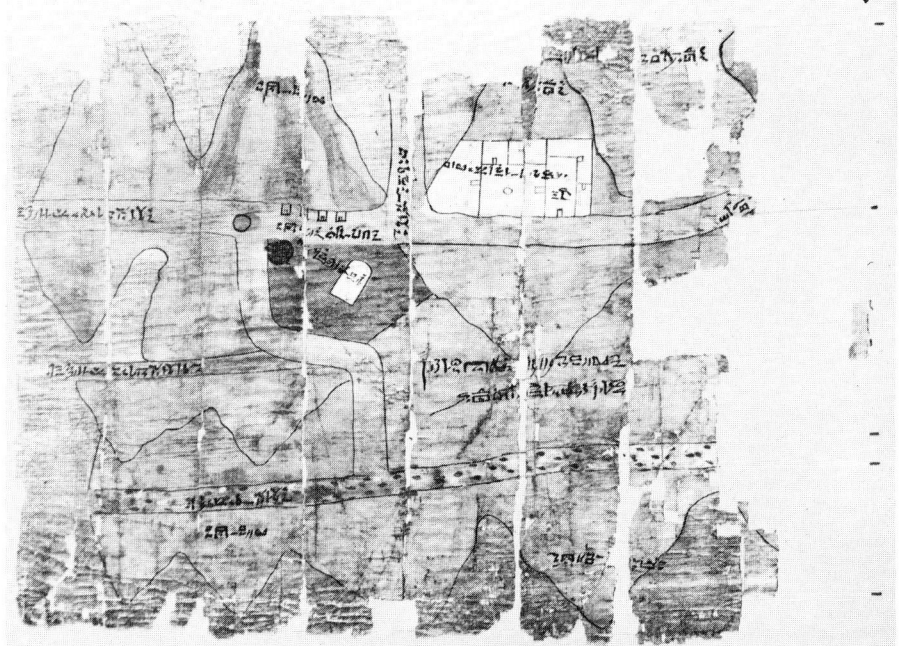

Eines der von den Völkern der alten Welt bestaunten sieben Weltwunder, ein Bauwerk von außerordentlicher, kaum faßbarer Größe und Ästhetik, ist die Cheops-Pyramide von Giseh, die während der Regierungszeit des Pharao Cheops (2551–2528 v. Chr.) erbaut wurde (Abb. 9). Der Grundriß der Pyramide ist ein nahezu vollkommenes Quadrat (Abb. 10). Die Seiten sind durchschnittlich 230,37 m lang (= 440 Ellen zu je 0,5236 m), mit einer Abweichung von ± 0,08 m. Die Eckwinkel weichen von genauen rechten Winkeln auch nur sehr gering ab (mittlerer Fehler ± 2½'), und der mittlere Orientierungsfehler beträgt ± 3½'.

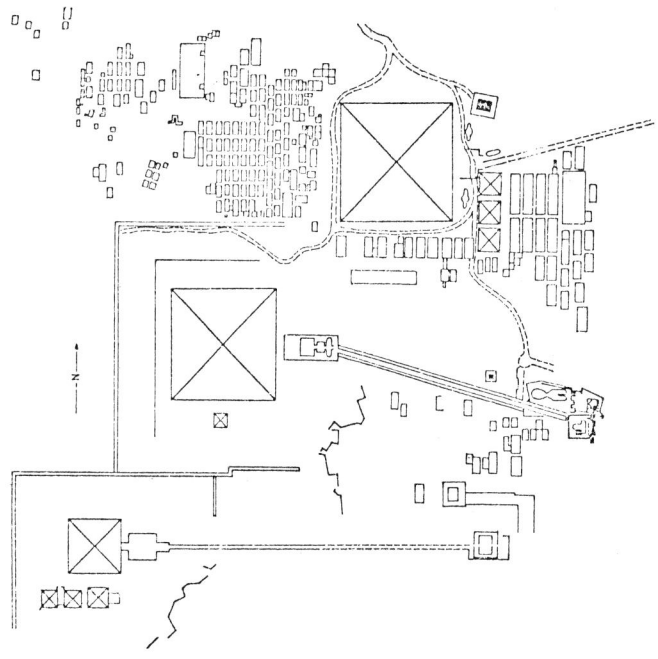

Abb. 9
Das Pyramidenfeld
von Giseh mit den
Pyramiden des
Mykerinos, Chefren
und Cheops (von
Süden nach
Norden) sowie dem
großen Sphinx.

Bei der Gründung eines solchen monumentalen Bauwerkes wie auch der Tempelanlagen war die Zeremonie des «Spannens der Schnur» ein bedeutsames Ereignis, das nach einem festgelegten Ritus erfolgte (Abb. 12). In einer Inschrift zur Grundsteinlegung des Horus-Tempels von Edfu (ca. 230 v. Chr.) spricht der König zur Göttin:

«Ich habe den Fluchtstab und den Stiel des Schlägels gefaßt.
Ich halte die Schnur gemeinschaftlich mit der Göttin Safech (Weisheit).
Mein Blick folgt dem Gang der Gestirne.
Wenn mein Auge am Sternbild des Stierschenkels (Großer Bär) angekommen ist – und erfüllt ist der mir bestimmte Zeitabschnitt der (Wasser-)Uhr, so stelle ich die Eckpunkte deines Tempels auf.»

Abb. 12
Grundsteinlegung und Absteckung des Tempels von Karnak. Nach einer Reliefdarstellung um 1300 v. Chr.

lich war; auch wurden zum ersten Mal in der Geschichte Grenzsteine benutzt.

Die erhaltenen Dokumente in Form von Tontafeln belegen das hohe Niveau einer entwickelten praktischen Mathematik, die sich vor allem in der Feldmessung, bei Grundstücksteilungen oder beim Bau von Bewässerungsanlagen zeigte. Neben einfachen Flächenberechnungen befaßten sich die mathematischen Keilschrifttexte mit Aufgaben, wie sie sowohl im Vermessungs- als auch im Bauwesen praktisch angewendet wurden. Dabei nahmen Massenberechnungen bei Ingenieurbauten einen beträchtlichen Raum ein. Die Vielfalt der Anwendung und die geschickte rechnerische Behandlung geben eine eindrucksvolle Vorstellung vom Können der damaligen Geometer.

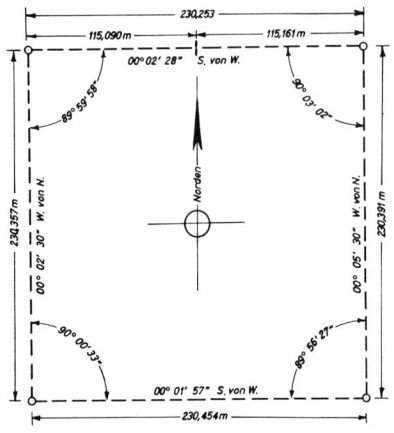

Abb. 10
Grundriß der Cheops-Pyramide mit einer Fläche von 53 066 m².

Abb. 13
Grundstücksplan mit Angaben in Keilschrift. Sumerische Tontafel aus dem Stadtstaat Umma, um 2000 v. Chr.

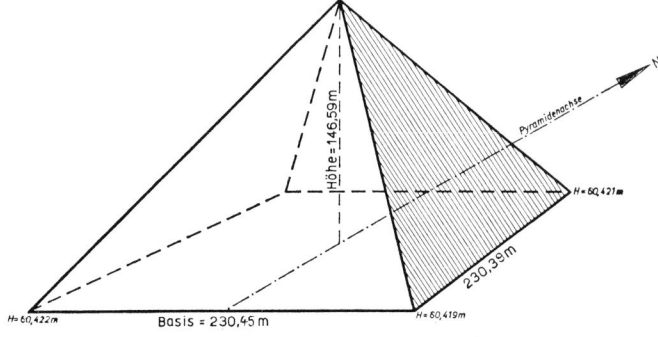

Abb. 11
Dimensionen der Cheops-Pyramide.

Mesopotamien

Glanzvolle Kulturen entfalteten sich vor 5000 Jahren auch in Mesopotamien bei den Sumerern und Babyloniern. Es entwickelten sich dort Städte und Stadtstaaten; Kanal- und Bewässerungssysteme garantierten den Wohlstand. Auch entwickelten sich im Zweistromland schon früh Vorstellungen über die damalige Welt; davon zeugen Wegeaufzeichnun-

gen und «Welt»-Karten. Die Landvermessung hatte die gleiche Bedeutung wie in Ägypten. Hier benutzten die Feldmesser zur Ausmessung der Felder die Meßstange in Form eine Rohres (qanu oder auch gi) und die Meßschnur (šú). Schon in der zweiten Hälfte des 3. Jahrtausends kannte man hier Verfahren, mit deren Hilfe eine genaue Erfassung der von König und Priesterschaft parzellierten und verpachteten Ländereien mög-

Auf vielen Tontafeln finden sich Karten und Pläne mit Bauwerken, Bewässerungskanälen und Grundstücken. Die Felderpläne auf den Tontafeln stellen Vermessungsrisse von unregelmäßig begrenzten Gebieten dar (Abb. 13). Die Flächen wurden dabei durch Zerlegung in Dreiecke und Rechtecke bestimmt.

Als Beispiel für einen Felderplan sei eine Tontafel aus der Zeit um 1700 v. Chr. genannt, die man in Tello (Lagasch) ausgegraben hat (Abb. 14 und 15). Der darauf befindliche Vermessungsriß stellt ca. 10 883 ha der Stadt Dunghi als unregelmäßige Figur dar, die durch Verwendung von Loten und Parallelen in Rechtecke, rechtwinklige Dreiecke und Trapeze zerlegt wurde. Aus den gemessenen Seitenlängen dieser Figuren wurden die Flächen jeweils zweimal berechnet. Von der Genauigkeit der Aussagen auf diesen Tontafeln zeugt folgender Text:

«Die Aufseher über die Vermessung Avil-Idda und Ur-Ea haben gemessen; und Avat-Belit, der Überwacher der Gewichte

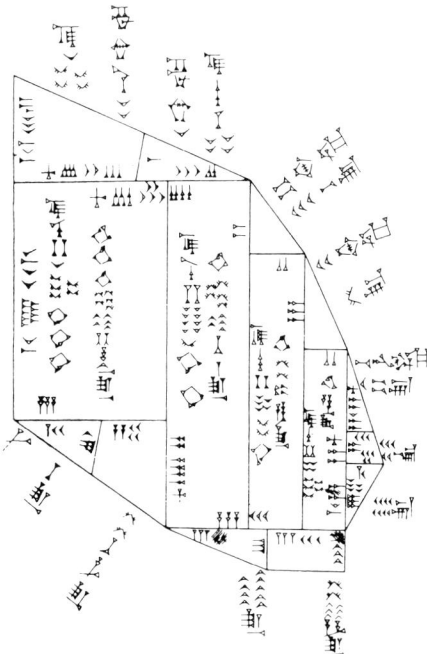

Abb. 14
Babylonischer Felderplan mit Zahlzeichen in Keilschrift, um 1700 v. Chr.

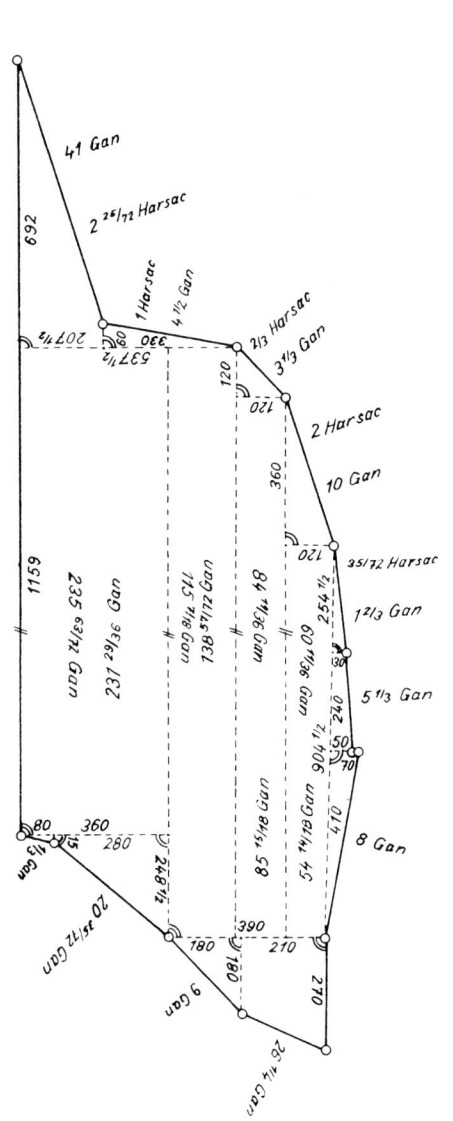

Abb. 15
Babylonischer Felderplan, Zahlzeichen in moderner Umschrift.

des Königs Ine-Sim, hat gerechnet. Im Jahre, wo dieser die Stadt zerstörte.»
Auf einer Stele aus der Zeit um 2100 v. Chr. ist die Investiturszene des Königs Ur-nammu dargestellt (Abb. 16). Der König opfert vor dem Mondgott Nannar und empfängt als Bauherr den Meßstab, das aufgerollte Meßseil und das Senklot als Symbole der Gerechtigkeit. Die genannten Meßgeräte müssen wohl schon vor dieser Zeit bei den Baumaßnahmen allgemein in Gebrauch gewesen sein.
Einer der ältesten Baupläne befindet sich auf einer Diorit-Statue des Königs und Ingeniers Gudea von Lagasch (um 2050 v. Chr.). Die dargestellte Figur trägt diesen Plan als Platte auf den Knien (Abb. 17). Außerdem ist ein Normalmaß dargestellt, das aber stark beschädigt ist. Der Maßstab ist 26,45 cm lang und sorgfältig in 16 Abschnitte unterteilt.
Aus der Zeit um 630 v. Chr. stammt eine babylonische Bauurkunde, eine Stele

aus rotem Sandstein. Die Inschrift bezieht sich auf den Bau eines Marduk-Tempels in Babylon, zu dem der König Assurbanipal das aufgerollte Meßseil herbeiträgt. Das Symbolhafte verrät etwas von dem hohen Ansehen der alten Geometer, die wahrscheinlich auch für die kartographische Darstellung von Wohn- und Palastgebäuden zuständig waren (Abb. 18).
Der älteste brauchbare Stadtplan mit Messungszahlen zeigt Nippur, das am Altlauf des Euphrat lag. Wir haben eine gute Geometerarbeit vor uns und sind überrascht, wie genau der heutige Ausgrabungsplan die alte Zeichnung aus der Zeit um 1500 v. Chr. bestätigt. Der Plan von Nippur ist in Ton geritzt und gibt den Fluß, Kanäle, Ufermauern, Stadttore, Tempel und weitere Objekte wieder (Abb. 19). In der Mitte befindet sich der Name der Stadt (1) mit den alten sumerischen Zeichen geschrieben; die Bauten

Abb. 16
Nachzeichnung des Denksteins des Ur-nammu, um 2050 v. Chr. Der König opfert dem Mondgott Nannar, der auf einem Schemel sitzt. Er trägt in der Rechten den Meßstab und das aufgerollte Meßseil, die er dem König als Bauherrn überreicht.

Abb. 17
Nachzeichnung der Diorit-Statue des Königs und Ingenieurs Gudea von Lagasch, um 2050 v. Chr. Der König trägt auf den Knien einen Bauplan.

Abb. 18
Babylonischer Plan eines Palastes mit
den Maßen einzelner Gemächer. Aus
Sippar, 7. Jahrhundert v. Chr.

Indien

Eine andere Hochkultur entstand um
2500 v. Chr. in Indien an den Ufern des
Indus und seiner Nebenflüsse. Dort gab
es Städte, wie Mohenju-daro und Ha-
rappa, auf sorgfältig vermessenem, geometrischem Grundriß mit Backsteinbau-
ten und vorzüglichen Wasserleitungen.
Die Absteckungen gingen nach einem in
den Sulva-Sutras («Seilregeln», Vermes-
sungsvorschriften aus dem 8. Jahrhundert v. Chr.) genau vorgeschriebenen Ri-
tual vor sich. Man bediente sich dabei
eines Meßseils von zwei Paurusha (je
2,26 m) Länge, das entsprechend unterteilt und markiert war. Nach Festlegung
der Ost-West-Achse wurden mit Hilfe
dieses Meßseils in einer bestimmten Reihenfolge Pfähle eingeschlagen. Nach
dieser «Rezeptgeometrie» entstand
dann z. B. der Grundriß eines Altars
(Abb. 20).

sind berühmte Tempel (2), (3). Bei (5)
liegt der «Stadtpark». Die Südwestgrenze der Stadt bildet der Euphrat (7). Im
Nordwesten wird die Stadt von einem
Kanal (8) begrenzt; mitten durch die
Stadt fließt der «Stadtmittekanal» (9),
heute der Schatt-en-Nil. Besondere Aufmerksamkeit hat der Zeichner den Toren
(10) bis (16) und den Mauern (17), (18)
gewidmet. Deshalb ist es nicht ganz un-

wahrscheinlich, daß der Vermessungs-
plan im Hinblick auf die Verteidigung
der Stadt entstanden sein mag.
Eines der interessantesten Merkmale
sind die Maße. Die Maßeinheit war das
sumerische «gar», das aus 12 Ellen bestand; sie entspricht ca. 6 m. Über zwanzig Abstandsmaße zeigen bei einer
Nachprüfung, daß der Maßstab sorgfältig eingehalten wurde.

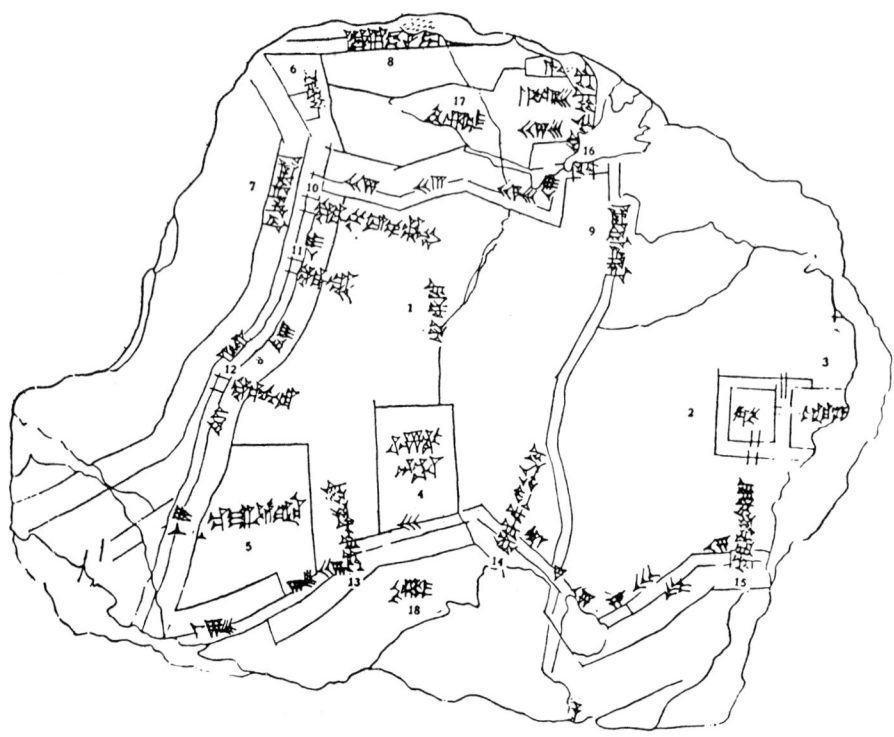

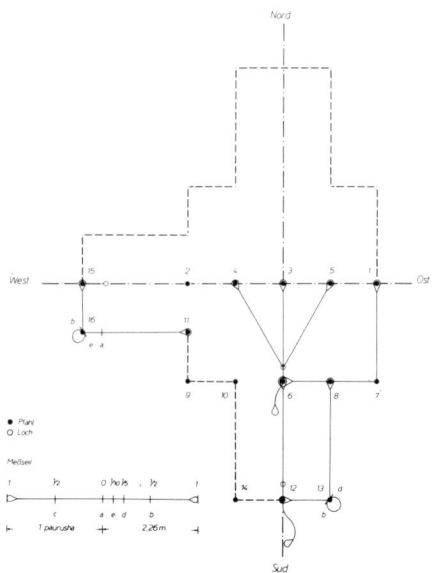

Abb. 20
Schematische Darstellung des Messungs-
vorganges bei der Absteckung eines
vedischen Altars in Alt-Indien, um 300
v. Chr.

Griechenland

Die Feldmeßkunst diente bei den Ägyp-
tern im wesentlichen den praktischen
Bedürfnissen bei der Landvermessung,
der Besteuerung und der Errichtung von
Ingenieurbauten. Aber schon in der ba-
bylonischen Mathematik gab es Ansätze
zu theoretischen Untersuchungen. Bei
den Griechen erst setzte eine Hinwen-
dung zu einer wissenschaftlichen Be-

Abb. 19
Tontafel mit Stadtplan von Nippur, um
1500 v. Chr. 1: Name der Stadt, 2 und 3:
berühmte Tempel, 5: «Stadtpark», 7: der an
der Südwestgrenze der Stadt liegende

Euphrat, 8: Kanal als Nordwestgrenze,
9: «Stadtmittekanal» (heute Schatt-en-Nil),
10 bis 16: Stadttore, 17 und 18: Stadtmauern.

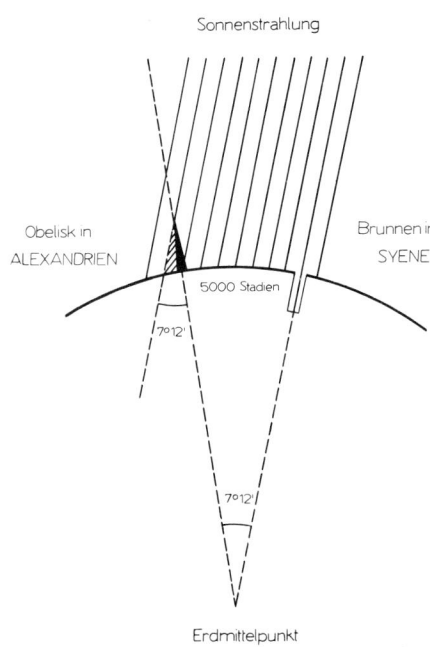

Abb. 21
Prinzip des Eratosthenes bei der ersten
wissenschaftlichen Bestimmung des
Erdumfanges.

trachtungsweise ein. «Geodaisia» bedeutete bei ihnen «Erdteilung» oder
«Landverteilung». Geodäsie war zunächst nicht Wissenschaft, sondern
Kunst, Geschicklichkeit, «Technik».
Wissenschaftliche Geodäsie wurde in
der berühmten Universität von Alexandria hauptsächlich durch Eratosthenes
und Ptolemaios betrieben, und die griechischen Philosophen beschäftigten sich
mit den Vorstellungen über die Gestalt
der Erde: Thales von Milet betrachtete
unseren Planeten vielleicht noch als eine
von Wasser umflossene Scheibe; im sel-
ben 6. Jahrhundert v. Chr. erklärte jedoch Pythagoras von Samos, die Erde
sei eine Kugel; Aristarchos von Samos
postulierte sogar schon zu Beginn des
3. Jahrhunderts v. Chr. die Bewegung der
Erde um die Sonne; Strabon sammelte
in seiner «Geographika» die damaligen
Erkenntnisse; Hipparchos und Ptolemaios fügten Neues hinzu.
Eratosthenes aus Kyrene, dem um 240
v. Chr. die damals größte Bibliothek in
Alexandria unterstand, führte mit Hilfe
der Strecke Alexandria–Syene die berühmte Messung des Erdumfangs aus.
Es ist verblüffend, mit welch einfachen
Überlegungen er die Größe unserer Erd-
kugel nahezu richtig errechnen konnte
(Abb. 21). 5000 Stadien (ca. 750 km)
südlich von Alexandria entfernt lag Syene (heute Assuan), wo es einen tiefen
Brunnen gab. Am längsten Tag des Jahres trafen die Strahlen der Mittagssonne
den Boden dieses Brunnens, d. h., die
Sonne stand senkrecht über Syene. Am
gleichen Tage warf in Alexandria die
Sonne am Mittag an einem Obelisken
jedoch noch einen Schatten. Aus der

Länge dieses Schattens konnte man den
Winkel 7° 12' errechnen und daraus ab-
leiten, daß die Entfernung Alexandria–Syene 1/50 des Erdumfangs betrug. Die Rechnung ergab: 50 × 750
km = ca. 37 500 km für den Erdumfang.
Heute wissen wir, daß der Erdumfang
rund 40 010 km beträgt.
Auch im alten Griechenland gab es Verzeichnisse über den Grundbesitz, die jedoch anders als in Ägypten oder Mesopotamien geführt wurden. Wir wissen,
daß die griechischen Geometer ihre
Zeichnungen mit Lineal, Zirkel und
Dreieck ausführten; die ihnen gestellten
Aufgaben lösten sie mit Hilfe einiger
Rechenformeln, um z. B. Flächeninhalte
und Kreissegmente zu berechnen.
Bei der Errichtung der prächtigen Bauwerke, in denen sich der damalige Wohlstand dokumentierte, waren selbstverständlich örtliche Vermessungsarbeiten
erforderlich. Die dazu notwendigen Geräte gab es sicherlich, jedoch wohl noch
keine Visiergeräte mit gläsernen Linsen
wie heute. Die Gelehrten entdeckten die
geradlinige Fortpflanzung des Lichts,
und hierauf aufbauend entwickelten die
Mechaniker ein Instrument, das die griechischen Vermessungsingenieure benutzen konnten. Heron von Alexandria (um
60 n. Chr.) beschreibt es mit vielen praktischen Vermessungsbeispielen in seinem Lehrbuch «Dioptra».
Auf einem Ständer war ein drehbares
Visierlineal mit Diopter (aus Lochblen-
de und Zielmarke bestehendes Zielge-
rät) angebracht, das mit Hilfe von
Schneckengetrieben um die Horizontal-
und Vertikalachse bewegt werden konnte (Abb. 22). Auch die Kanalwaage,

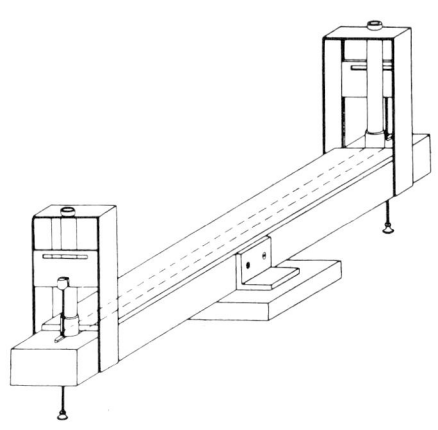

Abb. 23
Rekonstruktion eines Zusatzgerätes zu
Herons Dioptra.

ein Zusatzgerät zur Dioptra für die Bestimmung von Höhenunterschieden, ist
von Heron beschrieben worden
(Abb. 23), ebenso wie die Nivellierlatten, die mit Hilfe von Bleiloten senkrecht gestellt werden konnten und ver-
schiebbare Scheiben als Ziel hatten
(Abb. 24). Rekonstruktionen vermitteln
uns eine Vorstellung von diesem Univer-
salgerät für die Ingenieur- und Landvermessung. Das Instrument kann als Vorläufer unseres heutigen Theodolits gelten. Die Dioptra diente außer zum Messen von Horizontal- und Höhenwinkeln
auch zum Nivellieren wie auch zur indirekten Entfernungsbestimmung.
In den Gewässern der Insel Antikythera
bei Kreta bargen griechische Schwamm-
taucher im Jahre 1900 aus dem Wrack
eines versunkenen altgriechischen Schif-

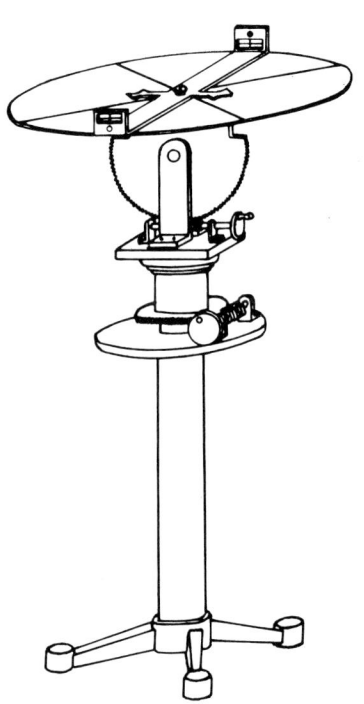

Abb. 22
Rekonstruktion der Dioptra nach
Heron.

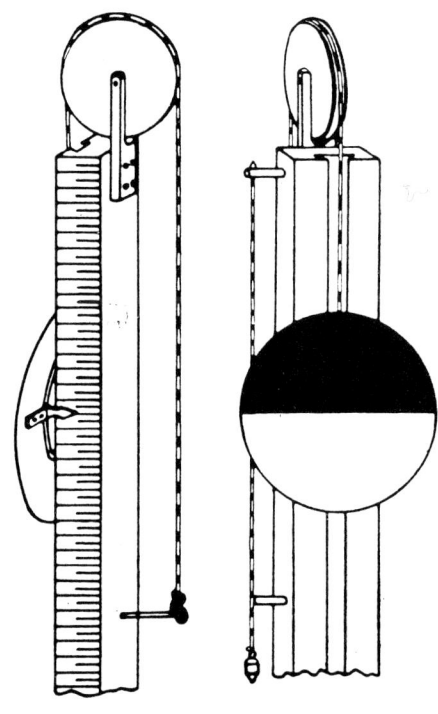

Abb. 24
Rekonstruktion einer Zielvorrichtung
zum Nivellieren (nach Heron).

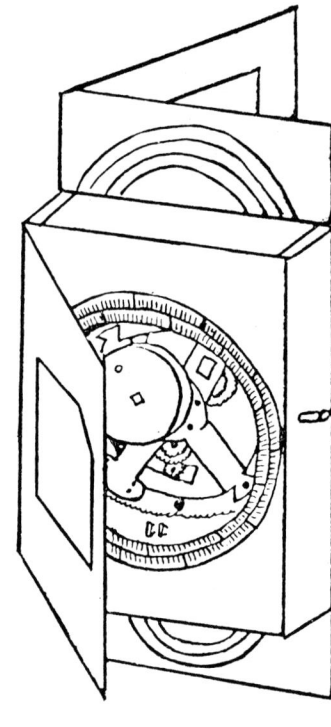

Abb. 25
Kalender-Rechengerät («Astrolabium»)
von Antikythera. Freigelegtes Bruchstück
und Rekonstruktion.

fes Fragmente eines Kalender-Rechengerätes aus dem 1. Jahrhundert v. Chr (Abb. 25). Das Gerät stellt eines der ältesten historischen Belege für das Auftreten der Zahnradtechnik dar, die u. a. auch bei Dioptra und Wegemesser Verwendung fand. Außerdem weist es als Analog-Rechengerät auf das hohe Niveau der Rechenkunst bei den griechischen Ingenieuren und Konstrukteuren hin.

Unter der Herrschaft des Tyrannen Polykrates (Tyrannis = Gewaltherrschaft) war um 530 v. Chr. auf der Mittelmeerinsel Samos eine große See- und Handelsmacht entstanden. Um die Wasserversorgung der damaligen Hauptstadt Tigani bei eventuellen Belagerungen zu sichern, beauftragte Polykrates den Ingenieur Eupalinos, einen Wasserleitungstunnel von einer nördlich gelegenen Quelle quer durch den Berg Kastro bis innerhalb der Stadtmauern zu bauen. Der Tunnelquerschnitt betrug etwa 2 × 2 m, die wasserführende Rille war zwischen 2 und 8 m tief. Bemerkenswert ist, daß der Bau, der etwa zehn Jahre dauerte, von zwei Seiten gleichzeitig, also im Gegenortverfahren vorgetrieben wurde. Der 1040 m lange Tunnel sollte geradlinig sein. Dazu waren bestimmte Kenntnisse der Geometrie unumgänglich. Eupalinos ließ vermutlich einerseits direkt über den 227 m hohen Berg Kastro fluchten; andererseits ließ er auch indirekt um den Berg herum durch einen Polygonzug mit rechten Winkeln die Tunnelachse ausmessen und festlegen (Abb. 26). Möglicherweise verfuhr er dabei so, wie es später Heron in seinem Buch «Dioptra» – in der Aufgabe 15 – erläuterte (Abb. 27).

Eupalinos ließ den südlichen Stollen geradlinig und den nördlichen erst auf seinem letzten Teilstück systematisch zickzackförmig vortreiben, um dadurch sicherzustellen, daß die beiden Stollen lage- und höhenmäßig unbedingt aufein-

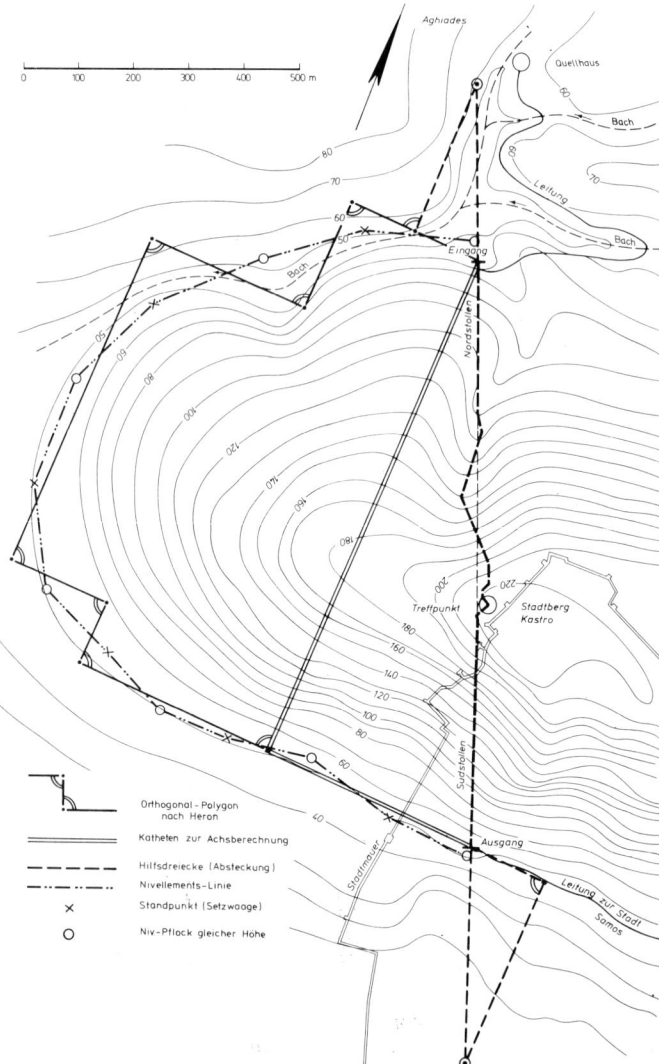

Abb. 26
Systemskizze
des Tunnels
des Eupalinos
auf Samos.

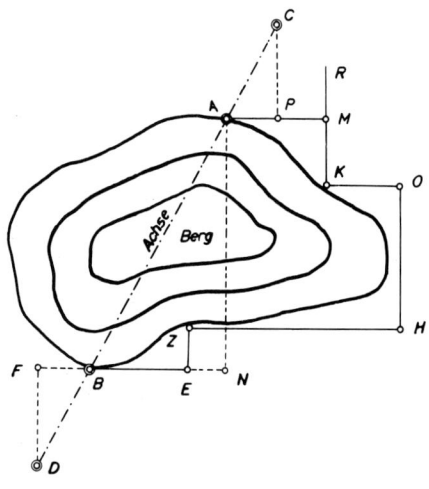

Abb. 27
Festlegung einer Trasse durch einen
Berg, wenn die Mündungspunkte gegeben sind (nach Heron).

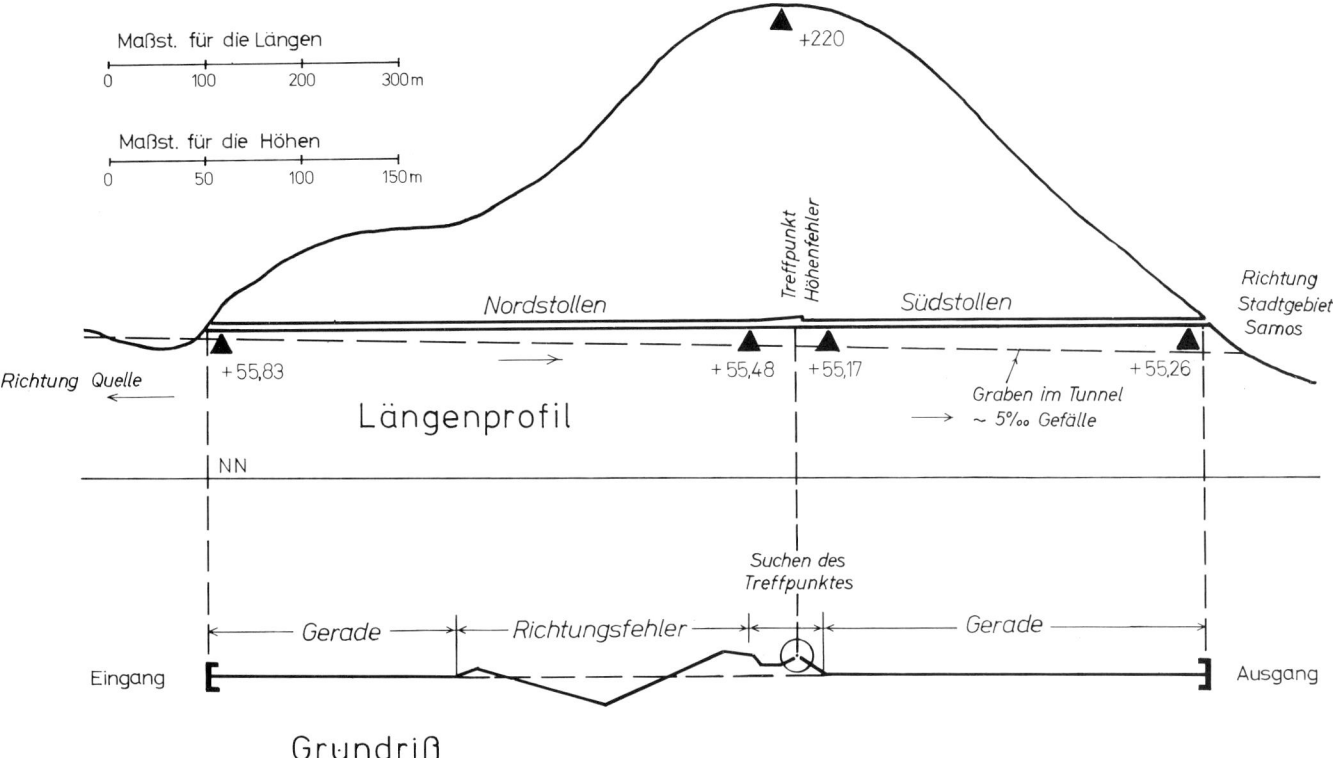

Abb. 28
Profilskizze des Tunnels des Eupalinos.

ander treffen mußten. Die seitliche Abweichung betrug schließlich etwa 5 m,
die Höhenabweichung ca. 2 m (Abb. 28).
Es ist anzunehmen, daß die griechischen
Geometer auch bei diesem wichtigen
Bauvorhaben zur Messung der Längen
Meßstangen oder Meßseile und zur
Festlegung der Höhen Setzwaage, Richtscheit und Nivellierlatte verwendet haben. Vielleicht haben sie sogar ein Vermessungsinstrument wie die von Heron
beschriebene Dioptra eingesetzt.

Römisches Reich

Während die Griechen sich hauptsächlich mit den mathematischen Grundlagen der Geodäsie beschäftigten, interessierten sich die Römer mehr für die praktische Ingenieurvermessung, vornehm-
lich zu militärischen Zwecken. Das Verfahren der exakten Landvermessung
hatten sie von den Etruskern bzw. von
den Kelten übernommen. Diese Völker
betrachteten die Bodenteilung als heilig
und unter dem Schutz der Götter ste-
hend.
Die von Julius Cäsar (100–44 v. Chr.)
aus steuerlichen Gründen beschlossene
und unter dem Kaiser Augustus (63
v. Chr.–14 n. Chr.) begonnene Kataster-
vermessung wurde später auf alle neu-
erworbenen Provinzen des Römischen
Reiches ausgedehnt. In diesen Katastern

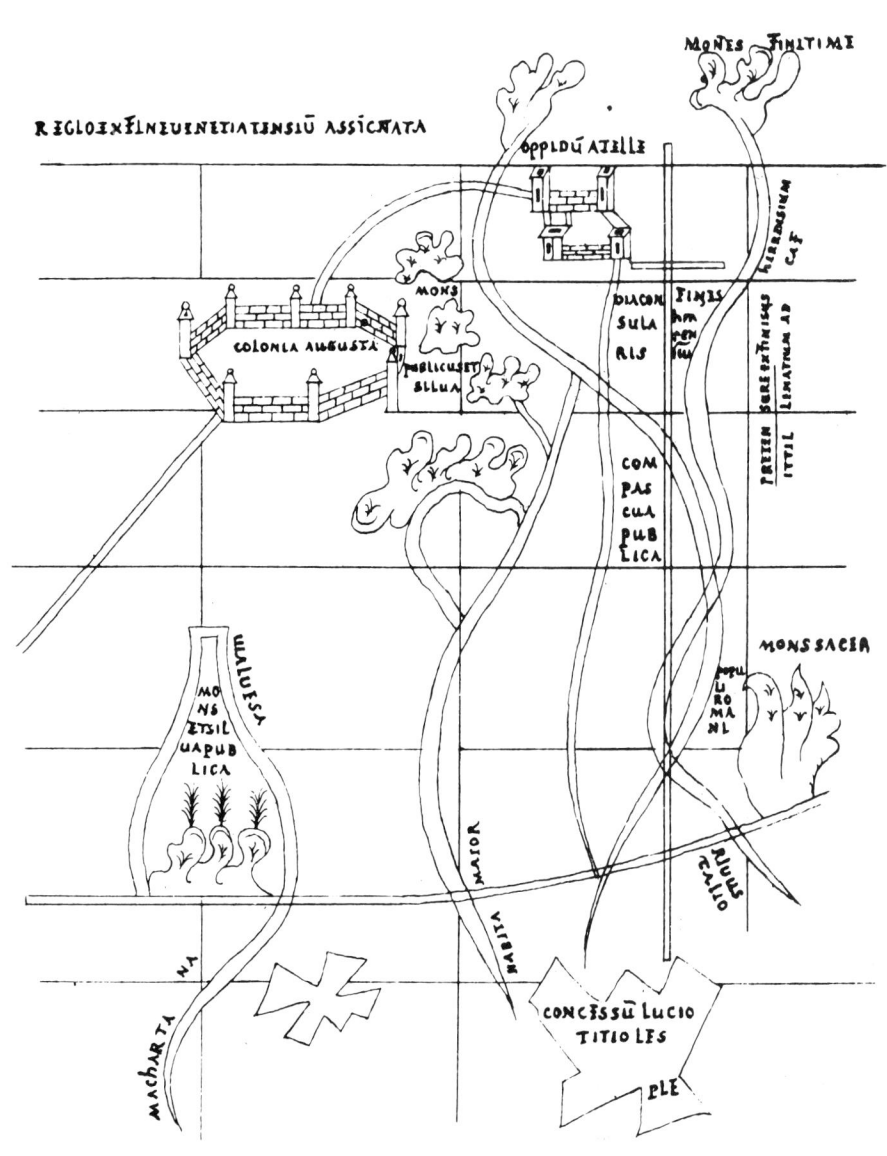

Abb. 29
Römisches Vermessungssystem nach
einer Handschrift des «Corpus Agrimen-
sorum Romanorum».

war nicht nur die Beschreibung der registrierten Acker-, Weide- und Weinanbauflächen enthalten, sondern auch die Anzahl z. B. der Olivenbäume, Familienmitglieder, Haustiere und Sklaven.

In der Textsammlung «Corpus Agrimensorum Romanorum» sind uns die technischen und organisatorischen Kenntnisse der römischen Feldmesser aus der Zeit um Christi Geburt überliefert (Abb. 29).

Der römische Landmesser (agrimensor), der in einem öffentlichen Institut ausgebildet war, bestimmte die Art der Bodenteilung; er veranlaßte, daß die bebauten Felder von den übrigen durch Zwischenräume abgetrennt wurden, und überwachte das Setzen der Grenzsteine (Abb. 30). Wir sind heute in der Lage, aus Luftbildern die Limitationen und Centuriationen (Einteilung in Centurien = gesetzliche Einteilung) der ehemals römischen Landstriche deutlich zu erkennen (Abb. 31).

Während der römischen Kaiserzeit sind die «Itinerarien», Straßenkarten, entstanden. Der Inhalt einer solchen Karte ist uns in einer mittelalterlichen Abschrift erhalten geblieben. Sie umfaßt das gesamte Straßennetz des damaligen Römischen Reiches zwischen Spanien und Indien und enthält Angaben über Städte, Rasthäuser, Entfernungen und den Zustand der Wege. Die Karte ist für Reisezwecke handlich in Rollenform gestaltet; deswegen ist ihr Inhalt verzerrt dargestellt. Das Dokument ist als «Peutingersche Tafel» nach dem Augsburger Patrizier Konrad Peutinger benannt.

Vom Stadtplan des antiken Rom im Maßstab 1 : 200 sind leider nur 712 Marmorbruchstücke erhalten geblieben, ein Zehntel des ursprünglichen Plans, der 13 × 18 m groß war und aus den Jahren um 210 n. Chr. stammt (Abb. 32 und 33).

Aus dem römischen Weltreich sind die Städte mit ihren Amphitheatern sowie das ausgedehnte Straßennetz mit seinen Meilensteinen bekannt. Nicht zuletzt staunen wir über die alten römischen Wasserleitungen mit ihren aus Bögen bestehenden Aquädukten, die Flüsse und Schluchten überspannten, und deren Rohrleitungen durch Gebirgstunnel gingen. Ein gutes Beispiel ist die antike Wasserleitung, die heute noch in Frankreich in der Gegend von Nîmes liegt. Ihr Anfang liegt bei den Quellen von Uzès. Von der Quellfassung gespeist und die Neigung des Terrains ausnützend, gelangt sie nach Zwischenschaltung eines Wasserverteilers nach Nîmes. Bemerkenswert ist die Meisterschaft der römischen Vermessungsingenieure bei der Berechnung des Gefälles. Geländeschwierigkeiten erlaubten keine gerade Führung, und wegen der Berge mußten Umleitungen geplant werden. Bei nur 25 km Luftlinie mußte die Leitung deshalb auf fast 50 km ausgebaut werden. Der Höhenunterschied zwischen Quelle und Wasserverteiler betrug ganze 17 m auf 41 km Leitung, also 40 cm auf 1 km. Die Wasserleitung erreichte am Tal des Flußes Gardon einen starken Einschnitt. Die Brücke des «Pont du Gard» selbst bildete nur einen kleinen, aber bemerkenswerten Abschnitt dieser Leitung. Sie ist durch ihre Kühnheit ein Wunderwerk der antiken Ingenieurbaukunst. Die großen (57 cm hohen), mit der Zeit gelblich gewordenen Blöcke des Bauwerks sind ohne Bindemittel, wie z. B. Mörtel, aufeinander eingepaßt worden. Der Pont ist 49 m hoch und an der Basis 142 m lang. Die obere Länge beträgt 275 m mit 35 Bögen. Der Kanal, der täglich 20 000 m³ Wasser liefern konnte, ist mit Platten abgedeckt und ruht auf drei Arkadenreihen, die jeweils 21,87 m, 19,50 m und 7,40 m hoch sind. Dabei ist das komplizierte technische Bauwerk nicht geradlinig, sondern in einer leichten gleichmäßigen Krümmung in der Trasse errichtet worden (Abb. 34).

Als Bauherr dieser und noch anderer Wasserleitungen gilt der größte «Baulöwe» der Antike, unter dessen Leitung auch viele Brücken, Straßen und Denkmäler, ja ganze Stadtteile errichtet wurden. Er hieß Marcus Vipsanius Agrippa (63–12 v. Chr.) und war der Freund, Feldherr und später auch der Schwiegersohn des Kaisers Augustus.

Während bei den Wasserleitungsbauten Umleitungen in Kauf genommen wurden, vermieden die römischen Vermes-

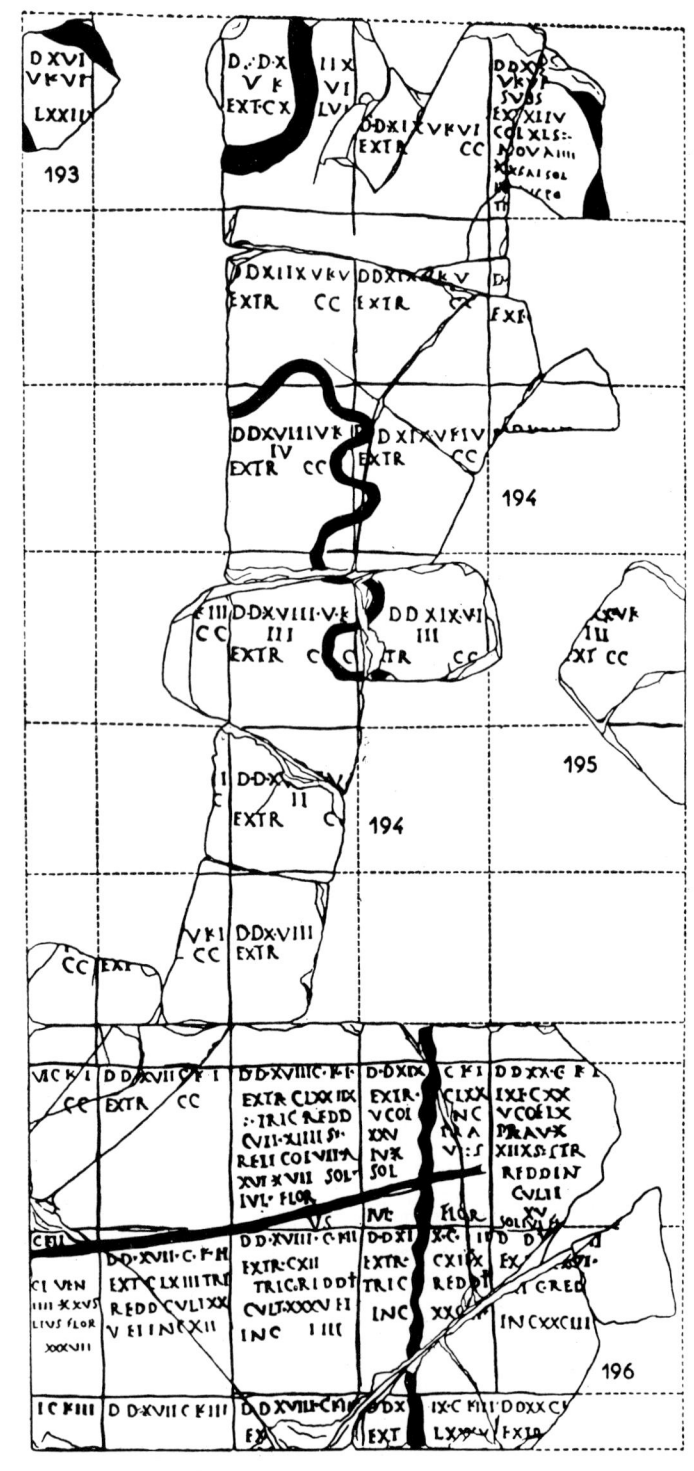

*Abb. 30
Kataster B von
Orange (Südfrankreich). Auf den
Fragmenten sind
u. a. das Rhône-Tal
und eine alte Straße
dargestellt. Die
römischen Zahlen
und Buchstaben auf
den Bruchstücken
sind Registrierungsmerkmale des
römischen Katasters.*

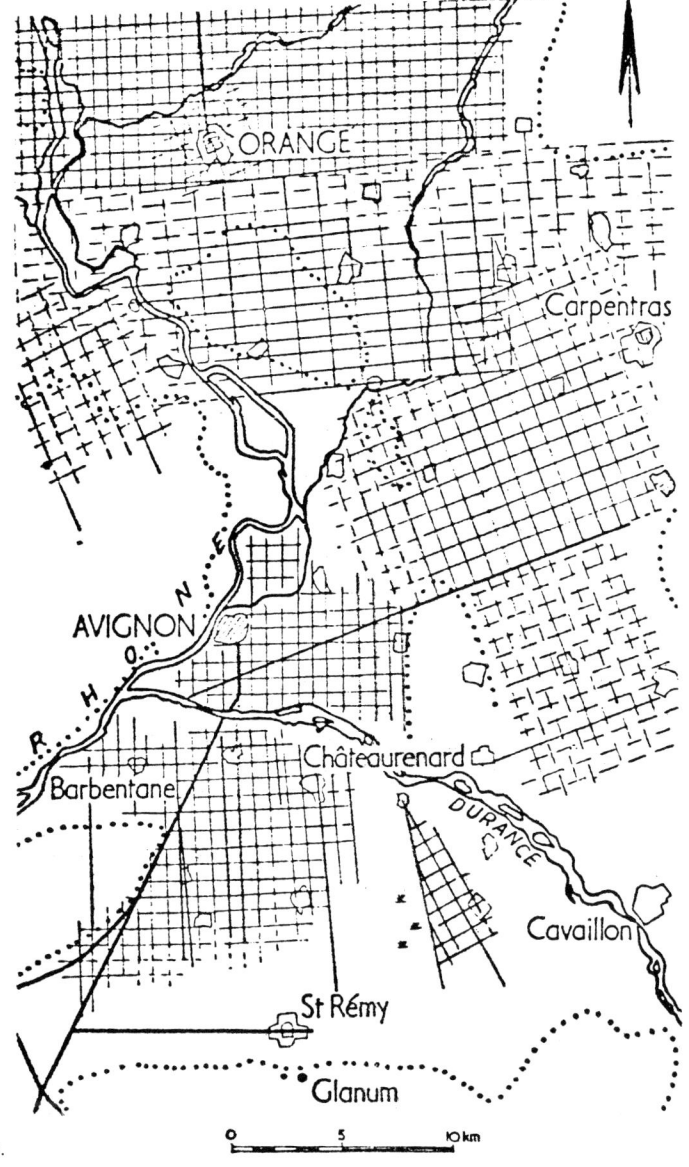

Abb. 31
Centuriationen im
Gebiet von
Avignon–Orange.
Erkennbar sind
die verschiedenen
Vermessungssysteme.

Abb. 32
Eine seltene Quelle für die Kenntnis des
alten Rom bietet die «Forma Urbis», ein
früher an einer Mauer befestigter
Grundriß. Fragment der Porticus Liviae
und des Verlaufs einiger Straßen.

sungsingenieure Umwege bei der Planung ihrer schnurgeraden Straßen. Man trug deshalb Hügel ab, füllte Täler auf und legte Dämme über Sümpfe an. Genauestens geplant wurde gleichermaßen das Anlegen von Städten.

Zur Sicherung ihrer Grenzen im Gebiet des heutigen Deutschlands hatten die Römer den Limes mit Türmen in regelmäßigen Abständen mit Palisaden, Gräben und Wällen errichtet. Während sich der Limes in seinem Verlauf im allgemeinen der Landschaft anpaßte, fällt in Süddeutschland ein Teilstück aus der Zeit um 150 n.Chr. auf, das auf einer ca. 81 km langen Strecke schnurgerade verläuft. Eine moderne Nachmessung ergab einen mittleren Fehler von ± 3 m von der Geraden.

Solche Ingenieurleistungen wären ohne die speziellen Kenntnisse von Mensoren, den römischen Geometern, kaum möglich gewesen. Wie und womit man im Altertum die Bauwerke abgesteckt und vermessen hat, erfahren wir aus den überlieferten Schriften der griechischen und römischen Schriftsteller. Marcus Vitruvius Pollio (Vitruv), der im 1. Jahr-

hundert v.Chr. in Rom lebte, verfaßte ein Werk über die Baukunst, in welchem auch vermessungstechnische Probleme und Instrumente beschrieben wurden (z.B. Ausrichtung von Straßenzügen, Nivellieren und Nivelliergeräte, Wegemesser). Von Sextus Julius Frontinus (ca. 30–104 n.Chr.) ist seine Schrift über Landvermessung leider nicht erhalten geblieben, wohl aber sein Werk über die «Wasserversorgung der Stadt Rom».

Auf Grund solcher Überlieferungen und durch einige Zufallsfundstücke wissen wir einiges über die antiken Vermessungsinstrumente und die angewandten Methoden (Abb. 35).

So gab es für die direkte Längenmessung einmal die Meßlatte (lat. decempeda oder pertica) aus Holz mit Metallschuhen, dann das Meßseil bzw. Meßband aus Hanf oder ähnlichem Material, ferner Meßketten mit Zählnadeln. Sodann dienten Wegemesser (Hodometer) zur Bestimmung großer Entfernungen. Heron und auch Vitruv beschrieben eingehend die mechanischen Einzelteile, wie Zahnräder und Radwellen. Der Hodometer war mit einem Wagen verbun-

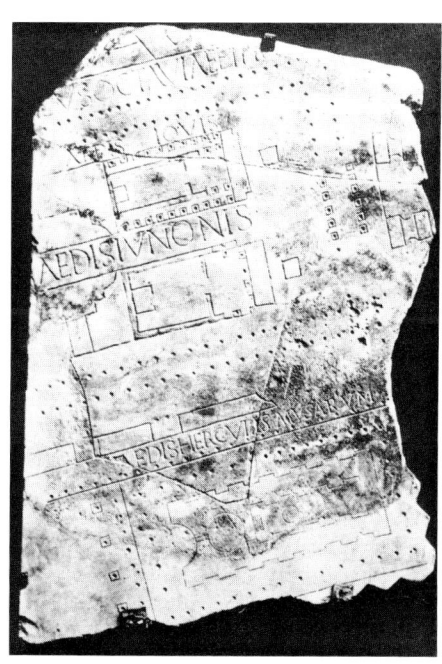

Abb. 33
«Forma Urbis». Fragment des Porticus
des Metellus.

den. Zum Fluchten langer Linien bzw. zum Visieren benutzte man den Fluchtstab (lat. meta), ferner lange Beobachtungsrohre mit Visiermarken an den Enden.

Außerdem verwendete man das Triquetum und den Quadranten. Rechte Winkel steckte man mit der Stella ab; die römischen Agrimensoren benutzten zu dem gleichen Zweck die Groma, ein hölzernes, mit Blech glatt verkleidetes Kreuz mit schlanken Armen, an dessen Ende Lote herabhingen. Im Mittelpunkt

Abb. 34
Römischer Aquädukt mit drei Bogenreihen übereinander. Der Pont du Gard nahe Nîmes in Südfrankreich.

des exakten Kreuzes war das Instrument drehbar. Den Stativkopf hatte man seitlich vom Kreuzmittelpunkt angebracht. Eine genaue Vorstellung von diesem Instrument erhielt man durch einen Fund in Pompeji (Abb. 36).

Zur Ermittlung von Höhenunterschieden bzw. zum Nivellieren gab es ein Vermessungsinstrument von ca. 6,5 m Länge, die Chorobates, die eine ca. 2 m lange Wasserrinne aufwies (Abb. 37).

Für die Zeit- und Winkelmessung waren im Altertum einige Instrumente bekannt: das Gnomon, die Skaphe (oder Polos), verschiedene Arten von Sonnenuhren, darunter die transportable Sonnenuhr zur Bestimmung der genauen Südrichtung. Am «Stab des Hipparch»,

der später als «Jakobsstab» bekannt geworden ist, ließ sich der Winkel an einer Skala ablesen. Vitruv bezeichnet die Feldmeßkunst (Geometria) als wichtigste Methode des Baumeisters bei der Absteckung von Bauwerken. Als Absteckungshilfsmittel nennt er das Richtscheit, den Zirkel, das Winkelmaß, die Schnur und die Setzwaage, die meistens in Verbindung mit einer Setzlatte zur Festlegung der Horizontalen benutzt wurde. Der rechte Winkel und der Kreis waren ebenfalls Hilfsmittel, um den Baugrundriß in der Örtlichkeit zu entwickeln und abzustecken.

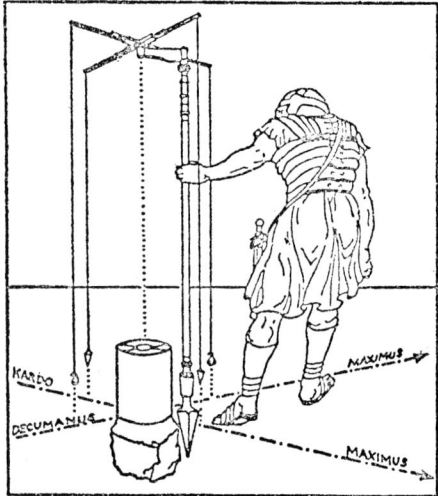

Abb. 36
Römischer Feldmesser mit der Groma beim Abstecken der Hauptlinien.

Europäische Frühzeit

Während die technischen Leistungen der klassischen Hochkulturen hinreichend durch schriftliche und gegenständliche Überlieferungen bekannt sind, können wir über die Entwicklungen, die im übrigen Europa gleichzeitig stattgefunden haben, größtenteils nur durch Bodenfunde Aufschluß erhalten. Unter den frühgeschichtlichen Steinmalen und Bauwerken finden sich einige, die auf vermessungstechnische Kenntnisse ihrer Erbauer schließen lassen.

Eines der ältesten Baudenkmale dieser Art steht auf nordeuropäischem Boden: Stonehenge in England, in der Nähe von Salisbury (Abb. 38). Heute weiß man, daß diese megalithische Kultstätte, deren einzelne Bauteile nach Ansicht der Experten zwischen 1900 und 1600 v. Chr. errichtet wurden, u. a. zur Bestimmung des genauen Zeitpunktes der Sommersonnenwende gedient hat. Aus Luftbildern und neueren Grabungen läßt sich die Gesamtanlage als eine Anzahl konzentrischer, kreisförmiger Bauwerke rekonstruieren. Der äußere Wallring mit etwa 100 m Durchmesser ist nach Nordosten hin offen (Abb. 39).

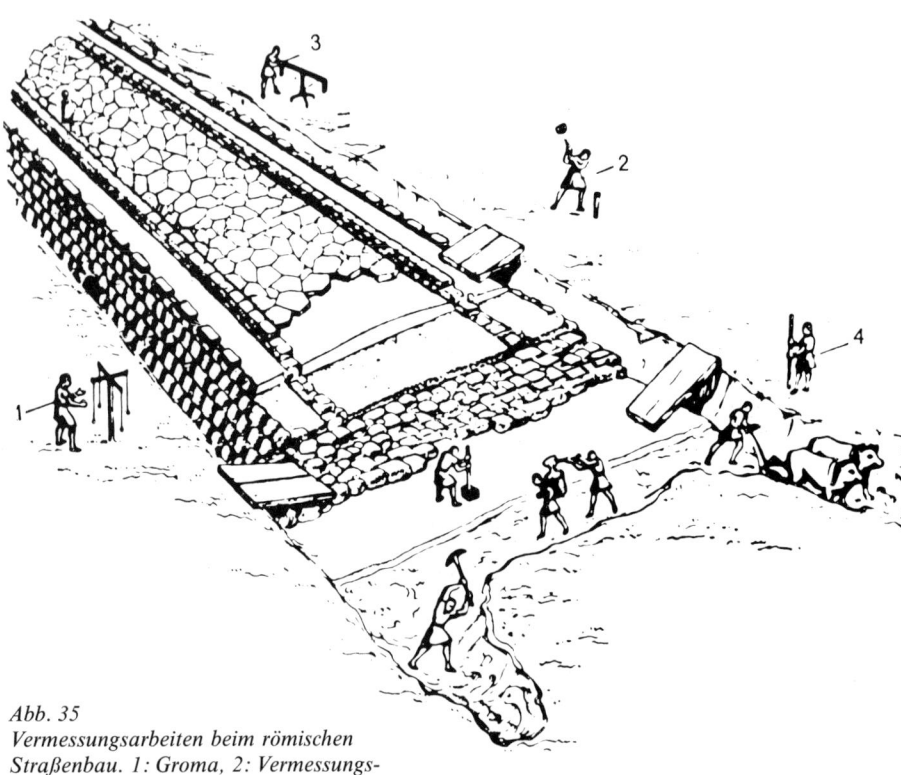

Abb. 35
Vermessungsarbeiten beim römischen Straßenbau. 1: Groma, 2: Vermessungspflock, 3: Chorobates, 4: Fluchtstab.

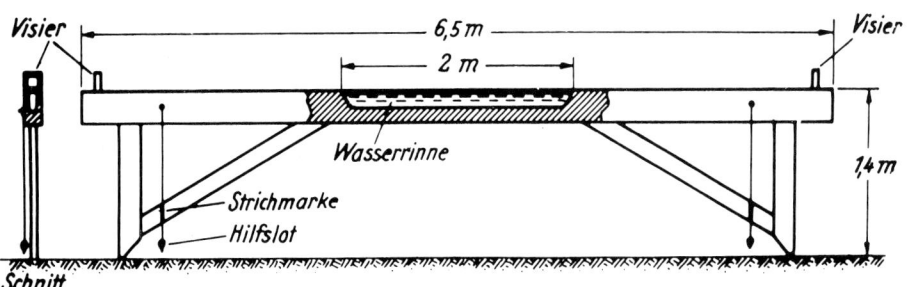

Abb. 37
Rekonstruktion der Chorobates nach Vitruv.

Solch ein Bauwerk setzt eine Unmenge von Planung, Berechnung und Messung, von geistiger Arbeit und technischem Können voraus: das Heranschaffen der mächtigen Blöcke sowie das Abstecken des Grundrisses, das Aufrichten der riesigen Pfeiler bis zu 40 t Gewicht an der vorausberechneten Stelle und schließlich das Gestalten zu so eindrucksvoller Wirkung.

Unter den wenigen Hunderten noch nicht völlig zerstörter Steinkreise gibt es nicht nur streng kreisförmige, sondern auch einseitig abgeflachte, elliptische und eiförmige Anordnungen mit Durchmessern um 50 m. Diese megalithischen Bauwerke sind oft in mehreren, langfristig aufeinanderfolgenden Bauperioden errichtet worden. Man kann nachweisen, daß zu ihrer Vermessung und Absteckung neben Kreisen die Konstruktion gleichschenkliger und rechtwinkliger Dreiecke erforderlich war. Auch müssen ihre Erbauer ganz beachtliche geometrische Kenntnisse gehabt haben, um die Steinreihen als Kreis, Ellipse oder in Eiform abstecken zu können. Die Forschung fand heraus, daß den Megalithbauten – zumindest in Europa – ein einheitliches Längenmaß zugrunde lag; es betrug vermutlich rund 83 cm oder ein Vielfaches davon.

Ein frühgeschichtliches Kulturdenkmal anderer Art befindet sich bei Capo di Ponte im Val Camonica, in der Provinz Brescia, Oberitalien. Dort ist auf einer vom eiszeitlichen Gletscher glattgeschliffenen Felsfläche eine Zeichnung mit Bronzewerkzeugen eingeritzt. Der Plan von ca. 4 m Länge stammt aus der Zeit um 1500 v. Chr. Bachläufe, Bewässerungsgräben und Wege sind als Linie dargestellt. Ein Kreis mit Punkt bedeutet einen Brunnen. Ein rechteckiges Feld mit regelmäßigen Punktreihen läßt einen Acker mit Pflanzungen vermuten (Abb. 40). Die in Ansicht gezeichneten Hütten sind in späterer Zeit nachgetragen worden. Dieser Ortsplan stellt ein ganz bestimmtes Gebiet der näheren Umgebung dar, dessen Einzelheiten heute noch identifiziert werden können. Außer dieser Felsgravur aus der Bronzezeit sind auf den Felsen von Capo di Ponte bzw. Bedolina noch zahlreiche Darstellungen ähnlicher Art zu finden. Man wird auch hier die praktische Anwendung vermessungstechnischer Kenntnisse in Betracht ziehen müssen.

Abb. 38
Luftbild der megalithischen Kultstätte von Stonehenge in der Nähe von Salisbury (England).

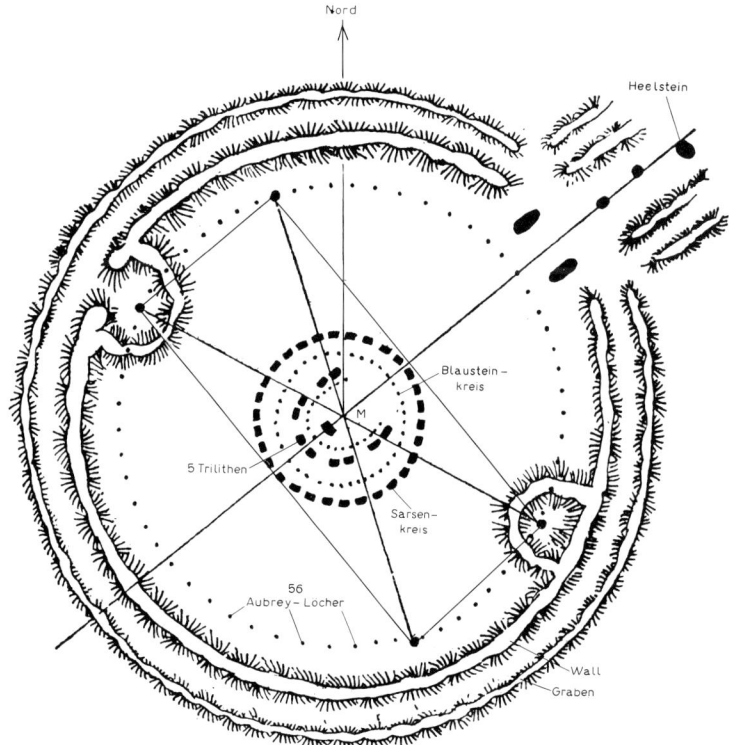

Abb. 39
Schematische Darstellung von Stonehenge.

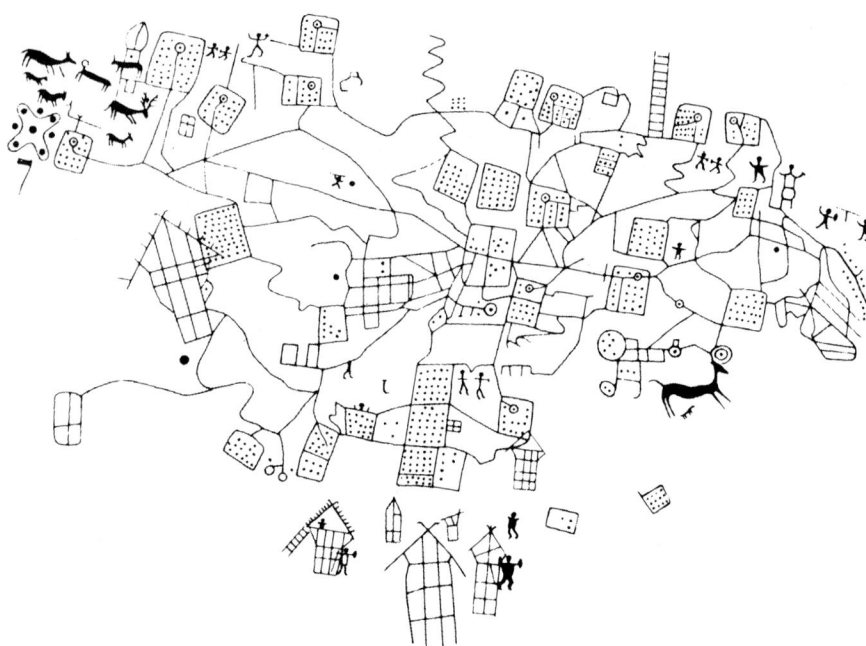

Europäisches Mittelalter

Nach dem Verfall des Römischen Reiches, dem internationalen Staatengebilde der Antike, wurde die griechisch-römische Tradition zunächst von den Arabern übernommen. Der Kalif von Damaskus, Al-Mamun, z. B. ließ die «Syntaxis» des Ptolemaios unter dem Namen «Almagest» übersetzen und um 800 n. Chr. in der Wüste Singar geodätische Messungen zur neuerlichen Bestimmung des Erdumfangs durchführen. Als Vermessungsinstrument für die Winkelbestimmung wurde dabei das Astrolabium benutzt. Es bestand aus einer Scheibe, die mit einer Gradeinteilung versehen war. In der Mitte der Scheibe befand sich eine senkrechte Achse, um die ein Visierlineal, die Alhidade, gedreht werden konnte. Noch im europäischen Mittelalter, für das allgemein der Zeitraum vom 6. bis zum 14. Jahrhundert angesetzt wird, gab es solche arabische Astrolabien (Abb. 41).

In dieser Epoche war die Gelehrsamkeit fast nur auf den geistlichen Stand beschränkt. Es wurde nur das weitergegeben, was an Wissensresten aus der Römerzeit überliefert war; so entstand z. B. aus einer amtlichen Sammlung über Gebietsteilungen, Agrargesetzgebung usw. der bereits erwähnte Codex «Corpus Agrimensorum Romanorum». Auch die Bücher des Boëthius über Geometrie wurden auf diese Weise überliefert. Der Kosmograph von Ravenna unbekannten Namens, der im 7. Jahrhundert die Erde wieder als Scheibe ansah, benutzte ebenfalls für seine Länderbeschreibungen die römischen Itinerarkarten.

Von den mittelalterlichen Weltkarten hatten die meisten die Form eines Kreises. Repräsentativ für diese Anschauung war ein Altarbild in der Kirche des Benediktinerinnenklosters Ebstorf. Diese

Abb. 40
Bronzezeitlicher Ortsplan auf dem Felsen von Bedolina bei Capo di Ponte. Planmäßige Wiedergabe der Felsgravuren.

größte Weltkarte des Mittelalters, um 1235 entstanden, hatte einen Durchmesser von ca. 3,5 m und war aus 30 kolorierten Pergamentblättern zusammengesetzt. Das Original ging im Zweiten Weltkrieg zugrunde. Der Ausschnitt aus einer Nachzeichnung soll etwas von der Art der topographischen Darstellung wiedergeben und die damaligen Auffassungen von Grenze, von der Messung der Strecken sowie vom Raum andeuten (Abb. 42).

Das Mittelalter verstand eine Grenze nicht als exakte Linie, eher als Rand oder Saum. Wer im Mittelalter Strecken messen wollte, tat es nicht mehr mit archaischen Naturmaßen. Fast niemand benutzte geodätische oder astronomische Präzisionsinstrumente zur Vermessung; und doch versuchte Gerbert – der mathematische Schriften verfaßte und später Papst Sylvester II. wurde – um 1000 das Geometrische Quadrat einzuführen (Abb. 43) und Hermann der Lahme, ein Mönch von der Bodensee-Insel Reichenau, schrieb unter arabischem Einfluß um 1040 u. a. über den Nutzen des Astrolabiums und seine Konstruktion.

In mittelalterlicher Zeit genügte die Vermessung oder Vermarkung mit einfachen Hilfsmitteln oder Kennzeichen. Man wußte nichts von Kartierung; Messungen und Berechnungen wurden nur örtlich im Gelände ausgeführt (Abb. 44). Fast alle Maßeinheiten bezogen sich auf

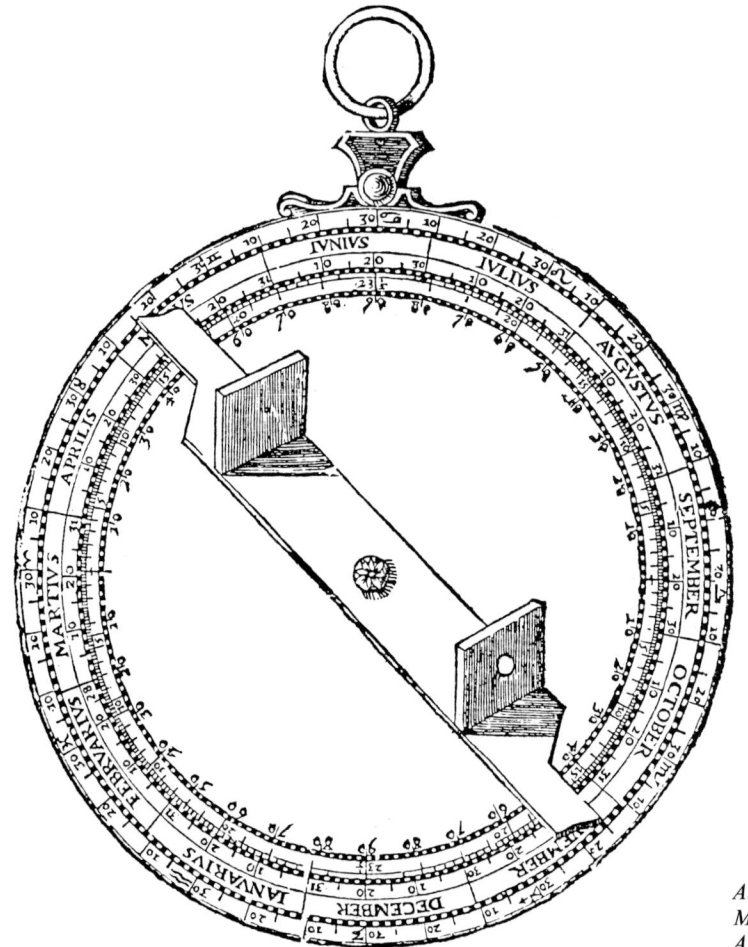

Abb. 41
Mittelalterliches Astrolabium.

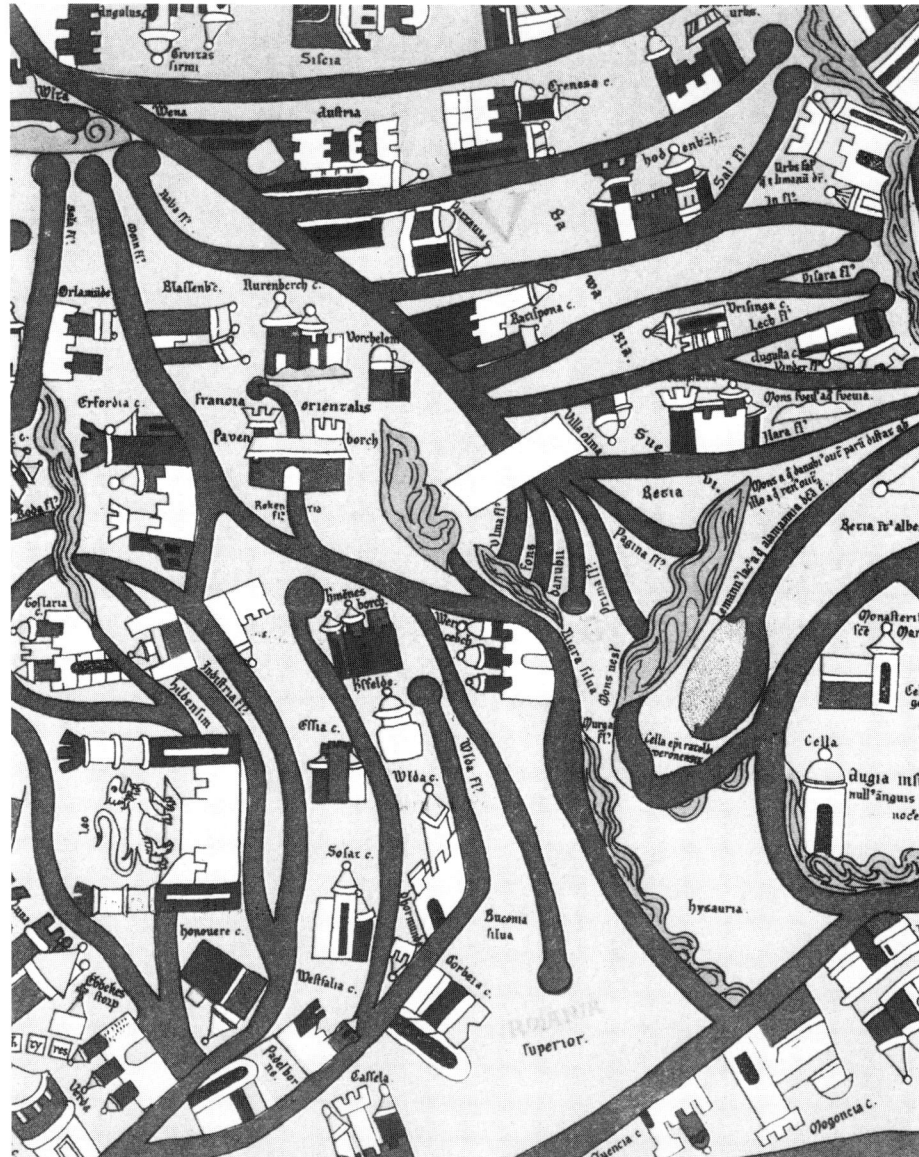

Abb. 42
Ausschnitt aus einer Kopie der Ebstorfer
Weltkarte.

ein Fuß kann 25 oder 34 cm lang sein, eine Meile 1,5 oder 7,5 km; ein Joch ist vielleicht 1200, vielleicht 6500 m² groß. Das verrät «Dehnbarkeit» des Raumes. Ein technisches Großbauprojekt seiner Zeit, das auch vermessungstechnische Arbeiten erforderte, blieb vermutlich auf Grund der besonderen Auffassungen des Mittelalters in seinen Anfängen stecken: der im Jahre 793 geplante Kanalbau zur Verbindung des Rheins und der Donau bei Weißenburg in Bayern unter Kaiser Karl dem Großen.

Eine der frühesten mittelalterlichen Handschriften über Vermessung, das Werk «Treatise on Surveying», ist anonym und stammt aus dem 14. Jahrhundert. Während die meisten Handschriften der damaligen Zeit in lateinischer Sprache verfaßt sind, beschreibt diese in englischer Sprache u. a. den Gebrauch des Quadranten zur Höhen-, Längen- und Tiefenmessung (Abb. 45 und 46). Die erste deutsch und lateinisch herausgegebene Schrift über Vermessung ist die «Geometria Culmensis». Sie entstand um 1400 wohl unter Benutzung der «Practica geometriae» des Dominicus Parisiensis. Es werden in der Hauptsache die Berechnungen von Dreiecken, Vierecken und unregelmäßig begrenzten Flächen beschrieben. Das darin erwähnte Handwerkszeug war sehr einfach, nämlich ein in Ruten geteiltes Seil, ein hölzernes Winkelmaß und ein Instrument zum Winkelmessen mit zwei Schenkeln und einem Lineal (Abb. 47). Die nachrömische Zeit bis zum Mittelalter bietet hinsichtlich der Feldmeßkunst nur wenig Quellenmaterial. Eine Weiterentwicklung scheint nicht stattgefunden zu haben. Die verwendeten Meßgeräte und die Verfahren basierten hauptsächlich auf den überkommenen einfachen Hilfsmitteln (Abb. 48). Im Zeitalter der Renaissance studierte man die alten Schriften gründlicher. In der Folge wurden die Errungenschaften der Naturwissenschaft und der Technik wiederentdeckt und weiterentwickelt.

Abb. 43
Entfernungsbestimmung mit dem
Geometrischen Quadrat (nach Rivius
1547).

den Menschen, der im jeweiligen Raum arbeitete. Das begann schon mit der Elle und dem Klafter; Fuß und Schritt erinnerten an den Weg des Wanderers; Flächenmaße schätzten die Fläche, die man an einem Tage mit dem Gespann pflügen konnte: Morgen, Joch, Tagwerk. Das Kennzeichen all dieser Maße ist, daß sie sich nicht exakt angeben lassen:

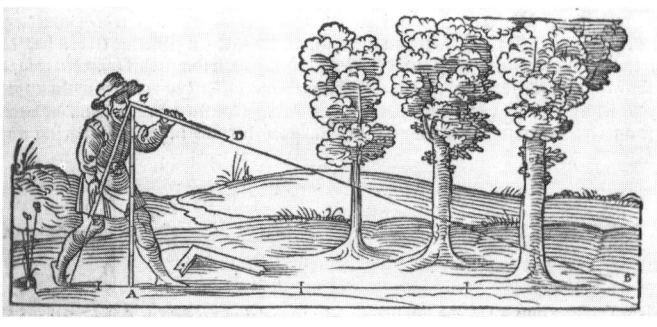

Abb. 44
Messung mit dem
Winkelhaken (nach
Rivius 1547).

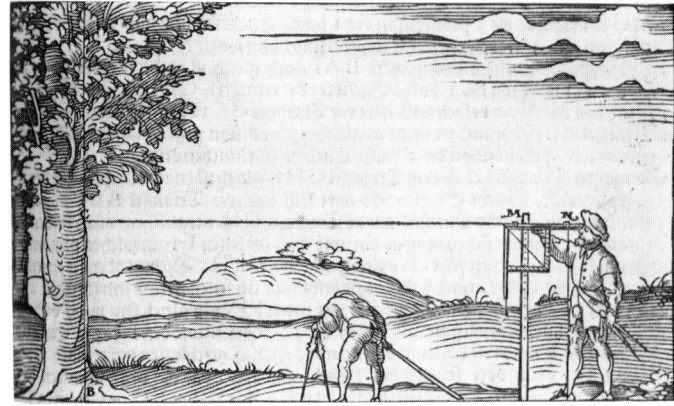

Abb. 45
Feldmesser mit
Geometrischem
Quadrat
(nach Rivius 1547).

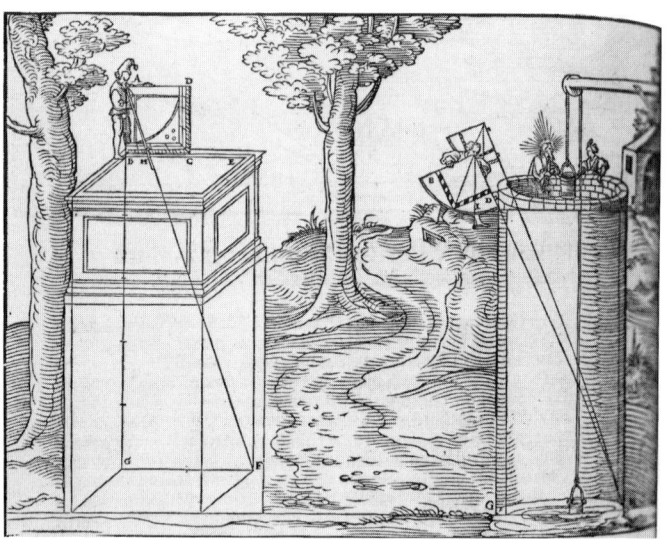

Abb. 46
Tiefenmessung
(nach Rivius 1547).

Abb. 47
Meßkette und
Winkelkreuz.

*Abb. 48
Titelkupferstich aus
Rivius 1547. Neben
Geräten für das
Bauhandwerk sind
an Vermessungs-
geräten außer
Setzwaage, Zirkel
und Winkelhaken
noch Chorobates
und Winkelscheibe
dargestellt.*

Literatur

Anati, E.: La Civilisation du Val Camonica, Paris 1960.

Bachmann, E.: Wer hat Himmel und Erde gemessen? Thun und München 1965.

Bialas, V.: Erdgestalt, Kosmologie und Weltanschauung. Die Geschichte der Geodäsie als Teil der Kulturgeschichte der Menschheit, Stuttgart 1982.

Blumer, W.: Ein Ortsplan aus der Bronzezeit, Schweizerische Zeitschrift für Vermessung, Photogrammetrie, Kulturtechnnik 64 (1966), S. 18–22.

Dilke, O. A. W.: The Roman Land Surveyors, Newton Abbot 1971.

Goyon, G.: Die Cheops-Pyramide, Geheimnis und Geschichte, Bergisch Gladbach 1979.

Heimberg, U.: Römische Landvermessung – Limitatio, Stuttgart 1977.

Kienast, H. J.: Der Tunnel des Eupalinos auf Samos, Architectura 1977, S. 97–116.

Kramer, S. N.: Die Geschichte beginnt mit Sumer, München 1959.

Minow, H.: Der Beitrag der Araber zur Entwicklung des Vermessungswesens im Mittelalter, Der Vermessungsingenieur (3/1979), S. 50–57.

Paturi, F.: Zeugen der Vorzeit, Düsseldorf und Wien 1976.

Peters, K.: Der Tunnel. Das Eupalineum auf der Insel Samos, Dortmund 1984.

Schmidt, F.: Geschichte der geodätischen Instrumente und Verfahren im Altertum und Mittelalter, Neustadt a. d. Haardt 1935, Reprint Stuttgart 1988.

28

Bundzeichen – Zeichen der Vorfertigung

Zum Messen und Abmessen gehört auch die Markierung. Was gemessen wurde, muß im Gelände oder auf dem entstehenden Bauwerk bzw. Bauteil markiert werden. Beispiele der Markierung finden sich in vielen Etappen eines Bauwerks.
Bauen mit Holz gehört zu den ältesten Bautechniken. Bei diesem Baustoff muß das im Wald geschlagene Material entsprechend dem Bausystem vor dem Einbau vorbereitet, d.h. zugerichtet werden.
Stand die Holzkonstruktion, Gebäude oder Brücke auf freiem Felde, so erfolgte früher die Zurichtung am wirtschaftlichsten unmittelbar auf dem Bauplatz. In Siedlungen dagegen mußte der Baustoff außerhalb, auf einem freien Platz, zugerichtet werden: Die Bauelemente wurden vorfabriziert (zugerichtet), zusammengesetzt, wieder auseinandergenommen, in handlichen Einzelteilen auf den Bauplatz transportiert und dort zum Gebäude zusammengesetzt.
Dieses heute unter dem Begriff «Vorfabrikation» bekannte Bauverfahren verlangte aber eine genaue Bezeichnung der einzelnen Teile, da sie untereinander (je nach Bauwerk) nicht austauschbar waren. Der Zimmermann markierte deshalb die einzelnen Hölzer mit Bundzeichen (von «abbinden» = werkgerechte Verbindung von Balken, z.B. zu einem Dachstuhl).
Die heute noch vielfach bei alten Holzbauten feststellbaren Bundzeichen, mit Zimmermannswerkzeugen in die Hölzer eingeritzt, eingeschnitten oder eingehauen, ermöglichen oft die Bestimmung des Alters einer Baute.

Fachwerkbau

Fachwerkbauten sind im mitteleuropäischen Raum seit dem letzten Viertel des 12. Jahrhunderts nachweisbar (1). Diese frühen Bauten waren zunächst recht primitive Konstruktionen; teils noch Pfostenbauten, teils schon einfache Ständerbauten. Schon während des 12. Jahrhunderts muß die Bautechnik für das Holzgerüst dann deutlich systematisiert worden sein. Die ältesten bislang bekannten aufrechtstehenden Holzgerüste aus der zweiten Hälfte des 13. Jahrhunderts (2) zeigen schon eine Vielzahl ausgefeilter Konstruktionsmerkmale. Bis in das 17. Jahrhundert hinein wurde die Fachwerkbauweise dann ständig verfeinert und vervollkommnet. Bei den frühen Bauten kann man wohl davon ausgehen, daß die zu verwendenden Hölzer vom Zimmermann am Bauplatz selbst zugerichtet wurden. Die Weitläufigkeit der mittelalterlichen Siedlungen und die

schlichten, meist recht kleinen Fachwerkkonstruktionen der Frühzeit lassen ein solches Vorgehen noch als vorstellbar erscheinen. Die Hölzer wurden wie im Steinbau Stück um Stück in der dem Bauablauf gemäßen Reihenfolge hergestellt und aneinander gefügt. Mit zunehmender Siedlungsdichte, größeren Häusern und komplizierter werdenden Konstruktionssystemen kann man diese Arbeitsweise nicht mehr voraussetzen. Das Hausgerüst eines dreigeschossigen Wandständerbaus mit geschoßübergreifenden Verschwertungen in Längs- und Querrichtung, wie er im süddeutschen Raum spätestens seit dem letzten Drittel des 13. Jahrhunderts mehrfach nachgewiesen ist, muß vor Baubeginn sorgfältig geplant und überlegt und dann in einem Arbeitsgang hergestellt worden sein. Aus diesem Grunde muß man wohl allgemein davon ausgehen, daß seit dem Ende des 13. Jahrhunderts die Zimmermannskonstruktionen nicht mehr unmittelbar am Bauplatz selbst, sondern entweder auf einem der Plätze der Stadt,

meist aber sogar außerhalb der Mauern auf den Zimmerplätzen vorbereitet und vorgerichtet wurden. Stadtansichten des 16. und 17. Jahrhunderts zeigen solche Zimmerplätze (Abb. 49), auf denen man auch die Zimmerleute bei der Arbeit an Fachwerkgerüsten sieht, immer wieder. Nur außerhalb der Stadt war genügend Platz, um die einzelnen Gebinde und Gespärre gleichzeitig auslegen und aufeinander abstimmen zu können. Hier konnte man auch mit langen Hölzern ungehindert hantieren.

Holzbau = Vorfabrikation

Diese «Vorfertigung» des Fachwerkgerüstes setzt voraus, daß die Holzkonstruktion nach der Herstellung wieder auseinandergenommen und erst dann an den eigentlichen Bauplatz gebracht wird. Auf diesem Transportweg dürfen die Holzteile nicht durcheinander geraten. Da jede Holzverbindung – seien es Zapfverbindungen oder Verblattungen – mit der Hand individuell abgestimmt

Abb. 49
Zimmerplatz vor den Toren der Stadt Ulm (nach Merian). Vor den großen Stapeln mit noch nicht zugerichtetem Holz sieht man bereits einzelne Gespärre eines Dachwerks aufgeschlagen.

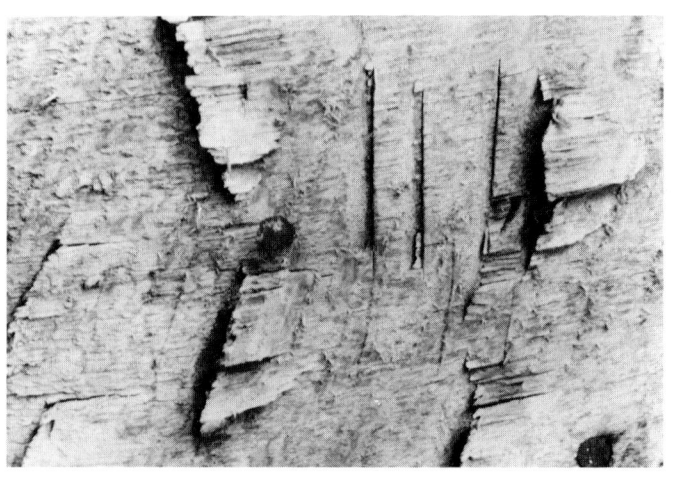

Abb. 50
Jugenheim, Rathaus; Umbau von 1740. Bundzeichen «3» mit Vorzeichnung in dünnen Rötelstrichen. Das Holz wurde nach Fertigstellung des Bauwerks zum Verputzen aufgebeilt.

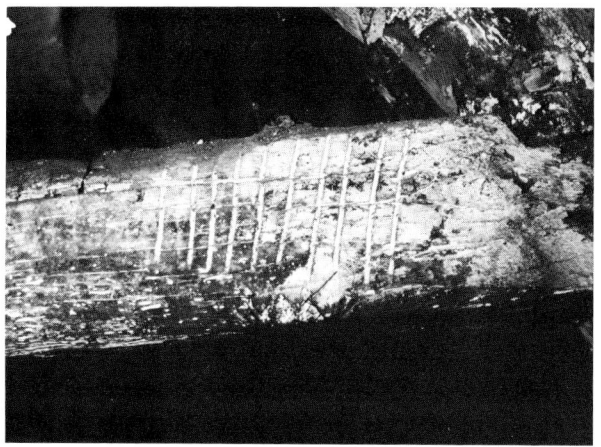

Abb. 51
Geislingen, Leder-
gasse 5; Bauwerk von
1404. Bundzeichen
«10» am Kehlbalken
des Dachwerks in
einfacher
Strichaddition.

wurde, sind die Teile auch bei grundsätzlich gleichartigen Abmessungen und
Funktionen im Hausgerüst nie untereinander austauschbar. Jedes Teil hat im
Gefüge seinen genau bestimmten Platz.
Aus diesem Grunde ist es von größter
Bedeutung, daß Verwechslungen einzelner Teile während des Transportes, der
wohl auf Fuhrwerken vor sich gegangen
sein wird, ausgeschlossen werden. Diesem Zwecke dienen die Bundzeichen.
Durch eine dauerhafte und eindeutige
Markierung jedes einzelnen Holzteiles
wird dessen Position im Gesamtgefüge
gekennzeichnet und seine Zuordnung
bei der Wiedererrichtung des Hauses am
Bauplatz ermöglicht. Die genaue Position der Hölzer kann zusätzlich durch
Linien, die über die Verbindung hinweg
in das Holz eingeritzt werden, festgehalten werden.

Abb. 52
Dieburg, Marktplatz 23; Bauwerk von 1465.
Bundzeichen «16» an Stuhlsäule und Kopf-
band in einfacher Strichaddition.

Die Entwicklung der Bundzeichen

Nach dem bisher Gesagten ist es folge-
richtig, daß sich bei sehr frühen Fachwerkbauten noch keine Bundzeichen
finden. Die frühesten Belege für Bundzeichen im südwestdeutschen Raum
stammen von Häusern, die zu Beginn
des 14. Jahrhunderts entstanden – oft
aus Dachwerken, wo die Hölzer der einzelnen Gespärre fast durchgängig mit
Bundzeichen versehen sind. Die Markierungen sind noch recht einfach gestaltet.
Oft werden mit der Axt Kerben in die
Balken geschlagen. Außerdem wird
wohl seit frühester Zeit auch das Hohlei-
sen benutzt. Die bloße Kennzeichnung
der Balken mit Kreide wäre zu wenig
dauerhaft gewesen. Auch Rötelmarkie-
rungen allein schienen den Zimmerleu-
ten wohl nicht sicher genug. Zwar finden
sich gelegentlich solche Kennzeichnungen (3); sie wurden aber in aller Regel
am Ende des Herstellungsvorgangs offensichtlich durch in das Holz geschlagene Zeichen ersetzt (Abb. 50).
Von einem Ende des Dachwerks beginnend werden die einzelnen Gespärre
fortlaufend numeriert, wobei jeweils ein
Strich an den anderen gefügt wird. Bei
langen Dachwerken kommen so ohne
weiteres zwischen fünfzehn und zwanzig

Abb. 53
Dieburg, Marktplatz 23; Bauwerk von 1465.
Bundzeichen «6» auf dem Sparren als Strich-
addition auf Grundlinie.

Striche zusammen (Abb. 51 und 52), deren Länge meist beträchtlich variiert.
Zeitgleich zu diesen Strichmarkierungen
sind noch viele andere Systeme der
Bundzeichengestaltung bekannt (Abb.
53, 54, 55 und 56). Vor allem im süddeutschen Raum sind mit dem Stecheisen
ausgeführte quadratische Ausnehmungen im Balken (Abb. 57 und 58) zu beobachten. Auch diese Ausnehmungen werden in sehr einfacher Weise addiert. Im
Gegensatz zu den Strichmarkierungen
werden die kleinen Quadrate spätestens
seit dem Beginn des 15. Jahrhunderts oft
zu Reihen oder Gruppen zusammengefaßt (Abb. 59), die auch beim flüchtigen
Hinsehen leicht zu erkennen sind. Vielfach werden die Bundzeichen auch als
freie Formen aus Strichen gabelförmig,
in der Form eines «Z» oder zu anderen
Figuren zusammengesetzt. Offenbar

Abb. 54
Schwäbisch Gmünd,
Amtshaus des
Spitals; Bauwerk von
1434. Bundzeichen
«4» in reiner
Strichaddition auf
der durch ein «U»
gekennzeichneten
Innenwand.

Abb. 55
Schwäbisch Gmünd,
Amtshaus des Spitals.
Die Initialen «I. B.»
des Zimmermanns
auf einem der
Ständer im
Giebeldreieck zur
Straße hin.

Abb. 56
Bad Wimpfen,
Klostergasse 9;
Badhaus von 1534.
Bundzeichen «2» und
«3» auf Ständer und
Fußband als Addition
von Punkten mit
Kennzeichnung der
Bundwand durch ein
Kreissegment.

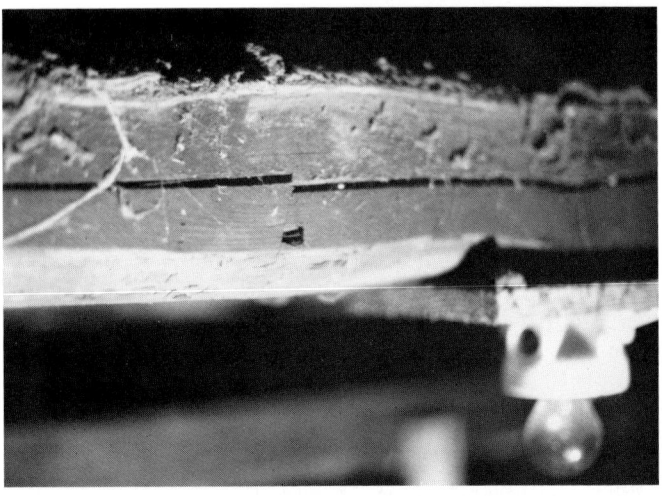

Abb. 57
Schwäbisch Gmünd,
Münsterplatz 9;
Bauwerk von 1437.
Bundzeichen «1» als
quadratische
Ausnehmung auf
dem Kehlbalken.

setzte sich die einheitliche Kennzeichnung der Hölzer erst allmählich durch und jeder Zimmermann (Abb. 55) erfand sein eigenes Bundzeichensystem (4).
Seit dem Beginn der Neuzeit ist eine Systematisierung der Bundzeichenanordnung zu erkennen. In regional nur noch geringfügig differierenden Ausformungen werden die Zeichen als römische Zahlen eingeschlagen (Abb. 60, 61 und 62). Diese Art der Numerierung bietet sich aus arbeitstechnischen Überlegungen vor allem deswegen an, weil die römischen Zahlen aus Strichen zusammengesetzt sind und deswegen leicht mit der Axt eingeschlagen werden können (Abb. 63). Neben den römischen Zahlen werden fast ebenso oft kleine, wohl mit dem Stecheisen ausgenommene Dreiecke verwendet, die an einem oder mehreren Strichen aneinandergereiht werden (Abb. 64 und 65). Hier findet man mit veränderter Gestaltung das mittelalterliche Prinzip der einfachen Addition wieder.
Die Bundzeichen werden stets auf der Bundseite einer Fachwerkkonstruktion angebracht. Die Bundseite ist die Seite des Gefüges, auf der alle Balken glatt in

Abb. 58
Schwäbisch Gmünd,
Münsterplatz 9;
Bundzeichen «4» auf
dem Kehlbalken.

Abb. 59
Schwäbisch Gmünd,
Münsterplatz 9;
Bundzeichen «8» auf
dem Kehlbalken und
dem Binderbalken.

Abb. 60
Marburg, Hinterhaus
am Marktplatz;
Bauwerk des späten
15. Jahrhunderts;
Bundzeichen «7» auf
Ständer und Fußband
mit Kennzeichnung
der Bundwand und
des Geschosses.

Abb. 61
Duderstadt,
Augustinergasse;
Bauwerk des
17. Jahrhunderts.
Bundzeichen «6» in
römischer Zählung
mit Kennzeichnung
der Bundwand «3».

Abb. 62
Limburg,
Fischmarkt 14;
Bauwerk des späten
17. Jahrhunderts.
Bundzeichen «11» in
römischer Zählung
mit Kennzeichnung
der Bundwand «3».

Abb. 63
Tübingen, Zehnt-
scheune; Bauwerk
des 15 Jahrhunderts;
Bundzeichen «14» als
Kombination von
Strichaddition und
römischer Zählweise.

Abb. 64
Steinheim, Zehnt-
scheune;
Bundzeichen «12» in
unterschiedlicher
Aufteilung als
«Fähnchen» auf
Stuhlsäule und
Kopfband mit
Kennzeichnung der
östlichen Traufseite.

einer Ebene liegen, während die Rückseite infolge ungleicher Balkenstärken
fast immer uneben, oft auch mit wald-
kantigen Stellen versehen ist. Alle Teile
eines Gebindes im Dach (Sparren, Kehlbalken, Stuhlsäule, Binderbalken, Kopfband etc.) erhalten auf wenigstens einer
Seite in einem leicht überschaubaren Bereich der Konstruktion das gleiche Zeichen (Abb. 66). Gelegentlich werden die
beiden Dachseiten durch gleichartige
Numerierung in unterschiedlicher for-
maler Ausführung noch weiter differen-
ziert. Oft bleibt freilich die zweite Dach-
hälfte auch ganz ohne Bezeichnung.
Hier wird deutlich, daß die einzelnen

Gespärre wohl jeweils für sich genommen auf einem Fuhrwerk vom Zimmerplatz zur Baustelle gebracht wurden.

Bezeichnung der Geschosse

Die fortlaufende Numerierung der Gespärre im Dach mit unterschiedlichen
Systemen der Kennzeichnung ist jedoch
nur eine der Funktionen der Bundzeichen. Genauso wichtig ist die Lokalisie-
rung aller Holzteile im Gefüge der Geschosse. Hier ist die Aufgabe wesentlich
komplizierter, da ein dreidimensionales
Gebilde systematisch geordnet werden
muß und die Wand aus ungleich mehr

Hölzern besteht als das Dachwerk. Die
Hölzer der vier Fassaden müssen ebenso
voneinander unterschieden werden wie
die der Innenwände, wobei bei mehrge-
schossigen Bauten stets noch nach Geschossen zu unterscheiden ist. Einge-
schossige Bauten oder Fachwerkkonstruktionen auf massivem Sockel bedür-
fen einer solchen Differenzierung nicht.
Die Unterscheidung der einzelnen Geschosse geschieht durch eine Erweite-
rung des Bundzeichensystems. Im Obergeschoß wird der durchlaufenden Numerierung jeweils eine kleine quadratische Ausnehmung oder ein schräg ein-
geschlagener kurzer Strich zugefügt

Abb. 65
Rauberweihermühle,
Landkreis
Schwandorf;
Bauwerk von 1712.
Bundzeichen «13»
als «Fähnchen» mit
Kennzeichnung der
Bundwand «2».

Abb. 66
Steinheim,
Zehntscheuer;
Dachwerk von 1655.
Bundzeichen «2» in
römischer Zählung
auf Stuhlsäule,
Binderbalken,
Kehlbalken und
Kopfband in ein-
facher Strichaddition.

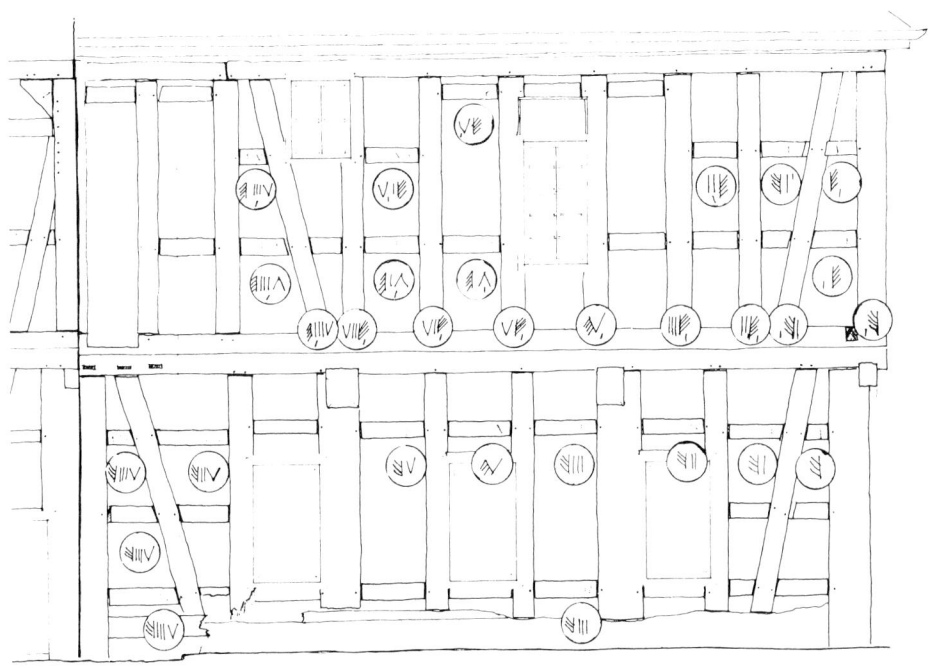

Abb. 67
Hadamar, Altes Rathaus; Bauwerk von 1693.
Bundzeichen auf der Ostseite mit Unterscheidung von Erdgeschoß und Obergeschoß durch
schräge Markierungen.

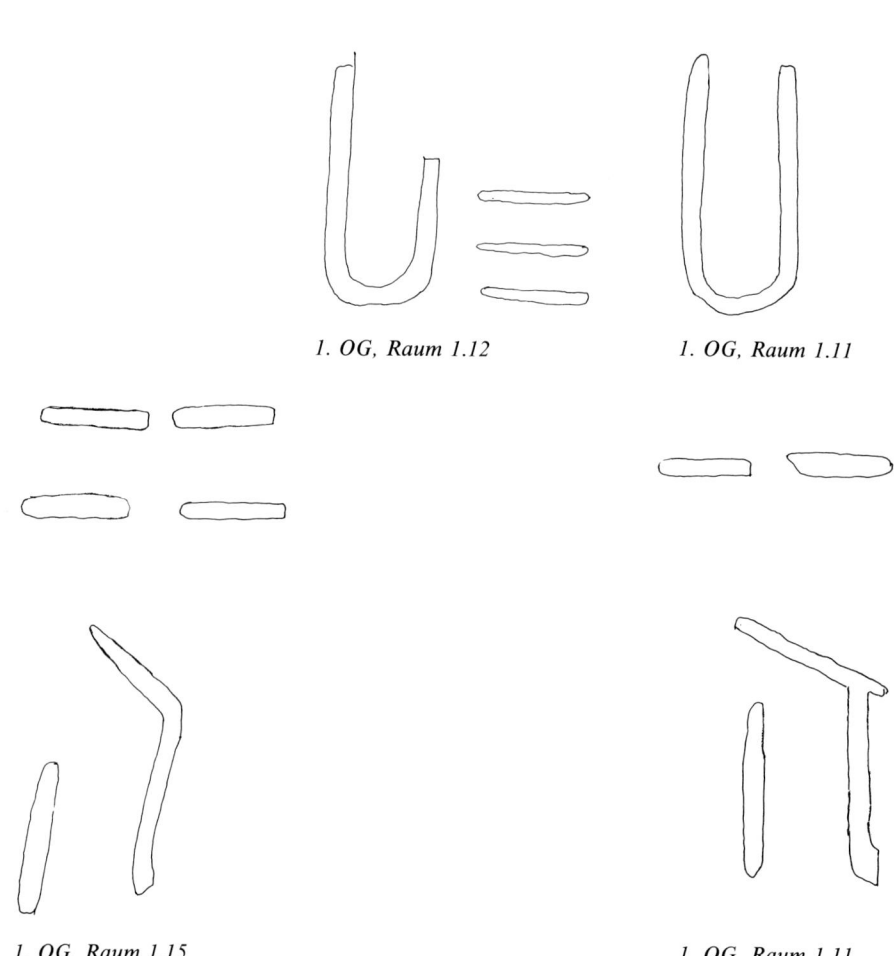

1. OG, Raum 1.12   *1. OG, Raum 1.11*

Abb. 68 a und b
Schwäbisch Gmünd, Amtshaus des Spitals;
Bauwerk von 1434. Dokumentation der im
Bauwerk gefundenen Bundzeichen.
(Abb. 68 b gegenüber)   *1. OG, Raum 1.15*   *1. OG, Raum 1.11*

(Abb. 67), im Giebel dann jeweils zwei. Das Erdgeschoß bleibt regelmäßig ohne Ergänzung (5).

In ähnlicher Weise werden auch die einzelnen Bundwände voneinander unterschieden. Jede Wand erhält neben der durchlaufenden Bezeichnung der einzelnen Ständer und Riegel eine eigene Kennzeichnung (Abb. 68 a und b und 69), die im Mittelalter durch frei erfundene Zeichen, seit dem Beginn der Neuzeit durch Schrägstriche und kleine Dreiecke gebildet werden. Die Numerierung der Bundwände läuft von einer Fassade des Hauses durch das Haus hindurch. So ist die Fassade oft ohne eigenes Zeichen; die eine Flurwand hat einen Schrägstrich, die zweite Flurwand zwei (Abb. 65) und die zweite Fassade drei (Abb. 62) Schrägstriche. In den einzelnen Geschossen werden diese Kennzeichnungen jeweils wiederholt. Innerhalb einer Bundwand werden die senkrechten Hölzer (Ständer und Streben) von einer Ecke beginnend fortlaufend numeriert (Abb. 70 und 67). Die Bezeichnungen finden sich fast immer nahe dem Fußpunkt der Hölzer. Riegel und Knaggen sowie die Schmuckelemente der einzelnen Felder erhalten stets die gleiche Numerierung wie die nebenliegenden Senkrechten, wobei die Orientierung nach links und rechts vorkommt.

Insgesamt zeigt die systematische Untersuchung von Bundzeichen, daß ein einheitlich errichtetes Gebäude auch stets ein logisches System von Bundzeichen hat. Dieser Aussage widerspricht nicht, daß bei wenigen Bauten das Bundzeichensystem innerhalb eines Dachwerks wechseln kann (6). Offenbar hatte bis weit in die Neuzeit hinein jeder Zimmermann sein eigenes System von Bundzeichen. Wenn mehrere Meister an einem Bauwerk tätig waren, kommen somit besonders bei größeren Zimmermannsarbeiten auch unterschiedliche Numerierungssysteme innerhalb einer einheitlichen Konstruktion vor (Abb. 52 und 53). In aller Regel aber weisen Änderungen im Bundzeichensystem, Störungen im regelmäßigen Fortschreiten der Numerierung von Feld zu Feld und bei neuzeitlichen Bauten auch das Fehlen von Bundzeichen überhaupt auf bauliche Veränderungen oder spätere Ergänzungen der Fachwerkkonstruktion hin. Insoweit sind die Bundzeichen nicht nur ein interessantes Problem der Geschichte der Bautechnik und verraten, wie die Zimmerleute früher ihre Baustellen organisierten, sondern sie sind auch ein wichtiges Hilfsmittel zur Analyse baugeschichtlicher Prozesse.

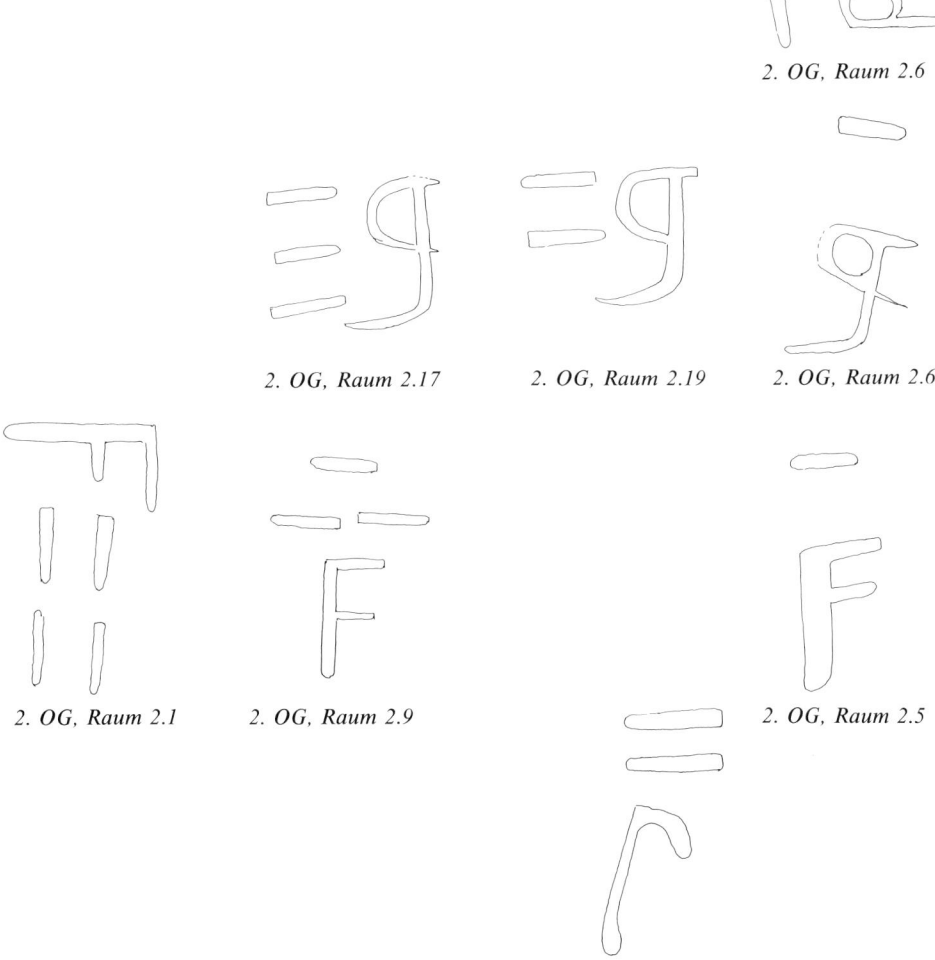

2. OG, Raum 2.6

2. OG, Raum 2.17   2. OG, Raum 2.19   2. OG, Raum 2.6

2. OG, Raum 2.1   2. OG, Raum 2.9   2. OG, Raum 2.5

2. OG, Raum 2.8

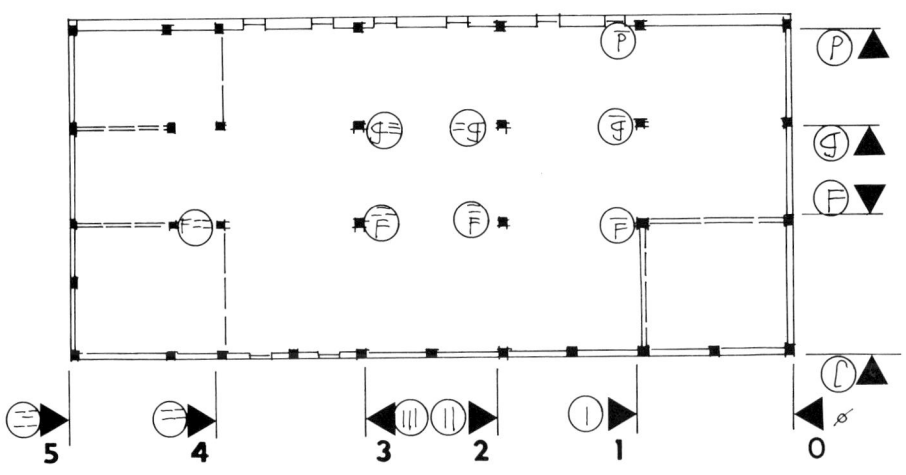

Abb. 69
Schwäbisch Gmünd, Amtshaus des Spitals; Bundverteilung im zweiten Obergeschoß. Die Bundwände sind von links nach rechts von «0» bis «5» durchnumeriert. Die Längswände haben buchstabenartige Bezeichnungen. Die Bundseiten mit ihren jeweiligen Bezeichnungen sind durch Pfeile gekennzeichnet. Ein Teil der Zeichen konnte wegen baulicher Veränderung nicht mehr nachgewiesen werden.

Abb. 70
Bad Wimpfen, Klostergasse 9; Badhaus von
1534. Bundzeichen auf der Straßenfassade.
Die Zeichen auf der Wand unterscheiden sich
deutlich von denen des später angesetzten
Dachs über der Treppe.

Anmerkungen und Literatur

(1) Günther Fehring: Frühentwicklung von Topographie, Parzellierung und Bebauung der Hansestadt Lübeck; in: Kunstchronik 4, 1989, S. 182.

(2) Hausbau im Mittelalter II, Bad Windsheim/Sobernheim 1985 und Hausbau im Mittelalter III, Bad Windsheim/Sobernheim 1988. Die gegenwärtig bekannte früheste Fachwerkkonstruktion ist ein Haus in Bad Wimpfen aus dem Jahr 1265; eine Zusammenstellung von Fachwerkkonstruktionen des 3. Jahrhunderts bringt auch G. U. Grossmann: Der Fachwerkbau, Köln, S. 96–99.

(3) Abbundzeichen in Rötel, die nicht in das Holz geschlagen wurden, finden sich auf dem um 1536 errichteten Dachwerk des Nordflügels im Schloß Hohentübingen. Hier mag der Zimmerplatz im Schloßhof gelegen haben, so daß ein weiterer Transport nicht erforderlich wurde (Hartwig Schmidt: Zimmermannskonstruktionen der Renaissance. Dachwerk und Deckenkonstruktion im Nordflügel des Schlosses Hohentübingen; in: Erhalten historisch bedeutsamer Bauwerke, Jahrbuch 1987, Abb. 15; Abb. 25, mit Jahreszahl 1539 und Monogramm des Zimmermeisters auf einer Reparaturkonstruktion).

(4) Sammlungen von Bundzeichen bei Grossmann, wie Anm. 2, S. 30–32, sowie Horst Masuch: Arbeitsweise und Ergebnisse der historischen Bauforschung – Abbundzeichen und Dachwerke; in: Niedersächsische Denkmalpflege 1. Bd. für 1983/84, Hannover 1985, S. 70–80.

(5) Maurice Ruch: La Maison Alsacienne à colombage, Paris 1977, S. 46, als Bestandteil einer ansehnlichen Beschreibung des Bauvorgangs.

(6) Masuch, wie (4), weist auf einige solcher Beispiele hin. Ähnlich, aber sicher einer einheitlichen Bauphase zuzuordnen auch das Haus Marktplatz 23 in Dieburg von 1465 (dazu Johannes Cramer; Bundzeichen, in: Bauen mit Holz 3, 1986).

Marksteine («Läbersteine») als Friedensstifter

Betrachtet man die heutige Gestalt des Kantons Solothurn, so fällt der bizarre Verlauf seiner Grenzen auf. Der Grund hierfür liegt in dem mühsamen und zähen Ringen der Stadt, während des 14. und 15. Jahrhunderts ein eigenes Territorium zu behaupten. Die benachbarten Stände Bern und Basel engten den solothurnischen Expansionsdrang beträchtlich ein (Abb. 71). Der Stand Solothurn aber blieb in der Auseinandersetzung mit den beiden Rivalen hartnäckig. So kam es aareabwärts und in den Bergen des Jura doch noch zu Landgewinnen. Während zwei Jahrhunderten, insbesondere von 1344–1532, baute sich der Kanton Solothurn Schritt für Schritt und unter gewaltigen finanziellen Opfern einen eigenen Herrschaftsbereich auf.

Methoden der Grenzziehung

Nachdem ein Gebiet erworben war, erfolgte die Ausmarchung durch die beiden Grenznachbarn. Im Mittelalter waren behauene und mit Wappen und Nummern versehene Marksteine noch unbekannt. Sie erschienen erst gegen Ende des 15. Jahrhunderts. Frühere Grenzumschreibungen – sie sind in den

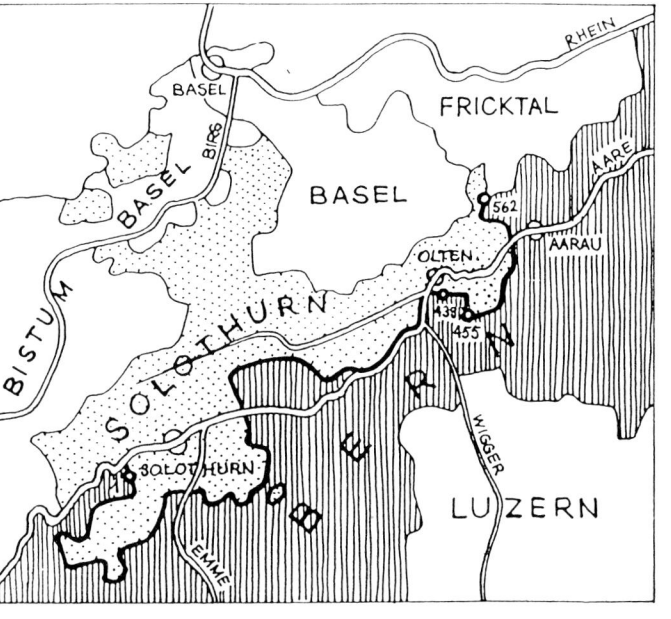

Abb. 71
Gemeinsame Grenze zwischen Bern und Solothurn bis zur Gründung des Kantons Aargau im Jahre 1803. Diese Grenze beginnt bei Staad und verläuft in der Aare bis in die Gegend von Nennigkofen. Hier steht der Grenzstein Nr. 1. Auf der Salhöhe, wo Bern, Solothurn und das österreichische Fricktal zusammenstießen, endet sie beim Grenzstein Nr. 562. Besonders schöne Steine: Nr. 439–455 am Säli und bei Engelberg.

Staatsarchiven recht zahlreich dokumentiert – hielten sich insbesondere an Berggipfel, Bäche, Flüsse, Wege, markante Bäume und Hecken, Steinmauern und Bildstöcke. Im Jura spielte die Schneeschmelze, also die Wasserschei-de, eine wichtige Rolle, um den Grenzverlauf bei Graten und Paßhöhen zu bezeichnen. Die Umschreibung mit dem Wort «Schneeschmelze» ließ aber vielfach Zweifel über die Zugehörigkeit einzelner Reviere aufkommen. Territorialansprüche wurden von hüben und drüben mit verbissener Beharrlichkeit immer wieder angemeldet. Widerliche Reibereien, sehr oft durch Jagdfrevel in den neuralgischen Zonen ausgelöst, beschäftigten die Regierungen der einzelnen Stände oft jahrelang. Nach und nach wurde nun versucht, durch das Setzen von Marksteinen Ordnung und Klarheit zu schaffen. In den Grenzprotokollen wurden sie, im Gegensatz zu den Amts- und Gemeindemarken, «Herrlichkeitssteine» genannt. «Hohe Herrlichkeit» war eine Bezeichnung für Landeshoheit.

Die «Herrlichkeitssteine»

Ursprünglich wiesen die meisten Grenzsteine einen kreisrunden Querschnitt auf. Es waren eigentliche Säulen, die bis zu Mannshöhe aus gewaltigen Kalk- oder Sandsteinbrocken herausgearbeitet wurden. Drei dieser ganz seltenen Exemplare findet man noch am Engelberg (Abb. 72, 73 und 74). Damit das Einhauen der Hoheitszeichen, d.h. der Schriften und Wappen, müheloser war, wählten die Steinmetzen später möglichst flache Formen, in der Regel vierkantige Steine, wie sie an der Grenze zwischen Solothurn und Bern in großer Zahl anzutreffen sind.

Abb. 72
Der Verlauf der Kantonsgrenze weist auf dem Höhenzug des Engelbergs eine leichte Knickstelle auf. Hier steht der alte, runde «Läberstein» Nr. 445 aus dem Jahre 1616. Vor über 370 Jahren ward er verankert nach Paragraph und Richtmaß, ein Zeuge seiner Zeit, ohne viel Aufhebens zu machen. All jene, die ihn gesetzt haben, hat er längst überlebt!

Abb. 73
Ein von den Feldmessern im Jahre 1764 übernommener alter, runder «Läberstein» (Nr. 442) im Engelbergwald, 370 m östlich der Wartburghöfe. Es handelt sich um eine der seltenen, fast mannshohen Grenzsäulen, die vermutlich aus dem 17. Jahrhundert stammen.

Abb. 74
Alter «Läberstein» Nr. 444 auf der Höhe des
Engelbergs. Es ist eine altehrwürdige Grenz-
säule, die aus dem Jahre 1616 stammen
dürfte wie sein östlicher Nachbar, Nr. 445
(Abb. 72). Da die Säule in der Nähe eines
Aussichtspunktes steht, ist sie bei den Wande-
rern sehr bekannt. Zwischen den Marken 442
und 444 setzten Derendinger und Vissaula
einen weiteren Stein, weil der Grenzverlauf
im sogenannten Oftringer Engelberg eine
leichte Krümmung zugunsten Berns aufweist.

Eine der auffälligsten Auskragungen des
solothurnischen Kantonsgebietes weist
der Bezirk Olten auf: Südlich des Weilers Engelberg verläßt die Grenze recht-
winklig den Höhenzug (Abb. 71, 75 und
77) und stößt gegen die Striegelstraße
und damit an den Damm der ehemals
bernischen Besitzungen vor. Dadurch
werden Walterswil und Rothacker eng
umklammert (Abb. 76). Ein solch ver-
zwickter Grenzverlauf läßt sich nur auf
dem Hintergrund der Territorialpolitik
Solothurns erklären, welche im 15. Jahrhundert forsch vorangetrieben wurde.
Als Antwort auf die Eroberung des Aar-
gaus durch die Berner stieß Solothurn
nach 1415 energisch aareabwärts vor.
Diese Ausdehnungsbestrebung lief der
bernischen parallel, so daß die beiden
Kantone einander da und dort in die
Quere gerieten. Bern wollte die Aare,
den Zugang zum Obern Hauenstein und
die Straße über die Striegelhöhe südlich
des Engelbergs beherrschen. Die folgenden Erwerbungen zeigen, wie zielbe-
wußt sich Solothurn der Grenze der
Stadt Aarau näherte, wo allerdings Bern
bereits seinen Riegel vorgeschoben hatte
(Abb. 77):
1420 kam Solothurn in den Besitz des
    Tales von Balsthal.
1426 wurde Olten als Pfand des Bi-
    schofs von Basel solothurnisch.
1458 gelang der Kauf der reichen Herr-

schaft Gösgen vom verschuldeten
Grafen Thomas von Falkenstein,
wobei Bern in einem Augenblick
der Unaufmerksamkeit überlistet
wurde. Diese Herrschaft umfaßte
die Dörfer Niedergösgen, Stüsslingen,
Rohr und Obergösgen auf der
linken Aareseite, Gretzenbach,
Däniken, Dulliken, Starrkirch und
Walterswil auf der rechten Aareseite.
1465 erwarben die Solothurner die
    Herrschaft Wartenfels mit Lostorf
    und Mahren, die Adrian von Bu-
    benberg gehört hatte.
Zu dieser Zeit erhielt Solothurn von
Thomas von Falkenstein das Meieramt
Kölliken, ein Lehen des Klosters
St. Gallen. Weil Kölliken an der schmalen bernischen Verbindungsstelle zwischen dem Oberaargau und dem breit
ausgedehnten unteren Aargau liegt
(Abb. 77), ruhte Bern nicht, bis ihm das
Kloster St. Gallen das Eigentumsrecht
an diesem Lehen verkaufte. Dies führte
zu einer seltsamen Situation: Lehensherr
des Meieramtes Kölliken war Bern –
Lehensträger war nach wie vor Solothurn. Um sich seines Rivalen auf diesem Lehen zu entledigen, begann Bern,
die auf den Grundstücken liegenden
Zinsen, die sogenannte Gült, einzuzie-
hen. Solothurn legte gegen diese Maß-
nahme Verwahrung ein und rief die Ver-
mittlung Zürichs an. Der Streit zog sich
lange hin, bis schließlich ein Vertrag zustande kam: Solothurn verzichtete auf
das Lehen, erhielt aber 1 500 Gulden als
Entschädigung.
Wie tief bei den Solothurnern die Ver-
stimmung wegen der Kölliker-Angele-

Abb. 75
Der von den beiden Feldmessern Derendinger
und Vissaula im Jahre 1764 verankerte neue
«Läberstein» Nr. 447 markiert den rechten
Winkel der vom Engelberg zur N 1 vorstoßen-
den Kantonsgrenze.

genheit war und wie gereizt man sich der
Stadt Bern gegenüber offenbar äußerte,
zeigt folgende Begebenheit: In Bern zir-
kulierte das Gerücht, Luzern, Wallis und
Solothurn planten einen Anschlag auf
Bern!
Im Jahre 1803 vereinigte sich der ehemals bernische Aargau mit der Grafschaft Baden, dem Freiamt und dem
österreichischen Fricktal zum neuen
Kanton Aargau. Zuvor erstreckte sich
die Grenze zwischen den Ständen Solothurn und Bern vom Eckzipfel (südwest-
licher «Stiefel» von Solothurn) bei Staad
südlich von Grenchen im Westen bis zur
Salhöhe (Säli) am Kienberg im Osten
(Abb. 71). Wegen der äußerst mangel-
haft markierten Trennungslinie der beiden Hoheitsgebiete kam es wiederholt
zu gefährlichen Spannungen. Wohl wurden auf einigen Grenzabschnitten gelegentlich Bereinigungen vorgenommen,
aber diese Maßnahmen blieben Stück-
werk.
Im Jahre 1762 rafften sich Solothurn
und Bern endlich zu einer bedeutenden
gemeinsamen Tat, einer Grenzbegehung,
auf.

Abb. 76
Nr. 455 ist ein alter, vierkantiger «Läber-
stein» aus dem Jahre 1660 an der N 1,
1 250 m südwestlich von Walterswil. Er trägt
einen dreieckigen Aufsatz, der den spitzen
Winkel des Grenzverlaufes an dieser Stelle
besonders deutlich bezeichnet.

Die Grenzmarkierung

Diese sogenannte «allgemeine Landmarchuntergehung» hatte eine Länge
von rund 160 km. Sie beginnt bei Nennigkofen und endet auf der Salhöhe,
6 km nordwestlich von Aarau.
Josef Derendinger von Solothurn und
Abraham Vissaula von Bern führten «als

die hierzu beeidigten Feldmesser» – wie die Protokolle melden – die Arbeiten aus. Sie unterbreiteten ihren Regierungen 85 bis ins kleinste Detail gezeichnete Pläne mit den dazugehörenden Protokollen und die Verzeichnisse der vorgesehenen 562 Marksteine. Dazu zählten sowohl die vielen Neusetzungen als auch alte bestehende Steine, die übernommen werden konnten.

Der einleitende Text zu dieser genauen Bestimmung und Markierung der Grenze zwischen den beiden Ständen lautet folgendermaßen:

«Wir, Schultheiss, Klein und Grosse Räthe der Stadt und Republik Bern an einem und Wir, Klein und Grosse Räthe der Stadt und Republik Solothurn am anderen Teil tun kund hiemit: Demnach seit vielen Jahren die Landmarken, welche unsere Lande voneinander unterscheiden, so ohndeutlich geworden, daß an verschiedenen Orten sich Mißverständnis und Streitigkeit erhoben, hat solches Uns vermögen zu Erhaltung und Fortpflanzung alt mitbürgerlich guter Einigkeit, Liebe und Freundschaft und Zuvorkommung aller Zwietracht, so in künftigen Zeiten entstehen könnte, sämtlich gegeneinander habende Landmarken erneuern, alle sich

hervorgethane Streitigkeiten erörteren, wo vonnöthen die allzu weiten Distanzen durch neue Zwischensteine kenntbarer machen, und die wandelbaren und krummen Marklinien soweit möglich fixieren, vergräden und genau compensieren . . .»

Die Hauptarbeit der beiden Feldmesser lag offensichtlich darin, sämtliche Knickstellen des Grenzverlaufes deutlich festzuhalten und, um Unklarheiten aus dem Weg zu räumen, neue Zwischensteine zu setzen.

«Läbersteine» am Säli und Engelberg bei Olten

In den Protokollen der beiden Feldmesser Derendinger und Vissaula wurden die Grenzsteine, wie damals üblich, «Läbersteine» genannt. Die Steine wurden nicht, wie heute, aus Granit, sondern aus dem soliden Jura-Kalkstein (Jura – Gebirge zwischen der Schweiz und Frankreich) zugehauen (Abb. 77).

Eine im Jahre 1836 erschienene Beschreibung des Kantons Solothurn hält zum Ausdruck «Läbern» folgendes fest: «Der Jura hieß früher Jurassus, später Jurten, auch Leberberg oder Lebern. Der letztere Name wird aber heute größ-

tenteils nur den westlich von Solothurn gelegenen Teilen beigelegt. Er soll ihn von dem Eisenerz erhalten haben, welches die Farbe der Leber hat und auf welches schon in frühesten Zeiten Bergbau getrieben wurde».

Unter diesen Läbersteinen findet man am Säli (ein Hügel bei Olten), am Engelberg und auf der auslaufenden Jurakette Richtung Aarau zwei verschiedenartige Gruppen.

Zur ersten Gruppe gehören die im Jahre 1764 von Derendinger und Vissaula neu errichteten vierkantigen Brocken mit einer durchschnittlichen Höhe von 120 cm. Alle sind mit dem Jahr der Grenzbereinigung, der Nummer und den Wappen der beiden Stände versehen. Ihre Hauptachse ist nach dem nächstfolgenden Markstein ausgerichtet.

Die zweite Gruppe umfaßt alle alten Exemplare, die schon vor 1764 bestanden haben: die bereits erwähnten prächtigen, ungefähr 160 cm hohen Säulen, ferner vierkantige, meist sehr massive Steine mit einer Höhe von 60–130 cm.

Für deren Schmuck, d. h. Wappen und Zahlen, wandten die Steinmetzen ihre ganze Kraft und Kunst auf. Deshalb repräsentieren diese Steine ein Stück Kulturgeschichte, das wohl fast ein halbes Jahrtausend umspannen mag.

Einzelne Steine, besonders die stark exponierten, wurden mit der Zeit derart beschädigt, daß sie ersetzt werden mußten. Fast alle diese Neusetzungen stammen aus dem jetzigen Jahrhundert. Sie bestehen aus Granit, sind in der Größe sehr unterschiedlich und tragen anstelle des Berner Wappens nunmehr dasjenige des Kantons Aargau.

Derendinger und Vissaula haben ihre Läbersteine von Westen nach Osten fortlaufend numeriert. Auch die von ihnen übernommenen alten Exemplare sind in diese Numerierung einbezogen.

Nr. 1 steht bei Nennigkofen, wo die gemeinsame Grenze zwischen Solothurn und Bern die Aare verläßt, Nr. 562, der letzte Stein der langen Reihe, auf der Salhöhe, unmittelbar an der Straße nach Kienberg (Abb. 71). Dieser Endpunkt wurde zum Abschluß der großen Grenzregulierung im Jahre 1768 durch eine besonders formschöne Säule markiert. Sie weist drei Wappen auf, denn hier stießen das solothurnische und das bernische Territorium an das österreichische Fricktal, das erst 1803 aufgrund der Mediationsakte zum neugeschaffenen Kanton Aargau kam.

Spiegelverkehrte Wappen

Überraschend sind die spiegelverkehrten Darstellungen des Berner Wappens. Es handelt sich hier um eine alte, früher streng eingehaltene Regel der Wappenkunst, die sogenannte «heraldische Höflichkeit». Ist allein das Berner Wappen

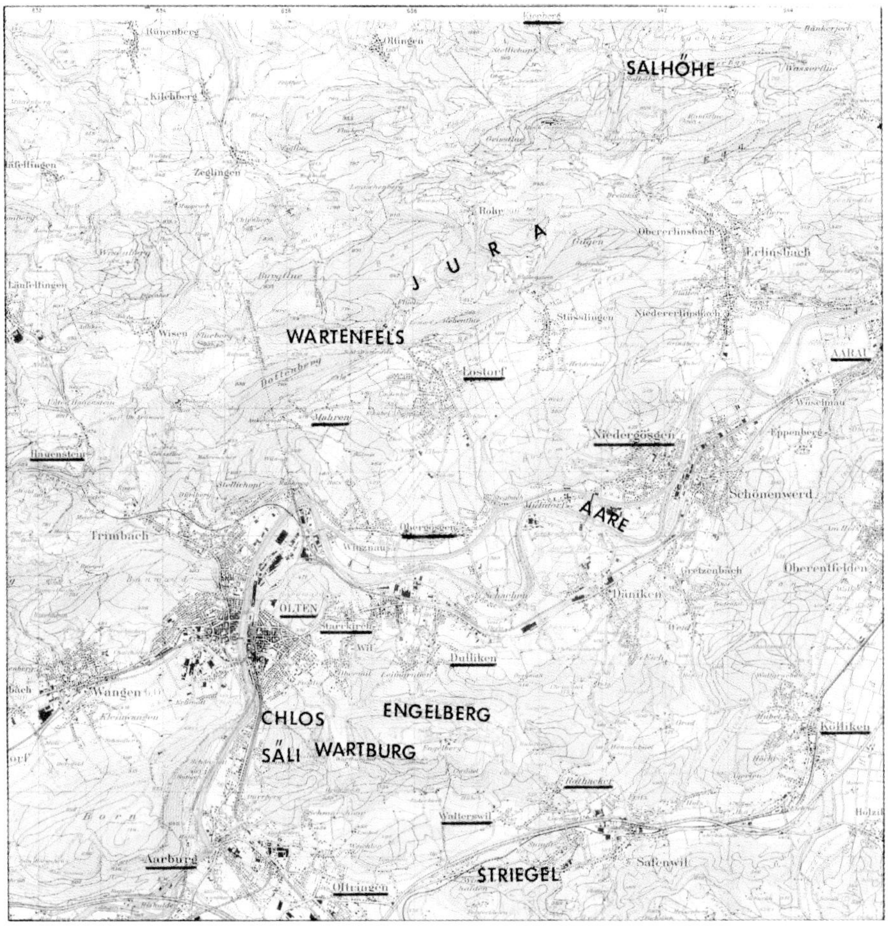

Abb. 77
Zum besseren Verständnis der Örtlichkeit der «allgemeinen Landmarchuntergehung» (vgl. S. 38) dient zum Teil die Hervorhebung der im Artikel erwähnten Ortschaften durch Unterstreichung, aber auch die in größerer

Schrift neu eingetragenen Bezeichnungen für Ortschaften, Schlösser, Berge, Paßhöhen und Straßen. (Reproduziert mit Bewilligung des Bundesamtes für Landestopographie vom 11. 9. 1991.)

abgebildet, so hat der Schrägbalken immer die gewohnte Stellung. Steht es jedoch neben einem anderen, gleichrangigen Wappen – in diesem Fall Solothurn – so muß es ihm zugewendet sein. Anders ausgedrückt: Der Bär (Kennzeichen des Berner Wappens) soll dem anderen Wappen nicht den Rücken zukehren. Es gibt allerdings auch Abweichungen von der «heraldischen Höflichkeit» auf diesen Grenzsteinen, jedoch nur auf denjenigen, welche schon vor 1764 bestanden haben. Dies ist wie folgt zu erklären: Die bewußte Regel ist jahrhundertealt, aber nicht jeder Beamte oder Handwerker, der mit der Herstellung der Steine und damit der Wappen zu tun hatte, war mit den Forderungen der strengen Heroldskunst vertraut. So kam es leicht zu Verstößen, die auf Unkenntnis dessen beruhten, «was sich ziemt», wie der Heraldiker sagt.

Das «Gescheid» und die «Lohen»

Grenzsteine stehen seit ältester Zeit im Zusammenhang mit kultischen und mystischen Bräuchen und sind auch mit Aberglauben verbunden. Wie zahlreiche Sagen von böswillig verschobenen Grenzen andeuten, kam es immer wieder zu Grenzfreveln, vor denen die Menschen ihre Marksteine durch eine besondere Behörde, das «Gescheid», zu schützen suchten. In das Gescheid wählte man besonders zuverlässige und allgemein geachtete Männer. Sie hatten die Scheidungslinien zu überwachen und Marksteine zu setzen oder auszuwechseln. Den Gescheidsleuten oblag auch die Anordnung der geheimnisvollen Lohenzeichen, die unter dem Markstein eingegraben wurden (Abb. 78). Diesem Brauch lag eine uralte Auffassung zugrunde, wonach der Grenzstein seine Aussagekraft nur zusammen mit weiteren Gegenständen bewahren konnte. Als «Lohen» wurde ein Material gewählt, das unversehrt in der Erde erhalten blieb, z.B. Ziegelstücke, Glasscherben, Knochen, Holzkohle oder Kieselteile, bei denen zwei Bruchflächen zusammenpaßten. Die Gescheidsleute waren durch einen Eid verpflichtet, nichts über die Beschaffenheit und Anordnung der Lohen auszusagen. Diese sollten es jederzeit ermöglichen, den genauen Standort eines durch Erdrutsch oder Frevel verschobenen Grenzsteins zu ermitteln.
Ein besonders auffälliges Lohenstück lag stets genau senkrecht unter der Mittelachse des Steins und markierte somit den eigentlichen Grenzpunkt. Die übrigen Lohen, die meist in kurzen Reihen angeordnet waren, hielten die Richtungen der vom Grenzstein wegführenden Scheidungslinien fest. Vielfach war auch nur ein einzelnes Lohenstück unterlegt. Schickten sich die Gescheidsleute an, einen Grenzpunkt auszumessen und die

Lohen nach den einzelnen Paragraphen ihrer geheimen Vorschriften zu verlegen, so hatten sich die Personen, die sich zufällig in der Nähe aufhielten, unverzüglich zu entfernen. Sie durften der seltsamen Amtshandlung nur aus einer Entfernung von mindestens hundert Schritt zusehen. An benachbarten Häusern mußten die Fenster und Fensterläden geschlossen werden. Das Gescheid wollte sicher sein, daß weder ein unberufenes Auge die bevorstehenden Handlungen beobachten noch ein unbefugtes Ohr etwas über die geltenden Lohengeheimnisse vernehmen konnte. Der Gescheidspräsident leitete die Arbeiten. Er trug als äußeres Zeichen seines Amtes den Gescheidsstab, einen prächtig gearbeiteten Stock mit einer Längeneinteilung, die bei Kontrollen maßgebend war. Die Gescheidsleute wurden in geheimer Wahl erkoren und auf Lebenszeit eingesetzt. Mit ihrem Eid übernahmen sie die Verpflichtung, bei Grenzstreitigkeiten unparteiisch Recht zu sprechen und weder Geschenke noch Gaben anzunehmen. Sie spielten daher die Rolle eigentlicher «Feldgeschworener».
Die Gescheide verloren ihre Bedeutung erst, als für die Vermessungsarbeiten ausgebildete Geometer zur Verfügung standen. Zu Beginn des 19. Jahrhunderts konnten die Grenzpläne trigonometrisch aufgenommen werden. Das Kriterium für den Grenzverlauf innerhalb von zwei Marken bildete fortan die strenge Gera-

de, von der jeder beliebige Punkt – auch in unübersichtlichem Gelände – mit vermessungstechnischen Methoden erfaßt werden kann. Seither ist es um die Kantonsgrenzen ruhig geworden und es kam nicht mehr zu Unstimmigkeiten.

Erste wissenschaftliche Vermessung in der Schweiz

Erst 25 Jahre nach dieser minutiösen Feldmesserarbeit wurde die wissenschaftliche Vermessung durch den Gelehrten Johann Georg Tralles begründet. Tralles begann mit seinen geodätischen Versuchen 1788 im Berner Oberland. Er maß mit einer Stahlkette von 100 Fuß Länge zwei Grundlinien in der Nähe von Thun. Mit einem englischen Theodoliten (Abb. 79) bestimmte er darauf die Winkel eines an diese Grundlinien angelehnten Dreiecknetzes und die dazugehörenden Höhenwinkel. Er erhielt durch Berechnung die gegenseitige Lage und die Höhendifferenzen einer Reihe von Punkten, unter denen sich die bedeutendsten Spitzen der Berner Alpen befanden. Tralles maß 1791 mit der gleichen Stahlkette eine neue Basis im Großen Moos zwischen Aarberg und Murtensee. Es ist dieselbe Basis, die später die Grundlage für die Dufour-Karte bildete.

Beispiele von «Läbersteinen»

In dem Grenzabschnitt, der in der Chlos zwischen Olten und Aarburg beginnt (anstelle des verschwundenen Marksteins Nr. 434 ist in der Mauer gegen die Aare eine Metallmarke eingelassen) und der vor Aarau mit Nr. 502 am Ausgang des Roggenhuser-Täli endet, stehen 68 Steine. Die eindrücklichsten davon befinden sich am Säli und am Engelberg, von Nr. 439 (in der Einsattelung zwischen den beiden Wartburgen) bis Nr. 455 (bei Walterswil).
Im Feldmesser-Protokoll von 1764 werden die Steine in der Sprache Derendingers und Vissaulas wie folgt beschrieben:

439 (Abb. 80) ist ein neuer Läberstein zwischen den beiden Schlössern Wartburg. – Von diesem gegen Aufgang [Osten – d. Verf.] 870 Schuh an den

440 ist ein neuer Läberstein auf dem Schloßacker unterhar Wartburg [der Säli-Berg war noch bis ins letzte Jahrhundert hinein fast unbewaldet! Nr. 440 wurde im Jahre 1920 durch einen granitenen Stein ersetzt]. – Von diesem ferner gegen Aufgang 870 Schuh an den

441 ist ein neuer Läberstein im untern Wartburghof an der Straß ohnweit der Kappel [Dieser Stein mußte 1932 durch einen neuen, granitenen ersetzt werden, weil er seiner exponierten Lage wegen stark beschä-

GRENZPUNKT

LOHEN

Abb. 78
Zur Verstärkung der Aussagekraft eines Grenzsteins dienten geheimnisvolle Unterlagen, die «Lohen». Ein besonders auffälliges Lohenstück lag genau senkrecht unter der Mittelachse des Steins und markiert den eigentlichen Grenzpunkt. Solche Lohen wurden den Grenzsteinen bis ins 19. Jahrhundert hinein unterlegt, so auch den Kantonssteinen zwischen Solothurn und Bern.

digt war]. – Von diesem ferner gegen
Aufgang 1348 Schuh an den

442 (Abb. 73) ist ein alter, runder Läber-
stein in der Wartburgweid an der
Straß. – Von diesem ferner gegen
Aufgang 848 Schuh an den

443 ist ein neuer Läberstein im Oftringer Wald. – Von diesem ferner 848
Schuh an den

444 (Abb. 74) ist ein alter, runder Läberstein auf dem Kopf des Engelbergs.
[Es ist dies eine altehrwürdige
Grenzsäule, die schon seit Jahrhunderten auf die Gotthardstraße und
die West-Ost-Route am Strigel hin-
unterblickt!].

Abb. 79
Von dem alten, von Johann Georg Tralles verwendeten englischen Theodolit existiert kein Bild mehr. Als «Ersatz» diene das Bild eines Theodoliten aus dem Jahre 1819, ein Reichenbach-Utzschneider-Theodolit (sogenannter Pestalozzi-Theodolit, 8 Zoll – in der zweiten Position).

Abb. 80
Grenzstein Nr. 439 in der Einsattelung zwischen den beiden Wartburgen ob Olten. Es ist der Typus der von den Feldmessern Derendinger (Solothurn) und Vissaula (Bern) bei der Grenzbereinigung von 1764 gesetzten neuen «Läbersteine». Im Hintergrund ist die Ruine Alt-Wartburg zu erkennen.

Literatur

Staatsarchiv Solothurn: Pläne und Protokolle zur Grenzbereinigung zwischen den Ständen Solothurn und Bern (1762 bis 1768).
Amiet, B.: Die solothurnische Territorialpolitik von 1344 bis 1532, Jahrbuch für solothurnische Geschichte 1928 und 1929.
Amiet, B.: Solothurnische Geschichte, Bd. 1, Solothurn 1952.
Eggenschwiler, F.: Die territoriale Entwicklung des Kantons Solothurn, Solothurn 1916.
Feller, R.: Geschichte Berns, 4 Bde., Bern 1946, 1953, 1955, 1960.
Strohmeier, U. P.: Der Kanton Solothurn, historisch, geographisch, statistisch geschildert, St. Gallen und Bern 1836.
Wiesli, U.: Geographie des Kantons Solothurn, Solothurn 1969.
Wyss, G.: Schloß Wartburg «Säli», Olten 1953.

42

Meilensteine – Wegmarken, Wegweiser, Entfernungsanzeiger

Meilensteine sind gleichzeitig Wegmarken, Wegweiser und Entfernungsanzeiger. In der Zeit, in der es noch keine ausgebauten Straßen gab, mußten die Wege, insbesondere im unwegsamen Gelände, gekennzeichnet werden. Dies geschah entweder durch Steinhaufen, wie wir sie heute noch in den Alpen finden, oder durch das Beschlagen von Bäumen, das besonders in waldreichen Gegenden üblich war. Zugleich waren Meilensteine auch Wegweiser. Als Vorgänger der Steine waren sie meist aus Holz; entweder einfache Säulen mit Beschriftung oder «Armwegweiser». Solche Wegmarken und Wegweiser standen oft als Grenzsteine an Grenzübergängen; Besserungssteine wiesen auf den Erbauer der Straße hin, Geleitsteine kennzeichneten die Grenzen eines Bereiches, bis zu denen Geleit gewährt wurde. Steinerne Kreuze an Wegen erinnerten an Unfälle oder an die Sühne von Verbrechen, die auf oder an den Wegen begangen wurden. Entfernungsanzeiger waren jedoch selten, da die Wege im Regelfall nicht vermessen waren und eine genaue Entfernungsangabe daher nicht möglich war.

Vorgänger – Steinhaufen, Hermen

In der klassischen griechischen Zeit wurden Wege entweder durch Steinhaufen, Markierungen an Felsen oder durch doppelköpfige Säulen an besonderen Wegepunkten gekennzeichnet. Diese letzteren, auch Hermen genannt, gaben die Entfernungen zu wichtigen Zielen an, z. B. zu Quellen, die für die Wasserversorgung der Pferde und zum Trinken geeignet waren.

Römische Meilensteine

Vorbild für das Aufstellen von Meilensteinen in neuerer Zeit waren die römischen Meilensäulen. Aus dem 2. Jahrhundert vor unserer Zeitrechnung ist uns die erste Nachricht über die Vermessung der römischen Straßen und die Aufstellung von Meilensteinen überliefert. Um die Zeit von Christi Geburt (Regierungszeit des Kaisers Augustus) wurde das römische Straßennetz vollständig ausgebaut, vermessen und das Setzen von Meilensteinen vervollständigt. Auch in der Schweiz ist ein Meilenstein aus der Zeit von 47 n. Chr. gefunden worden. Die meisten Meilensteine in Süddeutschland, Südwestdeutschland, dem Elsaß und der Schweiz stammen aber erst aus dem 2. und 3. Jahrhundert; aus der Zeit nach 350 ist keine Meilensäule

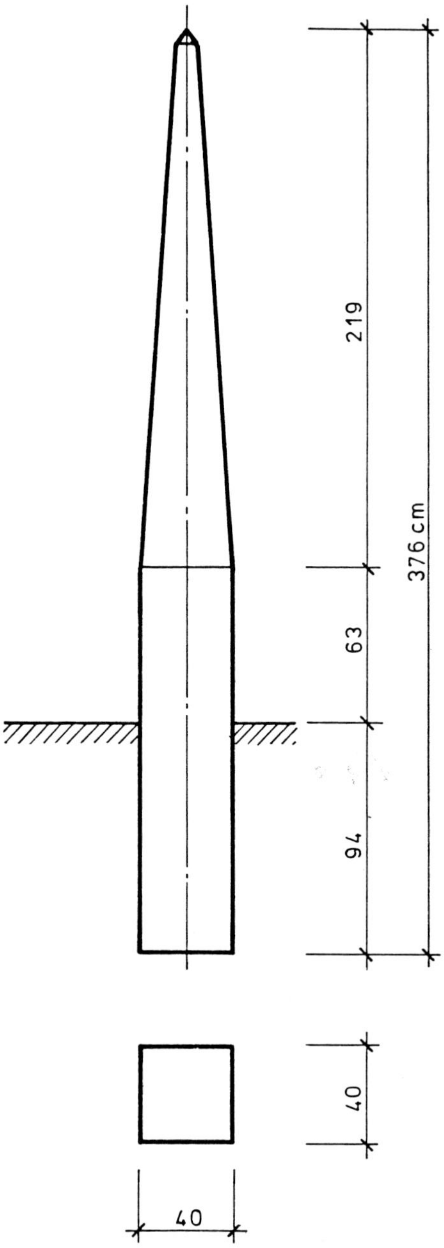

Abb. 81
Preußischer Meilenzeiger aus Eichenholz (1650–1820).

mehr bekannt. Die Meilenmessung erfolgte vom Forum Romanum aus; hier stand das Milliarium Aureum. Auf diesem vergoldeten Marmorzylinder waren die Entfernungen zu den bedeutendsten Städten des römischen Reiches verzeichnet (Bauzeit um 20 v. Chr.). Die Meilensäulen sind meist sehr genau zu datieren, weil sie Angaben über die Regierungszeit des entsprechenden Kaisers, oft auch die Angabe des Regierungsjahres enthalten. Außer der genauen Entfernung zum nächsten wichtigen Ort geben

manche Steine Hinweise auf besondere Taten des Aufstellers. Im französisch-elsässischen Raum findet man oft auch die Angabe Leuga statt Meile, eine gallische Maßeinheit. Während die Meile 1 000 Schritte umfaßte, (d. h. 1 478,70 m: 1 Schritt = passus = Doppelschritt = 1,48 m), hatte die Leuga eine Länge von rund 2 200 m. Die meisten Meilensteine aus dieser Zeit sind heute in Museen ausgestellt. Die in der Örtlichkeit zu sehenden Steine sind in vielen Fällen Nachbildungen. Weiterhin kannten die Römer Weihesteine für Götter oder Göttinnen, die sie an Kreuzwegen, Straßengabeln oder an besonderen Stellen der Straßen aufstellten.

Hölzerne Wegweiser

Nach dem Dreißigjährigen Krieg (1618–1648) versuchten die Regierenden, in den vielen Staaten Deutschlands Wirtschaft und Handel wieder in Schwung zu bringen. Wesentliche Voraussetzungen zur Verbesserung des Warenaustausches waren die Herstellung und die Kennzeichnung der Wege. Anfangs handelte es sich im wesentlichen um hölzerne Wegweiser oder hölzerne Meilensäulen (Abb. 81), die heute natürlich nicht mehr erhalten sind. Aus Preußen ist die Zeichnung eines hölzernen Armwegweisers überliefert, die im Jahre 1704 Grundlage für einen entsprechenden königlichen Erlaß Friedrichs I. war. Die Armsäulen bestanden aus Eichenpfählen von etwa 4 m Länge, von denen 3 m über die Erde ragten. Der im Boden verankerte Teil war gebrannt, derjenige, der über der Erde aufragte, war blauweiß diagonal angestrichen. Der Querschnitt der quadratischen Eichenpfähle hatte eine Seitenlänge von 20 cm. An den Pfählen waren Bretter befestigt, die die Form eines Armes hatten und in Richtung der auf ihnen angegebenen Ziele zeigten (Abb. 82). Sie waren fleischfarben angestrichen und mit einer Orts- und Entfernungsangabe versehen.

Aus der späteren Zeit sind einfachere hölzerne Meilenzeiger bekannt, wie sie in dem von Wesermann herausgegebenen «Handbuch für den Straßen- und Brückenbau» von 1814 bzw. 1830 beschrieben sind. Dabei handelt es sich etwa um 3,80 m hohe Eichenpfähle, von denen 2,70 m aus der Erde herausragten. Sie waren quadratisch mit den Außenabmessungen 40 × 40 cm. Die Entfernung zum nächsten größeren Ort war in schwarzer Schrift auf weißen Feldern angezeigt. Hier werden auch erstmals Preise genannt: 1830 kostete die Errichtung eines solchen Meilenzeigers 10 Taler.

Renaissance

Ein Vorbild für die Meilensäule war sicherlich der vatikanische Obelisk auf dem Petersplatz. Die Errichtung dieses Obelisken im Jahre 1586 war damals ein Weltereignis und fand seinen Niederschlag in einer Vielzahl von Abbildungen und Schriften. Der Obelisk, der heute noch an seinem Platz steht, war das Vorbild vieler Obelisken in Fürstentümern und besonders im Gebiet der Fürstbischöfe. Einen solchen Obelisken findet man z. B. heute noch auf dem Marktplatz von Würzburg. Sie kennzeichneten den Mittelpunkt des jeweiligen Herrschaftsbereiches, von dem aus bis zur Grenze die Entfernungen gezählt wurden. Hierbei wird deutlich, daß neben der rein praktischen Bedeutung die Meilensteine auch dazu dienen sollten, den Herrschaftsanspruch deutlich zu machen und den Ruhm des jeweils Regierenden zu mehren.

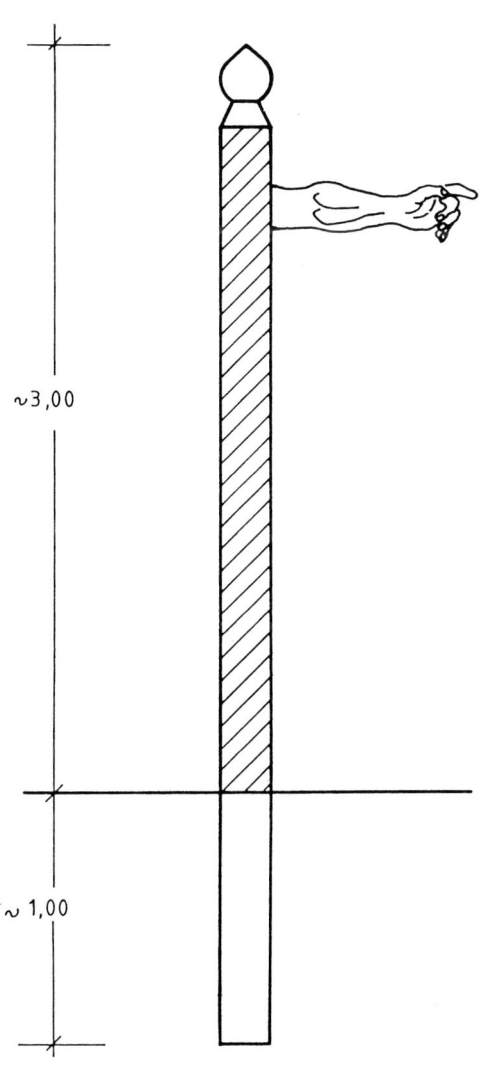

Abb. 82
Armsäule (1704).

Abb. 83
Kursächsische Distanzsäule (1727). Beispiel eines Kursächsischen Meilensteins.

Die Kursächsischen Meilensteine

Vorbild für die Berliner und preußischen Meilensteine waren die sächsischen Postmeilensteine. In den Erlassen von 1721 bzw. 1722 waren die Postmeilensäulen in Sachsen nicht nur genau beschrieben, sondern es wurde dort auch dafür gesorgt, daß sie aufgestellt wurden. Von ihnen hat sich bis heute noch eine Vielzahl erhalten. In den Städten oder an den Stadttoren standen sogenannte Distanzsäulen (Abb. 83), und auf den Poststraßen gab es Einmeilensäulen, Halbmeilensäulen und Viertelmeilensteine. Ein weiteres Vorbild war der auf der heutigen B 13 zwischen Würzburg und Ansbach stehende imposante Meilenstein, der laut Inschrift 1723 errichtet wurde. Da Ansbach zum preußischen Bereich gehörte, ist ein Einfluß auf die Gestaltung der preußischen Meilensteine sehr gut denkbar; aus einem Dienstreisebericht des Jahres 1789 ist dies eindeutig zu entnehmen.

Die Kurfürstlichen Steine

Der Postkurs zwischen Berlin und Sachsen führte vor 1724 noch nicht über Potsdam. Er zweigte vielmehr in Zehlendorf von der heutigen Straßenverbindung Berlin – Potsdam über Schöneberg und Steglitz ab. Von 1724 bis zum Ausbau der Kunststraße führte die Straße über den Königsweg von Stolpe nach Novaves und über die lange Brücke zum Posthaus in Potsdam. Für diese Strecke Berlin – Potsdam gibt es die ersten Nachrichten über Meilensteine. Im Jahre 1699 fertigte Christian Eltester (1671–1700, ab 1697 Ingenieur und Hofbaumeister) eine Zeichnung eines Meilensteins an, der

die Nummer 1 hatte und 2 Meilen von Berlin, also in Zehlendorf gestanden haben muß. Dieser Meilenstein stand «auf einem mehrfach profilierten quadratischen Sockel, auf dem sich eine kartuscheähnliche Verzierung mit dem Initial des Kurfürsten Friedrich III. (F 3)» befand, der im Jahre 1701 als Friedrich I. König von Preußen wurde. Über dem Initial war der Kurhut dargestellt. Eine ähnliche Beschreibung lesen wir für den Potsdamer Meilenstein: «Vor der langen Brücke steht der von Kurfürst Friedrich III. gesetzte kleinere Meilenstein, auf welchen in lateinischer Sprache eingehauen ist: 4. Stein, 4 Meilen [Alte preußische Meile = 7 532,48 m] von Berlin, 1 700; auf der Morgen- und Abendseite sieht man den Namenszug und darüber den Kurhut.»

Der Tegeler Meilenstein

Von Berlin führte eine alte Heer- und Handelsstraße nach Norden, die Berlin mit Hamburg verband und gleichzeitig als Pilgerstraße nach Wittstock führte. Diese Straße, die im alten Berlin in der Hamburger Straße begann, verläuft über den Ortsteil Tegel weiter nach Henningsdorf und Kremmen. Ein Teil dieser Straße heißt Karolinenstraße, genannt nach der Frau von Wilhelm von Humboldt, deren Schlößchen auf der Westseite dieser Straße steht. An der westlichen Seite dieser Straße, nördlich der Gabrielenstraße, steht am Rande des Gutsparkes des Schlößchens Tegel ein alter Meilenstein. Obwohl er der älteste aller Berliner Meilensteine sein soll, gibt es über ihn die wenigsten Originalberichte und Unterlagen. Allgemein wird der Meilenstein auf die Zeit um 1730 datiert, weil nach den seinerzeitigen Anweisungen die Meilensteine «Obeliskenform gehabt haben sollten, kleine für die Viertelmeilenentfernung, mittelgroße für die Halbmeilensteine und 3 m hohe für die Steine, die im Meilenabstand aufgestellt werden sollten». In der Umgebung Berlins, aber auch in anderen preußischen Gebieten, sind ähnliche Steine aus der gleichen Zeit bekannt. Darüber hinaus kann man die Datierung des Tegeler Steins auch mit der Zeit des ersten Ausbaus der Hamburger Poststraße sowie mit dem gleichzeitigen Bau der «Neuen Brücke» 1731/32 (anstelle einer Fähre über die Havel von Heiligensee nach Henningsdorf) in Zusammenhang bringen. Mit seiner Höhe von 2,70 m entspricht der Meilenstein aber nicht den um 1790 genannten Maßen, bei denen die Halbmeilensteine nur 1 m hoch und die Einmeilensteine nur 1,60 m hoch gewesen sind (Abb. 84). Nach übereinstimmender Meinung aller Chronisten, von denen auch einige die Beschriftung noch gelesen haben wollen, soll es sich bei dem Stein in Tegel um einen «1½-Meilenstein» handeln. Dieses Maß entspricht der Entfernung vom ehemaligen Hamburger Tor. Sicherlich ist aber der derzeitige Standort nicht der ursprüngliche, denn die Straßenführung ist in diesem Bereich mehrfach verändert worden. Ausbauten sind bekannt aus den Jahren 1848, 1911 bzw. 1912 und 1938. Der Stein, bei dem deutlich zu sehen ist, daß er nicht nur durch die Witterung angegriffen ist, sondern auch durch das «Sensenschärfen» beschädigt wurde, wurde 1983 renoviert. Leider ist die Renovierung nicht sehr dauerhaft ausgeführt worden.

Chausseebau in Preußen

Die sogenannten Kunststraßen wurden in Preußen ab 1787 ausgebaut. Während der napoleonischen (deutsch-französischen) Kriege und der französischen Besetzung wurde der Chausseebau unterbrochen und erst 1815 mit großem Elan fortgesetzt; im Jahr 1834 erreichte er eine wichtige Ausbaustufe. Verbunden mit dem Chausseebau war die Erstellung von Meilensteinen an diesen Straßen. Die Voraussetzungen waren außerdem durch eine komplette Aufmessung der Poststraßen in den Jahren 1806 bzw. 1815 gegeben. Die Anweisung zur Anlegung, Erhaltung und Instandsetzung der

Kunststraßen aus den Jahren 1814 bzw. 1816 und ihre Nachfolgerin von 1834 enthalten Darstellungen über die Gestaltung von Meilensteinen; die Zeichnungen stammen von Karl Friedrich Schinkel (Abb. 85).

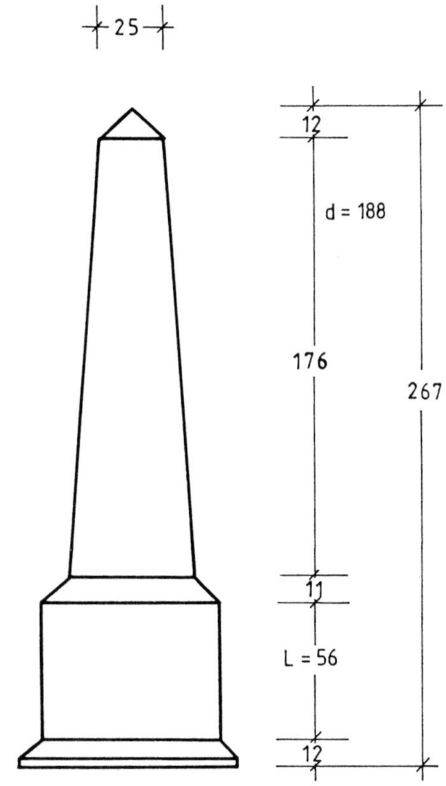

Meilensteine an der ersten preußischen Chaussee Berlin – Potsdam

Es ist heute nicht mehr festzustellen, warum schon 1730 neue Steine aufgestellt wurden. Entweder waren die kurfürstlichen Steine nicht mehr vorhanden oder man war mit ihrem Zustand nicht mehr zufrieden; vielleicht war aber auch die oben genannte Verlegung der Postroute der Anlaß. Eine Kabinettsresolution vom 2. Mai 1730 aus Berlin besagt: «Wir haben resolviert zwischen hier und Potsdam die gleichen Post- und Distanzsäulen wie in Sachsen zu finden setzen zu lassen.» Das notwendige Geld und Material wird aus der königlichen Schatulle bereitgestellt, aber von den Untertanen verlangt, die notwendigen freien Fuhren durchzuführen. Schließlich wird der beauftragte Baudurchführende mit Namen Danz genannt. Am 24. Oktober 1730 meldete der Bauinspektor Kemmetter, daß er Kalk und Steine zu den Distanzsäulen erhalten habe und um Fuhren von den Ämtern Mühlenhof und Potsdam bäte. Die Ämter wurden hierauf zu Fuhrleistungen angewiesen.

Alte Berliner und Potsdamer Stiche aus jener Zeit zeigen auf dem Dönhoffplatz in Berlin und vor der Teltower Brücke bei Potsdam Obelisken, die genau dem großen sächsischen Ortsmeilenstein entsprachen. In Abweichung von den sächsischen Meilensteinen hatten sie einen zweiten Würfel als Sockel und waren rund 3,50 m hoch (einschließlich des im Boden befindlichen Teils). Auf alten Karten des 18. Jahrhunderts sind die Meilensteine bei Schöneberg, Steglitz und Zehlendorf eingetragen, bei Zehlendorf auf dem alten Königsweg, der damaligen Poststraße. Die Vermutung, daß auch die Steine für die halben und Viertelmeilen zwischen beiden Residenzen gestanden hätten, wird bestätigt durch

einen Brief eines von Potsdam nach Berlin Reisenden aus dem Jahre 1773. Die Entfernungsmessung begann auf dem Döhnhoffplatz in der Friedrichstadt Berlins, wo der «Null-Meilenstein» stand. Dieser Stein stand dort bis 1875 und mußte dann einem Denkmal für den Freiherrn vom Stein weichen. Vorher war ein «Löwenbrunnen» an ihn angefügt worden. Nach dem Ausbau der Leipziger Straße in den 70er Jahren wurden die «Spittelkolonaden» erneuert und im Jahre 1980 eine Nachbildung dieses Meilensteines in der Mitte der Spittelkolonaden errichtet. In Potsdam stand der Obelisk zusammen mit dem

Abb. 85
Meilensteine nach Entwürfen von Karl Friedrich Schinkel (1781–1841, bedeutendster Baumeister der deutschen Romantik, auch Maler), aus der «Anweisung zum Bau und der Unterhaltung von Kunststraßen 1834».

alten kurfürstlichen Meilenstein wahrscheinlich bis zum Neubau der Brücke im Jahre 1888. Nach einem 1829 angefertigten Situationsplan und Situationshöhenplan der Berlin-Potsdamer Chaussee gab es westlich von Zehlendorf einen obeliskförmigen Meilenstein, der über der Erde eine Höhe von 2,20 m hatte. Östlich der Friedrich-Wilhelm-Brücke über die Verbindung zwischen Großem und Kleinem Wannsee muß ein zylindrischer Meilenstein mit einer hutförmigen Spitze gestanden haben, der eine Höhe von 2 m über dem Boden hatte (Abb. 86). Während der Obelisk anscheinend aus Sandstein bestand, kann es sich bei der Säule auch um einen gemauerten Schaft mit einer Sandsteinspitze gehandelt haben. Der Zehlendorfer Meilenstein muß von der ursprünglichen Straßenverbindung, dem Königsweg, zu der neu ausgebauten Kunststraße versetzt worden sein, während der Meilenstein an der Friedrich-Wilhelm-Brücke erst nach dem Bau der Chaussee gesetzt worden sein kann; die genaue Datierung des Alters dieser Steine ist also nicht möglich.

Der Charlottenburger Meilenstein

Der Meilenstein, der heute gegenüber dem Charlottenburger Schloß steht, kann ebenfalls nicht genau datiert werden. Zwar wird im überwiegenden Teil der Literatur geschrieben, daß er mit der Errichtung der Chaussee zwischen dem Brandenburger Tor und dem Schloß

+25+

12

d = 188

176

267

11

L = 56

12

+ e = 52 +

+ b = 73 +

+ a = 90 +

Abb. 84
Der Tegeler Meilenstein (1730).

Charlottenburg im Jahre 1798 aufgestellt worden sei. Diese Vermutung kann aber nicht bestätigt werden. Bei der Bereisung und der Vermessung der Straße zwischen Berlin und Magdeburg über Spandau, Wustermark und Brandenburg im Jahre 1800 wurde dieser Meilenstein nicht erwähnt, obwohl der Weg sehr sorgfältig mit allen seinen Teilen beschrieben ist. Die Meilenmessung an dieser Straße begann auch nicht in Berlin, sondern in Charlottenburg. Man kann also nur versuchen, das Aufstellungsdatum dieses Steines ungefähr zu bestimmen. Aus den Straßenplänen ist zu entnehmen, daß der Stein 1828 noch nicht enthalten ist; Pläne von 1857 und 1859 stellen ihn jedoch dar. Weiterhin kann man sagen, daß der Meilenstein 1846 bereits gestanden haben muß, denn in einer Kabinettsorder vom 20. März dieses Jahres, betreffend eine Anweisung für die Errichtung der Meilensteine auf der Straße zwischen Berlin und Potsdam, wird auf den Meilenstein in Charlottenburg als Muster hingewiesen. So kann eigentlich nur vermutet werden, daß der Stein mit dem Bau der Chaussee zwischen Charlottenburg und Spandau im Jahre 1822 errichtet wurde. Gemäß anderen Quellen könnte auch vermutet werden, daß der Stein bereits vor 1810 errichtet wurde, wobei auch zu entnehmen ist, daß dieser Stein weniger der Entfernungsanzeige diente, als dekorative Bedeutung hatte. Schließlich kann aus der Literatur vermutet werden, daß Entwürfe für den Meilenstein von Friedrich Wilhelm IV. stammen könnten, die er wahrscheinlich als Kronprinz gefertigt hatte. Die Gestalt des Meilensteines entspricht dem der «römischen» Meilensteine an der Berlin-Potsdamer Chaussee mit folgenden Unterschieden: Der Meilenstein vor dem Charlottenburger Schloß war von Anfang an aus Sandstein; Kugel und Spitze sind aus Metall. Die gußeiserne Tafel, die die Inschrift enthält, ist wohl eine Folge des wechselnden Standortes dieser Säule. Nach einer Vielzahl von Berichten ist bei der Neuvermessung der Chaussee infolge der Einführung des Meters als Entfernungsmaß die Säule durch die Chausseeverwaltung in die Nähe des alten Ruhlebener Schlosses gebracht worden, um hier die Entfernung 10 km anzuzeigen; dabei wurde die Meilenangabe entfernt. Kaiser Wilhelm I. ordnete daraufhin am 13. Juli 1875 an, den Stein wieder an seinen alten Standort zurückzubringen. Seit dieser Zeit ist der Stein durch viele Abbildungen, Karten und Zeichnungen am Luisenplatz vor dem Charlottenburger Schloß dokumentiert. 1904 begannen an dieser Stelle die Arbeiten für die Errichtung eines Denkmals für Kaiser Friedrich III., dem der Meilenstein weichen mußte. Er wurde 1905 auf die Südseite des Spandauer Dammes versetzt, wo er heute noch steht. 1937

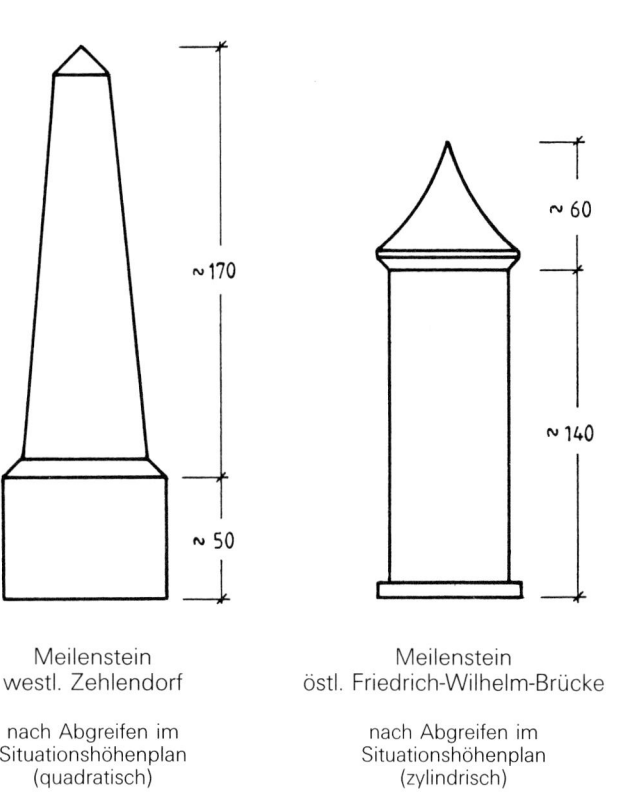

Abb. 86
Meilensteine auf der Berlin-Potsdamer Chaussee (1829).

~ 170
~ 50

Meilenstein westl. Zehlendorf

nach Abgreifen im Situationshöhenplan (quadratisch)

~ 60
~ 140

Meilenstein östl. Friedrich-Wilhelm-Brücke

nach Abgreifen im Situationshöhenplan (zylindrisch)

wurde der Stein in einer Werkstatt durch einen Bildhauer ausgebessert und danach neu aufgestellt; 1960 fand eine Renovierung statt, bei der die Kugel neu vergoldet wurde. 1990 wurden Kugel und Spitze erneut instand gesetzt.

Der Staakener Meilenstein

Die Poststraße von Berlin nach Hamburg wurde 1827 vom Nordkurs auf den Westkurs verlegt und «Neue Hamburger Chaussee» genannt. Die Straße benutzte die ausgebaute Chaussee Berlin–Charlottenburg, führte dann von Charlottenburg nach Spandau und von dort weiter nach Nauen. Der chausseemäßige Ausbau war 1827 fertiggestellt. Die Straßenverbindung nach Hamburg wurde 1905 nach dem Ausbau der Straßenbrücken über die Havel und den Stößensee auf die Heerstraße verlegt und erhielt die Fernstraßennummer 5. Bis zum Bau der Autobahn zwischen Berlin und Hamburg Anfang der 80er Jahre war die F 5 die wichtigste Straßenverbindung zwischen Berlin und Hamburg und wurde für den Interzonenverkehr genutzt. Auf dem ehemals preußischen Teil, der 1827 fertiggestellten «Neuen Hamburger Chaussee», stehen von Staaken bis Großwarnow 15 Meilenobelisken mit Adler. Aus Aktenbemerkungen geht hervor, daß der ausgeführte Entwurf der Meilensteine eine direkte Weiterentwicklung der Form von 1814/24 ist. Halb- und Viertelmeilenstein waren nicht vorgesehen. Insgesamt wurden 19 vom Steinmetzmeister Gerhard Trippel hergestellte Steine errichtet. Ein Stein kostete – ohne Berechnung der Buchsta-

ben – 252 Taler. Die Fertigstellung der Meilensteine wurde Mitte des Jahres 1832 gemeldet. Sieben Steine wurden in Potsdam und zwölf in Havelberg gefertigt. (Der Stein in Staaken dürfte demnach aus der Werkstatt in Potsdam stammen.) Von den ursprünglich 19 gesetzten Steinen sind heute noch 15 erhalten. Die Zählung an der Straße begann ursprünglich am Berliner Schloß. Wahrscheinlich gab es auch in Spandau einen Stein, dessen genauer Standort aber noch nicht erforscht ist. Der Obelisk von Staaken steht vor dem Haus Nennhauser Damm 104 (Abb. 87 und 88). Er hat seine alte Inschrift behalten; wahrscheinlich hat er dies dem Umstand zu verdanken, daß er zur Zeit der Änderung der Inschrift nicht mehr an der hier etwas weiter nach Süden verlegten F 5 stand. Er trägt auch noch den Adler, während dieser bei den anderen Säulen 1962 entfernt wurde. Die alte Meilenbeschriftung auf der Vorderseite lautet «3 Meilen bis Berlin». An den Seiten ist – wahrscheinlich später – «2½ Meilen bis Nauen» und «1½ Meilen bis Spandau» vermerkt. Der Stein steht nicht mehr exakt an seiner alten Stelle, denn das Nachbarhaus Nr. 106 wurde im Zweiten Weltkrieg durch eine Luftmine zerstört. Der Meilenstein wurde in seiner Stellung verändert und erlitt mehrere Splitterschäden. Staaken kehrte am 3. Oktober zum Hoheitsbereich von Spandau in Westberlin zurück, nachdem der Westteil, in dem der Meilenstein stand, 1951 im Rahmen eines Gebietsaustausches zwischen der britischen und sowjetischen Besatzungszone der sowjetischen Besatzungszone zugeteilt worden war.

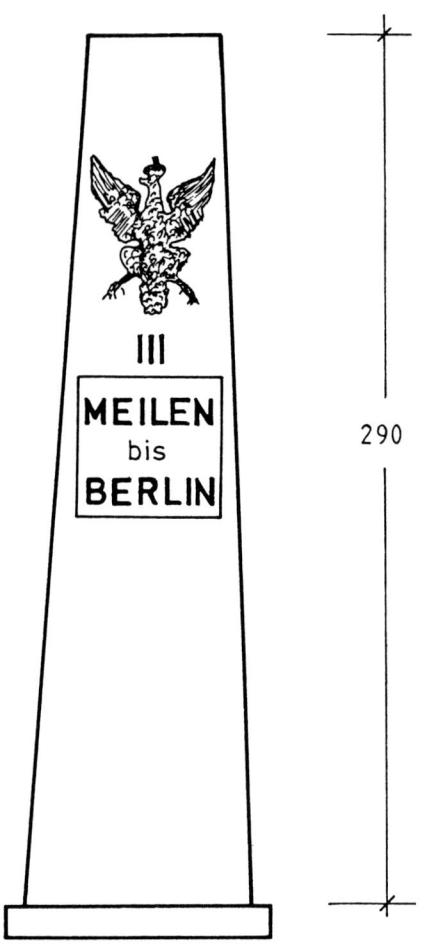

Abb. 87
Der Staakener Meilenstein (1832).

Abb. 88
Der Staakener Meilenstein (1832).

ten 14 Steine nur drei Steine in Auftrag gegeben wurden. Da der Firmeninhaber March danach verstarb und der ungewöhnliche Umfang des Auftrages der durch die Witwe weitergeführten Firma Schwierigkeiten machte, wurde der Firma eine längere Zeit zur Bearbeitung gegeben. Erst am 19. März 1849 konnte die Regierung in Potsdam dem König berichten, daß die drei aus gebranntem Chausseeschlick (s. oben) gefertigten

sprünglichen Standortes ein Meilenstein aus Sandstein aufgestellt mit der Entfernungsangabe «1 Meile». So stehen heute an der Straße von Berlin–Potsdam drei dieser «römischen» Meilensteine: einer in Schöneberg am Innsbrucker Platz (Abb. 89), ein zweiter in Zehlendorf in der Nähe des alten Stadtzentrums und ein weiterer im Ortsteil Wannsee gegenüber dem früheren Rathaus der Gemeinde Wannsee.

Die Rundsockelsteine

In Berlin stehen zur Zeit noch acht Rundsockelsteine (Abb. 90). Es kann heute nicht mehr festgestellt werden, wann genau sie aufgestellt wurden. Während bei der Bereisung der Postkurse und ihrer vermessungstechnischen Aufnahme in den Jahren zwischen 1800 und 1805 die Meilenentfernungen alle Viertelmeile nur durch Pfähle oder Markierungen gekennzeichnet waren, zeigen die Karten von 1836 schon eine Vielzahl von Meilensteinen auf. Zwar stehen sie nach den Kartenangaben oft an anderen Stellen, als sie heute gefunden werden, aber dies ist auch verständlich, wenn man die Geschiche der einzelnen Chausseen und Postrouten nachvollzieht. Es

Die «römischen» Meilensteine

An der Straße zwischen Berlin und Potsdam stehen heute noch drei der sogenannten «römischen» Meilensteine. Sie sind nicht, wie vielfach behauptet, bei der Errichtung der Kunststraße zwischen 1787 und 1796 aufgestellt worden, sondern etwa 50 Jahre später. Im März 1846 ordnete Friedrich Wilhelm IV. in einem Befehl an seinen Kabinettsrat von Flottwell an, für die Chausseen von Berlin nach Potsdam und von Berlin nach Frankfurt/Oder Meilensteine aus gebranntem Chausseeabraum (s. Band 1, S. 83 und 161: Baustoffe) anzufertigen. Die Kosten sollten aus der königlichen Schatulle übernommen werden. Die Kugel sei bronzefarben anzustreiche, wobei vermerkt wurde, daß die Kugel nicht wie bei Meilensteinen in Charlottenburg vergoldet, sondern nur bronzegrün sein solle. Am 10. Juli 1846 lagen Angebote von zwei Firmen vor, nämlich von den Firmen Feilner und March. Das Marchsche Angebot war zwar etwas höher, aber technisch das ausgereiftere. Der Preis für einen Meilenstein wurde von Feiner mit 150 Talern, von March mit 225 Talern angegeben. Auf jeden Fall waren die Preise höher als ursprünglich angesetzt, so daß statt der anfangs geforder-

Meilensteine aufgestellt seien; ihre Gesamtkosten betrugen schließlich 657 Taler. Auch in dem Straßeninventarium der Berlin-Casseler Chaussee von der Berliner Weichbildgrenze bis zum Abgang der Chaussee nach der Pfaueninsel von 1858 sind zwei Meilensteine erwähnt, bei 7,50 km und bei 15 km (diese Eintragung ist zu späterer Zeit erfolgt), 1 und 2 Meilen von Berlin (alte preußische Meile = 7 532,48 m). Dabei ist angemerkt, daß diese Steine nach einer speziellen Zeichnung von Seiner Majestät König Friedrich IV. im Jahre 1849 geschenkt wurden. Als Maße werden angegeben eine 2,80 m hohe, auf einer Basis stehende Säule und darunter ein etwa 1,50 m hoher Untersatz, oben auf der Säule eine Kugel mit Basis von insgesamt 1,25 m Höhe, auf der eine Sonnenuhr angebracht ist. Der Meilenstein mit der Bezeichnung «1 Meile von Berlin» wurde im Herbst 1898 bei einer Regulierung der Provinzialchaussee entfernt. Beim Neubau der Reichsstraße 1 in Zehlendorf und Wannsee sind die Meilensäulen dort wegen schwerer Schäden abgetragen und durch neue Meilensteine aus Sandstein ersetzt worden. Nach dem Bau der A 10 wurde der Innsbrucker Platz umgestaltet. In diesem Rahmen wurde dort 1980 in der Nähe des ur-

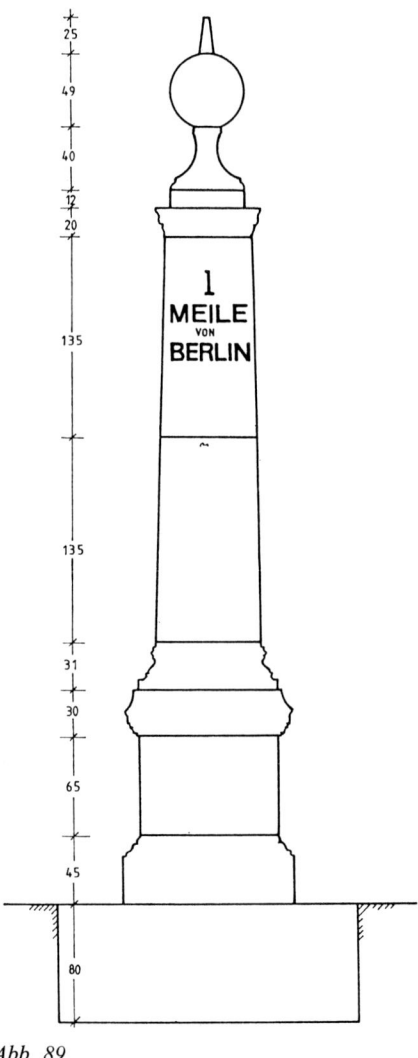

Abb. 89
Meilenstein am Innsbrucker Platz (1846–1981).

kann mit Recht vermutet werden, daß die Rundsockelsteine entweder im Zusammenhang mit dem Bau der Chausseen zwischen 1822 und 1850 errichtet oder nach der Vermessung der Staatschausseen im Jahre 1837 aufgestellt wurden. In der folgenden Tabelle sind die in Berlin noch vorhandenen Rundsockelsteine aufgeführt.

Fern-straßen-Nummer	Bezirk, Straße	Entfernungs-angabe in Meilen bis Standort	Chaussee-bau im Jahr
179	Neukölln Buschkrugallee 63	1	1850
179	Neukölln Waltersdorfer Chaussee 169	2	1850
96	Tempelhof Mariendorfer Damm 225	1	1838
	Charlottenburg Spandauer Damm 222	1½	1822
	Reinickendorf Ruppiner Chaussee 377 a	2	1848
109	Weißensee Berliner Straße 16	1	1806
109	Weißensee Schönerlinder Straße	2	1806
1/5	Lichtenberg Lichtenberger Brücke	1	1803

Die Meilensteine an der Bundesstraße 179, der ehemaligen Chaussee nach Königs-Wusterhausen, über die auch zeitweise die Postroute nach Dresden ging, unterscheiden sich von den übrigen Rundsockelsteinen dadurch, daß die Meilenangabe durch schwarze Schrift auf einem weißen quadratischen Feld besonders hervorgehoben ist. Bei den übrigen Meilensteinen ist die Entfernungsangabe eingemeißelt. Über den Meilenstein an der B 96 in Tempelhof weiß man, daß er 1955 im Chausseegraben lag und anläßlich einer Straßenbaumaßnahme wieder aufgerichtet und in den letzten Jahren restauriert wurde. Der Meilenstein in Charlottenburg am Spandauer Damm steht in der Nähe der Gartenmauer des Schlößchens Ruhwald an der früheren Chaussee, die 1822 zwischen Charlottenburg und Spandau aus-

gebaut wurde und über die ab 1826 die Postroute nach Hamburg führte. Der Standort ist sicherlich nicht der ursprüngliche. Auch die Meilenangabe, «1½ Meilen» dürfte wohl erst später angebracht worden sein. Dies hängt möglicherweise damit zusammen, daß dieser Meilenstein wohl mehrfach hin- und hergeschoben wurde, vielleicht auch im Zusammenhang mit der Versetzung des Meilensteins, der jetzt vor dem Charlottenburger Schloß steht. Auch der Meilenstein in Reinickendorf an der Ruppiner Chaussee steht nicht an seinem alten Standort. Wie ein Vergleich mit alten Karten zeigt, wurde dieser Stein neu gesetzt und renoviert. Der Stein in Lichtenberg, an der Lichtenberger Brücke, wurde bereits mehrfach umgesetzt und hat seinen heutigen Standort erst in den letzten Jahren mit dem Neubau der Lichtenberger Brücke erhalten. Die Rundsockelsteine haben eine Höhe zwischen 0,90 m und 1,15 m und stehen in der Regel auf einer quadratischen Basis. Sie sind aus Granit. In den Einzelheiten der Ausführung unterscheiden sie sich z. B. durch Abweichungen von der streng zylindrischen Form, durch eine leichte Profilierung oder durch einen runden anstelle eines quadratischen Sockels.

Ein Sechskantmeilenstein in Reinickendorf

Sechskantmeilensteine sind verhältnismäßig selten, aber es finden sich einige im Umkreis von Berlin. In Berlin selbst steht im Ortsteil Wittenau (Verwaltungsbezirk Reinickendorf) im Vorgarten des Grundstückes Eichborndamm 240 ein sechskantiger Meilenstein auf quadratischem Sockel. Er steht dort nahe der alten Dorfaue Alt-Wittenau, wo die ehemals dörfliche Struktur noch deutlich erkennbar ist. Die sechskantige Säule ist 1,10 m hoch, Säule und Sockel bestehen aus Sandstein. Auf einer Seite ist die Säule mit «Oranienburg», rechtsweisen-

dem Pfeil und Meilen, auf einer anderen mit «Tegel», linksweisendem Pfeil und «1 Meile» beschriftet. Der Meilenstein wurde 1982 restauriert; seit 1983 weist eine dort stehende Schrifttafel auf seine Entstehungsgeschichte hin. Er stand früher auf dem Grundstück der Holzhauser Straße und ist erst Anfang der 60er Jahre an seinen heutigen Standort gekommen. Wo er ursprünglich errichtet wurde, kann nicht mehr festgestellt werden; es wäre jedoch nach der Entfernungsangabe und alten Fotos möglich, daß er in der Umgebung des jetzigen Standortes gestanden haben muß. Formal handelt es sich wohl auch eher um einen Wegweisungs- als um einen Meilenstein, voraussichtlich aus der ersten Hälfte des 19. Jahrhunderts.

Ein steinerner Wegweiser im Grunewald

Gleich hinter dem Jagdschloß Grunewald, wo der Weg nach Dahlem von der alten Chaussee nach Schmargendorf abzweigt, steht eine Steinsäule, etwa 1,40 m hoch und 35 cm im Durchmesser, die früher als Wegweiser diente. Die ursprünglich eingemeißelten Inschriften «Schmargendorf» und «Dahlem» sind heute nicht mehr zu lesen. Wann genau der Stein gestellt wurde, ist heute nicht mehr festzustellen. In den Karten von 1810 waren bereits mehrere Alleen durch den Grunewald verzeichnet. Ausgebaut wurden die Chausseen im Grunewald zwischen den Jahren 1874 und 1877. 1902 wurde das Wild aus dem Grunewald abgezogen und 1904 der Grunewald vom Hofjagdrevier zum Volkspark erklärt. Damit fielen auch die meisten Gatter, die bis dahin den Zutritt zu den meisten Waldflächen nur an bestimmten Punkten und zu festgelegten Zeiten ermöglichten. Vermutlich wurde dieser Stein also zwischen 1874 und 1904 aufgestellt.

Meilensteine bei den preußischen Eisenbahnen

Anläßlich des Baus der Eisenbahnstrecke der Anhalter Eisenbahn zwischen Berlin und Köthen über Jüterbog, Wittenberg, Roslau und Dessau wurden Meilensteine aufgestellt. Bei der Streckeneröffnung im Jahr 1841 standen die Steine im Abstand der preußischen Meile (7 532,48 m). Ab 1871 erfolgte eine Angleichung an das metrische System, d. h., sie wurden auf ca. 7 500 m umgestellt. 1875 wurden die Steine nun als Kilometer- und Hektometersteine im entsprechenden Abstand stationiert. Es handelt sich im wesentlichen um abgedachte Rundsteine mit quadratischem Sockel aus Sandstein (Abb. 91). Der Durchmesser des Schaftes betrug oben 45 cm und unten 52 cm, die kegelige Spitze hatte eine Höhe von 9 cm. Die Meilenangaben waren auf Keramikta-

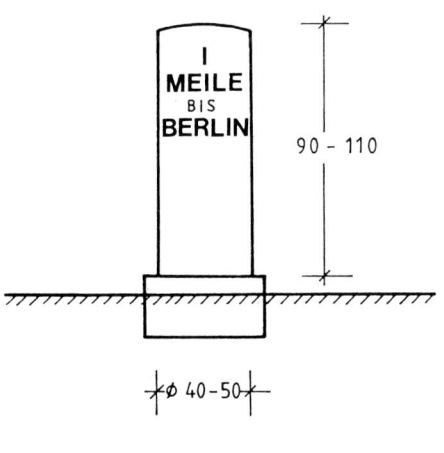

I
MEILE
BIS
BERLIN

90 – 110

⌀ 40–50

∼ M 1 : 25
Abb. 90
Rundsockelstein (1822–1855).

Abb. 91
Kilometerstein (ehemaliger Meilenstein) an
der Berlin-Anhalter-Eisenbahn (1841).

feln angebracht, die an den Steinen befestigt wurden. Ob bei der vorhergehenden Eisenbahn zwischen Berlin und Potsdam Meilensteine gestanden haben, kann nicht mehr festgestellt werden, obwohl das Bahnpolizei-Reglement eine entsprechende Einteilung der Strecke und Aufstellung von Steinen vorsah. Das Bahnpolizei-Reglement für die Berlin-Anhalter-Bahn enthielt die gleichen Bestimmungen. 1848 wurden diese Bestimmungen für die gesamten königlichen preußischen Staaten übernommen.

Nachfolger – Kilometersteine

Mit der Einführung des Entfernungsmaßes Kilometer ab 1. Januar 1874 mußten die Meilensteine diesem neuen Maßstab angepaßt werden. In der Regel wurde statt aller 7,50 km nunmehr nur alle 10 km ein Meilenstein aufgestellt. Die vorhandenen Steine wurden umgestellt und umbeschriftet. Dabei ging ein Teil der Steine verloren. Schon durch den weiteren Ausbau der Kunststraßen hatten die Meilensteine ihre Funktion als Wegmarken verloren. Zunehmend wurden getrennte Wegweiser aufgestellt, so daß die Steine auch die Aufgabe der

Wegweisung schrittweise verloren. Außerdem war ihre Herstellung sehr aufwendig; insbesondere bei den nachgeordneten Kunststraßen und Chausseen entfielen Kilometersteine oder wurden in kleineren Abmessungen aufgestellt. Schließlich blieben nur die heute noch vorhandenen Kilometersteine an den Fernstraßen übrig. Zwar wurde in den 30er Jahren versucht, an die alte Tradition anzuknüpfen und an den Reichsautobahnen Steine aufzustellen, die die Kilometrierung und die Wegweisungsfunktion wieder übernehmen sollten (die Kilometrierung richtete sich auf die damalige Reichshauptstadt aus), wegen der hohen Geschwindigkeiten auf den Reichsautobahnen waren die Schriften auf den Steinen jedoch kaum lesbar. Daher wurden die wenigen Steine, die den Krieg überstanden hatten, nach 1945 entfernt.

Heute haben die Meilensteine ihre eigentliche Funktion als Wegmarken, Wegweiser und Entfernungsanzeiger verloren. Sie wurden in der Regel entfernt oder für andere Zwecke benutzt. Man findet heute Reste oder ganze Meilensteine als Begrenzung von Toreinfahrten, in Mauern versteckt, als Kriegerdenkmale, als Trittschwellen bei Türen und an vielen anderen Stellen.

Literatur

Krünitz, J. G.: Ökonomische-technologische Enzyklopädie. «Die Landstraßen und Chausseen wie auch Meilensäulen und Wegweiser historisch, technisch, polizeimäßig und kameralistisch abgehandelt», Berlin 1794.

Liman, H.: Die Postmeilensteine in Berlin, Postgeschichtliche Hefte der Bezirksgruppe Berlin der Gesellschaft für Deutsche Postgeschichte 3 (1984).

Zur Frühgeschichte der Festigkeitslehre

Was ist Festigkeitslehre?

Der Widerstand eines festen Körpers gegen seine mechanische Trennung durch äußere mechanisch-physikalische Einwirkung ist eine wesentliche Eigenschaft fester Körper. Diese Eigenschaft nennt man Festigkeit.

So setzt ein Stahldraht des Querschnitts $A = 0,1 \ mm^2$ im Zugversuch der äußeren Zugkraft F einen gleich großen inneren Zugwiderstand entgegen (Abb. 92 a und b); wird die angelegte Zugkraft über die Fließgrenze F_F bis zum Bruch F_B des Stahldrahtes gesteigert, ist der innere Zugwiderstand F_B überwunden. Man sagt dann, die Zugfestigkeit des Stahldrahtes sei erreicht (Abb. 92 c und d). Abb. 92 d veranschaulicht das zugehörige Kraft-Verformungsdiagramm des Stahldrahtes (Baustahl St 37, d. h. mit der Mindestzugfestigkeit von $370 \ N/mm^2$). Die Kraft F nimmt mit der Verformung Δl linear zu, bis sie die Fließgrenze bei $F_F = 24 \ N$ erreicht hat. Im Fließbereich verlängert sich der Stahldraht bei gleichbleibender Kraft $F_F = 24 \ N$; danach tritt er in die Verfestigungsphase ein, um sich dann bei einer

Bruchkraft von $F_B = 37 \ N$ im Bruchquerschnitt zu trennen. Für Berechnungen nach der Fließgelenktheorie wird das Kraft-Verformungsdiagramm nach Abb. 92 d gemäß Abb. 92 e vereinfacht: man spricht dann von ideal-elastischem (Bereich: $O \leqslant F \leqslant F_F = 24 \ N$) und ideal-plastischem (Bereich: $F = F_F = 24 \ N$) Materialverhalten. Die Zugfestigkeit wird heute mit Hilfe des Spannungsbegriffes dargestellt, also in der Dimension einer Kraft pro Flächeneinheit des betrachteten Querschnitts (z. B. N/mm^2). Im Zugversuch kann somit in jedem Stadium der innere Zugwiderstand – beispielsweise über eine geeichte Kräfteskala (Abb. 92 d) – sichtbar gemacht werden. Diese Sichtbarmachung des Unsichtbaren, diese Veräußerlichung des inneren Zugwiderstandes ist besonders im Moment des Bruchzustandes sinnfällig. Dort nämlich trennt sich der Versuchskörper im Bruchquerschnitt in zwei Teile (Abb. 92 c). Das Schnittprinzip der Mechanik (vgl. Abb. 92 b) ist in seiner einfachsten Form die gedankliche Nachbildung des Bruch-

vorganges beim Zugversuch. Will der Bauingenieur die inneren Kräfte von Fachwerkstäben an einem Knoten berechnen, schneidet er den Knoten in einem Gedankenexperiment frei und veräußerlicht so die inneren Stabkräfte am betrachteten Knoten. Er bestimmt deren Größe und Richtungssinn (Zug oder Druck) derart, daß der Knoten sich im Zustand der Ruhe befindet (Gleichgewichtszustand). Ohne die Gedankenexperimente eines Leonardo da Vinci (1452–1519) zur Zugfestigkeit von Drähten, eines Galilei (1564–1642) zur Zugfestigkeit von Kupferdrähten, Seilen und Mar-

Abb. 92
Schema eines Zugversuchs mit Kraft-Verformungsdiagramm, Werkstoff Baustahl St 37. Probestab der Länge l_0 und der Querschnittsfläche $A = 0,1 \ mm^2$ (a); Kraft-Verformungszustand im Proportionalitätsbereich (b) und im Bruchzustand (c); Kraft-Verformungsdiagramm (d); vereinfachtes Kraft-Verformungsdiagramm für ideal-elastisches und ideal-plastisches Materialverhalten (e).

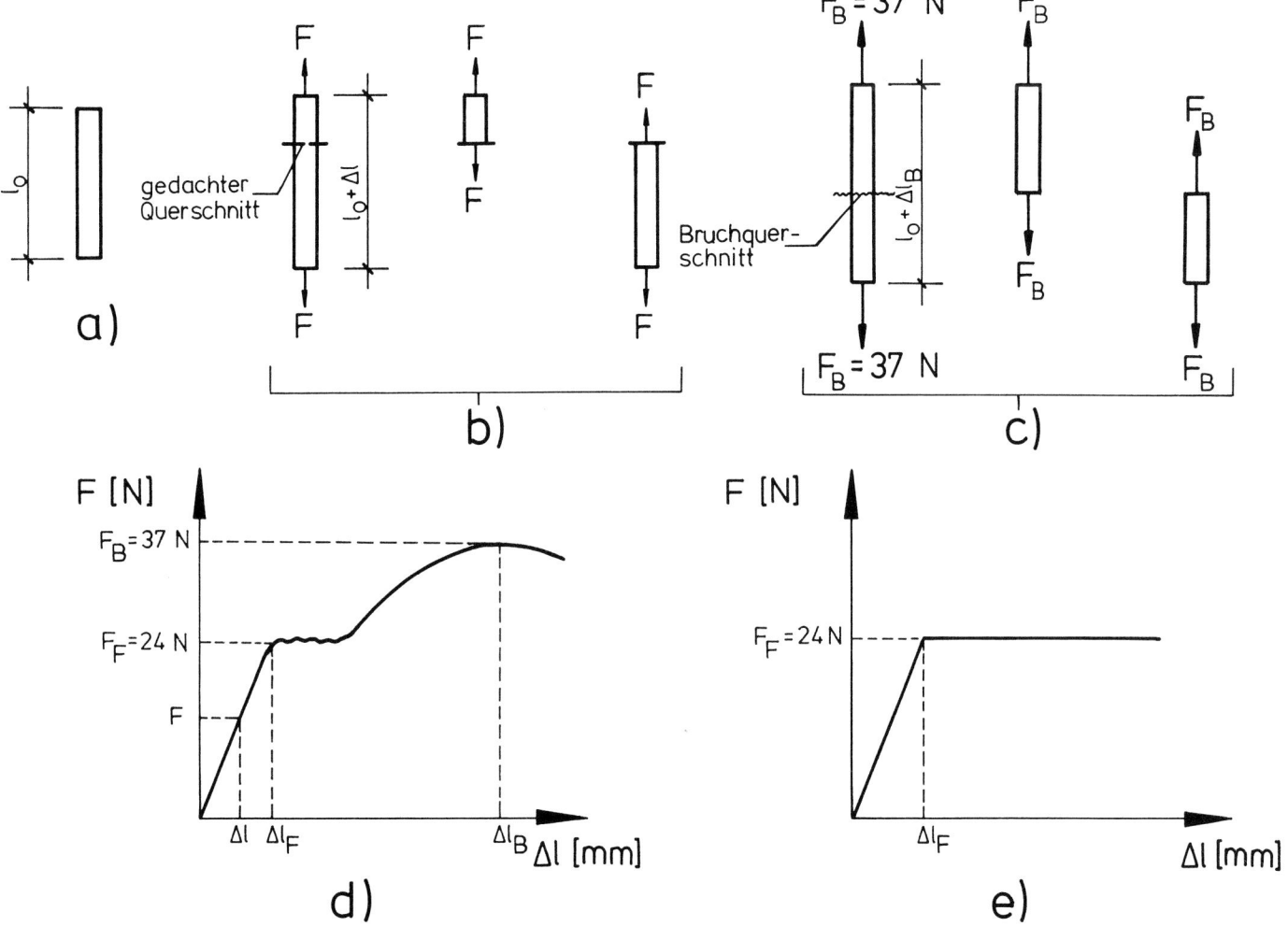

50 Kapitel 1

morsäulen, ohne die zahlreichen Zugversuche von Naturwissenschaftlern und Technikern des 18. und frühen 19. Jahrhunderts einerseits und die kinematische Analyse einfacher Maschinen (insbesondere Flaschenzüge) andererseits, hätte sich das Schnittprinzip, das schon Lagranges Grundlagenwerk Mécanique analytique» (1788) gedanklich bestimmt, im 19. Jahrhundert nicht zur Grundmethode der Mechanik ausprägen können. Am Anfang der Festigkeitslehre steht sowohl im historischen als auch logischen Sinne der Zugversuch. Obwohl die heutige Festigkeitslehre außer der Zugfestigkeit die Biege-, Druck-, Schub- und Torsionsfestigkeit kennt, waren Galileis Zugversuche in Form von Gedankenexperimenten die Keimzelle der Festigkeitslehre. Es gibt nur wenige Lehrbücher der Festigkeitslehre, die nicht mit der Besprechung des Zugversuches beginnen (Abb. 92); lassen sich doch damit nicht nur das Schnittprinzip, sondern mit der Messung der Zugkraft F und Verlängerung Δl der gesetzmäßige Zusammenhang zwischen diesen beiden mechanischen Grundgrößen auf besonders einfache und überzeugende Weise empirisch belegen. Wesentlich komplizierter dagegen ist die Erkenntnis der Beanspruchung durch Biegung, Schub und Torsion. Seit der Formulierung des Biegeproblems durch Galilei im Jahre 1638 verstrichen fast zwei Jahrhunderte, bis Ingenieure mit der von Navier 1826 geschaffenen technischen Biegetheorie die Biegefestigkeit balkenartiger Konstruktionselemente qualitativ sicher in Griff bekamen. Abb. 93 (Fig. 1–Fig. 9) vermittelt einen Eindruck, welche Festigkeitsprobleme die Wissenschaftler bereits im frühen 18. Jahrhundert analysierten. Neben der Beanspruchung durch Zug (Fig. 1 und Fig. 8) finden sich dort biegebeanspruchte Balken wie der Kragträger (Fig. 2) sowie der freiaufliegende und der beidseitig eingespannte Träger auf zwei Stützen (Fig. 3 und 4); ferner ist die Druckbeanspruchung einer eingespannten Stütze dargestellt (Fig. 5). Selbst die Festigkeit prismatischer Körper gegen Druck – auf den ersten Blick ebenso einfach analysierbar wie die Festigkeit gegen Zug – entpuppte sich für schlanke Druckglieder (Knickfestigkeit) als ein schwieriges mechanisches Problem, das erst gegen Ende des 19. Jahrhunderts in einer für den Stahlbauer brauchbaren Form befriedigend gelöst werden konnte. Der Zugversuch und seine mechanische Interpretation ist somit historisch-logischer Kristallisationskern der Festigkeitslehre.
Nach Dimitrov ist die Festigkeitslehre Grundlage aller Technikwissenschaften mit dem Ziel, «ausreichende Sicherheit gegen Unbrauchbarkeit der Konstruktionen zu geben» (Dimitrov 1971, S. 237). Der Historiograph des Bauingenieurwesens, Hans Straub, betrachtet die Festigkeitslehre als «Zweig der technischen Mechanik, der die Grundlagen der Konstruktionslehre liefert» und deren Aufgabe es ist, anzugeben, «welche äußeren Kräfte ein fester Körper (...) zu ertragen vermag» (Straub 1975, S. 301). Während Straub die Elastizitätstheorie zur Festigkeitslehre zählt, unterscheidet Szabó die genannten Wissenschaftsdisziplinen nach der Zielsetzung: Ziel der Elastizitätstheorie sei es, für einen Körper gegebener Gestalt und eingeprägter Belastung den Formänderungszustand bzw. Verschiebungszustand zu bestimmen, «während die Festigkeitslehre die Beanspruchung eines Körpers dann als bekannt ansieht, wenn neben der Verschiebung auch die (inneren) Spannungen, für die man je nach Werkstoff zulässige Grenzen vorschreibt, ermittelt sind» (Szabó 1966, S. 84). Dagegen rückt der Altmeister der Technischen Mechanik, August Föppl, die Untersuchung des Verschiebungszustandes und des damit verbundenen Spannungszustandes in den Mittelpunkt des Gegenstandbereichs der Festigkeitslehre; sie könne daher als «Mechanik der inneren Kräfte» (Föppl 1919, S. 3) begriffen werden.
Zweck der Festigkeitslehre ist es, den Widerstand fester Körper gegen ihre mechanische Trennung durch mechanisch-physikalische Einwirkung mit Hilfe von Experimenten und theoretischen Modellen quantitativ und qualitativ darzustellen und in Form eines technikwissenschaftlichen Erkenntnissystems so aufzubereiten, daß es zum Mittel der Ingenieurarbeit werden kann. Somit basiert die Festigkeitslehre auf den praktischen Erfahrungen des Materialprüfungswesens sowie der Bau- und Werkstoffkunde einerseits und den theoretischen Modellen der Elastizitäts- und Plastizitätstheorie andererseits.

Abb. 93
Einige Festigkeitsprobleme des frühen 18. Jahrhunderts. (Erklärung s. Text)

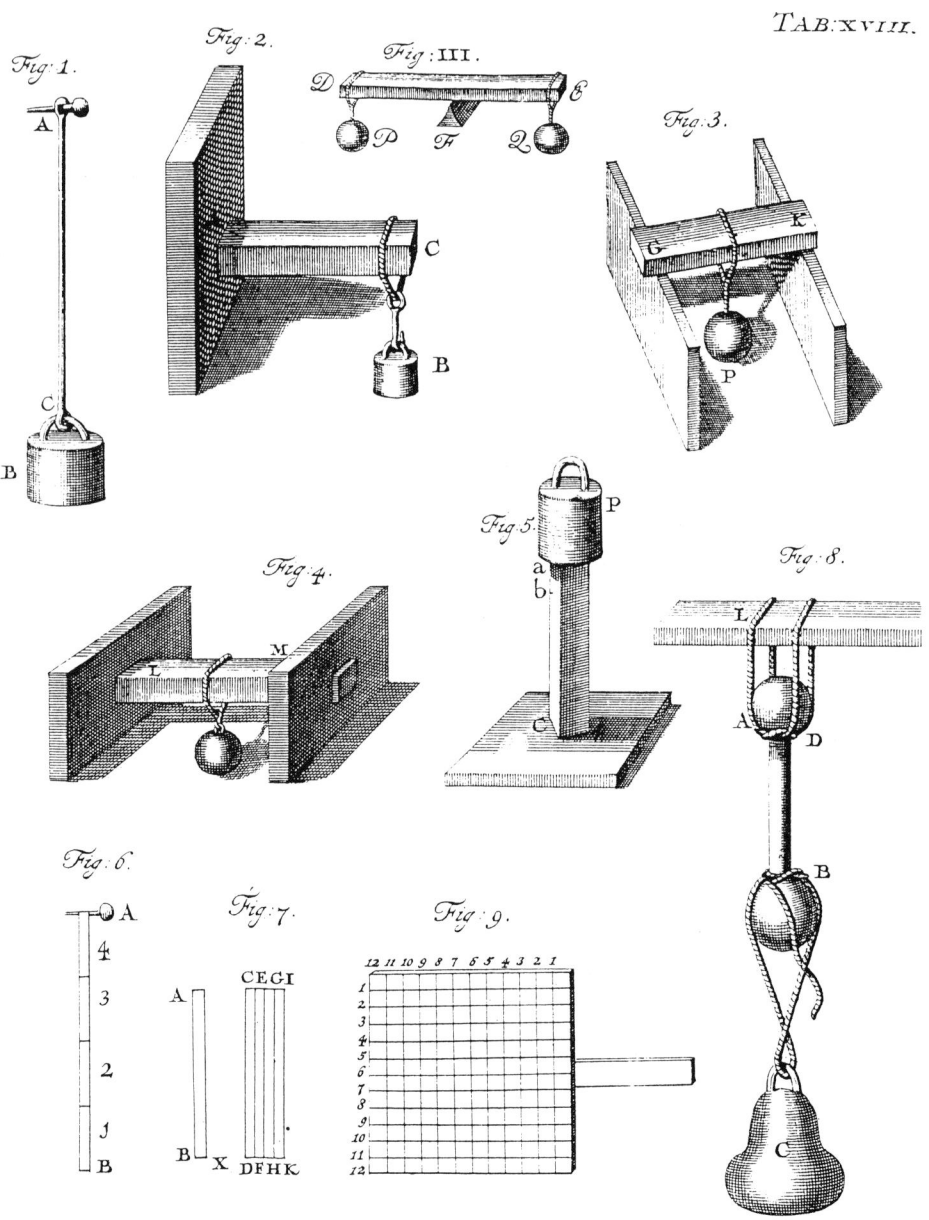

Zum Entwicklungsstand der Statik und Festigkeitsbetrachtung in der Renaissance

Bei der Betrachtung spätantiker Kuppeln, filigraner gotischer Tragsysteme und weitgespannter Brückengewölbe der Renaissance drängt sich unwillkürlich die Frage auf, ob die Baumeister ihre kühnen Entwürfe nicht doch durch einfache statische Berechnungen begründeten. 1934 schrieb der Kenner der Geschichte der Bautechnik und Bauwissenschaften A. Hertwig: «Untersucht man die Sophienkirche, erbaut um 537 [Hagia Sophia in Istanbul – d. Verf.] oder das Pantheon [erbaut 27 v. Chr. in Rom – d. Verf.] statisch, so entdeckt man eine sorgsame Ausnutzung der verschiedenen Baustoffestigkeiten, wie sie unter Anwendung einfacher Regeln für die Bemessung der einzelnen Bauglieder nicht erreicht werden konnte. Von seinen Zeitgenossen wurde der eine Erbauer, Anthemios (Hagia Sophia), als Mathematiker und Mechaniker gerühmt. Das kann nichts anderes bedeuten, daß er für seine Bauten statische Untersuchungen anstellte. Die damaligen Kenntnisse der Mechanik reichten auch vollkommen dazu aus. Denn mit Hilfe des Satzes von Archimedes (287–212 v. Chr.) über das Gleichgewicht von Kräften am Hebel kann man durchaus Grenzfälle des Gleichgewichts an Gewölben und Pfeilern untersuchen, indem man alle Teile als starre Körper betrachtet» (Hertwig 1934, S. 90). Dagegen kommt R. J. Mainstone auf Grund sorgfältiger bau- und wissenschaftshistorischer Studien zu folgendem Schluß: «No quantitative application of statical theory is recorded before the time of Wren» (Mainstone 1968, S. 306). Der Baumeister Christopher Wren (1632–1723) wurde im Erscheinungsjahr von Galileis «Dialog» geboren; er war also ein Zeitgenosse Newtons (1643–1727). Aber sind nicht einzelne Gesetzmäßigkeiten der Statik und Festigkeitslehre erkannt und in qualitativer Form in das technische Wissen um Bauwerke und Maschinen integriert worden? Zumindest für die Zeit der Renaissance läßt sich diese Frage nicht verneinen. In den Aufzeichnungen Leonardo da Vincis (1452–1519) kann man zahlreiche Entdeckungen von Gesetzmäßigkeiten der Statik und Festigkeitslehre finden, die den Fundus solcher herausragenden Vertreter der hellenistischen Phase der antiken Wissenschaft, wie Archimedes, Heron (um 150 v. Chr.) und Ktesibios (um 250 v. Chr.), in den Schatten stellen und eng mit Leonardos technischem Denken verbunden sind. Der auch als Maler der Mona Lisa und des Abendmahles bekannte Ingenieur beschreibt in seinen den Kultur-, Wissenschafts- und Technikhistorikern unter dem Titel «Codice Atlantico» wohlbekannten Notizbüchern um 1500 das erste schriftlich überlieferte Festigkeitsexperiment (Abb. 94). Leonardo schreibt: «Experiment über die Last, die ein Draht in unterschiedlichen Längen halten kann. Denke daran, das Experiment zu machen, wieviel Gewicht ein Eisendraht halten kann. Bei diesem Experiment sollst du so vorgehen: Hänge einen Eisendraht von 2 Ellen [1 Mailänder Elle = ca. 60 cm – d. Verf.] an einen Ort, der ihn festhält. Dann hänge einen Korb oder etwas Ähnliches daran, in dem du durch ein kleines Loch einen Trichter voll feinen Sandes einlaufen läßt. Wenn der Eisendraht die Last nicht mehr tragen kann, zerreißt er. (. . .) Notiere dir, wie groß das Gewicht war, als der Draht riß und notiere dir auch, an welcher Stelle der Draht gerissen ist. Mache das Experiment immer wieder, um zu erkunden, ob der Draht immer an der gleichen Stelle reißt. Dann kürze den Draht um die Hälfte und beobachte, ob er jetzt mehr aushält. Und dann kürze ihn auf ¼ der ersten Länge, und allmählich kannst du bei verschiedenen Längen das Gewicht und die Stelle, bei der der Draht immer reißt, erkennen. Diese Probe kannst du mit jedem Material – Holz, Stein usw. – machen. Stelle über jedes Material eine Allgemeinregel auf» (zit. n. Krankenhagen / Laube 1983, S. 31 f.). Beim Lesen der Versuchsbeschreibung könnte man den Eindruck gewinnen, Leonardo habe die Ursache der Veränderung der Zugbruchkräfte mit unterschiedlicher Probelänge nicht erkannt. Dieser Eindruck wird durch das Studium der einschlägigen Stellen seiner 1965 in der Madrider Nationalbibliothek wiederentdeckten Merkbücher, die deshalb den Titel «Codices Madrid» tragen, gänzlich widerlegt. Leonardo erkennt erstens: «es ist möglich, daß ein senkrecht aufgehängtes Seil durch sein eigenes Gewicht zerrissen wird» und zweitens: «das Seil reißt dort, wo es das größte Gewicht auszuhalten hat, nämlich oben, wo es mit der Befestigung verbunden ist» (Codex Madrid II 1974, S. 204). Damit hat Leonardo nicht nur den Begriff der Reißlänge eines Bau- und Werkstoffes qualitativ vorweggenommen, sondern die Frage nach dem Bruchquerschnitt in dem von ihm beschriebenen Drahtfestigkeitsversuch indirekt beantwortet: auch der Versuchsdraht muß theoretisch am Aufhängepunkt reißen, da dort zum Korb- und Sandgewicht das gesamte Eigengewicht des Eisendrahtes der Länge l zu addieren ist (Abb. 94). Wird die Versuchslänge des Eisendrahtes reduziert, dann könnte der verkürzte Versuchsdraht zusätzlich jenes Sandgewicht tragen, das dem Gewicht der verkürzten Länge des Eisendrahtes entspricht. Umgekehrt hätte eine Verlängerung des Versuchsdrahtes im Bruchzustand eine äquivalente Reduktion des Sandgewichtes zur Folge; beim Erreichen der Reißlänge würde der Ei-

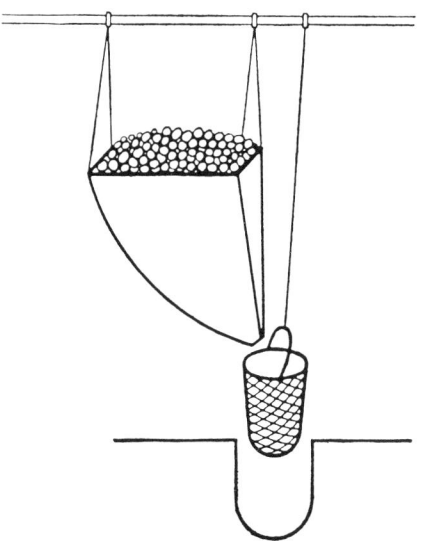

Abb. 94
Versuchsanordnung Leonardo da Vincis zur Bestimmung der Zugfestigkeit von Draht.

sendraht schon unter seinem Eigengewicht reißen. Doch die für die Wissenschafts- und Technikgeschichte sensationellen «Codices Madrid» enthalten auch statisch-konstruktives Wissen, das, hätte es das Licht der Öffentlichkeit schon in der Renaissance erblickt, die Festigkeitsbetrachtungen eines Galilei beflügelt hätte.

Vermutlich durch seine Entwürfe riesiger Bogengeschütze angeregt, analysierte Leonardo den Zusammenhang zwischen äußerer Last und Verformung am vorgekrümmten und geraden elastischen Stab. Für große, nicht mehr von Hand vorzuspannende Bogengeschütze ist die intuitive Kenntnis des gesetzmäßigen Zusammenhangs zwischen Vorspannkraft und Verformung Voraussetzung, da sich die im elastischen Stab gespeicherte Formänderungsenergie nach dem Lösen der Vorspannung fast vollständig in Bewegungsenergie des Geschosses umwandelt; mit zunehmender Last nimmt die elastische Deformation zu – und damit die gespeicherte Formänderungsenergie. Abb. 95 a zeigt einen elastischen Stab, der in der Mitte nacheinander mit den Gewichten G, $2G$, $3G$, $4G$ und $5G$ belastet ist. Leonardo möchte nun wissen, «welche Krümmung die Leiste [der elastische Stab – d. Verf.] aufweist, d. h. um wieviel sie beim einen oder beim anderen Gewicht größer oder kleiner ist. Ich glaube, daß die Prüfung mit jeweils verdoppelten Gewichten zeigen wird, daß auch die Krümmungen sich gegenseitig so verhalten» (Codex Madrid I 1974, S. 364). Obwohl der Begriff der Krümmung κ einer Kurve als Kehrwert des Krümmungsradius erst an der Schwelle zum 18. Jahrhundert in der Untersuchung elastischer Linien mathematisch gefaßt wurde, hat Leonardo das Stoffgesetz für spezielle elastische Linien erkannt: Aus der Proportionalität zwischen äußerer Last G und dem inneren

Biegemoment M einerseits und der Proportionalität zwischen M und der Krümmung κ der elastischen Linie andererseits folgt die von Leonardo behauptete Proportionalität zwischen äußerer Last G und der Krümmung κ. Dagegen ist Leonardos Behauptung, der Biegepfeil f zweier Träger unter derselben mittigen Last G sei gleich, wenn der längere Träger die vierfache Länge und die doppelte Querschnittsbreite und Querschnittshöhe hat (Abb. 95 b), falsch. Beträgt nämlich der Biegepfeil des kurzen Trägers

$$f = \frac{G \times l^3}{48 \times E \times I} \qquad (1)$$

mit der Spannweite l, dem Elastizitätsmodul des Materials E und dem Trägheitsmoment $I = \frac{b \times h^3}{12}$ (b = Querschnittsbreite und h = Querschnittshöhe), so gilt für den größeren Träger, wenn statt l, l' = 4 l und statt $I = \frac{b \times h^3}{12}$ $I' = \frac{2 \times b \times (2 \times h)^3}{12}$ gesetzt wird,

$$f' = 4 \times \frac{G \times l^3}{48 \times E \times I} = 4 \times f, \qquad (2)$$

d. h. der größere Träger besitzt den vierfachen Biegepfeil des kleineren.
Leonardos Behauptung wäre richtig, wenn der Biegepfeil nur quadratisch mit der Spannweite wachsen würde, die Biegelinie also eine quadratische und nicht eine kubische Parabel wäre. Richtig dagegen ist Leonardos Antwort auf folgendes Problem (Abb. 95 c): «Ich will drei Leisten von gleicher Dicke nehmen, von denen die eine doppelt so lang sei wie die andere. Und jede davon soll in der Mitte mit einem Gewicht belastet sein, daß die Bögen ihrer Krümmung untereinander den gleichen Pfeil haben» (Codex Madrid I 1974, S. 364). Nach Leonardo müssen sich die Lasten zu den Spannweiten verhalten wie
$G : 8 G : 64 G = 1 : \frac{1}{2} : \frac{1}{4}$.
Der Biegepfeil f des größten Trägers der Spannweite l und der Last G läßt sich nach Formel (1) berechnen. Die Last muß für denselben Biegepfeil f das achtfache von G betragen, wenn die Spannweite halbiert wird, wie man sich durch Einsetzen in Formel (1) leicht überzeugen kann. Setzt man schließlich in Formel (1) statt l die Spannweite l/4 ein, muß die Last den 64fachen Wert der ursprünglichen Last für den Träger der Spannweite l annehmen, um denselben Biegepfeil zu erreichen.
Da die Behandlung von bautechnischen Fragen in Leonardos Merkbüchern gegenüber der qualitativen Analyse von Maschinenelementen zurücktritt und noch kein geschlossenes bautechnisches Wissenssystem bildet, seien im folgenden nur noch summarisch einige Lösungsansätze benannt, die heute in das Gebiet der Statik und Festigkeitslehre fallen würden:
– Leonardo erkannte das Prinzip der Zerlegung einer Kraft in zwei Komponenten, ohne jedoch die Komponenten quantitativ zu bestimmen (Wagner/Egermann 1987, S. 179).

– Den Begriff des statischen Momentes (Kraft mal Hebelarm) wendet er erstmals auf schiefe Kräfte an (Straub 1975, S. 85).
– Leonardo nimmt die 1694 von Jakob Bernoulli angenommene lineare Dehnungsverteilung (Ebenbleiben der Balkenquerschnitte) von elastischen Biegebalken mit rechteckigem Querschnitt vorweg (Kurrer 1985, S. 3).
– Bei der statischen Analyse von Gewölben entwickelt er eine Keiltheorie, in der er zwar das Momentgleichgewicht jedes einzelnen Keilsteines erfüllt, das Verschiebungs-(Translations-)Gleichgewicht – trotz seiner Kenntnis des Kräfteparallelogrammes – aber außer acht läßt; ferner gibt er mögliche Bruchfiguren von asymmetrisch und symmetrisch belasteten Gewölben an (Zammattio 1974, S. 210).
– Leonardo skizziert ein Verfahren, wie der Horizontalschub verschiedenster Gewölbeformen und Sparrendächer experimentell erfaßt werden kann, und wie dick demzufolge die Widerlagermauern sein müßten (Zammattio 1974, S. 211 f.).
– Die Tragfähigkeit von zentrisch belasteten eingespannten Stützen verhält sich umgekehrt proportional zu ihren Höhen; während bei der zentrisch belasteten Stütze keine Biegeverformungen auftreten, werden die Fasern von exzentrisch belasteten Stützen auf der der Last abgewandten Seite gezogen, auf der zugewandten Seite aber gestaucht.

Zwar behauptet der französische Wissenschaftshistoriker P. Duhem, daß die

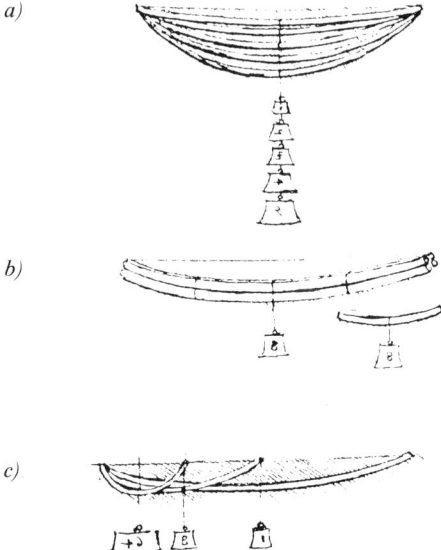

a)

b)

c)

Abb. 95 a–c
Verformungen an gleichlangen elastischen Stäben konstanten Querschnitts unter Einfluß verschieden großer Einzellasten in Stabmitte (a); Verformungen an ungleich langen elastischen Stäben unterschiedlichen Querschnitts unter Einfluß gleich großer Einzellasten in Stabmitte (b); Verformungen an ungleich langen elastischen Stäben konstanten Querschnitts unter Einfluß verschieden großer Einzellasten in Stabmitte (c).

Notizbücher Leonardos über dessen Schüler Franceso Melzi direkt oder in Abschrift in die Hände Cardanos, Benedettis, Guidobaldo del Montes und Bernardino Baldis gelangt wären und von diesen Wissenschaftlern auf Galilei gewirkt hätten (Straub 1975, S. 88 f.). Es kann aber auch angenommen werden, daß Leonardos «chaotische Sammlung von Notizen, in der geniale Einfälle und ganz gewöhnliche Auszüge aus allbekannten Werken aufeinander folgen» (Dijksterhuis 1956, S. 283), gerade wegen der fehlenden inneren Ordnung und der zufallsbedingten Verbreitung den wissenschaftlich-technischen Fortschritt doch nicht beschleunigen konnte. Wohlgemerkt, diese beiden wissenschaftshistorischen Bemerkungen wurden vor der Wiederentdeckung der «Codices Madrid» geäußert. Daß zumindest einige der oben erwähnten statischen Erkenntnisse Leonardos in den nächsten zwei Jahrhunderten nicht erfaßt wurden, könnte am Beispiel der ersten im Jahre 1695 veröffentlichten Gewölbetheorie Philippe de la Hires gezeigt werden, die, im Gegensatz zu der Leonardos, das Translationsgleichgewicht von reibungsfrei gekoppelten Gewölbesteinen eines halbkreisförmigen Gewölbes annimmt; d. h., sie fragt danach, welche Größe die äußeren Kräfte annehmen müssen, damit – modern ausgedrückt – das mehrfach kinematisch unbestimmte Gelenksystem sich gerade im (labilen) Gleichgewicht befindet. So blieben Leonardos (bau)statische Erkenntnisse erratische Blöcke in der historisch sich formierenden Wissenschaftslandschaft der Neuzeit, zwischen denen die Wege wissenschaftlicher Erkenntnis verliefen. Die großartigen individuellen (bau)statischen Erkenntnisse eines Leonardo wurden von den nachgeborenen Wissenschaftlern und Technikern im Zeitalter der wissenschaftlichen Revolution nicht wahrgenommen.
Dem Niederländer Simon Stevin (1548–1620) gelang 1586 in seiner Arbeit «Beghinselen der Weeghconst» (Grundlagen der Wägekunst) mit Hilfe eines Gedankenexperiments der Kugelkranzbeweis für das Gesetz der schiefen Ebene. Als Mathematikprofessor und niederländischer Oberwasserbaumeister hatte Stevin den Unterschied zwischen theoretischer und angewandter Mechanik zwar gespürt, aber in seiner Tragweite unterschätzt: «Wenn er bei einem Werkzeug theoretisch die ideale Gleichgewichtsbedingung zwischen Kraft und Last bestimmt hat, so meint er, eine noch so geringe Verstärkung der Kraft könne die Last nun in Bewegung bringen. Nichtsdestoweniger hat er durch die vielen Anwendungen, die er von seinen theoretischen Untersuchungen gemacht hat (bei Wäge- und Hebelwerkzeugen, bei der Windmühle, dem Pferdesaum und in der Kriegswissenschaft), sowohl

die ‹Weeghconst› (theoretische Statik) als auch die ‹Weeghdaet› (praktische Statik) gefördert» (Dijksterhuis 1956, S. 365).

Der Bezug zur Technik, wie wir ihn in Stevins wissenschaftlichen Arbeiten zur Statik finden, blieb in der Spätrenaissance eher eine Ausnahme. Umgekehrt kann von einer theoriegeleiteten Technikentwicklung nicht gesprochen werden. Oft waren die technischen Probleme der Bautechnik, des Bergbaus und des Maschinenbaus zu komplex, um die in den technischen Gebilden und Verfahren wirkenden Naturgesetze wissenschaftlich adäquat widerzuspiegeln – oder gar theoretisch vorwegzunehmen. So kann die 1597–98 erbaute Fleischbrücke in Nürnberg mit einem spektakulären Pfeilverhältnis von $f/l = 4\,m/27\,m = 1/6{,}75$ bei kompliziertesten Baugrundverhältnissen unmöglich das realisierte Produkt baustatischer Überlegungen sein (Stromer 1988). Unter der Annahme elastostatischen Verhaltens im ungerissenen Zustand fand Karl Krauß in einer Nachrechnung, daß die Fleischbrücke an der Unterseite des Scheitelbereichs Risse aufweisen müßte. «Trotz mehrfacher gezielter Untersuchungen am Mauerwerk fand ich weder derartige Risse noch Flickstellen» (Krauß 1985, S. 220). Bei der Sichtung des Archivmaterials fiel Krauß die kurze Bauzeit auf (ca. zwei Monate zur Erstellung des gemauerten Brückengewölbes), und er wandte sich dem Problem des noch weichen Kalkmörtels zu; eine weitere statische Nachberechnung unter der Annahme von plastischen Verformungen des noch jungen Fugenmörtels ergab, daß die vorher errechnete Rißzone im Scheitelbereich nun verschwunden war. «Durch dieses Abtasten des Mörteleinflusses sensibilisiert, las ich mich erneut in Albertis Werk [zehn Bücher über die Baukunst, Florenz 1485 – d. Verf.] ein und fand im 14. Kapitel seines dritten Buches folgende, in ihrer Bedeutung früher nicht erkannte Ausführung über das Ausrüsten von Gewölben: ‹Und außerdem ist es gut, bei eingerüsteten Gewölben dort, wo sie durch die obersten Keilsteine geschlossen sind, [allsobald] die Unterlage ein wenig nachzulassen, sozusagen durch welche das Gerüst getragen wird, und zwar deshalb, damit nicht die frisch vermauerten Keilsteine zwischen ihrem Bett und dem Kalkmörtel schwimmen, sondern daß sie untereinander ausgeglichenen ruhigen Sitz bei vollständigem Gleichgewicht einnehmen. Geschieht dies aber während des Trocknens, so würde sich das Mauerwerk nicht, wie es erforderlich ist, zusammengedrängt zusammenhalten, sondern beim Setzen Sprünge hinterlassen. Deshalb geschehe es so: das Gerüst soll nicht geradezu weggenommen, sondern von Tag zu Tag allmählich gelockert werden, damit nicht das noch frische Mau-

erwerk nachfolge, wenn Du es vorzeitig entfernst. Nach einigen Tagen aber, je nach der Größe der Wölbung, lockere es immer noch ein bißchen. Und fahre dann fort, bis sich die Keilsteine an dem Gewölbe zueinander passen und das Mauerwerk erhärtet» (Krauß 1985, S. 220). Die statische Nachberechnung von Krauß unter Berücksichtigung der plastischen Verformungen der Gewölbefugen und die von ihm zitierte Stelle aus Albertis Werk zeigen eindrucksvoll auf, daß die Baumeister der Fleischbrücke auch ohne statische Berechnung in der Lage waren, «durch Steuerung des Arbeitsablaufes das statische Verhalten des Mauerwerkes zu beeinflussen» (Krauß 1985, S. 221). Bis weit in die Disziplinbildungsphase der Baustatik im 19. Jahrhundert ist die Aussagekraft und Praktikabilität des im Schnittpunkt zwischen Bauvorgang, Baukonstruktion und statischem Verhalten akkumulierten Erfahrungswissens der Bauschaffenden theoretischen Versuchen haushoch überlegen. Erst mit Abschluß der Konsolidierungsphase der Baustatik (Ende der 20er Jahre unseres Jahrhunderts), als dem Bauingenieur das Materialwissen in wissenschaftlicher Form zu Gebote stand und der industrialisierte Bauvorgang selbst einer Verwissenschaftlichung zugänglich wurde – mithin die Wechselwirkung zwischen Baufortschritt und Statisch-Konstruktivem wissenschaftliche Relevanz erlangte – erst dann, konnte von einer Ablösung der Hegemonie des Erfahrungswissens in jenem Schnittpunkt durch wissenschaftlich begründetes Wissen gesprochen werden.

Galileis Unterredungen und mathematische Demonstrationen über eine embryonale Festigkeitslehre

Den «Discorsi» (Abb. 96) und ihrer Einbettung in den Prozeß der Herausbildung der neuzeitlichen Naturwissenschaften sind in monographischen Abrissen zur Geschichte der Naturwissenschaften oft umfangreiche Kapitel gewidmet. Bis auf wenige Ausnahmen konzentrieren diese wissenschaftshistorischen Beiträge ihre Analyse auf die Dynamik Galileis als einer der «zwei neuen Wissenschaften» (Galilei), während einzelne Probleme aus Galileis Festigkeitsbetrachtungen lediglich in der Literatur über die Geschichte der Technik und Technikwissenschaften erwähnt werden (etwa bei H. Straub, S. P. Timoshenko sowie M. Rühlmann, E. Werner, K. Mauersberger, T. Hänseroth und F. Klemm). Obwohl die Historiker der Technikwissenschaften schon bedeutende Erfolge in der Aufarbeitung der frühen Entwicklungsgeschichte der Baumechanik (Hänseroth 1980) und der Technischen Mechanik (Mauersberger 1983) erzielen konnten, ist eine detailliertere Analyse von Galileis Festigkeitsbetrach-

tungen noch immer eine Forschungslücke. Bis auf die Monographie des britischen Bauingenieurprofessors T. M. Charlton zur Baustatik des 19. Jahrhunderts (Charlton 1982) steht eine umfassende Entwicklungsgeschichte der Baumechanik und der Technischen Mechanik noch immer aus.

Galileis «Discorsi» sind dialogisch aufgebaut. Während sechs Tagen entfaltet sich ein Gespräch zwischen Salviati (der für Galilei spricht), Sagredo (vernünftiger Laie) und Simplicio (Vertreter der aristotelischen Naturphilosophie) über «due nuove scienze», über zwei neue Wissenschaften:

Erster Tag: Zugfestigkeit von Marmorsäulen, Seilen und Kupferdrähten; Deutung der Kohäsion; mathematische Betrachtungen; freier Fall im Vakuum und im Medium; Pendelschwingung etc.

Zweiter Tag: Betrachtungen zur Bruchfestigkeit von Balken unterschiedlicher Gestalt, Belastung und Lagerungsbedingungen unter ähnlichkeitsmechanischen Gesichtspunkten.

Dritter Tag: Fallgesetz

Vierter Tag: Wurfgesetz

Fünfter Tag: Betrachtungen über die mathematische Proportionalität

Sechster Tag: Stoßbetrachtungen

Für die Geschichte der Technischen Mechanik bzw. der Festigkeitslehre sind nur die ersten beiden Tage von unmittelbarem Interesse.

Erster Tag

Durch den Mund des Salviati und Sagredo läßt Galilei den Leser erfahren, welch große Bedeutung Technik als Gegenstand naturwissenschaftlicher Erkenntnis spielen kann, daß sich also die Analyse der Transformation der technischen Zweck-Mittel-Beziehung in Form der Erkenntnis des Wirkungs-Ursache-Zusammenhangs der technisch gestellten Natur manifestiert: «*Salviati: Die unerschöpfliche Tätigkeit Eures berühmten Arsenals, Ihr meine Herren Venetianer, scheint mir den Denkern ein weites Feld der Spekulation darzubieten, besonders im Gebiete der Mechanik: da fortwährend Maschinen und Apparate von zahlreichen Künstlern ausgeführt werden, unter welch letzteren sich Männer von umfassender Kenntnis und von bedeutendem Scharfsinn befinden. Sagredo: Sie haben vollkommen Recht, mein Herr; und ich, der ich (von Natur) wißbegierig bin, komme häufig hierher, und die Erfahrung derer, die wir wegen ihrer hervorragenden Meisterschaft ‹die Ersten› [Proti] nennen, hat meinem Verständnis oft den Kausalzusammenhang wunderbarer Erscheinun-*

gen eröffnet, die zuvor für unerklärbar und unglaublich gehalten wurden: und wirklich war ich oft verwirrt und verzweifelt darüber, daß so viele Dinge der Erfahrung nicht geklärt werden konnten, Dinge, die sogar sprichwörtlich bekannt sind (...) (Galilei, Unterredungen, S. 3).
Ein solcher «Kausalzusammenhang», auf den Galilei am ersten und am zweiten Tag seiner «Discorsi» immer wieder in Beispielen zurückkommt, ist der Unterschied zwischen geometrischer und statischer Ähnlichkeit von Objekten in Natur und Technik. *«Geben sie, Herr Sagredo»*, läßt Galilei Salviati sagen, *«Ihre von vielen anderen Mechanikern geteilte Meinung auf, als könnten Maschinen aus gleichem Material, in genauester Proportion hergestellt, genau gleiche Widerstandsfähigkeit haben. Denn man kann geometrisch beweisen, daß die größeren Maschinen weniger widerstandsfähig sind als die kleineren: so daß schließlich nicht bloß für Maschinen und für alle Kunstprodukte, sondern auch für Objekte der Natur eine notwendige Grenze besteht, über welche weder Kunst noch Natur hinausgehen kann: wohlverstanden, wenn stets das Material dasselbe und völlige Proportionalität besteht»* (Galilei, Unterredungen, S. 5).
Wie weiter unten gezeigt wird, kombinieren Galileis Festigkeitsbetrachtungen die Frage nach der Bruchfestigkeit von einfachen Tragstrukturen mit der Aufstellung von Übertragungsgesetzen für solche Tragstrukturen. Letzteres ist noch heute die Aufgabe der durch Galilei begründeten Ähnlichkeitsmechanik, die darin besteht, mit den am Versuchsmodell gewonnenen experimentellen mechanischen Befunden und den Übertragungsgesetzen auf das mechanische Verhalten der Großausführung zu schließen. Wie Klaus-Peter Meinicke im Rahmen seiner Fallstudie zur historischen Entwicklung der Ähnlichkeitstheorie aufweisen konnte, «sind Galileis Ausführungen zur Ähnlichkeit ein qualitativer Einschnitt bei der wissenschaftlichen Klärung von Problemen der Maßstabsübertragung» (Meinicke 1988, S. 15).
Salviati versucht seine Gesprächspartner Sagredo und Simplicio an Hand qualitativer Beispiele davon zu überzeugen, daß die geometrische nicht mit der statischen Ähnlichkeit identifiziert werden darf. Ein einseitig eingespannter Holzstab, der sich gerade noch selbst trägt, müßte zerbrechen, wenn seine Dimensionen vergrößert würden; werden die Dimensionen des Holzstabes verkleinert, besäße er noch Tragreserven. Galilei erkennt hier das Singuläre des Bruchzustandes von Tragstrukturen. Doch Sagredo und

Simplicio scheinen noch immer nicht zu begreifen; Salviati muß noch deutlicher werden, er fragt: *«Ist nicht klar, daß ein Pferd, welches 3 oder 4 Ellen hoch herabfällt, sich die Beine brechen kann, während ein Hund keinen Schaden erlitte, desgleichen eine Katze selbst von 8 oder 10 Ellen Höhe, ja eine Grille von einer Turmspitze und eine Ameise, wenn sie vom Mond herabfiele»* (Galilei, Unterredungen, S. 5f.). Von solchen, an den «gesunden Menschenverstand» appellierenden Plausibilitätsbetrachtungen, die ja der Prämisse von Galileis ähnlichkeitsmechanischen Festigkeitsbetrachtungen nach gleichem Material und geometrischer Proportionalität widersprechen, geht er alsbald wieder ab. Er schildert die Beobachtung, wie ein an seinen Enden auf zwei Holzbalken aufliegender Marmorobelisk (statisch bestimmter

Träger auf zwei Stützen mit der Stützweite $l_0 = 2 \cdot l$) genau über dem später in der Mitte angebrachten Holzbalken (einfach statisch unbestimmter Träger auf drei Stützen mit den Stützweiten $l_1 = l_2 = l$) deshalb zu Bruch geht, weil ein Endauflager weggefault ist – sich also das statische System von einem einfach statisch unbestimmten Träger auf drei Stützen mit den Stützweiten $l_1 = l_2 = l$ in ein statisch bestimmtes System verwandelt hätte, das die Stützweite $l_1 = l$ besitzt, und mit der Länge $l_2 = l$ frei auskragt. Nach Galilei wäre eine Stützensenkung beim ursprünglichen Tragsystem (statisch bestimmter Träger auf zwei Stützen $l_0 = 2 \cdot l$) folgenlos gewesen, wohingegen sich beim einfach statisch unbestimmten Träger auf drei Stützen mit den Stützweiten $l_1 = l_2 = l$ der Kraftzustand mit zunehmender Stützensenkung solange umla-

DISCORSI

E

DIMOSTRAZIONI

MATEMATICHE,

intorno à due nuoue scienze

Attenenti alla

MECANICA & I MOVIMENTI LOCALI,

del Signor

GALILEO GALILEI LINCEO,

Filofofo e Matematico primario del Sereniffimo Grand Duca di Tofcana.

Con vna Appendice del centro di grauità d'alcuni Solidi.

IN LEIDA,

Appreffo gli Elfevirii.   M. D. C. XXXVIII.

Abb. 96
Titelblatt von Galileis Hauptwerk «Unterredungen und mathematische Demonstrationen über zwei neue Wissenschaften» aus dem Jahre 1638.

gert, bis die Auflagekraft der betreffenden Außenstütze Null wird, d. h. sich
das einfach statisch unbestimmte System
wieder in ein statisch bestimmtes System
gewandelt hat, und der sich dabei ein-
stellende Kraftzustand den Bruch des
Obelisken über der (ursprünglichen)
Mittelstütze verursacht. Damit hat Galilei zwar das Wesen des Lastfalls «Stützensenkung» für das einfachste statisch
bestimmte System erkannt, aber nicht
die Frage nach dem Verhältnis von statischer zu geometrischer Ähnlichkeit geklärt. Es ist deshalb nicht verwunderlich,
wenn selbst der vernünftige Laie Sagredo Galileis Resümee, daß dies doch bei
einem kleineren geometrisch ähnlichen
Marmorobelisken nicht stattgehabt hätte, nicht so recht einsehen kann. Noch
schwieriger erscheint Sagredo die Frage,
*«als oft gerade im Gegenteil die Bruchfe-
stigkeit mehr zunimmt als die Verdickung
der Substanz; wie z. B. bei zwei Nägeln in
einer Mauer, von denen der eine nur doppelt so dick ist als der andere, während
seine Tragfähigkeit ums Dreifache, ja
Vierfache wächst».* Worauf Salviati ant-
wortet: *«Sagen Sie, bitte, ums Achtfache
(...)»* (Galilei, Unterredungen, S. 7).
Damit deutet Galilei erstmals das
Bruchproblem eines eingespannten Biegebalkens an. *«Jetzt, Herr Salviati»,* läßt
Galilei Sagredo sagen, *«erklären Sie uns
die Sache, wenn Sie's können (...)»* (Galilei, Unterredungen, S. 7).
Galilei beginnt seine Erklärung mit dem
Zugversuch (Abb. 97), *«denn hier finden
wir das erste und einfachste Prinzip, auf
dem das Übrige beruht»* (Galilei, Unterredungen, S. 7). Galilei denkt die Gewichtskraft C hinreichend groß, um den
bei A befestigten Zylinder aus Holz oder

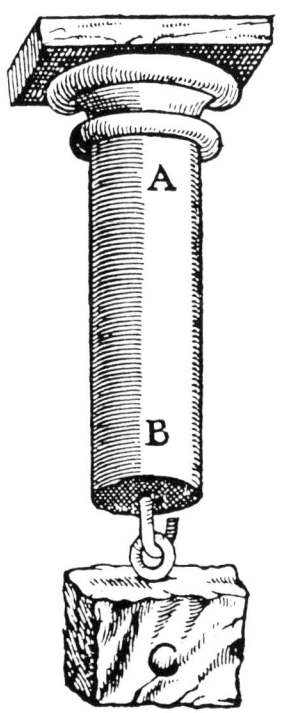

Abb. 97
*Der Zugversuch des Galilei als Gedanken-
experiment.*

Abb. 98
*Das Biegebruch-
problem des Galilei.*

anderem Material zu zerreißen. Auch für
nichtfaserige Stoffe wie Stein oder Metall existiere eine Bruchfestigkeitsgren-
ze. Von einer Verteilung des der Gewichtskraft C entgegengesetzten Zugwiderstandes über die Querschnittsfläche
ist hier nicht die Rede. Nachdem Galilei
die Zugfestigkeit eines Hanfseiles, dessen Fasern nicht die Länge des Prüfkörpers erreichen, qualitativ über eine Dis-
kussion der Seilreibung zu erfassen
sucht, verirrt er sich bei der Erklärung
des Zugwiderstandes von nichtfaserigen
Stoffen in seitenlangen Erörterungen
über das *«Widerstreben der Natur, einen
leeren Raum zuzulassen»* (Galilei, Unterredungen, S. 11), und über die Binde-
kraft der Teilchen eines solchen Körpers
– aus beidem nämlich soll sich deren
Zugwiderstand zusammensetzen.
In diesem Zusammenhang beantwortet
er die Frage nach der Reißlänge eines
Kupferdrahtes sogar quantitativ: *»Nehmen Sie z. B. einen kupfernen Draht von
beliebiger Länge, befestigen Sie das obere
Ende an irgend etwas, und belasten Sie
das untere Ende immer mehr und mehr,
bis der Draht reißt, und sei das Maximalgewicht 50 Pfund gewesen, so ist es klar,
daß 50 Pfund Kupfer zum Eigengewicht
des Drahtes, welches etwa 1/8 Unze be-
trage, hinzugefügt, und in Draht der ge-
wählten Sorte ausgezogen, die Maximal-
länge desjenigen Kupferdrahtes ergäbe,
der sich gerade noch halten kann [Reiß-
länge – d. Verf.]. Messen Sie alsdann, wie
lang der Faden war, welcher zerriß, es sei
z. B. 1 Elle: und da er 1/8 Unze wog und
da er sich selbst und 50 Pfund dazu trug,
welches = 4 800 Achtelunzen sind, so folgt
daraus, daß jeder Kupferdraht von beliebiger Dicke sich selbst tragen kann bis zu*

*einer Länge von 4 800 Ellen und nicht
mehr (...)»* (Galilei, Unterredungen,
S. 17 f.). Dies ist eine der beiden Stellen
in den «Discorsi», wo man davon ausgehen könnte, Galilei habe über die Proportionalität von Zugwiderstand und
Querschnittsfläche eine konstante Spannungsverteilung über die Querschnittsfläche angenommen.
Ohne den Wunsch des Sagredo erfüllt zu
haben, das Bruchproblem des eingespannten Biegebalkens noch am ersten
Tag zu besprechen, widmet Galilei
stattdessen den größten Teil seines Ge-
sprächs der umfassenden Erörterung
von mathematischen Fragen und Problemen. Der Leser der «Discorsi» gewinnt
bei der Lektüre des ersten Tages den
Eindruck, daß es Galilei dort um das
Anreißen jener Fragen geht, die in den
darauffolgenden Tagen en détail beantwortet werden.

Zweiter Tag

*«Kehren wir dann zum Ausgangspunkte
zurück: Worin nun auch die Bruchfestigkeit bestehen mag, jedenfalls ist sie vorhanden und zwar sehr beträchtlich als
Widerstand gegen Zug, geringer bei einer
transversalen Verbiegung (...). Von dieser Art Widerstand wollen wir sprechen
und feststellen, in welchen Beziehungen
sie steht in ähnlichen und unähnlichen
Prismen und Zylindern, die nach Länge
und Dicke variieren, bei gleichem
Stoff»* (Galilei, Unterredungen, S. 94).
Das Bruchproblem des Kragbalkens
(einseitig eingespannter Biegebalken)
(Abb. 98) bildet tatsächlich das Herz-
stück von Galileis Ausführungen am
zweiten Tag seiner «Discorsi». Nach-

dem er Betrachtungen zum Hebelgesetz angestellt hat und dort klar den Kraftzustand aus Eigengewicht von einem solchen «*losgetrennt von aller Materie*» (Galilei, Unterredungen, S. 96) unterscheidet, entfaltet er das Bruchproblem des einseitig angespannten Biegebalkens in drei Schritten (Abb. 99 a–c):

a) Der Biegebalken zerbricht bei B, so daß B zum Stütz- und Drehpunkt der kinematischen Bruchfigur wird. Während die bei C angreifende Gewichtskraft E_B den Hebelarm $\overline{BC}=1$ besitzt, wirkt der Zugwiderstand W_Z in der Einspannung am Hebelarm $\frac{\overline{AB}}{2}=\frac{h}{2}$, so daß der Biegebalken mechanisch durch den Winkelhebel ABC idealisiert werden kann (Abb. 99 a).

b) Aus dem Zugversuch (vgl. Abb. 97) findet Galilei die Gleicheit der Bruchkraft T_B mit dem Zugwiderstand in der Einspannung W_Z (Abb. 99 b).

c) Mit $W_Z = T_B$ folgt aus Anwendung des Hebelgesetzes für den Winkelhebel ABC (Abb. 99 c)

$$\frac{T_B}{E_B} = \frac{1}{\left(\frac{h}{2}\right)} \ . \tag{3}$$

Wie Galilei ausdrücklich feststellt, gelten die Schritte a) bis c) auch bei Berücksichtigung des Eigengewichts des prismatischen Kragbalkens. Wie Leonardo verliert Galilei kein Wort zum Translationsgleichgewicht; Galilei hätte in B die zu T_B und E_B betragsmäßig äquivalenten Reaktionskräfte ansetzen müssen. Es ist oft gefragt worden, warum Galilei die Bruchkraft $W_Z = T_B$ im Schwerpunkt des symmetrischen Balkenquerschnitts ansetzte, und dabei die Gleichgewichtsbedingungen in Horizontal- und Vertikalrichtung ignorierte. Diese Frage läßt sich nur dann befriedigend beantworten, wenn die zentrale Bedeutung des Zugversuchs in seinem Gedankenexperiment vollständig erkannt wird. Da sich die Wissenschaftler und Techniker vor

Newton (1643–1727) eingeprägte Kräfte im wesentlichen nur als Gewichtskräfte vorstellen konnten, ist es nicht verwunderlich, daß ein Leonardo und Galilei den Probekörper an einem festen Punkt aufgehängt dachten. Unter dem Einfluß der Schwerkraft orientiert sich dann die Längsachse des Probekörpers samt dem angehängten Prüfgewicht in Richtung des Erdmittelpunkts. Da aber in Galileis Zugversuch (Abb. 97) das Prüfgewicht über einen Haken in B offensichtlich zentrisch in den zylindrischen Querschnitt eingeleitet wird und immer in Richtung des Erdmittelpunkts orientiert sein muß, fällt die Wirkungslinie mit der Zylinderachse zusammen und damit auch der Zugwiderstand in A. Wenn man nun aber mit Galilei einen Kragträger analysiert, dessen Achse senkrecht zur Richtung der Schwerkraft orientiert ist, aber am Kragarmende mit einer Gewichtskraft E_B belastet ist, dann muß der Zugwiderstand $W_Z = T_B$ in der Schwerachse des Balkenquerschnitts angreifen, da T_B zuvor aus einem Zugversuch ermittelt wurde (Abb. 99 b). Wichtig ist, daß sich Galilei beim Zugversuch die Kraft T_B nur als Gewichtskraft vorstellen kann, die am Befestigungspunkt des Querschnitts die mittige Zugbruchkraft W_Z verursacht (vgl. Abb. 99 b mit Abb. 97). Nun dreht er den zugbeanspruchten Probekörper samt seiner in Richtung der Schwerkraft orientierten Achse gedanklich in die Horizontale, statt T_B greift aber jetzt die Gewichtskraft E_B senkrecht zur Balkenschwerachse an, welche die Zugkraft $W_Z = T_B$ in halber Höhe des eingespannten Querschnitts AB zur Folge hat (Abb. 99 a und c). Am Winkelhebel ABC kann Galilei das Verhältnis zwischen der Zugbruchkraft $W_Z = T_B$ und der Gewichtskraft E_B aus dem Hebelgesetz bestimmen. Zur Lösung dieser Aufgabe ist die Kenntnis der Auflagerreaktionen in B (Abb. 99 a) völlig überflüssig. Während bei Leonardo der Zugversuch lediglich

zur experimentellen Ermittlung der Zugfestigkeit verschiedener Materialien diente, erkannte Galilei im Balkenproblem den Zusammenhang zwischen Zugversuch und der statischen Wirkung des Winkelhebels in Form einer Proportion (vgl. Gleichung 3). Unterstellt man beim Zugversuch von Galilei konstante Spannungsverteilung (Galilei hat dies explizit nie getan; aus heutiger Sicht kann man von einer konstanten Spannungsverteilung immer dann ausgehen, wenn alle zur Stabachse parallelen Fasern gleiche Längenveränderungen erleiden), d. h.

$$T_B = W_Z = \sigma_F \times (b \times h) \tag{4}$$

(σ_F = Fließspannung des Materials, vgl. Abb. 92 e), so ergibt sich beim in AB eingespannten Biegebalken der Länge l mit der Querschnittsbreite b und der Querschnittshöhe h (Abb. 100 a) die Bruchlast zu

$$E_B = \frac{\sigma_F}{1} \times \frac{b \times h^2}{2} . \tag{5}$$

Da Galilei mit der Verhältnisgleichung (3) den Bruchzustand bei Biegung erfaßt, ist für Material mit ausgeprägter Fließgrenze aus heutiger Sicht der Vergleich mit der Traglast

$$E_{B,pl} = \frac{\sigma_F}{1} \times \frac{b \times h^2}{4} \tag{6}$$

bei vollplastiziertem Querschnitt AB nach der Fließgelenktheorie (Abb. 100 b) geboten, und nicht, wie viele Autoren noch heute meinen, mit

$$E_{B,el} = \frac{\sigma_F}{1} \times \frac{b \times h^2}{6} \tag{7}$$

als der nach der Elastizitätstheorie berechneten elastischen Grenzlast bei Fließbeginn in der obersten und untersten Faser im Querschnitt AB (Abb. 100 c). (Viele Autoren, die Galileis Bruchbetrachtungen am Kragbalken analysieren, vergleichen die nur im elastischen Bereich gültige Gleichung (7) – wo statt σ_F die aktuelle Spannung $\sigma = \sigma_F$ einzusetzen ist – mit Gleichung (5); damit vergleichen sie aber den Gebrauchszustand mit dem Bruchzustand.) Das Verhältnis $E_B : E_{B,pl}$ beträgt 2:1; damit nimmt zwar nach Galilei die Bruchlast den doppelten Wert der Traglast nach der Fließgelenktheorie an; Galilei interessieren jedoch Verhältnisse von Bruchlasten, mithin Aussagen über Bruchlastverhältnisse von «*ähnlichen und unähnlichen Prismen und Zylindern, die nach Länge und Dicke variieren, bei gleichem Stoff*» (Galilei, Unterredungen, S. 94). Wie noch zu zeigen ist, sind die von Galilei angegebenen Bruchlastverhältnisse richtig. Zuerst bestimmt Galilei das Bruchlastverhältnis eines hochkantig gestellten Balkens (Balkenhöhe h, Balkenbreite b) zu dem eines breitkantig gestellten Balkens (Balkenhöhe b, Balkenbreite h) der

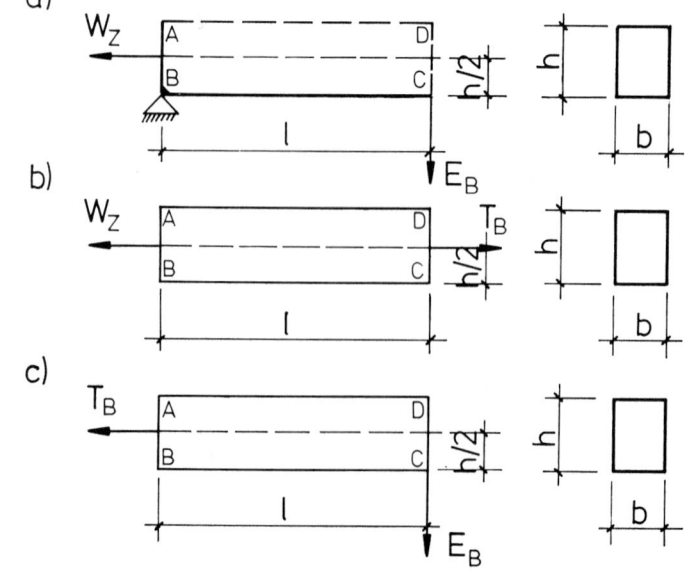

Abb. 99 a–c
Schema des Biegebruchproblems des Galilei.

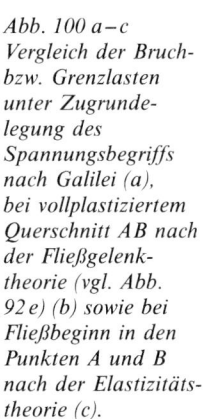

Abb. 100 a–c
Vergleich der Bruch-
bzw. Grenzlasten
unter Zugrunde-
legung des
Spannungsbegriffs
nach Galilei (a),
bei vollplastiziertem
Querschnitt AB nach
der Fließgelenk-
theorie (vgl. Abb.
92 e) (b) sowie bei
Fließbeginn in den
Punkten A und B
nach der Elastizitäts-
theorie (c).

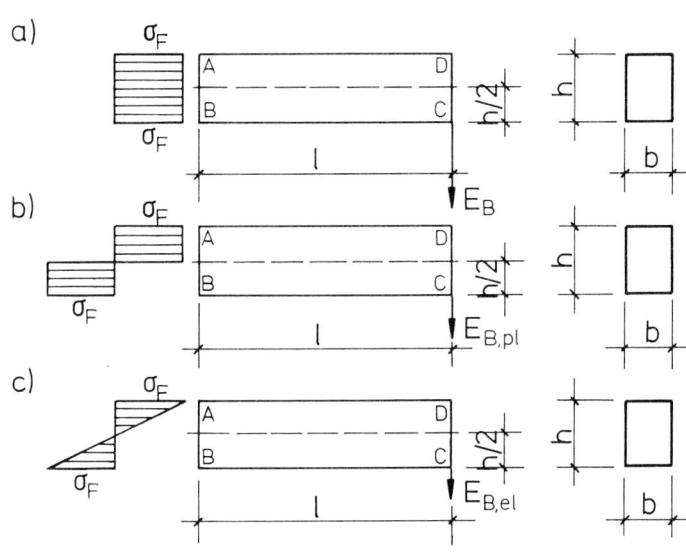

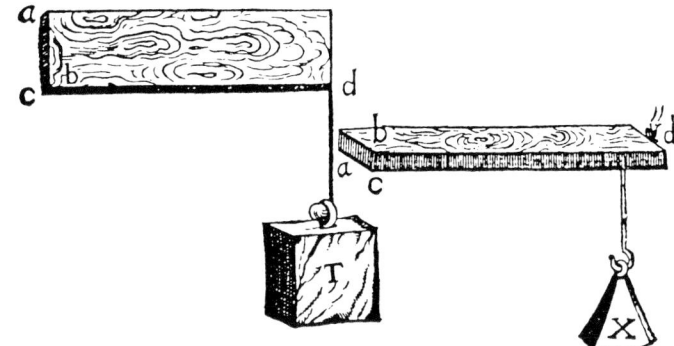

Abb. 101
Betrachtungen
Galileis zum Bruch-
lastverhältnis eines
hochkantig (links)
zum breitkantig
(rechts) gestellten
Balken. (Höhe h
resp. b und Breite b
bzw. h ergeben sich
jeweils aus der
Stellung des Bal-
kens.)

$$\frac{T_{B,d}^1}{E_{B,d}^1} = \frac{l_1}{\left(\frac{d_1}{2}\right)} \tag{11}$$

$$\frac{T_{B,D}^1}{E_{B,D}^1} = \frac{l_1}{\left(\frac{D_1}{2}\right)} \cdot \tag{12}$$

Dividiert man Gleichung (12) durch (11) unter Berücksichtigung der Bruchzugkräfte $T_{B,d}^1$ und $T_{B,D}^1$ mit dem Quadrat der Durchmesser d_1 bzw. D_1, ergibt sich das Bruchlastverhältnis zu

$$\frac{E_{B,d}^1}{E_{B,D}^1} = \frac{d_1^3}{D_1^3} \cdot \tag{13}$$

In einem dritten Schritt variiert Galilei neben dem Durchmesser die Länge der Kragbalken (Abb. 102 c). Aus der Proportionalität der Bruchzugkräfte mit den Quadraten der Durchmesser

$$T_{B,d}^2 \sim d_2^2 \quad \text{bzw.} \quad T_{B,D}^2 \sim D_2^2 \tag{14}$$

sowie den Momentgleichgewichten bezüglich Punkt B (vgl. Abb. 99)

$$T_{B,d}^2 \times \frac{d_2}{2} = E_{B,d}^2 \times l_2 \quad \text{bzw.}$$

$$T_{B,D}^2 \times \frac{D_2}{2} = E_{B,D}^2 \times L_2 \tag{15}$$

folgen die Proportionalitäten

$$E_{B,d}^2 \times l_2 \sim d_2^3 \quad \text{bzw.} \quad E_{B,D}^2 \times L_2 \sim D_2^3, \tag{16}$$

mithin das Bruchlastverhältnis zu

Länge l (Abb. 101). Nach Gleichung (3) gilt für den hochkantig gestellten Balken

$$\frac{T_B}{T} = \frac{1}{\left(\frac{h}{2}\right)} \tag{8}$$

und für den breitkantig gestellten Balken

$$\frac{T_B}{X} = \frac{1}{\left(\frac{b}{2}\right)}; \tag{9}$$

die Division (9) mit (8) ergibt das Bruchlastverhältnis

$$\frac{T}{X} = \frac{h}{b} \cdot \tag{10}$$

Nachdem Galilei beweist, daß bei Lastfall «Eigengewicht» das Einspannmoment eines prismatischen Kragbalkens proportional zum Quadrat seiner Länge ist, geht er zur Analyse von Kragbalken mit Vollkreisquerschnitt über (Abb. 102 a–c). Zuerst führt Galilei gedanklich den Zugversuch für Stäbe mit Vollkreisquerschnitten der Durchmesser d_1 und D_1 durch (Abb. 102 a). Dabei geht er davon aus, daß die Bruchzugkräfte $T_{B,d}^1$ und $T_{B,D}^1$ proportional zu d_1^2 bzw. D_1^2 sind, denn der *«absolute Widerstand* [die Zugfestigkeit – d. Verf.] *wächst nämlich in dem Maße wie die Basis* [die Querschnittsfläche – d. Verf.] *größer ist, denn so viel mehr Fasern halten die Körperteilchen zusammen»* (Galilei, Unterredungen, S. 100f). Nach Gleichsetzung der Bruchzugkräfte $T_{B,d}^1$ und $T_{B,D}^1$ mit den Zugwiderständen an der Einspannstelle der beiden Biegebalken (Abb. 102 b) nimmt die Gleichung (3) folgende Gestalt an:

a)
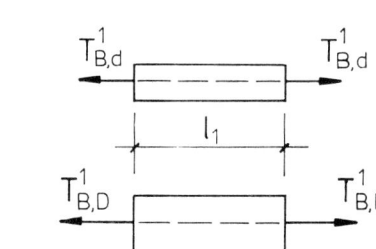
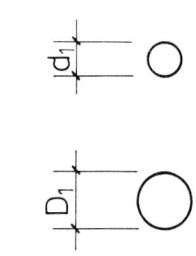

b)
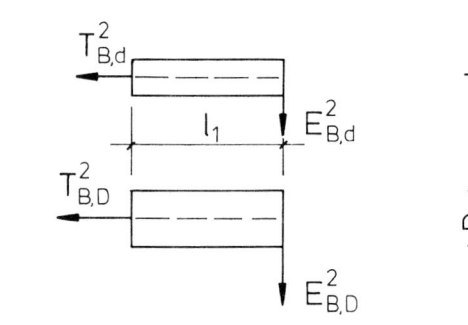
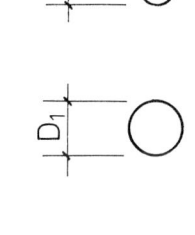

c)
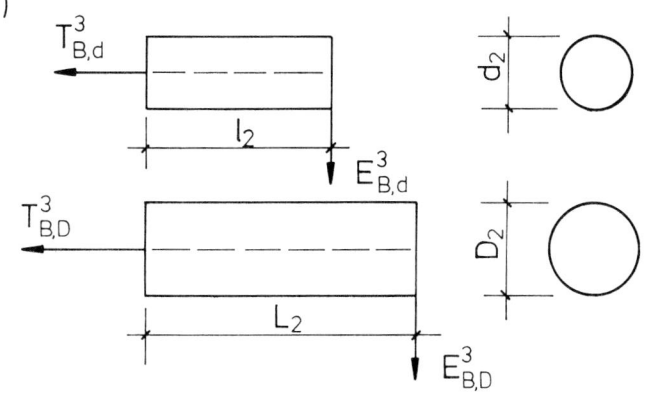

Abb. 102 a–c
Zugversuche an
gleichlangen Stäben
unterschiedlichen
Durchmessers (a)
sowie Bruchlastver-
hältnisse von
gleichlangen
Kragbalken mit
unterschiedlichen
Durchmessern (b)
und Kragbalken mit
ungleicher Länge
und Durchmessern
(c).

$$\frac{E_{B,d}^2}{E_{B,D}^2} = \frac{d_2^3}{D_2^3} \times \frac{L_2}{l_2} . \tag{17}$$

Speziell für geometrische Ähnlichkeit, d. h., wenn

$$\frac{d_2}{D_2} = \frac{l_2}{L_2} = k = \text{const.} \tag{18}$$

erfüllt ist, geht Gleichung (17) unter Berücksichtigung der Momentengleichgewichte (15) über in

$$\frac{E_{B,d}^2}{E_{B,D}^2} \times \frac{l_2}{L_2} = \frac{M_{B,d}^2}{M_{B,D}^2} = k^3 = \left(\frac{T_{B,d}^2}{T_{B,D}^2}\right)^{\frac{3}{2}} . \tag{19}$$

Auf die Gleichung (19) ruft Simplicio erstaunt aus: «*Dieser Satz ist mir völlig neu und ich hätte ihn nicht erwartet, denn ich hätte bei völliger Ähnlichkeit der Figuren geglaubt, daß auch das Verhältnis der Momente zu den Zugwiderständen dasselbe bleiben müsse*» (Galilei, Unterredungen, S. 104). Doch Salviati tröstet ihn, daß auch er vor einiger Zeit die Zugwiderstände ähnlicher Zylinder für ähnlich hielt, «*bis eine gelegentliche Beobachtung mich vermuten ließ, daß die Festigkeit ähnlicher Körper nicht gleichen Schritt mit der Gestalt einhalte, sondern daß größere Körper heftigen Angriffen weniger gut widerstehen können (...)*» (Galilei, Unterredungen, S. 104). Aber damit nicht genug. Galilei beweist die schon am ersten Tag aufgestellte Behauptung, daß es unter den geometrisch ähnlichen prismatischen Kragbalken nur einen einzigen gibt, «*der bei Belastung durch das eigene Gewicht sich an der Grenze zwischen Zerbrechen und Heilbleiben befindet, so daß jeder größere Körper, unfähig sein eigenes Gewicht zu tragen, zerbrechen, und jeder kleinere widerstehen würde*» (Galilei, Unterredungen, S. 105). Nachdem Galilei auch die Aufgabe löst, bei gegebener Länge eines Kragbalkens mit Vollkreisquerschnitt jene Durchmesser zu ermitteln, bei denen unter Eigengewicht gerade die Bruchgrenze erreicht wird, kann er resümieren: «*Hieraus erkennen wir nun, wie weder Kunst noch Natur ihre Werke unermeßlich vergrößern können, so daß es unmöglich erscheint, immense Schiffe, Paläste oder Tempel zu erbauen, deren Ruder, Rahen, Gebälk, Eisenverkettung und andere Teile bestehen können: wie andererseits die Natur keine Bäume von übermäßiger Größe entstehen lassen kann, denn die Zweige würden schließlich durch das Eigengewicht zerbrechen*» (Galilei, Unterredungen, S. 108). Den Abschluß von Galileis ähnlichkeitsmechanischen Festigkeitsbetrachtungen des Kragbalkens bildet – in Analogie zur Reißlänge des Zugstabes – die Beantwortung der Frage nach der maximalen Kraglänge eines durch Eigengewicht belasteten Kragbalkens. Zu Beginn seiner Betrachtungen des gleicharmigen Hebels und des Trägers auf zwei Stützen (Abb. 103) weist Galilei nach, daß derartige Biegebalken die

doppelte Länge eines Kragbalkens besitzen dürfen; folglich ist das Einspannmoment des Kragbalkens dem maximalen Feldmoment des Trägers auf zwei Stützen sowie dem Stützmoment des gleicharmigen Hebels äquivalent. Danach gibt er Proportionen der Bruchgrenzen des gleicharmigen mit dem ungleicharmigen Hebel an. «*Auf Grund dieses Theorems können wir ein interessantes Problem lösen: Es sei gegeben das Maximalgewicht, das, in der Mitte eines Zylinders oder Prismas angebracht (wo der Widerstand den kleinsten Wert hat), den Bruch hervorbringt, es sei ferner ein größeres Gewicht gegeben; es soll der Punkt angegeben werden, wo das letztere gerade den Bruch veranlaßt*» (Galilei, Unterredungen, S. 115). Das Problem ist in Abb. 104 a und b veranschaulicht. (Ohne dies explizit anzumerken, schneidet Galilei die Auflager des Trägers auf zwei Stützen frei, und bringt im Lastangriffspunkt von E_B zw. E'_B jeweils ein Lager an; damit hat er das Problem auf die statisch äquivalenten Systeme des gleicharmigen bzw. des ungleicharmigen Hebels reduziert). Aus der Gleichheit der Bruchmomente

$$M_{B,E} = 0{,}25 \times E_B = M_{B,E'} = E'_B = \frac{a \times b}{l} \tag{20}$$

folgt das Verhältnis der Bruchlasten zu

$$\frac{E'_B}{E_B} = \frac{l^2}{4 \times a \times b} . \tag{21}$$

Nun wendet sich Galilei wieder dem Kragbalken zu. Er stellt die Frage, wel-

che Gestalt ein solcher Balken mit Einzellast am Kragarmende im Längsschnitt haben müßte, damit in jedem Querschnitt gerade der Bruchzustand erreicht wird. Galilei beweist, daß der Längsschnitt die Form einer quadratischen Parabel haben müsse (Abb. 105), und erkennt sofort auch den technischen Nutzen: «*Hieraus ersieht man, wie mit einer Gewichtsverminderung von 33 Prozent man Gebälke errichten kann, ohne die Festigkeit zu schädigen, was bei großen Schiffen, zur Fertigung des Verdeckes sehr nützlich sein kann; denn bei solchen Bauwerken ist die Leichtigkeit von großer Bedeutung*» (Galilei, Unterredungen, S. 118 f.). Dem Bauhandwerker gibt er Konstruktionsmethoden der Parabel an

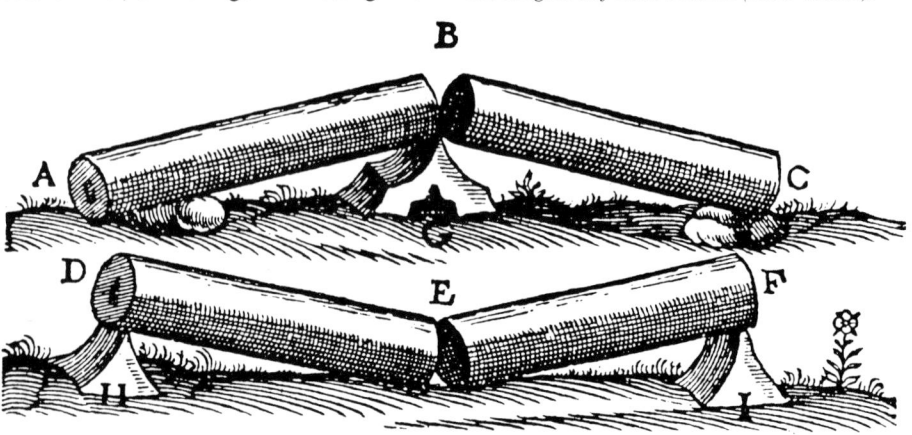

Abb. 103
Bruchfiguren des gleichnamigen Hebels und des Trägers auf zwei Stützen (nach Galilei).

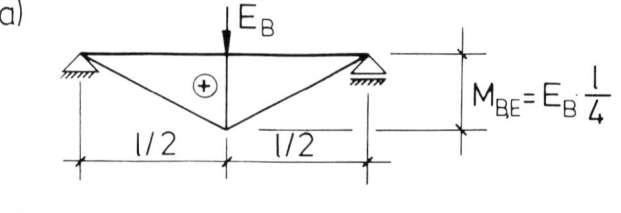

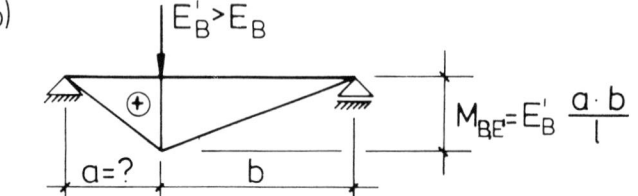

Abb. 104
Momentenlinie eines Trägers auf zwei Stützen im Bruchzustand bei mittiger Bruchlast (a) und exzentrischer Bruchlast (b).

die Hand; eine theoretisch richtige, aber wenig praktikable, und eine theoretisch falsche, aber gute Näherung.
Am Ende des zweiten Tages der «Discorsi» untersucht Galilei außerdem Kragträger mit kreisförmigem Hohlquerschnitt, weil dadurch gegenüber Kragträgern mit Vollkreisquerschnitten «*ohne Gewichtsvermehrung die Festigkeit bedeutend gesteigert* [wird]» (Galilei, Unterredungen, S. 123). Er findet, daß sich die Bruchlasten zueinander verhalten wie die Durchmesser $\overline{AB}$ zu $\overline{IL}$ (Abb. 106). Mit dieser Proportion und der für die Kragträger mit Vollkreisquer-

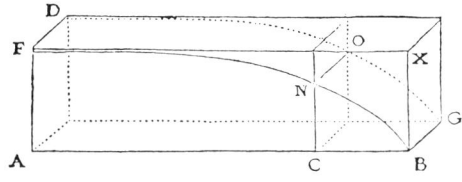

Abb. 105
Der in AFD eingespannte Balken mit Ein-
zellast am Kragarmende BG muß im Längs-
schnitt nach einer quadratischen Parabel
(FNBGOD) geformt sein, wenn in jedem
beliebigen Querschnitt gerade der Bruchzu-
stand erreicht werden soll (nach Galilei).

schnitt (Durchmesser $\overline{IL}$ und $\overline{RS}$) gülti-
gen Gleichung (13) leitet Galilei ab, daß
sich die Bruchlasten in E und M verhal-
ten müssen wie das Produkt $\overline{IL}^2 \times \overline{AB}$ zu
$\overline{RS}^3$.
Mit dieser Ableitung endet der zweite
Tag von Galileis «Discorsi» und damit
auch seine ähnlichkeitsmechanisch aus-
gerichtete Bruchtheorie einfacher bal-
kenförmiger Tragstrukturen. Es klingt
fast wie eine Aufforderung an nachgebo-
rene Wissenschaftler, weiterzuforschen,
wenn Galilei schreibt: *«Wir haben bisher*
vieles betrachtet, was auf die Bruchfestig-
keit der Körper Bezug hatte, indem wir die
Gesetze des Zuges als bekannt voraus-
setzten, und so könnten wir fortfahren und
immer neue Beziehungen aufdecken, de-
ren es in der Natur unendlich viele gibt»
(Galilei, Unterredungen, S. 123).

Die Entwicklung der Festigkeitslehre bis 1750

In fast allen wissenschaftshistorischen
Arbeiten, die sich mit der Entwicklung
der Balkentheorie von Galilei bis Navier
(1785–1836) befassen, wird das Biegebruchproblem von Galilei (Abb. 98) und
dessen Lösungsvorschlag so interpretiert, als sei er bereits im Besitze des
Spannungsbegriffs gewesen. Doch der
für die Festigkeitslehre wesentliche
Spannungsbegriff wurde erst 1823 von
dem Bauingenieur und Mathematiker
A. L. Cauchy (1789–1857) allgemein definiert, nachdem er zwei Jahre zuvor
den Grenzwertbegriff von d'Alembert
zur theoretischen Grundlegung der Dif-
ferential- und Integralrechnung herangezogen hatte. Auch die Spannung ist
ein Grenzwert, denn der Differenzen-
quotient $\Delta P/\Delta F$ (ΔP ist die innere Kraft,
die auf einem endlichen Flächenelement
ΔF wirkt) geht für immer kleinere Flächenelemente ΔF, d.h. für gegen Null
strebende Flächenelemente ΔF, in den
Differentialquotient dP/dF über. Voraussetzung dieser Begriffsbildung war,
daß sich der betrachtete Festkörper
nicht aus endlich vielen unteilbaren endlich großen Elementen wie etwa Atomen
oder Molekülen zusammensetzt, sondern daß die Materie im Festkörper verteilt sei (Kontinuumshypothese). Auch

die Kontinuumshypothese avancierte
erst lange nach Eulers Arbeiten zur Hy-
dromechanik (1749) und Cauchys Fun-
dierung der Kontinuumsmechanik in
den 20er Jahren des vorigen Jahrhunderts zum allgemein akzeptierten Struk-
turmodell des Körpers in der sich konso-
lidierenden technikwissenschaftlichen
Grundlagendisziplin der Festigkeitslehre.
Wie gezeigt werden konnte, beschränkte
sich die embryonale Festigkeitslehre Galileis auf die Erkenntnis, daß die Zugbruchkräfte aus Zugversuchen mit den
zu Winkelhebeln abstrahierten, geometrisch ähnlichen Kragbalken im Bruchzustand zusammenhängen. Nur deshalb
konnte Galilei die durch das Stoffgesetz
vermittelte Beziehung zwischen Kraft-
und Verformungszustand beim Zugversuch und beim Balkenproblem ignorie-
ren.
Genau 40 Jahre nach der Publikation
von Galileis «Discorsi» – also 1678 –
veröffentlichte der ideenreiche Experi-
mentator der Londoner Royal Society,
Robert Hooke (1635–1703), sein Defor-
mationsgesetz für elastische Federn, das
er aus umfangreichen Versuchen mit
Uhrfedern gewonnen hatte: «ut tensio
sic vis», d.h., die Kraft verhält sich wie
ihre Auslenkung (Abb. 107). Oder anders ausgedrückt: mit der Verdoppelung

der Kraft verdoppelt sich die Auslenkung der Feder. *«Dasselbe Ergebnis»,*
schreibt Hooke, *«findet man, wenn man*
mit einem Stück trockenen Holz, das sich
hin- und zurückbiegen läßt, Versuche an-
stellt, wenn ein Ende in horizontaler Aus-
richtung befestigt und das andere Ende
mit Gewichten belastet wird, damit es sich
senkt. Demzufolge ist es ganz offensicht-
lich die Regel oder das Gesetz der Natur,
daß die Kraft in einem jeden federnden
Körper, seine ursprüngliche Form wieder
herzustellen, immer proportional ist dem
Weg oder dem Raumteil, um den er da-
von abgewichen war» (zit. n. Szabó 1987,
S. 356).
Hookes Erkenntnis des Stoffgesetzes

$$F = c_N \times \Delta l \qquad (22)$$

(in Worten: die Kraft F ist gleich der
Federkonstante c_N mal zugehöriger Verlängerung Δl, vgl. Abb. 92) kam weder
auf qualitative (Leonardo) noch auf
quantitative Weise durch ein Gedankenexperiment zustande; das Hooke'sche
Gesetz ist Resultat von realisierten Experimenten unter definierten technischen Versuchsbedingungen. Obwohl
Hooke sein Gesetz nicht an einem Na-
turobjekt, sondern mit Hilfe eines technischen Objekts (Uhrfedern) gefunden

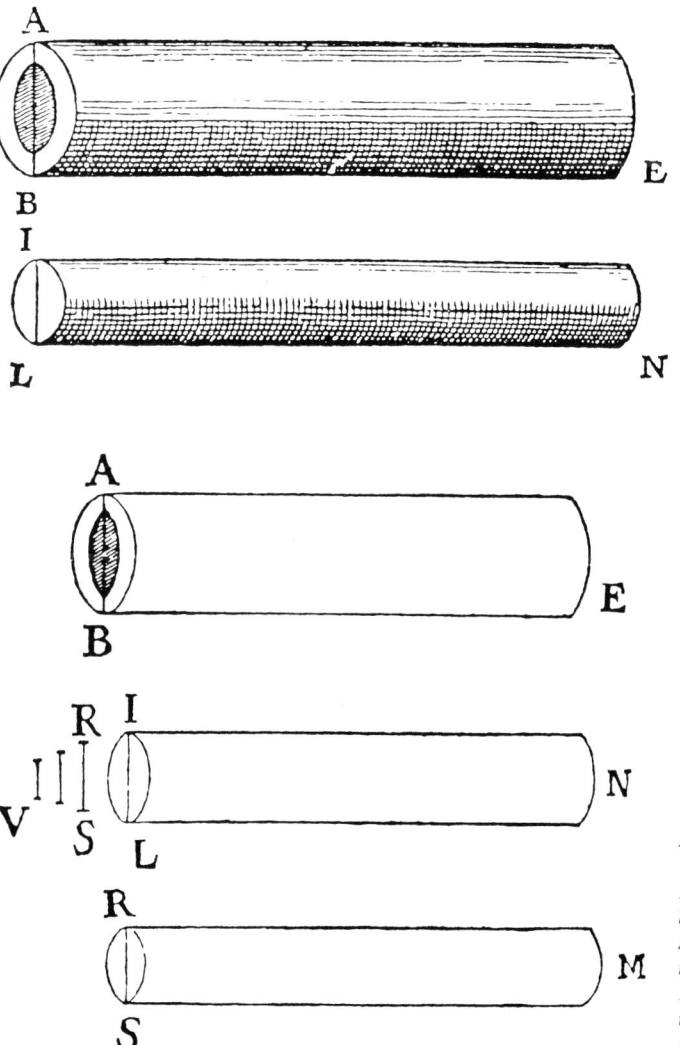

Abb. 106
Verhältnis der
Bruchlasten von
linksseitig einge-
spannten Kragträgern
mit kreisförmigen
Hohlquerschnitten
und Vollkreisquer-
schnitten.

hat, bezeichnet er es als ein «Gesetz der Natur». Diese Verallgemeinerung zeigt, daß es Hooke offensichtlich darum ging, einen objektiven, allgemein notwendigen, sich unter gleichen Bedingungen wiederholenden und wesentlichen Naturzusammenhang in einem technischen Objekt aufzudecken. Hookes Methode birgt somit den Keim des technikwissenschaftlichen Experiments in sich, das sich im Zeitalter der Aufklärung und der industriellen Revolution vom naturwissenschaftlichen Experiment zunehmend emanzipierte und im frühen 19. Jahrhundert die Basis der Festigkeitslehre wurde. Denn nur durch Messung der Kraft einerseits und der zugehörigen Verlängerung des Probekörpers im Experiment andererseits ist die Bestimmung der materialabhängigen Federkonstante c_N von Metall, Holz, Seide und anderen federnden Stoffen möglich. Aber Hooke hat nicht nur die Türe zur experimentellen Festigkeitsforschung aufgestoßen; er hat wohl den Anstoß zu der ersten elastizitätstheoretischen Analyse des Balkenproblems (durch Jakob Bernoulli im Jahre 1694) geliefert, ohne die sich im 18. Jahrhundert die im wesentlichen von Mathematikern geschaffene Theorietradition der elastischen Linie (Elastika) nicht verankern konnte. Aber gleichzeitig entstand in der Statik und Festigkeitslehre des 18. Jahrhunderts eine tiefe Kluft zwischen der Theorie der Elastika und dem Bruchkonzept von Galilei, das hauptsächlich von französischen Bauingenieuren auf die Analyse von Gewölben und Stützmauern erweitert wurde. Die Bruchlast eines Gewölbes oder der von einem Erdkörper auf die Stützmauer ausgeübte Erddruck stand also im Mittelpunkt des theoretischen Interesses der Bauingenieure, wohingegen sich die inneren Kräfte (Schnittkräfte) im Gebrauchszustand noch nicht ohne weiteres erfassen ließen. So erkannte der holländische Physiker Huygens (1629–1695) in seinem Brief vom 20.4.1691 an Leibniz (1646–1718), daß das Hooke'sche Gesetz das Stoffverhalten federnder Körper nur bei kleinen Deformationen richtig widerspiegelt (Stiegler 1969, S. 111). Kleine Deformationen konnten aber bei der noch bis weit in das 19. Jahrhundert vorherrschenden Massivbauweise nur schwer beobachtet werden: der Gebrauchszustand von Tragwerken blieb im dunkeln. Dagegen konnte aus der Beobachtung von Rissen bzw. der Annahme von Bruchfugen im Mauerwerk, etwa in Steingewölben, mit den Gleichgewichtsbedingungen die Bruchlast ermittelt werden. Die Erforschung der Festigkeit von Bau- und Werkstoffen nahm demzufolge von der Bruchlast im Festigkeitsversuch ihren Ausgang; erst im ausgehenden 18. Jahrhundert konnten durch die Weiterentwicklung der Versuchstechnik auch die Deformationen

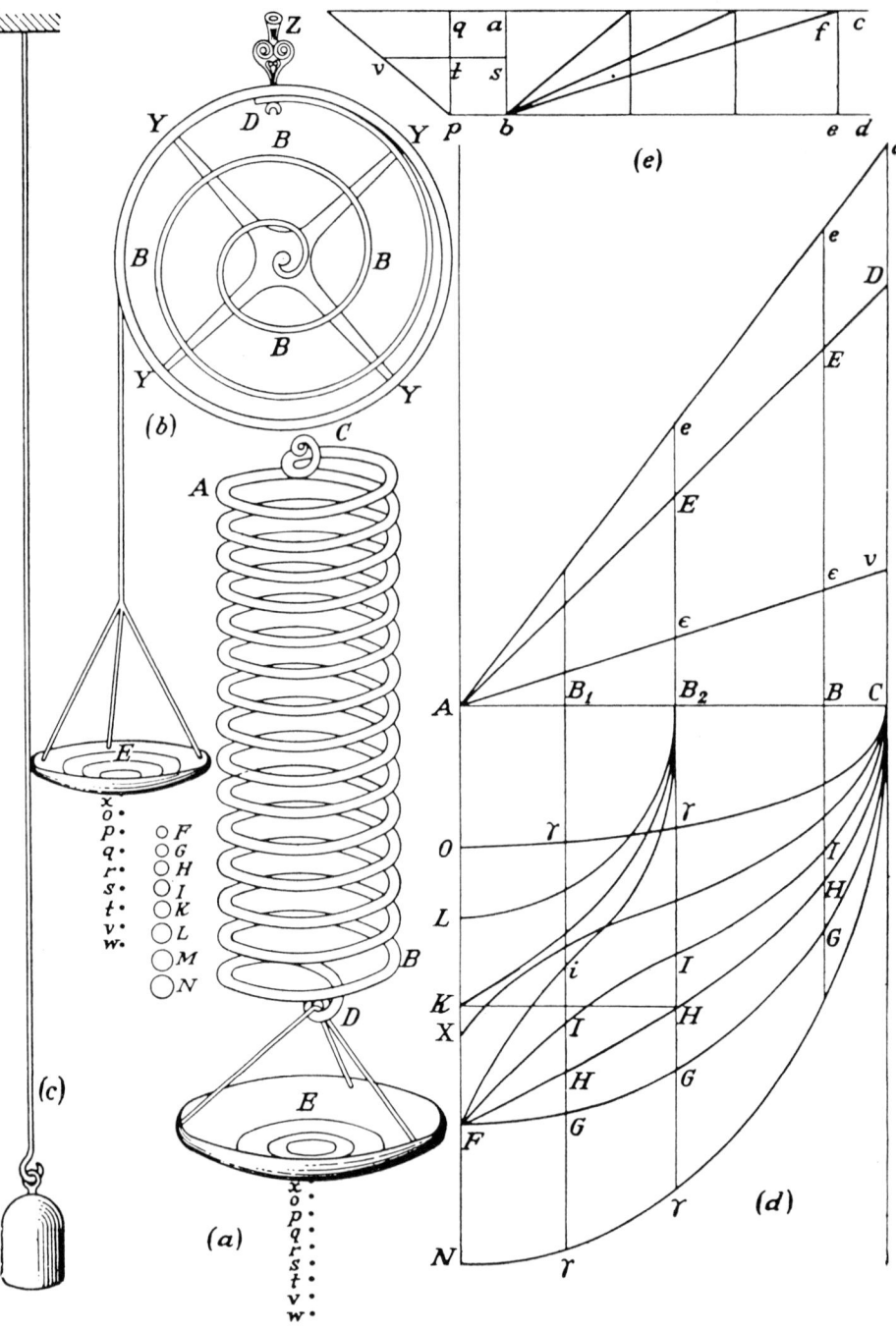

von Versuchskörpern gemessen werden. Galileis «Discorsi» gelangte über den Minoritermönch Marin Mersenne (1588–1648) in das wissenschaftlich gebildete Frankreich und von dort nach England. Mersenne, einer der eifrigsten Verfasser wissenschaftlicher Briefe naturphilosophischen, naturwissenschaftlichen und technischen Inhalts, hatte engen Kontakt mit den führenden Wissenschaftlern Europas. Die von ihm angeregten und organisierten informellen Treffen, an denen französische Wissenschaftler und Philosophen wie Gassendi (1592–1655), Descartes (1596–1650) und Pascal (1623–1669) teilnahmen, wurden nach dem Tode Mersennes im Hause von Habert de Montemor regelmäßig weitergeführt und erblickten 1666 in Form der Colbert'schen Akademie der Wissenschaften das Licht der Öffentlichkeit. Als eines ihrer ersten Mit-

Abb. 107
Hookes Federversuche aus seinen «Lectures de potentia restitutiva, or of spring explaining the power of springing bodies» (London 1678).

glieder befaßte sich Edme Mariotte (1620–1684) intensiv mit dem Biegebruchproblem des Galilei. Anlaß war der Bau der Wasserleitung zum Schloß von Versailles. Neben Zugversuchen an Probekörpern unterschiedlicher Materialien führte er erstmals Biegebruchversuche an Balken aus Holz und Glas unter verschiedenen Lagerungsbedingungen durch. Mariotte kam zu dem Ergebnis, daß sich die Fasern von Biegebalken vor dem Bruch verformen. Nach Mariotte dehnen sich die Fasern eines eingespannten Balkens (Abb. 108) im Bereich AI, dagegen werden sie im Bereich ID um den gleichen Betrag gestaucht; die Verteilung der Dehnungen über den Balkenquerschnitt ist linear. Die weder zug- noch druckbeanspruchte neutrale Faser IF hat er richtig in halber Höhe des doppelsymmetrischen Balkenquerschnitts gelegt. Wie Galilei setzte Mariotte den Zugwiderstand T_B aus dem Zugversuch mit der Bruchlast E_B aus dem Biegeversuch ins Verhältnis (vgl. Abb. 99 a–c). Mariottes Versuche stimmten weder mit dem von Galilei angegebenen theoretischen Wert

$$\frac{T_B}{E_B} = \frac{1}{\left(\frac{h}{2}\right)}$$

noch mit dem von ihm aus der Annahme der linearen Dehnungsverteilung über den Balkenquerschnitt abgeleiteten Wert

$$\frac{T_B}{E_B} = \frac{1}{\left(\frac{h}{3}\right)}$$

überein; vielmehr tendieren manche seiner Versuchsergebnisse in Richtung

$$\frac{T_B}{E_B} = \frac{1}{\left(\frac{h}{4}\right)} .$$

Nach der Fließgelenktheorie würde sich für den Kragbalken rechteckigen Querschnitts (vgl. Abb. 100 b mit Abb. 108) mit den Gleichungen (4) und (6) dasselbe Verhältnis von Zugwiderstand zu Bruchlast ergeben, d. h.

$$\frac{T_B}{E_{B,l}} = \frac{(\sigma_F \times b \times h)}{\left(\frac{\sigma_F}{l}\right) \times \left(\frac{b \times h^2}{4}\right)} = \frac{1}{\left(\frac{h}{4}\right)} .$$

Demnach müßte Mariotte in Zug- und Biegeversuchen, die in der Nähe des Verhältnisses $\frac{l}{\left(\frac{h}{4}\right)}$ lagen, eine volle Plastizierung des Einspannquerschnitts AD (Abb. 108) erreicht haben!

Den bedeutendsten Fortschritt auf dem Gebiet der experimentellen Festigkeitsforschung in der ersten Hälfte des 18. Jahrhunderts erreichte der Niederländer Petrus von Musschenbroek (1692–1761), Physikprofessor an den Universitäten Utrecht und Leiden. In seinem in lateinischer Sprache abgefaßten Buch «Physicae experimentales et geometricae» beschreibt er in zusammenfassender Weise Festigkeitsprobleme, Versuchstechniken der Festigkeitsforschung und Festigkeitsversuche. Musschenbroek baute erstmals einen Prüfapparat für Zugversuche (Abb. 109). Beim Bau dieses Prüfapparates wurde er von seinem Bruder Johann beraten, der als «Mechanicus» in Leiden auch mit Wilhelm Jacob S'Gravesande die in dessen Buch »Physices elementa mathematica, experimentis confirmata» (1720–1721) beschriebenen Versuchseinrichtungen entwickelt hatte (Ruske 1971, S. 14). Musschenbroeks Prüfapparat für Zugversuche basiert auf dem Prinzip der Schnellwaage. Am längeren Hebel erzeugt das Gewicht (C) die an

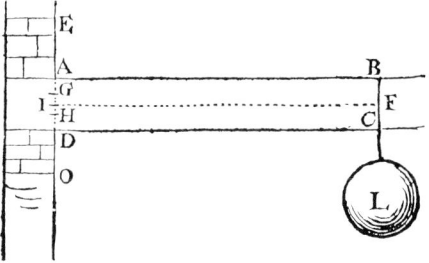

Abb. 108
Eingespannter Balken aus Mariottes posthumer «Traité du mouvement des eaux et des autres fluides» (1686).

einem sehr kurzen Hebel in A angreifende Zugkraft. Die Zugkraft gelangt über einen Haken (F) und Schäkel (O) in den Probekörper. Über eine Gewindestange (E) kann der Hebelarm in die Horizontale gebracht werden. Mit dem Prüfapparat konnte, im Gegensatz zum einfachen Zugversuch, dem Prüfkörper ein kontinuierliches Spektrum an Zugkräften eingeprägt werden, und somit die Genauigkeit in der Feststellung der Zugbruchkräfte wesentlich verbessert werden. Es ist also kein Wunder, daß Musschenbroeks Prüfapparat zum Prototyp der später entwickelten Materialprüfungsmaschinen avancierte.

Ein weiterer origineller Beitrag Musschenbroeks zur experimentellen Festigkeitsforschung sind seine Knickversuche (Abb. 110). Durch symmetrisches Auflegen von Gewichten auf einer vierfach geführten Platte konnte er die Last zentrisch in den Druckstab einleiten, bis dieser bei der Knicklast seine Stabilität verlor und seitlich auswich. Jahre vor Euler erkannte Musschenbroek auf Grund dieser Versuche, daß die Knicklast P_{krit} umgekehrt proportional zum Quadrat der Länge des Druckstabes ist. Während Musschenbroeks Vorgänger wegen des niedrigen Technisierungsgrades der Festigkeitsexperimente nur mit großer Streuung die Zugfestigkeit weniger Bau- und Werkstoffe (meist Holz) ermitteln konnten, war es Musschen-

broek nunmehr möglich, die Zugfestigkeit unterschiedlichster Materialien in umfangreichen Versuchsreihen systematisch zu tabulieren. So testete er 16 cm lange Probekörper mit quadratischen und kreisrunden Querschnitten (0,6–0,7 cm Seitenlänge bzw. Durchmesser) aus Lindenholz, Erlenholz, Kiefernholz, Eichenholz, Buchenholz und anderen Holzarten. Nach Winkler findet Musschenbroek für Nadelholz eine mittlere Zugfestigkeit von 81 N/mm²; für Eichen- und Buchenholz betragen die entsprechenden Größen 128 N/mm² bzw. 143 N/mm² (Winkler 1871, S. 32). Darüber hinaus bestimmt er die Zugfestigkeit von Kupfer, Messing, Blei, Zinn, Silber, Gold, Schmiedeeisen, Gußeisen und Stahl. Damit hatte Musschenbroek die Zugfestigkeit der wichtigsten Bau- und Werkstoffe quantifiziert.

Seine Biegeversuche (Abb. 111) blieben dagegen im wesentlichen auf Modellholzbalken mit rechteckigem Querschnitt beschränkt. Musschenbroeks Festigkeitsversuche fanden schnell Eingang in die Ingenieurliteratur, die sich nach 1750 besonders in Frankreich entwickelte. Noch F. J. Ritter von Gerstner referierte gut hundert Jahre später Musschenbroeks Zug- und Biegeversuche. Er errechnete den Mittelwert des Proportionalitätsfaktors m aus Musschenbroeks Biegeversuchen an Kragbalken der Länge l und des Querschnitts b·h (b = Balkenbreite, h = Balkenhöhe) für verschiedene Holzarten (Gerstner 1833, S. 297). Für die am Kragarmende eingeleitete Biegebruchkraft E_B (vgl. Abb. 99 a–c) erhielt er die Beziehung

$$E_B = m \times \frac{b \times h^2}{l} ; \qquad (23)$$

der Proportionalitätsfaktor m ist material- und querschnittsabhängig. Würde man gemäß Abb. 92 e und 100 a–c ein ideal-elastisches und ideal-plastisches Materialverhalten zugrunde legen mit σ_F als Fließspannung, so würde m für Baustoffe mit ausgeprägter Fließgrenze in

Abb. 109
Musschenbroeks Prüfapparat für Zugversuche.

Auswertung der Gleichungen (5) bis (7) nacheinander die Werte

$$m = \frac{\sigma_F}{2}$$

(konstante Spannungsverteilung über den Einspannquerschnitt),

$$m = \frac{\sigma_F}{4}$$

(vollplastizierter Einspannquerschnitt nach der Fließgelenktheorie) und

$$m = \frac{\sigma_F}{6}$$

(elastischer Grenzzustand nach der technischen Biegetheorie) annehmen. Für Gerstner hatte die Gleichung (23) eine andere Bedeutung. Da ihm die Biegebruchkraft E_B, der Proportionalitätsfaktor m sowie die Abmessungen b, h und l des Prüfkörpers aus Musschenbroeks Biegeversuchen am Kragbalken bekannt waren, konnte er die Biegebruchkraft E'_B eines Kragbalkens desselben Materials, aber mit den Abmessung b′, h′ und l′ berechnen; umgekehrt konnte er bei gegebener Last

$$P = \frac{E'_B}{\nu}$$

(ν = Sicherheit gegen Biegebruch) und den Abmessungen b′ und l′ die erforderliche Höhe h′ des Kragbalkens bestimmen. Mit Musschenbroeks Versuchen war es den Ingenieuren möglich, über eine Verhältnisrechnung Balken zu dimensionieren.

Genau hierauf zielte die Kritik des Naturforschers Buffon (1707–1788). Der der französischen Frühaufklärung verpflichtete Buffon führte daher Biegeversuche an Eichenhölzern mit solchen Abmessungen durch, wie sie in der Baupraxis üblich waren (Quadrathölzer mit 10–20 cm Kantenlänge und 2,1–8,5 m Kraglänge). Neben der Bruchkraft, die sich von der Musschenbroek'schen Bruchkraft nach Anwendung der Gleichung (23) für Eichenholz nur geringfügig unterscheidet, hatte Buffon erstmals die Durchbiegung am Kragarmende gemessen.

Ausblick

Obzwar Galilei seinem Hauptwerk den Titel «Unterredungen und mathematische Demonstrationen über zwei neue Wissenschaften» gab und dort oft durch den Mund des Salviati sagen läßt, daß in Natur und Technik dieselben Gesetze gelten, besitzt nur seine Dynamik epochalen Charakter, wohingegen seine Festigkeitsbetrachtungen im embryonalen Stadium verbleiben und nicht den Rang einer Festigkeitslehre erreichen, mithin ihre naturwissenschaftliche Form der Analyse einfacher technischer Objekte nicht abstreifen können: Galileis Ansät-

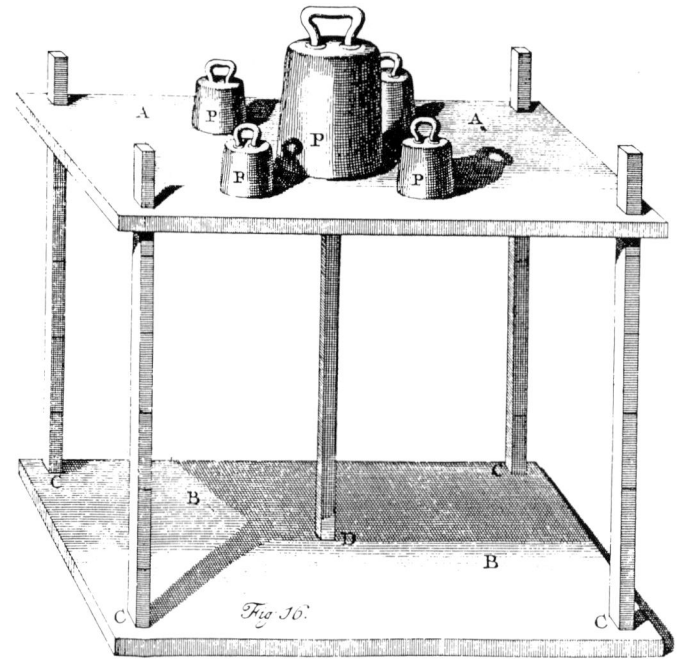

Abb. 110
Musschenbroeks
Vorrichtung für
Knickversuche.

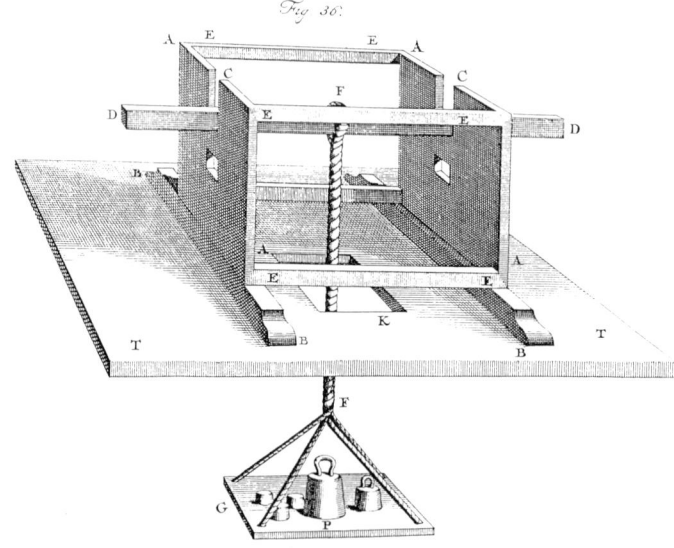

Abb. 111
Musschenbroeks
Vorrichtung für
Biegeversuche.

ze zu einer technischen Mechanik sind in seinem Entwurf der klassischen Mechanik eingeschlossen.

Die naturwissenschaftliche Form der Analyse einfacher technischer Objekte zeigt sich bei Galilei u. a. darin, daß er Natur und Technik mathematisch faßt, als Beschreibung einer Welt idealer Objekte. Wie Galilei in der Formulierung des Fallgesetzes störende Einflüsse vernachlässigt, idealisiert er konkrete technische Objekte zu theoretischen Modellen (Zugversuch, Biegebruchproblem). Galileis Frage nach der Differenz von geometrischer und statischer Ähnlichkeit von Objekten in Natur und Technik steht im Zentrum seiner Festigkeitsbetrachtungen; sie hat ihren Ursprung in seiner Idealisierung der objektiven Realität durch die Mathematik, die ihm im wesentlichen noch eine Lehre von den Proportionen ist.

Mit der um 1750 anhebenden Kritik an der statischen Proportionslehre in der Festigkeitsbetrachtung setzte, parallel zur Technisierung des Bauens, eine Ver-

wissenschaftlichung dieses Wissensgebietes ein und «kristallisierte» schließlich im ersten Drittel des 19. Jahrhunderts als Schmelzprodukt dieser beiden Prozesse in Form der Festigkeitslehre und der Baustatik. Gefragt war nun weder eine geometrische Proportionslehre, die man bei manchen Baumeistern der Renaissance findet, noch eine statische Proportionslehre, wie sie noch von Gerstner zur Dimensionierung von Balken herangezogen wurde, sondern die Einheit von Festigkeitsversuch und theoretischer Modellierung der Tragstrukturen in der Bautechnik. Der Programmatiker der Baustatik, C. L. Navier (1785–1836), notierte im Jahre 1826 in seinem Werk «Mechanik der Baukunst»: «*Die meisten Constructeure bestimmen die Dimension der Theile von Bauwerken oder Maschinen nach dem herrschenden Gebrauche und nach dem Muster ausgeführter Werke; sie legen sich selten Rechenschaft ab über den Druck, welche jene Theile aushalten müssen, und über den Widerstand, wel-*

chen sie demselben entgegensetzen. Dies mag wenig Nachtheile haben, so lange die auszuführenden Werke denen analog sind, welche man zu jeder Zeit errichtet hat, und sie, was die Dimensionen und die Belastungen anbetrifft, innerhalb der gewöhnlichen Grenzen bleiben. Aber man kann nicht mehr auf dieselbe Weise verfahren, wenn die Umstände dazu nöthigen, jene Grenzen zu überschreiten, oder, wenn es sich um Bauwerke ganz neuer Art handelt, über welche die Erfahrung noch keine Resultate gesammelt hat» (Navier 1851, S. XVff.). Mit der Formulierung des Programmes der Baustatik ist auch die Forderung des Ingenieurs an die Festigkeitslehre bestimmt.

Literatur

Charlton, T. M.: A history of theory of structure in the nineteenth century. Cambridge: Cambridge University Press 1982.

Crombie, A. C.: Von Augustinus bis Galilei. Die Emanzipation der Naturwissenschaft. München: Deutscher Taschenbuch Verlag 1977.

Dijksterhuis, E. J.: Die Mechanisierung des Weltbildes. Berlin/Heidelberg/New York: Springer-Verlag 1956.

Dimitrov, N.: Festigkeitslehre. In: Beton-Kalender 1971. Berlin/München/Düsseldorf: Verlag von Wilhelm Ernst & Sohn 1971.

Dühring, E.: Kritische Geschichte der allgemeinen Principien der Mechanik. Neudruck, Wiesbaden: Dr. Martin Sändig OHG 1970.

Fierz, M.: Vorlesungen zur Entwicklungsgeschichte der Mechanik. Berlin/Heidelberg/New York: Springer-Verlag 1972.

Fischer, K.: Galileo Galilei. München: Verlag C. H. Beck 1983.

Föppl, A.: Vorlesungen über Technische Mechanik, Bd. 3, Festigkeitslehre. Leipzig/Berlin: Verlag von B. G. Teubner 1919.

Galilei, G.: Discorsi E Dimostrazioni Matematiche, intorno à due nuove scienze. Leiden: Elsevier 1638.

Galilei, G.: Unterredungen und mathematische Demonstrationen über zwei neue Wissenszweige, die Mechanik und die Fallgesetze betreffend; Nachdruck der von A. v. Oettingen übersetzten und hrsg. Ausg. von 1890, 1891 und 1904. Darmstadt: Wissenschaftliche Buchgesellschaft 1964.

Gerstner, F. J. v.: Handbuch der Mechanik, Bd. 1. Prag: Johann Spurny 1833.

Hänseroth, T.: Zur Vorgeschichte der Baumechanik. Dresdener Beiträge zur Geschichte der Technikwissenschaften (1980) 1, S. 35–72.

Harig, G.: Physik und Renaissance. Zwei Arbeiten zum Entstehen der klassischen Naturwissenschaften in Europa. Leipzig: Akademische Verlagsgesellschaft Geest & Portig K.-G. 1981.

Hertwig, A.: Aus der Geschichte der Gewölbe – ein Beitrag zur Kulturgeschichte. Beiträge zur Geschichte der Technik und Industrie 24 (1934), S. 86–93.

Hund, F.: Geschichte der physikalischen Begriffe. Teil 1: Die Entstehung des mechanischen Weltbildes. Mannheim/Wien/Zürich: B.-I.-Wissenschaftsverlag 1978.

Klemm, F.: Zur Kulturgeschichte der Technik. Aufsätze und Vorträge. München: Deutsches Museum 1979.

Krankenhagen, G., Laube, H.: Werkstoffprüfung. Von Explosionen, Brüchen und Prüfungen. Reinbek bei Hamburg: Rowohlt Taschenbuch Verlag 1983.

Krauß, K.: Vom Materialwissen und den Bautechniken der alten Baumeister. Denkmalpflege in Baden-Württemberg (1985) 4, S. 218–223.

Kurrer, K.-E.: Das Verhältnis von Bautechnik und Baustatik. Bautechnik 62 (1985) 1, S. 1–4.

Kuznecov, B. G.: Von Galilei bis Einstein. Entwicklung der physikalischen Ideen. Basel/Braunschweig: C. F. Winter und Vieweg 1970.

Lefèvre, W.: Naturtheorie und Produktionsweise. Probleme einer materialistischen Wissenschaftsgeschichtsschreibung – Eine Studie zur Genese der neuzeitlichen Naturwissenschaft. Darmstadt/Neuwied: Luchterhand 1978.

Leonardo da Vinci: Codices Madrid (Codex Madrid I), hrsg. von L. Reti, deutsche Faksimile-Ausgabe, Frankfurt/M: S. Fischer-Verlag 1974.

Leonardo da Vinci: Codices Madrid (Codex Madrid II), hrsg. von L. Reti, deutsche Faksimile-Ausgabe, Frankfurt/M: S. Fischer-Verlag 1974.

Mach, E.: Die Mechanik in ihrer Entwicklung. Leipzig: F. A. Brockhaus 1912.

Mainstone, R. J.: Structural Theory and Design before 1742. Architectural Review 143 (1968), S. 303–310.

Mauersberger, K.: Studienmaterial zur Vorlesung «Geschichte der Technikwissenschaften/Maschinenwesen». Teil 1: Von den Anfängen bis zur Herausbildungsperiode (1850). Dresdener Beiträge zur Geschichte der Technikwissenschaften, (1983) 7.

Meinicke, K.-P.: Die historische Entwicklung der Ähnlichkeitstheorie. Dresdener Beiträge zur Geschichte der Technikwissenschaften (1988) 15, S. 3–54.

Musschenbroek, P. v.: Physicae, experimentales et geometricae. Utrecht: Samuelem Luchtmans 1729.

Navier, C. L. M. H.: Résumé des Leçons donnés à l'Ecole des Ponts et Chaussées sur l'Application de la Mécanique à l'Etablissement des Constructions et des Machines. T. 1 Paris: 1826; Übersetzung aus dem Französischen von G. Westphal unter dem Titel «Mechanik der Baukunst (Ingenieur-Mechanik) oder Anwendung der Mechanik auf das Gleichgewicht von Bau-Constructionen». Hannover: Helwingsche Hof-Buchhandlung 1851.

Rühlmann, M.: Vorträge über Geschichte der Technischen Mechanik und der damit in Zusammenhang stehenden mathematischen Wissenschaften. Leipzig: Baumgärtner's Buchhandlung 1885.

Ruske, W.: 100 Jahre Materialprüfung in Berlin. Ein Beitrag zur Technikgeschichte. Berlin: Bundesanstalt für Materialprüfung Berlin 1971.

Stiegler, K.: Einige Probleme der Elastizitätstheorie im 17. Jahrhundert. In: Janus 56 (1969), S. 107–122.

Straub, H.: Die Geschichte der Bauingenieurkunst. Ein Überblick von der Antike bis in die Neuzeit. Basel: Birkhäuser Verlag 1975.

Stromer, W. v.: Pegnitzbrücke Nürnberg (Fleischbrücke). In: Steinbrücken in Deutschland, hrsg. vom Bundesminister für Verkehr. Düsseldorf: Beton-Verlag 1988.

Szabó, I.: Einführung in die Technische Mechanik. Berlin/Heidelberg/New York: Springer-Verlag 1966.

Szabó, I.: Geschichte der mechanischen Prinzipien und ihrer wichtigsten Anwendungen, hrsg. von P. Zimmermann und E. A. Fellmann. Basel/Boston/Stuttgart: Birkhäuser Verlag 1987.

Timoshenko, S. P.: History of strength of materials; Neudruck der Ausgabe von 1953. New York: Dover Publications 1983.

Wagner, R., Egermann, R.: Die ersten Drahtkabelbrücken. Beispiele konstruktiver Ingenieurtätigkeit in der Entwicklung des Bauingenieurs zum eigenständigen Berufsstand. Düsseldorf: Werner-Verlag 1987.

Werner, E.: Technisierung des Bauens. Geschichtliche Grundlagen moderner Bautechnik. Düsseldorf: Werner-Verlag 1980.

Winkler, E.: Abriss der Geschichte der Elasticitätslehre. In: Technische Blätter 3 (1871) 1, S. 22–23.

Wolff, M.: Geschichte der Impetustheorie. Untersuchungen zum Ursprung der klassischen Mechanik. Frankfurt: Suhrkamp 1978.

Zammattio, C.: Naturwissenschaftliche Studien. In: Leonardo. Künstler – Forscher – Magier, hrsg. von L. Reti. Frankfurt: S. Fischer 1974.

Zilsel, E.: Die sozialen Ursprünge der neuzeitlichen Wissenschaft; hrsg. und übersetzt von W. Krohn. Frankfurt: Suhrkamp 1976.

Kapitel 2
Tiefbau – Straßenbau

Unter Straßen sind nicht nur die «auf dem Erdboden erbauten» Erdwege – einschließlich Brücken und Tunnels – zu verstehen. Außer diesen «Erdstraßen», zu denen seit dem ersten fahrplanmäßigen Bahnverkehr auf der Strecke Liverpool–Manchester im Jahre 1830 auch die Eisenbahnen zählen, gibt es «Wasserstraßen» auf Flüßen, Seen, Kanälen und Meeren. 1783 wurden die «Luftstraßen» eröffnet: Damals stieg der erste Warmluftballon der Gebrüder Montgolfière (1745–1799 und 1710–1810) auf.

Straßen bieten die Möglichkeit, zwischenmenschliche Beziehungen zu schaffen, sei es in guter oder schlechter Absicht. Sie erlauben den Transport und Austausch von Gütern jeglicher Art, von neuen Ideen oder Philosophien, von neuen Religionen und Techniken wie auch von Nachrichten. In diesem Sinn sind im heutigen technischen Zeitalter Dienstleistungen wie Telegraf, Telefon, Radio und Fernsehen auch «Straßen».

Gewiß wurden schon seit frühester Zeit mit Feuer- und Rauchzeichen, Lichtsignalen, mit Zeichen oder Flaggen von Schiff zu Schiff oder von Land zum Schiff mit einem Semaphoren (ein Signalmast mit durch Seile bewegbaren Armen) Nachrichten übermittelt. Ein berühmtes Beispiel für die Übermittlung durch Lichtsignale ist der Leuchtturm auf der Insel Pharos vor der ägyptischen Hafenstadt Alexandria, der 280 v. Chr. erbaut wurde.

Starke Regierungen legten schon immer Wert auf ein gut funktionierendes Postwesen, wie es das «Angareion» (griechische Bezeichnung) der Perser oder der «Cursus publicus» der Römer war.

Straßen in vorchristlichen Zeiten

Erste Straßen

Als der Mensch begann, mit dem Nachbarn jenseits des Jagdgebietes freundnachbarliche Beziehungen zu pflegen, die zum Austausch von Waren führten, wurden die besten, d. h. die am leichtesten und am sichersten begehbaren Pfade erkundet. So entstanden mit der Zeit Trampelpfade, die wieder vergingen, abgeändert oder neu erkundet wurden. Allmählich wurde der Mensch seßhaft und der Austausch von Waren nahm zu. Schwer zu passierende Stellen wie Bach- und Flußübergänge (Furten), Bergpässe, Talengen und Moore, an denen die stets wechselnden Pfade sich für eine kurze Strecke vereinigten, wurden zu Knotenpunkten; sie wurden gekennzeichnet, befestigt und primitiv ausgebaut. Die Benützer erkannten bald einmal, daß es für alle Teile gewinnbringender war, den Austausch von Gütern zu erleichtern. Als zudem die Werkstoffe aus der nächsten Umgebung, wie das Steinmaterial zur Herstellung von Werkzeugen für den täglichen Gebrauch, für Jagd und Krieg erschöpft waren oder im Vergleich zu «eingeführter Ware» sich als minderwertig erwiesen, wurde es notwendig, den Rohstoff aus der Ferne zu beziehen. Der Handelsverkehr war auf gute und sichere, von Mensch, Pferden oder Eseln begehbare Pfade angewiesen. Beweise für den entstehenden Fernhandel gibt es genügend: Die Feuersteinwerkzeuge der dänischen Erdböllkultur wurden um 4000 v. Chr. in großen Werkstätten hergestellt und nicht nur nach Norwegen, sondern auch bis ins Innere des heutigen Deutschlands gehandelt. Um 3000 v. Chr. wurde ein blaugrauer Stein, der sich für die Fabrikation von Werkzeugen gut eignete, in der Nähe von Spiennes (Belgien) in über 2000, bis 19 m tiefen Schächten gewonnen und bis in die Ardennen verkauft. Derartige «Steingruben» konnten nur entstehen und über längere Zeit betrieben werden, wenn auch der Absatz sichergestellt war. Obwohl Feuersteine (Flintstein, Silex) vielerorts in Mitteleuropa vorkamen, waren die schwarzen Feuersteinknollen aus England sehr begehrt. In der Jungsteinzeit (4000–1800 v. Chr.) wurden in den dortigen Kreidegebieten eigentliche Stollensysteme vorgetrieben, in denen die «teuren» Knollen gewonnen wurden, die auch nach Mitteleuropa gehandelt wurden. All diese Transporte waren auf begehbare Pfade angewiesen; ob auch schon Transporte auf Wagen erfolgten, ist nicht

klar erwiesen. Immerhin fand man in Mooren Reste von bis zu 4 m breiten Bohlenwegen, die, wie neben dem Weg aufgefundene Radteile beweisen, mit Wagen befahren wurden.

Die frühesten Bohlenwege (hölzerne Moorwege von befahrbarer Breite) lassen sich bis ins 4. Jahrtausend v. Chr. nachweisen, besonders im Gebiet der Niederlande, von Norddeutschland bis nach Dänemark. Auch in Felsbildern finden sich oft Hinweise auf Wagen, wie z. B. die in Abb. 1 aus Südschweden dargestellten Vierradwagen (2. Jahrtausend v. Chr.). Der Drehschemel des rechten Wagens erlaubte das Kurvenfahren.

Oft entstanden Straßen nur wegen einer einzigen Ware. Beispiele hierfür sind die Bernsteinstraßen in Mitteleuropa, die Seidenstraßen von China bis zum Mittelmeer und die Weihrauchstraßen in Arabien. Fernstraßen wurden auch, wie die Königsstraßen in Mesopotamien, aus militärischen Gründen erbaut.

Abb. 1
Vierradwagen auf Felsbildern aus Rished und Langön, Südschweden (2. Jahrtausend v. Chr.). Rechter Wagen mit Drehschemel.

Die Bernsteinstraßen

Zwischen 1900 und 300 v. Chr. wickelte sich der Handel mit Bernstein (gegen südländische Ware) hauptsächlich auf vier Routen ab. Bernstein wurde an der Ostseeküste im Raum Hamburg–Leningrad, besonders im Samland (nördlich Königsberg, Ostpreußen, zwischen Pillau und der kurischen Nehrung) gewonnen.

1. Auf dem Seeweg (Seestraße) aus dem Mittelmeer durch die Straße von Gibraltar (Säulen des Herkules), um die Iberische Halbinsel zur Nordsee, eventuell bis zur Ostsee (Samland).
2. Auf dem Landweg von Massilia (Marseille, um 600 v. Chr. gegründete Kolonie) über Metz und Köln nach

Hamburg, oder über Basel zum Rhein und über Kassel und Hamburg.
3. Auf dem Landweg von der Lombardei mit den Varianten
   a) Venedig–Brenner–Passau–Magdeburg–Richtung Hamburg oder einfacher
   b) Aquileia (am Nordzipfel der Adria)–Hallstadt–durch die Mährische Pforte, den Oder- und Weichseltälern entlang direkt nach Samland.
4. Vom Schwarzen Meer (wo griechische Kolonien, z. B. Olbi, heute Cherson, bestanden) durch die Täler der ins Schwarze Meer mündenden Flüsse wie Pruth, Dnjestre, Bug und anderer direkt nach Samland.

Da die Durchfahrt durch die Säulen des Herkules (Route 1) der Phönizier und später der Karthager wegen (diese waren die Herren dieser Meerenge) gefährlich war, wurde von Marseille nach Bordeaux auch ein kombinierter Land- und Seeweg gewählt; beispielsweise entlang

des heutigen Trassees des «Canal du Midi» und anschließend auf der Garonne nach Bordeaux oder vorerst ein Stück das Rhônetal hinauf, durch das Ardèchetal, und auf einem der Nebenflüsse der Garonne nach Bordeaux. Von dort ging es auf dem Seeweg weiter Richtung Hamburg–Lübeck–Ostsee.

Von diesen «Straßen» sind vorläufig nur wenig Reste gefunden worden. Ein 500 m langer Bohlenweg südlich von Elbing (an der Ostsee in der Danziger Bucht) wird aufgrund von Gefäßscherben ins 5. Jahrhundert v. Chr. datiert.

Im Gebiet des Fernpasses (Route 3) fand man zwischen den Tiroler Städten Reutte im Lechtal und Imst im Inntal ein 10 m langes Stück einer Steinstraße mit Gleisrillen (siehe auch folgenden Beitrag: «Hohlwege und Karrengeleise – zwei Merkmale urgeschichtlicher Verkehrswege»).

In der Nähe dieser Fundstelle wurde bei einer Sumpfregulierung etwa 1 m unter der Grasnarbe ein Knüppeldamm aus

Erlenstämmen aus vorrömischer Zeit freigelegt.

Zwischen dem Samland und der Lombardei lebten Tausende von Menschen vom Bernsteinhandel, von seiner Verarbeitung und vom Transport. Bernstein wurde vom Samland aus teils als Rohware, teils aber auch als verarbeitetes Material exportiert. Unterwegs gab es weitere Verarbeitungsstätten. Nicht nur in Deutschland und Österreich wurde Bernstein in Siedlungen aus der Steinzeit gefunden, auch die damaligen Bewohner der Schweiz («Pfahlbauer») kauften, handelten und verarbeiteten Bernstein. Nach Ansicht einiger Forscher war die Schweiz schon in der Steinzeit von vielen Handelsstraßen durchzogen, die vielfach auch befahrbar waren, wie Funde von Wagenteilen beweisen.

Bautechnische Beihilfe

Einen interessanten Beitrag zur Suche nach dem Verlauf und damit auch zum «Bau» der Bernsteinstraße von der Lombardei über die Donau nach Samland (Route 3) lieferte ein Straßenbauingenieur aus Österreich. Er untersuchte mit Hilfe seiner Ausbildung und Erfahrung als Straßenbauer den Verlauf der Straße von Carnutum (keltische Stadt an der Donau bei Deutsch-Altenburg, östlich von Wien) bis zur Mährischen Pforte (Durchgang bei Mährisch-Weißkirchen, östlich von Olmütz). Während die Historiker den Verlauf aufgrund von Hortfunden (zufällige Funde größerer Mengen Bernstein) ins Tal der March, eines Nebenflusses der Donau, verlegten, lehnte er diese Theorie ab. Hortfunde, so argumentierte er mit Recht, sind nicht vergrabene Lager von Bernsteinhändlern, sondern, da Bernstein im Tauschhandel den Wert von «Geld» hatte, im «Tresor» aufbewahrtes Vermögen. Er untersuchte das Tal der March als Trasse eines Verkehrsweges, indem er alle technischen Probleme einbezog, die sich bei der Benutzung einer Fernstraße zeigen. Er berechnete die Leistungsfähigkeit eines von Pferden gezogenen Wagens, sowohl bei der Berg- als auch bei der Talfahrt, die Wassertiefe der zu durchquerenden Flüsse, die Reisezeiten von Carnutum bis Samland und berücksichtigte die Klimaverhältnisse. Er kam zum Schluß, daß der von den Wissenschaftlern behauptete Verlauf der Bernsteinstraße im Marchtal «straßenbautechnisch» und damit auch «verkehrstechnisch» so ungünstig ist, daß ein Händler den Weg von Carnutum nach Samland und zurück nicht in der üblichen Reisezeit, zwischen Frühling und Herbst eines Jahres, zurücklegen konnte. (Eine Reise zur Winterszeit war unmöglich.) Außerdem benötigten die Kaufleute ebenfalls Zeit zum Eintausch des Transportgutes.

Die von ihm vorgeschlagene Route war zwar länger, aber leistungsfähiger. Sie verlief von Carnutum nach Brünn (heute Brno) und durch die Wischauer Senke über Olmütz zur Mährischen Pforte. Dies ist ein typisches Beispiel dafür, daß Geschichte nicht allein für sich betrieben werden darf. Um ein möglichst wahrheitsgetreues Bild der Vergangenheit zu erhalten, müssen Fachleute aus vielen anderen Wissensgebieten beigezogen werden.

Die Seidenstraßen

Schon vor Tausenden von Jahren zogen schwer beladene Kamel- und Eselkarawanen von China nach Westen. Die Lasttiere trugen Seidenballen. Seide war im Westen sehr beliebt. Obwohl die Chinesen die Menschen im Westen für unterentwickelt hielten, lieferten sie die Seide, da die «Barbaren» zahlen konnten (Rückschlüsse auf den heutigen Nord-Süd-Handel werden dem Leser überlassen).

Die Seidenstraßen waren keine Straßen im heutigen Sinne. Die Händler mußten wasserlose Wüsten durchqueren (Abb. 2), hohe Gebirgspässe überschreiten und breite Ströme durchfurten (Brücken waren selten). An den Knotenpunkten, z. B. am Ende einer Wüstenroute, an Flüssen oder am Fuße von Pässen, entstanden Städte, die reich wurden und sich oft zu kleinen Fürstentümern entwickelten. Sie entstanden und verschwanden wieder, je nach den politischen Verhältnissen und in Abhängigkeit von Klimaveränderungen.

Es gab verschiedene Routen. Heute zählt man drei Seidenrouten: die Nord-, Mittel- und die Südstraße. Zuerst wurde allerdings nicht Seide von Osten nach Westen transportiert, sondern Nephrit (Hornblende), unter dem «Kunstnamen» Jade bekannt, von Westen nach Osten. Die Nephrit-Vorkommen lagen am Südwestende des Tarim-Beckens in Ostturkistan, südlich der Stadt Khotan,

wo auch Gold gewonnen wurde. Auf diese Weise lernten die Chinesen nicht nur die Ost-West-Routen, sondern auch die möglichen Abnehmer von Seide kennen. Auf diesen Wegen zogen nicht nur beladene Kamele und Esel, sondern in beiden Richtungen und zu jeder Zeit auch die verschiedensten Leute: Die Nestorianer (im christlichen Gebiet des Westens verfemte Gläubige, die nicht an die göttliche Geburt Jesu glaubten, sondern der Überzeugung waren, Christus sei nur auserwählt gewesen) zogen nach Osten und gründeten blühende Zentren, z. B. in Samarkand und selbst in China. Auch Manichäer, Anhänger des 276 n. Chr. gekreuzigten Mani, folgten den Seidenstraßen. Im Niemandsland zwischen Osten (China) und Westen (Rom) fühlte sich diese Sekte, deren Religion eine Mischung von altpersischem und christlichem Glauben war, sicher. In dieser Gegend erstand das Zentrum des Manichäismus, dessen Einflußgebiet sich zwei Jahrhunderte lang von Spanien bis nach China erstreckte.

Früher waren Juden auf diesen Routen nach Osten vorgedrungen; später folgten ihnen die Mohammedaner.

So wanderten nicht nur Händler mit ihren Waren, sondern auch Ideen, Philosophien und Religionen von Ost nach West und umgekehrt wie auch von Süd nach Nord (buddhistische Mönche wanderten von Indien nach Norden und brachten ihre Religion schon in vorchristlichen Zeiten nach China). Der Handel benötigt Straßen, und Straßen verbinden Völker.

Von all diesen Straßen sind nur wenig «gebaute» Teile erhalten. Geblieben sind aber Reste von Gräbern, Tempeln, Kirchen, Klöstern und Kunstwerken, die vom ehemals regen Güter- und Gedankenaustausch künden.

Abb. 2
Karawane in der Wüste, vom Sturm überrascht.

Abb. 3
Lastkarawane in der Wüste.

Die Weihrauchstraße

Wie Bernstein und Seide verdankt auch diese Straße ihre Wichtigkeit einem kostbaren Handelsgut, dem Weihrauch, und weiteren Gewürzen wie Aloe, Kat-Strauch, Balsamstrauch und Myrrhe.
– Weihrauch: ein Baumharz aus Arabien und Ostafrika.
– Aloe: eingedickter bitterer Saft aus den Blättern der Aloe, wirkt als Droge.
– Kat: anregende Blätter des gleichnamigen arabischen Strauches.
– Balsam: Gemisch aus Harz und ätherischen Ölen des Balsamstrauches, Arznei- und Riechmittel, ebenfalls aus Arabien.
Weihrauch und Myrrhe dienten ursprünglich als Insektizid. Diese beiden Harze wurden zur Schädlingsbekämpfung in Häusern und Getreidespeichern eingesetzt. Das Einlagern von Getreide ermöglichte das Überleben in der schlechten Jahreszeit. Getreidespeicher sind ein Zeichen der Seßhaftigkeit der Menschen.
Wie neuere Untersuchungen zeigen, tötet ein Gramm Weihrauch, das beim Verbrennen in einem Luftraum von 50 l verdampft, innerhalb eines Tages 98 % der Getreidemotten und 44 % der Speisebohnenkäfer. Erst später wurden Harze von den Priestern der verschiedenen Kulte übernommen und für religiöse Zwecke verwendet.
Die Pflanzen, aus denen diese Produkte gewonnen werden, wuchsen in Arabien, das in der Antike «Arabia Felix», das glückliche Arabien genannt wurde. Selbst im fernen China war Weihrauch begehrt, und mit diesem Harz beladene Schiffe fuhren über den Indischen Ozean. Herodot, griechischer Geschichtsschreiber (um 490 – ca. 425 v. Chr.), erwähnt Arabien mit seinen Gewürzen. Besonders Weihrauch wurde für die Ausübung der verschiedenen Kulte, die in der damaligen Welt bekannt waren, verwendet. Einzelne Forscher vermuten, daß die damaligen Völker versuchten, den großen Gestank zu überdecken, der wegen mangelnder Hygiene entstand.
Die wichtigste Weihrauchstraße begann im Hadramaut an der Südküste der arabischen Halbinsel. Sie folgte der Küste zuerst nach Westen und bog dann, dem Roten Meer entlang, nach Norden, jeweils bis zu 200 km vom Ufer entfernt. Verschiedene Abzweigungen führten nach Osten zum Persischen Golf. Wie von der Seidenstraße zeugen auch in Arabien nur noch bestehende oder versunkene, teils ausgegrabene Städte von der Wichtigkeit dieser Handelsroute.
Auf Pässen wurden Reste von alten Straßenzügen gefunden, beispielsweise zwischen dem Wadi Beihan und dem Wadi Harib auf dem Mablaka-Paß. (Ein Wadi ist ein Trockental, das nur nach Regenfällen Wasser führt.) Ein Bericht von Wendell Phillips aus den 50er Jahren beschreibt den Paß wie folgt:
«Hier war eine künstliche, von Menschenhand geschaffene Straße. In ihrer Gesamtlänge von etwa 5 km stieg sie etwa 350 m an und fiel wieder ab, und zwar in einer Reihe von Haarnadelkurven, die um ausgebaute, am Außenrand mit niedrigen Schutzmauern versehene Terrassen liegen. Die Straße selbst war 4–5 m breit und mit riesigen, fliesenähnlichen Steinplatten belegt, die sich an den steilsten Stellen zu Stufen fügten» (Schreiber 1959).
Die oberste Partie der Straße war, wie heute üblich, eingeschnitten.
Ein weiterer Steinplatten-Paß liegt im Jemen und besteht aus Überresten eines Steinplattenpflasters zwischen zwei noch stehenden Mauern.

Die Weihrauchstraßen waren rund 3 000 Jahre lang in Benützung. Der Handelsverkehr auf ihnen wurde zu Beginn des 7. Jahrhunderts n. Chr. aufgegeben, als Mohammed seine Religion und sein Reich gründete. Hauptursache war jedoch die größere Sicherheit des Schiffsverkehrs auf dem Roten Meer. Außerdem war Schiffsfracht billiger als Karawanenfracht.

Die Königsstraßen

Im Gegensatz zu den «gewachsenen», nur bei Engpässen und Knotenpunkten ausgebauten Straßen, die infolge eines intensiven Handelverkehrs entstanden, sind die Königsstraßen in ihrer ganzen Länge neu erbaute oder wieder erbaute Straßen. Sie wurden von einer mächtigen Regierung, die meistens durch einen König oder Kaiser personifiziert wurde, geplant, gebaut und unterhalten. Sie dienten der Zentralgewalt zum Verschieben militärischer Kräfte, zur Nachrichtenübermittlung und zur Versorgung des Hofes mit Gütern.
Anfangs durften nur hohe Regierungsbeamte im Auftrag des Königs den Verkehrsweg benützen. Mit der Zeit konnten sich immer mehr auch «gewöhnliche» Leute, oft gegen Entgelt (Straßenzoll), auf den Straßen bewegen. Diese «Popularisierung» der Regierungsstraßen wurde häufig von einsichtigen Königen gefördert, sobald sie die Wichtigkeit einer guten Straße für den Handel erkannten. Solche Königsstraßen wurden in Persien im 5. Jahrhundert v. Chr. gebaut. In Indien wurde die erste Königsstraße im 3. Jahrhundert v. Chr. erstellt, zur gleichen Zeit, als die Römer mit dem Bau der Via Appia von Rom nach Capua begannen.

Die erste Post

Der Mederkönig Astyages (593–550 v. Chr.) entwickelte eine Stafettenpost, reitende Boten auf Rennpferden und, im Gebirge, auf Maultieren. Aber erst Cyrus, der Astyages stürzte, und besonders sein Nachfolger Dareios I. (521–485 v. Chr.) erbauten die Königsstraße von Sardes zur Hauptstadt Susa und richteten auf dieser eine Post ein. Sardes lag in Anatolien (östlich von Smyrna am Ägäischen Meer) und Susa nördlich des Persischen Golfes. Die Straße überquerte den Euphrat im heutigen Irak und verlief parallel zum Tigris. Ihre gesamte Länge war rund 2 500 km. Wir sind über die Straße gut orientiert, obwohl nur spärliche Reste übriggeblieben sind. Sie mied die großen Städte und verlief auf dem kürzesten und für die Nachrichtenübermittlung technisch günstigsten Wege. Herodot beschreibt die Straße und deren Einrichtungen für die Nachrichtenübermittlung ganz genau:

«Mit diesem Weg hatte es folgende Bewandtnis: Es gibt überall königliche Ruhehäuser und die schönsten Herbergen, und der ganze Weg geht durch bewohnte und sichere Länder. Durch Lydien und Phrygien sind zwanzig Stationen und vierundneunzig Parasangen. Aus Phrygien kommt man an den Fluß Halys, an welchem ein Paß ist, welchen man nicht vermeiden kann und durch den man zwangsläufig über den Fluß gehen muß, an welchem auch ein großes Wachhaus liegt. Wenn man nach Kappadokien herüber gekommen ist und von da bis an die Grenzen der Kilikier reist, so hat man achtundzwanzig Stationen und hundertundvierzig Parasangen. An diesen Grenzen muß man durch einen zweifachen Paß und bei zwei verschiedenen Wachhäusern vorbei. Wenn man hindurch ist und durch Kilikien reist, so hat man drei Stationen und fünfzehneinhalb Meilen. Die Grenze zwischen Kilikien und Armenien bildet der schiffbare Euphrat. (. . .) Von Armenien bis Mantiena sind vier Stationen. Von hier bis nach Kissien sind elf Stationen und zweiundvierzigeinhalb Meilen bis an den Fluß Choaspes, der auch schiffbar ist, an welchem die Stadt Susa liegt. Dieses sind also zusammen hundertundelf Stationen. So viele Stationen, wo man einkehren kann, hat man, wenn man von Sardes nach Susa reist.»

«Wenn nun der königliche Weg nach Parasangen gemessen und angenommen wird, daß eine Parasange 30 Stadien enthält, welches das ordentliche Maß ist, so sind von Sardes bis an das königliche Schloß Memnonium dreizehntausendfünfhundert Stadien, weil es vierhundertundfünfzig Parasangen sind. Wenn man nun täglich hundertundfünfzig Stadien zurücklegt, so werden demnach neunzig volle Tage benötigt.»

Berechnung der Gesamtlänge

1 Parasange = 30 Stadien
1 Stadion = 184,98 Meter

13500 Stadien = 2497, resp. 2500 Kilometer
150 Stadien/Tag = 27,7 Kilometer/Tag

Die reitenden Boten – es gab auch unberittene Boten – legten gemäß zeitgenössischen Inschriften in der Stunde im Mittel 17 km zurück. An den Stationen (jam) standen Pferde bereit. Diese Boten hießen Angaren, die Griechen nannten diese Post «Angareion».

Über den altgriechischen Straßenbau ist, mit Ausnahme einiger Tempelstraßen, wenig bekannt. In der griechischen Literatur findet sich ein Hinweis. Demgemäß hat Peisistratos (560–527 v. Chr., Tyrann von Athen) Straßen im ganzen Land (Herrschaftsbereich der Stadt Athen) erbauen lassen. Er strebte eine Verbesserung des Straßennetzes an.

Die Straßenbautechnik

Über den Straßenkörper wissen wir wenig. Man kennt jedoch verschiedene Straßenquerschnitte aus den ausgegrabenen persischen Städten des Zweistromlandes, Stadtstraßen und Tempelstraßen, also Straßen, die zu den Tempeln führten. Räder und Wagen sollen von den Sumerern (3700–3200 v. Chr.) entwickelt worden sein. Wagen können auf einer längeren Strecke jedoch nur auf harter Unterlage fahren. Sie benötigen also Straßen oder zumindest harte Pisten.

Ein Beispiel einer solchen Tempelstraße mit Hartbelag ist die Prozessionsstraße zum Ischtartempel von Assur, der Hauptstadt des Assyrerreiches Assur (um 1500 v. Chr.). In den in die Steine eingemeißelten Rinnen fuhren die Wagen mit den Götterstatuen langsam, sicher und ruhig dahin. Holperten sie, so galt dies als ein böses Vorzeichen. Der Steinplattenbelag war, ähnlich einer modernen Betonstraße, ein Hartbelag und den Bewohnern Mesopotamiens schon

1 000 Jahre vor dem Bau der Königsstraßen bekannt (Abb. 4).

Ungefähr gleich alt wie die Tempelstraßen in Assur sind die von den Minoern auf der Insel Kreta, besonders in der Hauptstadt Knossos, in den Jahren 2000–1450 v. Chr. erbauten Straßen. Abb. 5 zeigt eine Straße mit in Gipsmörtel verlegten Steinplatten im Totentempel von Knossos (dieser Tempel wird zu Unrecht als Palast für den damals lebenden König Minos bezeichnet; siehe auch Band I, Kapitel «Baustoffe», Artikel «Gips – das älteste Bindemittel»). Die Straße eignet sich außerordentlich schlecht für normalen Verkehr, dagegen gut für Prozessionen. Die «Totenwagen» fuhren auf dem mittigen Basaltplattenbelag langsam dahin, auf beiden Seiten von Priestern, Wächtern und Trauernden begleitet, also ganz ähnlich wie heute bei einem Leichenzug üblich. Auf der Abb. 5 ist eine Abzweigung zu sehen, die zwar steinhauertechnisch gut und schön ausgeführt, aber für Handelsverkehr nicht ideal ist. Da die Mittelplatten leicht höher lagen als der beidseitige Plattenbelag, fuhr ein vierrädriger Karren auch mit Drehschemel beim Kurvenfahren mit dem rechten Hinterrad mit Sicherheit über den Mittelbelag hinaus. Im Gegensatz zu den römischen und vorchristlichen Straßen in Mitteleuropa besaßen die kretischen Wege auch keine Geleiserillen. Da die Straßendecke leicht gewölbt war, bestand die Gefahr, daß die Wagen beim schnelleren Fahren einseitig ausscherten. Die Straßen waren mit bis zu 4 m hohen Mauern aus Kalkstein gesäumt. Dieser Straßentyp, von dem noch weitere Beispiele auf Kreta

Abb. 4
Querschnitt der Prozessionsstraße zum Ischtartempel von Assur.
1: Natursteinplatten, 2: Gebrannte Ziegel,
3: Steinschutt und Kies, 4: 3 cm Asphalt,
5: Randstein.

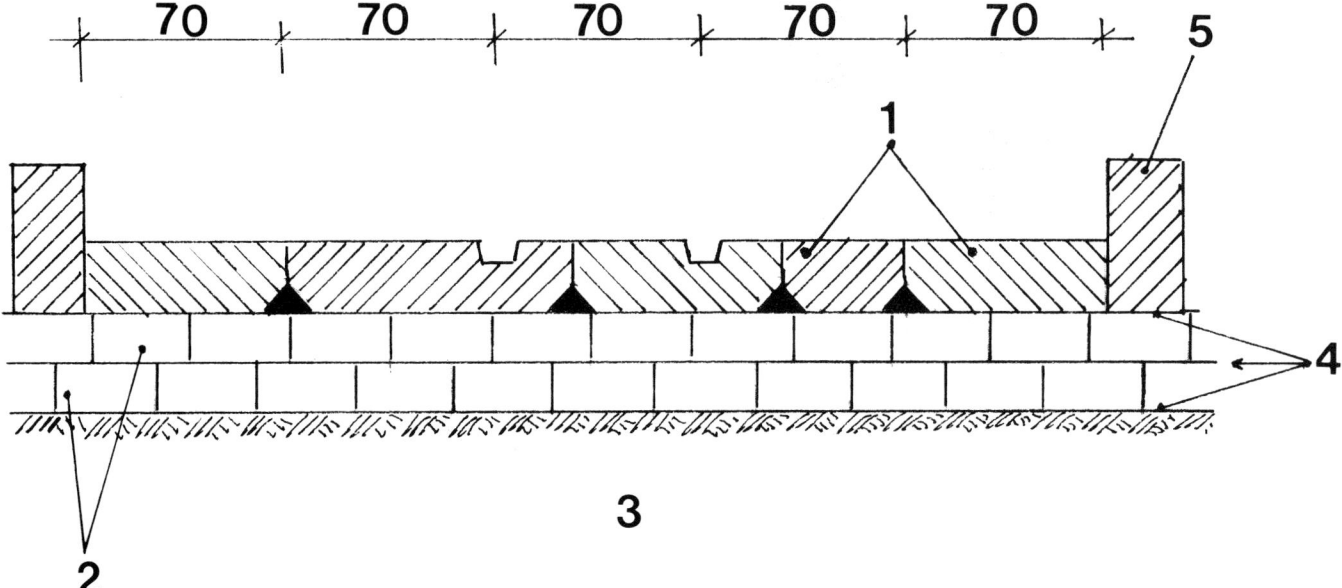

gefunden worden sein sollen, war kein Verkehrsweg; es ist aber ein gutes Beispiel für einen Hartbelag.

Die Ingenieure der Königsstraßen konnten sich auf die Erfahrungen und Kenntnisse der Erbauer der Tempelstraßen stützen. Die Straßendecke dieser Länder und Völker verbindenden Fahrweges war derjenigen von Tempelstraßen sicher ähnlich, wenn auch nicht so technisch ausgefeilt, sondern einfacher und dem Zwecke der Verschiebung militärischer Kräfte und der schnellen Nachrichtenübermittlung angepaßt.

Mit den beschriebenen vier Beispielen ist der europäisch-asiatische Straßenbau (Indiens und Chinas Straßen ausgenommen) in den vorchristlichen Jahrhunderten kurz zusammengefaßt. Der im vor-

rade, nach dem gleichen Schema und im gleichen Querschnitt erbaut worden, ist irrig. Die römischen Ingenieure übernahmen vielfach bestehende Straßen oder straßenähnliche Bauten einer Gegend von ihren Vorgängern. Typisches Beispiel hierfür ist die Römerstraße im Val d'Aosta, der Südzufahrt zum Großen St. Bernhard-Paß. Abb. 6 und 7 zeigen eine Partie, heute allgemein als Römerstraße, früher sogar als «Straße des Hannibal» bezeichnet. Hannibal zog 218 v. Chr. über den Kleinen St. Bernhard in die Poebene. Wege mit Spurrillen weisen ganz allgemein auf vorrömische Erbauer hin. Zudem ist anhand der Straße und des Tunnels im Val d'Aosta kaum anzunehmen, daß die Römer sich während ihrer rund 500 Jahre dauernden Herr-

schaft über die Lombardei und das Gebiet nördlich der Alpen mit einer derart schlechten und holprigen Straße begnügt hätten. Besonders im Hinblick auf den regen Verkehr zwischen Norditalien und Gallien scheint die Straße bau- wie auch verkehrstechnisch ungünstig. Sicher benützten die Römer ein schon vorhandenes Trassee, aber keinesfalls die Felsfläche mit den Spurrillen. Die Inschrift oben links in der Felswand deutet darauf, daß sie wahrscheinlich eine richtige Straßendecke auf dem Felsuntergrund aufbauten. Man sollte sich endlich von der Vorstellung befreien, daß erst die römischen Ingenieure die Straßenbautechnik nach Mitteleuropa gebracht hätten. Die Gallier (Kelten) waren wie die nachfolgenden Römer am Handel und Verkehr interessiert und benötigten deshalb Straßen. Die hochentwickelte Waffen- «Industrie» der Kelten zeugt von ihrer technischen Begabung. Keltische Waffen waren selbst bei den Römern sehr begehrt. Die römischen Straßenbauer hatten keinerlei Bedenken, vorhandene Straßen zu übernehmen und gemäß ihrer bautechnischen Vorstellungen zu «römischen» Straßen auszubauen. Sie ersparten sich damit die mühsame Erkundung und Vermessung. Dies erklärt, weshalb bis jetzt so wenige vorrömische Straßen gefunden wurden. Der römische Straßenbau erreichte seine Vollendung mit der Erstellung eines Straßennetzes vor und nach der Zeitenwende, das von der atlantischen Küste (Portugal) bis zum Kaspischen Meer und von Theben in Altägypten bis nach Nordengland und im Nordosten nach Carnutum reichte.

Auf diesem Straßennetz, das eine bedeutende Länge hatte, wurden auch Nachrichten übermittelt. Alle Wege führen, d. h. alle Nachrichten flossen nach Rom. Schon vor Cäsar (50 v. Chr.) existierte ein Nachrichtennetz mit berittenen Kurieren (veredarii) und Fußboten (cursores). Cäsar und besonders Kaiser Augustus, dann die Kaiser Nerva und Severus im 1. und 2. Jahrhundert n. Chr. verbes-

Abb. 5
Steinstraße auf Kreta in Knossos, einem Totentempel und Königsgrabmal. Der mittlere Belag, der leicht höher als die Seitenwege liegt, besteht aus 80 × 80 cm großen Steinplatten (Basalt oder Granit). Die Seitenwege aus unregelmäßig verlegten Platten wie auch der Mittelweg liegen auf einem mageren Lehmmörtel. Diese Fahrbahn war auf einem Fundament aus in Gipsmörtel verlegten Steinen aufgebaut. Über Land waren beidseitig aus Naturstein verfertigte Entwässerungsrinnen angebaut. Die abgebildete Straße besaß eine Abzweigung.

Abb. 6
Tor und Straße mit Spurrillen, wahrscheinlich vorrömischen Ursprungs, bei Donnav im Val d'Aosta (Südzufahrt zum Großen St. Bernhard-Paß). Auf der hohen Felswand links sind Buchstaben eingemeißelt, die auf römische Erbauer hinweisen könnten.

aus geplante und durch Fachleute nach den Regeln der Baukunst ausgeführte Straßenbau begann im Römerreich schon vor der Zeitenwende, um 300 v. Chr. (die Via Appia hat eine Länge von 195 km). Diese Straßen waren nach bester bautechnischer Kenntnis dem Land, dem zu durchquerenden Gelände, der Bodenbeschaffenheit, der Neigung usw. angepaßt. Es gab wohl «Normen», aber sie wurden nicht stur, sondern bauingenieurmäßig angewendet. Die Ansicht, die Römerstraßen seien stets schnurge-

Abb. 7
Gleiche Ansicht von Straße und Tor wie Abb. 6, rund 150 Jahre früher. Vignette aus dem Buch «Voyages en Zigzag», 1844 von R. Topffer herausgegeben. Damals hieß dieser Tunnel «Porte d'Annibal» (Hannibaltor). Hannibal, Feldherr aus Karthago, zog 218 v. Chr. über den Kleinen St. Bernhard.

serten den Cursus publicus auf der gesamten Länge von 120000 km. In Abständen von 2–4 Meilen lagen die Mutationen (Relaisstationen), nach sechs bis acht Mutationen waren größere Stationen (mansio) eingeschoben. Lag eine «mansio» in einer Ortschaft, so residierte dort der Regierungsstatthalter, wobei der Ort die Bezeichnung «curia» erhielt. Chur beispielsweise war eine «mansio» mit Regierungsstatthalter und später auch Sitz eines Bischofs.

Literatur

Archäologische Mitteilungen aus Nordwest-Deutschland, Oldenburg, 1978/1981/1983/1985.

Freising, F.: Die Bernsteinstraße aus der Sicht der Straßentrassierung. Kirschbaum-Verlag, Bonn/Bad Godesberg 1977.

Hayen, H.: Verschiedene Veröffentlichungen, Staatliches Museum für Literaturkunde und Vorgeschichte, Oldenburg.

Herodot: Griechische Geschichte, Neun Bücher griechischer Geschichte. Atlas-Verlag, Köln.

Neuburger, A.: Die Technik des Altertums. R. Voigtländer, Leipzig 1981.

Neue Zürcher Zeitung: Beilage «Forschung und Technik», 1./2. Mai 1991.

Reuleaux, F.: Der Weltverkehr und seine Mittel. Otto Spamer, Leipzig 1901.

Reuleaux, F.: Das Buch der Erfindungen, Gewerbe und Industrien. Otto Spamer, Leipzig 1887.

Schreiber, H.: Sinfonie der Straße. Econ-Verlag GmbH, Düsseldorf 1959.

Stucki, A.: Grundriß der Postgeschichte. A. Franke, Bern 1909.

Teming, R. L.: Illustrierte Geschichte des Straßenverkehrs, 1978.

Treue, W.: Achse, Rad und Wagen. Vandenhoek und Ruprecht, Göttingen.

Die Wiege der Kultur (Zeitalter der Menschheit). Time Life International, (Nederland) N. V. 1969.

Xenophon: Der Zug der Zehntausend, hrsg. v. W. Müri. Emil Vollmer-Verlag, Wiesbaden.

72

Hohlwege und Karrengeleise – zwei Merkmale urgeschichtlicher Verkehrswege

Im Jahre 58 v. Chr. wanderten die keltischen Helvetier mit einigen verbündeten Stämmen aus dem Gebiet der heutigen Schweiz aus, mit dem Ziel, im südlichen Frankreich neue Wohngebiete zu finden. Dies gelang nicht, da Julius Caesar mit seinen Legionen die Helvetier verfolgte, in Bibracte (Autun oder nahe Autun) im Kampf besiegte und sie zur Umkehr zwang. In den Kommentaren zu den gallischen Kriegen von Julius Caesar können wir unter anderem folgende Zeilen dazu nachlesen: «Orgetorix veranlaßte die Helvetier, für eine Auswanderung alles Nötige vorzubereiten, das heißt, eine möglichst große Anzahl von Zugvieh und Wagen zu erwerben und die Aussaat zu intensivieren, um die Getreideversorgung auf dem Marsch zu sichern.» Und weiter unten schrieb Caesar zur Schlacht bei Bibracte folgendes: «Als die Helvetier dem Ansturm unserer Soldaten nicht länger standhalten konnten, zog sich ein Teil auf die Anhöhe zurück, die anderen wandten sich zum Troß und zu den Wagen. Obwohl nämlich der Kampf von der siebten Stunde bis zum Abend andauerte, konnte man während der ganzen Schlacht nicht einen Feind beobachten, der die Flucht ergriffen hätte. Bis in die tiefe Nacht hinein wurde sogar beim Troß gekämpft, denn hier hatten sie die Wagen als Schutzwehr aufgestellt, so daß sie von erhöhter Stelle aus ihre Wurfgeschosse gegen unsere angreifenden Soldaten schleudern konnten. Einige warfen aus ihren Stellungen zwischen den Wagen und Rädern sogar von unten herauf Speere und Spieße und verwundeten unsere Soldaten. Diese eroberten jedoch schließlich nach langem Kampf den Troß und die Wagenburg. Sie nahmen dabei die Tochter des Orgetorix und einen seiner Söhne gefangen» (Caesar, De bello Gallico).

Wir können also von Julius Caesar hören, daß die keltischen Helvetier mit vielen Wagen und Zugvieh aus dem Gebiet der Schweiz weggezogen sind. Die Kelten (Gallier) waren geschickte Handwerker und erfahrene Wagenbauer. Sie hatten sehr verschiedene Typen von zwei- und vierrädrigen Karren und Wagen im Gebrauch. Die Kelten haben neben den Lastwagen vor allem die verschiedenartigsten Reisewagen geschaffen. In Gallien bestand eine hochentwickelte, auch für die Ausfuhr arbeitende Wagenbaukunst. Nichts ist bezeichnender für ihre Bedeutung, als daß fast alle Namen der zahlreichen Wagentypen, die die Römer benutzten, gallischen Ursprungs sind (Bulle 1948). Folglich mußte bereits während der Keltenzeit (ca. 400–58 v. Chr.) in ganz Gallien ein keltisches Wegnetz bestanden haben, auf dem all diese Wagentypen eingesetzt werden konnten. Nicht zuletzt auf dem Vorhandensein eines solchen vorrömischen Wegnetzes beruhten die unerhört großen Marschleistungen der römischen Legionen, die unter dem Befehl von Julius Caesar Gallien eroberten. Wie haben nun solche urgeschichtlichen, keltischen Fahr-, Reit- und Fußwege ausgesehen?

Geplante und gewachsene Verkehrswege

Die meisten urgeschichtlichen Verkehrswege wurden nicht geplant, sondern durch den praktischen Versuch, durch die Begehung und Befahrung des Geländes ausgebildet. Die Fähigkeit einer guten Geländebeobachtung und Geländebeurteilung war bei den urgeschichtlichen Völkern noch stark entwickelt. Auf einem nicht klar definierten Trassee wurde jeweils eine allgemeine Zielrichtung eingehalten. Erst mit der Zeit bildete sich ein Trassee heraus, das den Weg markierte. Urgeschichtliche Wege kann man daher als gewachsene Fuß-, Reit-, Viehtrieb-, Saum- oder Fahrwege bezeichnen. Im Gegensatz dazu sind Römerstraßen ingenieurmäßig geplante und gebaute Straßen. Das Wort Straße entwickelte sich aus den lateinischen Worten via strata, was «gepflasterter Weg» bedeutet. Der Begriff Straße hängt daher eng mit dem römischen Straßenbau zusammen. Zur Abgrenzung von den Römerstraßen sollen in diesem Beitrag die urgeschichtlichen Wege als Wege und nicht als Straßen bezeichnet werden (Dietrich et al. 1983; Ehrensperger 21).

Ein wichtiger Unterschied zwischen gewachsenen Wegen und geplanten Straßen besteht darin, daß in gewachsene Wege meistens viel weniger oder kaum Bauarbeit investiert wurde, während geplante Straßen immer einen beträchtlichen Arbeitsaufwand für den Bau benötigten. Eine Betrachtung der Verhältnisse anhand der Begriffe «Investitionsarbeit» und «Nutzungsarbeit» zeigt folgendes: Gewachsene Wege erfordern minime Investitionsarbeit und oft recht hohe Nutzungsarbeit. Umgekehrt gilt: Geplante Straßen erfordern viel Investitionsarbeit, beim Gebrauch jedoch viel weniger Nutzungsarbeit.

Bei der Befahrung urgeschichtlicher Wege mußte oft viel Nutzungsarbeit geleistet werden. Oder einfacher gesagt: Das Fahren auf diesen Wegen war oft sehr mühsam. Stellenweise gab es Steigungen bis zu 30 Prozent, die ein richtiges Fahren nicht mehr erlaubten. Schritt für Schritt mußten diese Hindernisse mit verschiedenen zusätzlichen Hilfen überwunden werden. Solche steile Karrenrampen aus der Urzeit gibt es beispielsweise am Malojapaß (Planta 1986; Müller/Schneider 90/2) und auch auf dem urgeschichtlichen Wegsystem oberhalb des Silsersees im Kanton Graubünden (Abb. 8). Aber auch in der Ebene war das Fahren auf weichem Boden bei nasser Witterung kraftraubend. Es ist keine Frage, daß auf solchen Wegen die gesamte Nutzungsarbeit im Laufe der Jahre ein Vielfaches davon betrug, was an Investitionsarbeit für den Bau eines bequemeren Weges hätte aufgewendet werden müssen.

Es lag aber den Vorstellungen urgeschichtlicher Völker fern, mehr Arbeit als unbedingt notwendig in ein Wegsystem zu investieren. Sie sahen keinen Sinn hinter solchen Anstrengungen und hatten auch nicht die notwendigen, personell strukturierten Organisationen zur Ausführung solcher Projekte zur Verfügung. Es fehlten ihnen zudem die techni-

Abb. 8
Urgeschichtlich primitive und steile Karrenrillen können im Fels oberhalb des Silsersees gefunden werden. Es ist erstaunlich, daß die urgeschichtlichen Völker auf solch steilen und unebenen Felsunterlagen zu fahren versuchten und verstanden.

schen Erkenntnisse und Erfahrungen, um zweckmäßige Straßenkunstbauten zu erstellen. Diese zum Teil noch matriarchalisch organisierten Völker aus der Urzeit nutzten hauptsächlich die natürlich vorhandene Begeh- und Befahrbarkeit des Geländes aus. So auch die Kelten, die nur relativ wenig Arbeit in ihr Wegsystem investierten. Zudem sahen die keltischen Stämme mit ihrer angeborenen Wanderlust wenig Sinn im aufwendigen Bau von Verkehrsanlagen, welche im Zuge einer späteren Umsiedlung doch wieder verlassen werden mußten. Keltenwege zeichnen sich also durch sparsamen Arbeitsaufwand aus. Die Wege sind sehr schmal. Felsprofile wurden meistens recht sparsam, zweckmäßig und gerade den Anforderungen genügend ausgebrochen. Ganz im Gegensatz dazu wurden Römerstraßen großzügig gebaut und nahmen oft monumentale Maße an. Bei Römerstraßen wurde in keiner Weise an Material oder Arbeitsaufwand gespart (Abb. 9).

Karrengeleise im Fels

Eine auffällige Erscheinung der altertümlichen Fahrwege sind die Karrengeleise im Fels. Sie lassen sich an vielen Orten im Jurakalk und auch an verschiedensten Stellen in den Alpen beobachten. Das grundlegendste Merkmal dieser Geleise ist ihre Spurbreite. Gemessen werden die Spurbreiten vom tiefsten Punkt der rechten zum tiefsten Punkt der linken Spurrille. Läßt sich der tiefste Punkt nicht genau ermitteln, so kann auch das arithmetische Mittel der Abstände zwischen den äußeren und den inneren senkrechten Radanschliffen genommen werden. Die Spurweiten, die nun auf diese Art gemessen werden können, betragen ca. 90–160 cm. Eine sehr oft beobachtete Spurbreite liegt im Bereich von 110 cm. Wagen mit einem Radabstand von 110 cm waren sehr häufig und wurden lange Zeit benutzt (Abb. 10). Aber auch größere und kleinere Radabstände kamen vor. In den Alpen waren diese oft von Tal zu Tal verschieden, so daß angenommen werden kann, daß innerhalb eines abgeschlossenen Tales eine einheitliche Spurbreite üblich war. Die Spurrillen im Fels können kaum durch andere Materialien als durch die harten eisernen Beschläge (Reifen) von Wagenrädern entstanden sein. Eisenreifen gab es erst mit Beginn der einsetzenden Eisenzeit. Wir ordnen also das erste Vorkommen von Wagengeleisen der einsetzenden Eisenzeit zu (Hallstattzeit, Beginn ca. 800 v. Chr.). Da in den Jahren von 800 v. Chr. bis zur beginnenden Römerzeit das Schweizer Gebiet hauptsächlich von keltischen Stämmen bewohnt war, nennen wir diese Karrenwege «Keltenwege». Zur Entstehung von Wagengeleisen oder Spurrillen im Fels kann man grundsätz-

Abb. 9
Eine römisch ausgebaute Keltenstraße (Route des Sapins) im Forêt de la Joux (Franche-Comté), die sich durch die Breite, durch die saubere Felsarbeit und durch Mauerbauten und Pflästerungen klar von reinen Keltenwegen unterscheiden läßt.

lich fragen, ob sie absichtlich erzeugt oder erst durch die Befahrung entstanden sind. Haben wir es mit natürlich entstandenen Gebrauchsrillen oder künstlich eingeschnittenen Sicherungsrillen zu tun? An steilen Hängen, an denen man ein seitliches Abrutschen der Wagen erwarten konnte, dürfen wir in manchen Fällen ein absichtliches Vormeißeln von Sicherungsrillen annehmen. An vielen waagrechten oder ansteigenden Felspartien ergab sich die Rillenbildung hingegen automatisch und war oft nur bis zu einem gewissen Grade

Abb. 10
Der Felsdurchlaß am Oberen Hauenstein (Langenbruck, Kanton Solothurn) hat ein Karrengeleise mit der üblichsten Spurweite von 110 cm. Die Felswände führen bündig bis an die Spurrillen und lassen keinerlei Platz für ein seitliches Nebenhergehen neben den Karren. Solche Karrenwege im Fels sind keltischen Ursprungs und zeigen keine römische Nacharbeitung.

erwünscht. Wie erklärt sich das Entstehen der oft unwahrscheinlich tiefen, natürlichen Gebrauchsrillen im Fels, die beispielsweise am Bözberg bis zu 40 cm tief sind? Es handelt sich bei der natürlichen Rillenbildung wahrscheinlich um einen dreistufigen Prozeß. In einer ersten mechanischen Stufe wurden die Mikrokristalle der rauhen Felsoberfläche durch das Gewicht der Wagen und durch die Härte der Eisenreifen flach gedrückt (vermörsert: Vertikalprozeß) oder abgeschliffen (abgeschert: Tangentialprozeß). In einer zweiten Stufe wurde der entstandene Kristallstaub oder -sand durch Regen weggewaschen und durch Wind weggeblasen. Und in einer dritten Stufe wurde die jetzt glatt polierte Gesteinsoberfläche erneut durch Verwitterung aufgerauht. Beim Verwitterungsprozeß handelt es sich im wesentlichen um eine chemische Verwitterung des Kalkes durch Einwirkung von kohlendioxydhaltigem Wasser und anschließender Bildung des besser löslichen Bikarbonates.

Die natürliche Rillenbildung hatte oft eine lästige Vertiefung der Spurrillen zur Folge, die das Fahren erschwerte und dann weitere Felsarbeiten nötig machte. So mußten seitliche Böschungen vertieft werden, damit die Radnaben frei lagen und nicht mit den seitlichen senkrechten Radanschliffen kollidierten. Auch die mittlere Partie des felsigen Fahrweges mußte bei einer intensiven Rillenvertiefung oft abgemeißelt werden, damit das Fahrgestell der Wagen nicht am Felsgrund anstieß. Solche Nachbearbeitungen von Felspartien lassen sich bei verschiedenen Geleisestraßen beobachten (Abb. 11).

Weitere Merkmale zur Unterscheidung und Typisierung von Geleisestraßen im Fels bestehen darin, ob und wie die Felsunterlagen bereits vor der Benutzung und einsetzenden Rillenbildung abgearbeitet wurden. Wannenförmige Felsbearbeitungen, die eindeutig vor einer Rillenbildung vorgenommen wurden, zeigen die Bemühungen der urgeschichtlichen Wegbauer, eine einigermaßen ebene Felsunterlage zu erhalten und Steigungen auszugleichen. Solche etwa 4 m breiten, flach herausgemeißelte Felswannen fand Heinrich Bulle zum Beispiel am Federauner Sattel (Villacher Alpen) (Abb. 12). Auch der bekannte, 4 m breite Felswannenweg auf der Paßhöhe des Großen St. Bernhard dürfte möglicherweise bereits in vorrömischer Zeit durch die keltischen Veragrer herausgemeißelt worden sein (Abb. 13). Die Fortsetzung und die Art dieses Weges am Großen St. Bernhard, auf der Südseite der Jupiterebene bis zur Autostraße hinunter, wirkt viel zu uneben, zu steil und zu primitiv, um als saubere römische Straßenbauarbeit eingestuft zu werden. Auch die für Keltenwege typischen Trittstufen lassen sich am Großen St. Bernhard in der Fortsetzung des Felswannenweges finden (Abb. 14). Trittstufen sind ein weiteres, häufig beobachtetes Merkmal keltischer Fuß- und Fahrwege im

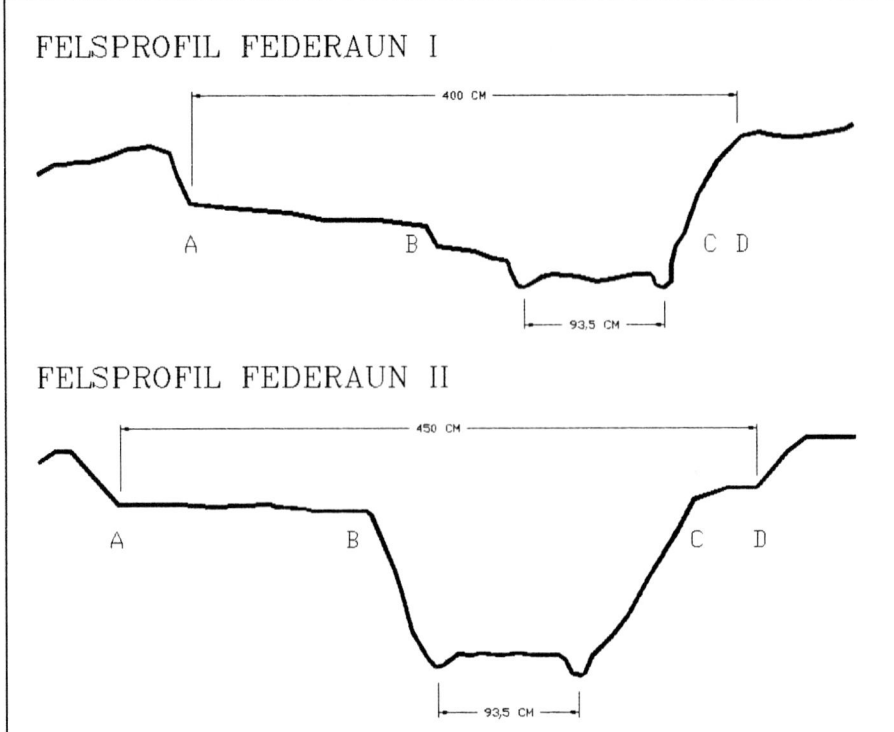

FELSPROFIL FEDERAUN I

400 CM

A   B   C D

93,5 CM

FELSPROFIL FEDERAUN II

450 CM

A   B   C D

93,5 CM

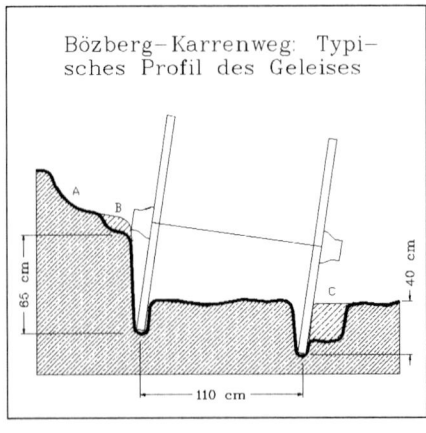

Bözberg–Karrenweg: Typisches Profil des Geleises

A
B
65 cm
C
40 cm
110 cm

Abb. 11
Karrengeleiseprofil am Bözberg. Die Karrenrillen sind zwischen 20 und 40 cm tief und keineswegs immer auf gleichem Niveau, weil die Rillenbildung an der Hang- und Talrille nicht mit gleichem Maß fortschritt. Die Karren hatten daher oft eine Schräglage, welche weitere Felsabarbeitungen nötig machte (C). Felsnacharbeitungen mußten auch immer dann vorgenommen werden, wenn die hangseitige Radnabe am Fels anstieß (B). Die Hohlkehle A hingegen dürfte das ursprüngliche Niveau des Felsweges anzeigen, welcher zuerst als ebene Fläche aus dem abfallenden Fels gemeißelt wurde. Auch der Mittelteil mußte mit wachsender Rillentiefe regelmäßig nachgemeißelt werden, damit die Karren nicht mit dem Gestell am Fels anstießen.

Fels. Heinrich Bulle schreibt dazu: «*Ein Sicherungsmittel neben den Sicherungsgeleisen sind die Trittstufen für die Tiere zwischen den Geleisen. Sie sind zumeist in Länge von 35 bis 40 cm mit 5 bis 15 cm Höhe angelegt. Im inneren Winkel der Stufen ist die Vormeißelung oft noch deutlich erkennbar. Die Oberfläche der Stufen ist dagegen durch den Gebrauch meist rundlich abgeschliffen oder stark abgewittert*» (Bulle 1948).

Hohlwege auf lockerem Untergrund

Hohlwege sind je nach Größe Rinnen, Wannen oder kleine Tobel im Gelände, die immer unterhalb des ehemaligen, natürlichen Geländeniveaus liegen. Hohlwege entstanden auf weichem oder lockerem Untergrund. Urgeschichtliche Wege haben eine Neigung zur Bildung von Hohlwegen, da in der Regel an den gewachsenen Verkehrswegen kein solides Straßenfundament angebracht wurde. Es wurde möglichst wenig oder keine Bauarbeit in die Fahr-, Reit- und Fußwege investiert. Hauptsächlich wurde die natürlich vorhandene Begeh- und Befahrbarkeit des Geländes ausgenutzt. Nur an ungeeigneten oder unpassierbaren Stellen mußten notwendigerweise Bauarbeiten vorgenommen werden. Hohlwege entstanden also immer dort, wo auf lockerem Untergrund kein Straßenfundament und keine feste Deckschicht erstellt wurde. Die Begehung, Bereitung und Befahrung einer nicht überbauten, fallenden Strecke im Gelände erzeugte jeweils einen kontinuierlichen Austrag des Bodenmaterials in Richtung des Gefälles. So entstand zuerst eine Geländerinne und dann ein immer tiefer werdender Hohlweg (Abb. 15).

Abb. 12
Urgeschichtlicher Fahrweg im Fels auf dem Federauner Sattel (Villacher Alpen). Eine etwa 4 m breite ebene Felswanne bildete die erste Form des Weges im Fels (Profil A–D). Da die durch die Räder gebildeten Radrillen immer tiefer wurden, mußte die Fahrwanne B–C periodisch durch Meißelarbeit vergrößert und vertieft werden (Bulle 1948).

Die natürliche Hohlwegbildung setzt immer bei Steigungen oder Gefälle ein. Keine Hohlwegbildung gibt es bei ebenem Gelände. Mit erstaunlicher Regelmäßigkeit läßt sich daher feststellen, daß die steigenden oder fallenden Hohlwege immer genau dann aufhören, sobald eine ebene Anhöhe oder eine ebene Niederung erreicht wird. Je steiler ein Wegabschnitt, desto tiefer ist im allgemeinen der Hohlweg. Als Maß für die Tiefe eines Hohlweges kann der tiefste Punkt unter der natürlichen, ehemaligen Geländelinie gelten. Ein besseres Maß wäre vielleicht die Querschnittsfläche unter dem ehemaligen Geländeniveau. Die ursprüngliche Geländelinie läßt sich meistens ohne Schwierigkeiten rekonstruieren. Die Tiefe oder Querschnittsfläche eines Hohlweges hängt im wesentlichen von drei Faktoren ab:
1. Von der Art, Intensität und Dauer des Verkehrs.
2. Von der Beschaffenheit des Untergrundes.
3. Vom Gefälle, resp. von der Steigung.
Hohlwege sind sehr oft mehrfach geführt, das heißt man findet einen tiefen Haupthohlweg und oft mehrere Nebenhohlwege, also parallel geführte Nebenwege, die aus irgendwelchen Gründen wieder aufgegeben wurden oder auch nur zeitweise benutzt wurden. Die Hohl-

Abb. 13
Der als römisch bezeichnete Felswannenweg auf der Paßhöhe des Großen St. Bernhards ist wahrscheinlich bereits in vorrömischer Zeit durch die Veragrer herausgemeißelt worden. Das Fehlen von Karrenrillen beweist, daß der Paß auf dieser Höhe nicht mehr befahren wurde.

wegbildung mag in manchen Fällen nützlich gewesen sein, weil sie einen Steigungsausgleich bewirkte. In vielen Fällen war die Hohlwegbildung aber lästig und nicht erwünscht. Besonders die charakteristische Mehrfachführung (Hohlwegbündel) der Wege beweist, daß Hohlwege oft nur eine gewisse Zeit benutzt wurden und dann zugunsten eines neuen Nebenweges verlassen wurden. Urgeschichtliche Hohlwege sind natürliche oder gewachsene Hohlwege. Im Gegensatz dazu gibt es die funktionellen Hohlwege, die hauptsächlich in der Römerzeit und in der Neuzeit gebaut wurden. Diese sind meistens kurze Durchstiche durch Geländewellen oder Geländekanten, um einer Straße eine günstige, ausgeglichene Steigung geben zu können. Solche funktionellen Hohlwege lassen sich an den Geländeformen erkennen und von den urgeschichtlichen, gewachsenen Hohlwegen unterscheiden.

Nachkeltische Hohlwege

Mit der einsetzenden Römerzeit wurden die Straßen entweder auf soliden Steinfundamenten oder als Kieskoffer gebaut. Nicht nur die großen Heer- und Handelsstraßen, sondern auch Land- und Forstwirtschaftswege und sogar die nur zwei Fuß breiten Patrouillierwege wurden sorgfältig angelegt, mit einem Fundament versehen und mit einer dauerhaften Deckschicht belegt. Solche Straßen und Wege neigten nicht mehr zur Hohlwegbildung. Außerdem bauten die Römer derart viele Straßen im Gebiet der heutigen Schweiz, daß viele Hohlwege nicht mehr benutzt werden mußten. Ebenso wurden viele urgeschichtlich entstandene Hohlwege in römischer Zeit mit einem Fundament versehen. Die Hohlwegbildung wurde damit gestoppt. Römisch ausgebaute Hohlwege haben oft eher eine Wannenform im Gegensatz zur U-Form der urgeschichtlichen Hohlwege. Während der Römerzeit gewöhnte sich die einheimische Bevölkerung (GalloRömer) daran, auf einer Straße mit festem Fundament und harter Deckschicht zu gehen, zu reiten und zu fahren. Ebenso gewöhnten sie sich an ein angenehmes Fahren mit geringer Steigung. Die oft sehr steilen Hohlwege hatten auch aus diesem Grunde ausgedient. In nachrömischer Zeit, im Mittelalter, bewegte sich der Hauptteil des Verkehrs auf Römerstraßen und römisch ausgebauten Straßen. Im Mit-

Abb. 14
Stark abgeschliffene Felsstufen bilden die Fortsetzung des alten Felswannenweges (Abb. 13) auf der Paßhöhe des Großen St. Bernhards. Trotz der großen Bedeutung des urgeschichtlichen und antiken Paßübergangs kann auf der Paßhöhe nur ein steiler und holperiger Saum- und Fußweg gefunden werden.

telalter entstandene Hohlwege dürften daher eher selten sein und müssen als verkehrstechnische Rückschritte gegenüber der Römerzeit bezeichnet werden.

Keltische Hohlwege und Radspuren beim Uetliberg (Zürich)

U. A. Müller und G. Schneider schreiben im IVS-Bulletin 90/2: «*Im Rahmen der Erforschung des in der Eisenzeit von den Kelten besiedelten Uetlibergs bei Zürich entdeckte der Archäologe Walter Drack 1984 im westlichen Abschnitt des Ausgrabungsfeldes auf dem Uto-Kulm*

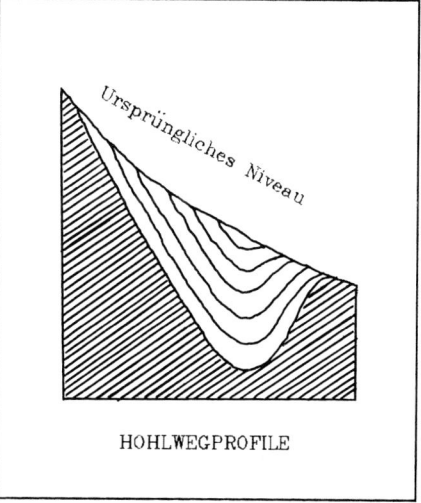

HOHLWEGPROFILE

Abb. 15
Hohlwege bildeten sich jeweils unter der natürlichen, ursprünglichen Geländelinie durch Austrag des lockeren Bodenmaterials. Hohlwege gibt es in allen Größenbereichen, von der kaum erkennbaren Rinne im Gelände bis zum steil abfallenden Waldtobel.

unter den Bauschuttschichten des 19. Jahrhunderts einen urgeschichtlichen Fahrweg. Rund 4 m unter dem heutigen Niveau wurde ein Abschnitt eines 2 m breiten und 2 m tiefen, in die anstehenden nagelfluhartigen Deckenschotter eingehauenen Hohlwegs freigelegt. Sie stammen von einem Trassee, das von Nordwesten her leicht aufsteigend in die Toranlage des hallstattzeitlichen Fürstensitzes des 6./5. Jahrhunderts v. Chr. und später im 2. und 1. Jahrhundert v. Chr. in das latènezeitliche Oppidum geführt haben muß. Im lehmigkiesigen Moräneboden waren zwei breite Radrinnen zu finden, die eine Spurweite von 110 cm (Mitte–Mitte gemessen) aufwiesen» (Müller/Schneider 90/2; Drack, 1984).

Damit haben wir am Uetliberg ein schönes Beispiel eines belegten keltischen Hohlweges und die dazugehörenden Radspuren von keltischen Karren mit dem typisch keltischen Radabstand von 110 cm. Der Hohlweg und die Radrinnen vom Uetliberg sind insofern von Bedeutung, da dort das Umfeld des Weges untersucht wurde und damit die Funktion und das Alter des Keltenweges klar belegt ist.

Abb. 17
Der Keltenweg beim Volkenbach. Im Vordergrund ist der Hohlweg noch als angedeutete Rinne im leicht abfallenden Gelände erkennbar (Abb. 16 B). In der Ebene hingegen kann von bloßem Auge keine Fortsetzung dieses urgeschichtlichen Verkehrsweges gefunden werden (Abb. 16 A), da es jeweils in ebenem Gelände keine Hohlwegbildung gab.

Abb. 18
Der Keltenweg beim Volkenbach. Ein deutlicher Graben unter dem ursprünglichen Geländeniveau (helle Wiesenpartien) zeigt das ehemalige Trassee des Keltenweges im leicht abfallenden Gelände über der Ebene von Lotstetten (Abb. 16 B).

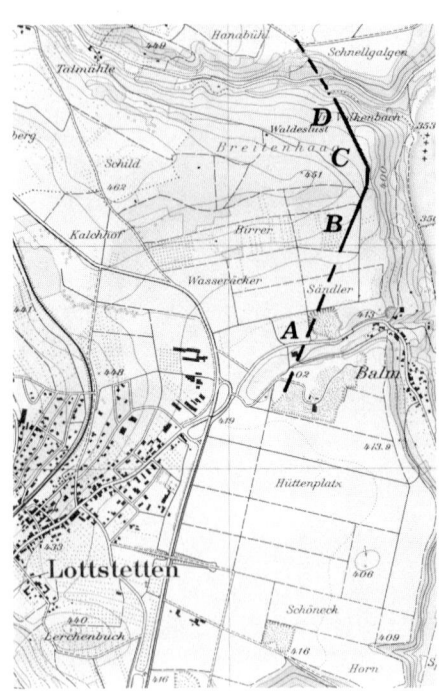

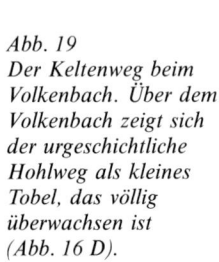

Abb. 19
Der Keltenweg beim Volkenbach. Über dem Volkenbach zeigt sich der urgeschichtliche Hohlweg als kleines Tobel, das völlig überwachsen ist (Abb. 16 D).

Abb. 16
Rechtsrheinischer Keltenweg. In der Lotstetter Ebene und im Volkenbachtobel können die typischen Erscheinungsformen der urgeschichtlichen Hohlwegbildung beobachtet werden.
A: In der Ebene: keine Spur eines alten Weges.
B: Gelände leicht ansteigend: schwach ausgebildeter Hohlweg.
C: Gelände praktisch eben: Weg nur schwach angedeutet.
D: Gelände stark abfallend: enorm tiefer Hohlweg.
(Reproduziert mit Bewilligung der Bundesamtes für Landestopographie vom 20. 9. 1990.)

Keltischer Hohlweg und Keltensteg beim Volkenbach (Baden, Deutschland)

Ein weiteres Beispiel einer urgeschichtlichen Wegführung mit Hohlwegbildung können wir im Gebiet des Volkenbaches zwischen Jestetten (Deutschland) und Rheinau (Schweiz) beobachten (Abb. 16). Dort geht die rechtsrheinische urgeschichtliche Hauptverkehrslinie durch, die der modernen Route Rafzerfeld–Neuhausen–Schaffhausen entspricht. In der Ebene bei Lottstetten (Deutschland) kann keine Spur eines

alten Weges beobachtet werden (Abb. 16 A). Sobald aber das Gelände gegen Osten leicht ansteigt, finden wir einen charakteristischen, schwach ausgebildeten Hohlweg, der ganz leicht ansteigend gegen das Volkenbachtobel verläuft (Abb. 16 B, 17 und 18). Auf der Höhe, in ebenem Gelände, ist der Hohlweg bereits wieder verschwunden. Dann beobachten wir entlang des leicht anfallenden Weges einen Einschnitt durch einen kleinen Hügel. Hier dürften mit großer Wahrscheinlichkeit römische Legionäre den ursprünglichen Weg zusätzlich geebnet haben. Dann zieht sich der Weg mit sehr wenig Gefälle weiter gegen den Volkenbach als zum Teil ganz schwach ausgebildete Geländerinne (Abb. 16 C). Erst am Rand des Volkenbachtobels, wo das Gefälle des Weges stark zunimmt, wird die Rinne zum ausgewachsenen Hohlweg mit enormer Tiefe (Abb. 16 D). Es ist fast unglaublich, wieviel Erdmaterial hier in Richtung des Volkenbachtobels abgetragen wurde (Abb. 19). Zudem können wir hier einen viel schwächer ausgebildeten Nebenhohlweg beobachten. Weiter am Bach ist die Fortsetzung des Weges verschüttet. Heute noch sichtbar, befinden sich am Bach selbst die beiden imposanten Brük-

Die Bözbergroute war seit jeher Schlüsselstelle des Verkehrs zwischen dem unteren Aaretal und dem Frick- und Rheintal. Dieser nordöstlichste Jurapaß hatte darum schon für die Kelten eine ähnliche verkehrstechnische Bedeutung wie die neuzeitliche Bözbergstraße für den heutigen Autoverkehr. Der alte Bözbergweg am Nordhang des Windischtales, der heute noch offiziell den Römern zugeschrieben wird (Abb. 21–23), ist einer jener sehr gut erhaltenen Keltenwege, die keinerlei römische Überbauung zeigen. Beeindruckend am Bözberger Hangweg sind die bis 40 cm tiefen Karrenrillen im Kalkstein, die Ausweichstelle mit den Geleiseverzweigungen

liegt. Der Hohlweg am Bözberg weist ebenso auf die vorrömische Entstehung des Verkehrsweges hin wie die Karrengeleise im Fels. Denn eine richtige Römerstraße hatte ein festes Fundament aus gesetzten großen Steinen und neigte in keiner Weise zur Hohlwegbildung. Die Hauptaufgabe im Straßenbau liegt darin, feste Fundamente und solide Unterlagen für den Verkehr zu erstellen. Sicher haben auch die Römer zur Steigungsausgleichung auf kurzen Strecken künstliche Hohlwege oder Wannenwege ins Gelände eingeschnitten. Der Hohlweg am Bözberg jedoch wurde durch den Verkehr gebildet und war keineswegs erwünscht, sondern eher lästig. Er hatte mit einer Länge von 500 m keine Funktion der Steigungsausgleichung. Die große Tiefe des Hohlweges, wie auch die unwahrscheinlich tiefen Geleiserillen beweisen die äußerst intensive Benutzung dieses zentral gelegenen Keltenweges (Abb. 11 und 21–28).

Am Bözberger Keltenweg kann keine Spur einer römischen Überbauung festgestellt werden. Die archaisch geringe Breite des Weges im Felsgebiet zeigt, daß hier nie römische Straßenbauregeln zur Anwendung kamen. Nirgends auf der ganzen Länge des Bözbergweges bemerkt man die typischen Merkmale römischer Straßenbaukunst, wie nach der Schnur ausgerichteter Hang- oder Dammböschungen, sorgfältig gebaute Stützmäuerchen und massive Straßen-

Abb. 20
Die Brücke beim Volkenbach. Die aufgenommenen Brückenpfeiler stammen von der römischen Brücke, welche im Jahre 88 n.Chr. von römischen Pionieren anstelle des alten Keltensteges errichtet wurde.

kenköpfe der römischen Brücke, die im Jahre 88 n.Chr. anstelle des keltischen Steges von römischen Pionieren errichtet wurde (Abb. 20).

Der Keltenweg am Bözberg

«Auf der Römerstraße am Bözberg [Paß über den Jura zwischen Aare- und Rheintal – d. Verf.] geht ein Geist namens ‹Sessar› um. In fahlen Mondnächten sieht man diesen als Reiter mit blutrotem Mantel auf schwarzem Pferd durch das Römertal reiten.» Solches wußte eine wackere Bauersfrau aus Effingen zu erzählen (Laur-Belart 1968). Mit «Sessar» dürfte wohl Julius *Caesar* gemeint sein, der jeweils hoch zu Roß in einem roten, goldbestickten Wollüberwurf seine Legionen antrieb. Caesar schickte die bei Bibracte geschlagenen Helvetier in ihr Land zurück. Von diesen dürften sicher viele über den Bözberg wieder ihre alten Wohnplätze erreicht haben. Nach Tacitus lieferten die Helvetier den Römern am «mons vocetius» (Bözberg) sogar einen Rückzugskampf (Tacitus, Historien I, [68]). Am Bözberg schien daher der Geist von Caesar darüber gewacht zu haben, daß die alten Helvetier nicht erneut die Lust zum Auswandern erfaßte.

(Abb. 24) und die Länge der ganzen Anlage im Fels. Weniger beachtet und beschrieben ist der unwahrscheinlich tiefe Hohlweg, der die Fortsetzung des Geleiseweges in Richtung Effingen darstellt. Auf einer Strecke von etwa 500 m können wir einen Hohlweg beobachten, der teilweise in einer Tiefe von 5 m und mehr unter der natürlichen Geländelinie

Abb. 21
Keltischer Karrenweg im Windischtal (Bözberg).
A: 500 m Hohlweg in weichen Mergelschichten.
B: Ca. 150 m Karrengeleise im Malmfelsen.
C: Das «Römertor»: ein Durchstich durch eine Juranagelfluh-Schicht.
D und evtl. E: Varianten für Römerstraßen.
(Reproduktion: siehe Abb. 16.)

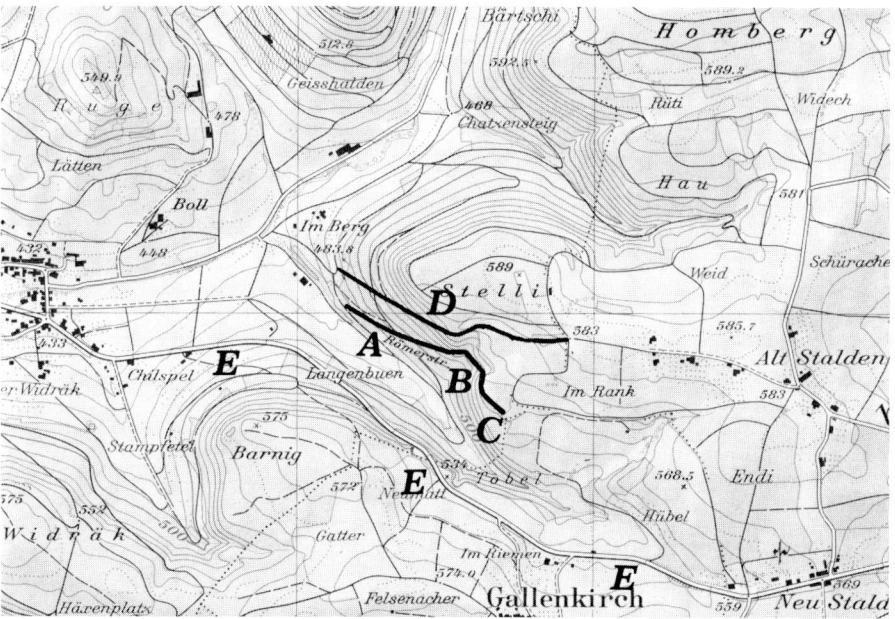

Abb. 24
Karrengeleise am Böz-
berg. Die abgebildete
Ausweichstelle ist stark
vom herbstlichen Laub
zugedeckt, welches hier
nicht vom Wind weg-
geblasen werden kann.
Die hangseitige Aus-
weichspur diente zum
Überholen einzelner
langsamerer Karren
oder zum Kreuzen
entgegenkommender
Karren und wurde
weniger benützt als die
Hauptspur.

Abb. 22
Karrengeleise am Bözberg. Mäßig ansteigend
zieht sich der keltische Karrenweg im Jurafels
gegen die Bözberghöhe. Bevor ein Karrenver-
kehr einsetzen konnte, mußte die Felsober-
fläche streckenweise planiert werden.

Abb. 25
Karrengeleise am Böz-
berg. Mitten im Bild
sind die beiden hang-
seitigen Hohlkehlen A
und B abgebildet (vgl.
Abb. 11 und Müller/
Schneider 90/2).

Abb. 23
Karrengeleise am Bözberg. Die Rillen haben
eine Tiefe von 20 – 40 cm. Diese tiefen
Rillen waren durch Gebrauch entstanden und
nicht erwünscht, da sie regelmäßig verschie-
dene Nachbearbeitungen des Felsgrundes
nötig machten.

Abb. 26
Hohlweg am Bözberg. Talwärts besteht die
Fortsetzung der Karrengeleise aus einem
mächtigen, teilweise über 5 m tiefen und etwa
500 m langen Hohlweg. Die obere Kante der
talseitigen Böschung zeigt das ursprüngliche
Geländeniveau an.

Abb. 27
Hohlweg am Bözberg. Auf dem Wanderweg auf der Talseite des Hohlweges läßt sich der ganze Wegverlauf des keltischen Weges sehr gut beobachten.

dämme. Auch im Hohlweggebiet wurde nie römische Arbeit geleistet und kein römisches Straßenfundament gelegt. Eine Römerstraße von solcher Wichtigkeit wie die Strecke Vindonissa – Augusta Raurica (Windisch-Augst) müßte zumindest eine fahrbare Breite von 4 m, aber eher 6–9 m aufweisen und für Fahrzeuge mit verschiedensten Radabständen von 90 cm bis vielleicht 160 cm angelegt worden sein.

Es kann keinen Zweifel darüber geben, daß die Römer auf dieser wichtigen Strecke eine viel breitere Dammstraße mit gutem Fundament gebaut haben, da auf der Keltenstraße nur schmale, einachsige Karren mit einem genormten Radabstand von 110 cm verkehren konnten. Die Raddurchmesser dieser Karren mußten außerdem mindestens 140 cm gemessen haben (zwei mal 65 cm plus 10 cm für den Nabendurchmesser) (Abb. 11). Römische Postfahrzeuge (Spurbreite 145 cm) für Personen- und Gütertransporte konnten daher nicht auf diesem schmalspurigen Felsweg verkehren. Auch für Reiter war die Felsunterlage des Karrengeleiseweges nicht geeignet. Daß der römische *cursus publicus* (römische Staatspost) zwischen Vindonissa und Augusta Raurica auf eine bekieste Landstraße römischer Bauart verzichtete, ist recht unwahrscheinlich.

Abb. 28
Bözberger Keltenweg. Ein weiterer Hohlweg führt im oberen Teil des Weges zum «Römertor», welches ein Durchlaß durch eine lokal vorkommende Juranagelfluh-Schicht ist. Eine von R. Laur-Belart ausgegrabene Holz-Stein-Pflästerung des Weges wurde dort gefunden (Planta 1986).

Denn neben den berittenen Kurieren mußten auch verschiedene Transportwagen auf solchen Straßen verkehren, je nachdem ob es sich um Schwerverkehr (langsamer Gütertransport = cursus clabularis) oder um schnellen Personen-, Brief- oder Geldtransport (cursus vehicularis, velox cursus) handelte. Auf solchen besseren Römerstraßen (eingekieste Straßen auf soliden gesetzten Steinfundamenten) fuhr man ziemlich sicher bereits im 1. Jahrhundert viel weniger mühsam als auf dem urzeitlichen Hohlweg und Wagengeleise. Varianten von möglicherweise echten römischen Straßen über den Bözberg gibt es mindestens zwei, nämlich die am gleichen Hang weiter oben liegende, mit einem Militärbunker überbaute Waldstraße (Abb. 21 D) und die moderne Autostraße am Hang des Barnig, die mit einiger Wahrscheinlichkeit eine ausgebaute uralte Straße ist (Abb. 21 E). Vermutlich wurde die moderne Route bereits während der Römerzeit mit Fahrzeugen benutzt, die ganz verschiedene Radabstände aufwiesen; ein Beweis muß jedoch noch erbracht werden. Die schmalspurigen keltischen Fahrzeuge wurden zum Teil während der römischen Periode durch breitere und etwas massivere Fahrzeuge römischer Bauweise ersetzt.

Wir kommen also aus den folgenden Gründen zum Schluß, daß die Bözberger Wagengeleise und deren Anschlußwege keltischen Ursprungs sind:

1. Es liegt die typisch keltische, schmale Spurweite von 110 cm vor, die einen Radabstand von 110 cm erforderte. Die Räder hatten einen Durchmesser von etwa 140 cm. Solche schmalachsigen, hochrädrigen Fahrzeuge gab es in keltischer Zeit.

2. Es können keine Spuren einer römischen Verbreiterung, Überbauung oder auch römische Merkmale sekundärer Art festgestellt werden.

3. Der lange und sehr tiefe Hohlweg weist auf den intensiven Verkehr hin, aber auch darauf, daß hier nie ein ordentliches Straßenfundament erstellt wurde. Eine Römerstraße in derselben Hanglage müßte als solid gebaute Terrassenstraße vorliegen.

Ein weiterer Hinweis auf den keltischen Ursprung der Karrengeleise im Fels kann durch folgende Überlegung gewonnen werden: Die Tiefe der Geleiserillen, die beim Befahren des Felsweges ständig zunahm, erforderte regelmäßig eine erneute Abarbeitung der im Wege stehenden Felspartien. Solche Arbeiten hätten durch Auffüllung der Rillen mit einer geeigneten Beton- oder Mörtelmischung leicht umgangen werden können. Die Römer hatten sehr gute Kenntnisse über verschiedene Arten von Beton und Mörtel. Römischer Mörtel, dem zur Erzielung größerer Härte Puzzolanerde, in unserem Falle am ehesten Trass beigegeben worden wäre, hätte auch dem erodierenden Angriff von Wasser auf längere Zeit standgehalten. Die Kelten hingegen kannten weder Mörtel noch Beton. Ihre Baumaterialien waren Holz, Steine, Lehm und Erde.

Aufgrund einer teilweise anders liegenden Argumentation kommt auch Heinrich Bulle, der ausgewiesenste Kenner von Geleisestraßen, zum gleichen Resultat, daß wir es am Bözberg mit einer keltischen Straße zu tun haben. H. Bulle schreibt folgendes: «*Von den Pässen über den Schweizer Jura ist der nordöstlichste Paß, der über den Bözberg, den mons vocetius, zwischen Basel und Windisch, streckenweise in seinem vorrömischen Zustand erhalten. An felsigen Stellen sind die Rillen mit 110 cm Achsweite 20 bis 40 cm tief eingeschnitten, wobei hart an der Bergseite der uns von Federaun wohl vertraute senkrechte Radanschliff nicht fehlt, der hier mehr als 20 cm über die Fahrbahn emporsteht [Abb. 11]. An ande-*

ren Stellen ist die Straße mit kleinen Poly-
gonalplatten gepflastert, die in Lehm ein-
gebettet sind. Damit diese nicht rutschen
und sich verschieben können, sind bei
stärkerem Gefälle in Abständen von 1,75
m Balken aus Fichtenholz von 25:30 cm
Dicke quergelegt, die durch die Lehm-
schicht erhalten geblieben sind. In sie ha-
ben sich die Räder mit 110 cm Achsweite
(Innenkantenmaß: 100 cm) eingefurcht.
Die Schmalheit der Spur und die Art, wie
die Rillen hart an die Böschung anschnei-
den, zeigen die vorrömische Entstehung
an. Neu kommt hinzu, daß die keltisch-
helvetischen Straßenbauer die naturgege-
benen nächsten Baustoffe, Lehm und
Holz, hier in kluger Verbindung zur Festi-
gung der abschüssigen Straßendecke her-
angeholt haben, eine urtümlichere Vorstu-
fe der späteren umständlicheren Straßen-
decken» (Bulle 1948) (Abb. 29).
Im Gebiet des Römertors (Abb. 21 C)
fanden R. Laur-Belart und seine Hel-
fer 1923 (Laur-Belart 1903) die von
H. Bulle oben beschriebene Pflästerung
(Abb. 30). Wir können daraus lernen,

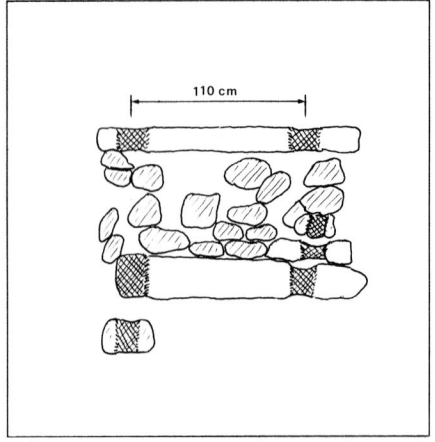

Abb. 29
Die Pflästerung im «Römertor» besteht aus
kleinen Steinplatten, auf denen zum Teil die
Karrenspuren sichtbar sind. In Abständen
von 175 cm sind Balken aus Fichtenholz mit
einer Dicke von 25×30 cm quergelegt,
auf denen sich ebenfalls Radrillen mit einem
Radabstand von 110 cm gebildet hatten. Die
Balken sind durch den hier angeschwemmten
Lehm konserviert worden.

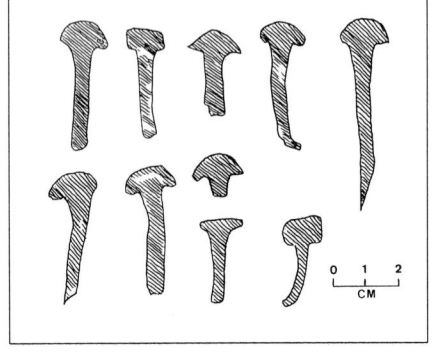

daß die Kelten bereits eine Methode der
Pflästerung von Straßen kannten.
Allerdings weicht diese eindeutig von
der römischen Straßenbautechnik ab.
Die Römer erstellten keine gemischten
Holz-Stein-Pflästerungen, sondern reine
Steinpflaster. Was für eine Funktion hatte nun diese keltische Pflästerung im
Gebiet des Römertors? Dazu muß gesagt
werden, daß das Römertor ein etwa 4 m
tief eingeschnittener Durchlaß durch
eine hier lokal vorkommende Juranagelfluh-Schicht darstellt. Entweder hatte
sich die Nagelfluh-Schicht schlecht als
Fahrgrundlage geeignet oder eine hier
vorkommende, nasse Lehmschicht ver-
hinderte ein ordentliches Fahren. So
wurde mit Hilfe von Steinplatten und
quergelegten Holzbalken diese Stelle
überdeckt.
Wir können annehmen, daß die Bözberger Keltenstraße während der Römerzeit
und auch im Mittelalter nur noch geringe Bedeutung hatte (Abb. 31). Verschie-
denes spricht dafür, daß sie bereits während der Römerzeit aufgegeben wurde.
Man sieht zum Beispiel keine römischen
Straßen- oder Umgehungsarbeiten.
Außerdem wurden keine Funde aus der
Römerzeit gemacht. Wieso haben die
Römer diesen Keltenweg mit vernünftiger Steigung nicht ausgebaut? Weil große Partien des Weges durch Felsgebiet
verlaufen und eine römische Verbreiterung des Weges viel Felsarbeit erfordert
hätte. Die keltischen Wegebauer hielten
sich an das bereits vor den Kelten be-
nützte, urgeschichtliche Trassee im Windischtal. Ihre archaisch schmalen Karrenwege benötigten relativ wenig Felsarbeit. Und zumindest im Felsgebiet war
auf diese Art ein natürliches, stabiles
Fundament gegeben, das eine Hohlwegbildung ausschloß und im Gegensatz zu
weichem Untergrund ein relativ angenehmes Fahren erlaubte. Den Römern
hingegen bedeutete der Bau einer or-
dentlichen Römerstraße auf neuem Trassee weniger Arbeit als der Ausbau dieses
keltischen Karrenweges.
Das Fehlen von Fundamenten in vorrömischer Zeit und die eisenzeitliche
Eisenbereifung der Wagenräder zeigen
also, daß wesentliche Formen des Bözberger Weges im 1. Jahrtausend v. Chr.
gebildet wurden und daß der Weg in
dieser Zeit intensiv benutzt wurde. Es
kann aber vermutet werden, daß am sel-
ben Hang schon früher ein gewachsener
Weg existierte. Einen Hinweis darauf
gibt uns ein etwas höher liegender, paral-
leler, schwach ausgebildeter Hohlweg,
welcher eindeutig noch älteren Datums

Abb. 30
Schmale Hufeisennägel (und nicht abgebilde-
te kleine Fragmente von Hufeisen) wurden
anläßlich der Ausgrabungen im Jahre 1923
von R. Laur-Belart und seinen Helfern in
den Ritzen des Malmfelsens und beim
«Römertor» gefunden (Laur-Belart 1968).

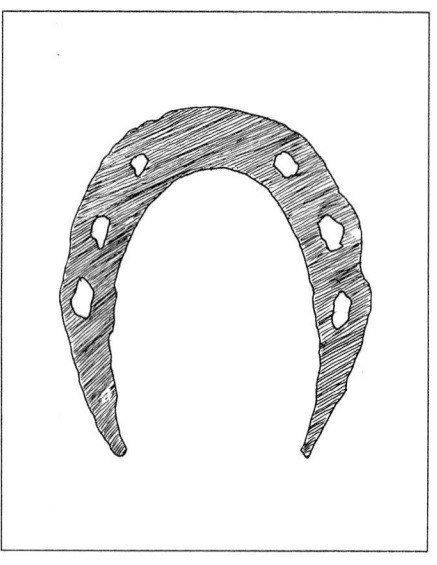

Abb. 31
Kleines keltisches Hufeisen mit typischem
Wellenrand und den üblichen sechs Nagel-
löchern. Solche Eisen fand Quiquerez ent-
lang keltischer Fahr- und Reitwege im Jura,
wo die keltischen Sequaner wohnten (Carnat
1953; Quiquerez 1866).

als der oben beschriebene Karrenweg ist.
Der massive Hohlweg und die tief einge-
schliffenen Rillen beweisen, daß sich an
diesem zentral gelegenen Schweizer Paß
in keltischen Zeiten ein immenser Verkehr abgewickelt haben muß. Es kann
nur erstaunen und verwundern, daß bereits in vorrömischen Zeiten ein derart
intensiver Gütertransport stattgefunden
hat, und es ergeben sich manche Fragen
über Art und Destination solcher keltischer Gütertransporte und über den Ablauf des keltischen Handels und Verkehrs im allgemeinen.

Literatur

Bulle, H.: Geleisestraßen des Altertums, Verlag der Bayerischen Akademie der Wissenschaften, München 1948.

Caesar, G. I.: De bello Gallico: Der Gallische Krieg, Ph. Reclam jun., Stuttgart 1986.

Carnat, G.: Das Hufeisen in seiner Bedeutung für Kultur und Zivilisation, Zürich 1953.

Dietrich, K., Casanova, A., Düggeli, Ph., Hofer, M.: Straßenbau, 2. Aufl., IVT-ETH Zürich, Zürich 1983.

Drack, W.: Spuren eines frühkeltischen Fahrweges, in: Neue Zürcher Zeitung Nr. 303 (1984), S. 33.

Drack, W., Fellmann, R.: Die Römer in der Schweiz, Theiss-Raggi Verlag, Stuttgart und Jona 1988.

Ehrensperger, C. P.: Die Römerstraße über den Julierpaß, Helv. archaelogica 21, S. 90–82.

Farnum, H. J.: Siebzehn Ausflüge zu den alten Römern in der Schweiz, Hallwag, Bern 1972.

Helbling, H., Moosbrugger, B.: Römerstraßen durch Helvetien, Pendo-Verlag, Zürich 1972.

Laur-Belart, R.: Untersuchungen an der alten Bözbergstraße, ASA 25 (1923), S. 13 ff.

Laur-Belart, R.: Zwei alte Straßen über den Bözberg, Mitteilungen zur Ur- und Frühgeschichte der Schweiz 32 (1968), S. 30 ff.

Laur-Belart, R.: Alte Straßen über den Bözberg, Brugger Neujahrsblätter. 1971, S. 5 ff.

Müller, U. A., Schneider, G.: IVS-Bulletin 90/2, S. 13 f.

Planta, A.: Verkehrswege im alten Rätien, Bd. 2, Chur 1986.

Quiquerez: De l'âge du fer, recherches sur les anciennes forges du Jura bernois. Mémoires de la Société d'Emulation du Département Doubs 1866.

Tacitus, P. C.: Historien. Lateinisch/Deutsch, Reclam 1984.

IVS-Bulletin = Bulletin des Amtes «Inventar historischer Verkehrswege der Schweiz», Bern.

Recycling im Straßenbau im 10. Jahrhundert

Längst vor der Gründung der Stadt Aarau befand sich an deren Stelle ein zeitweise bedeutender Aareübergang. Der Weg nach Süden war von der Natur durch den aus der zweitletzten Eiszeit stammenden, durch einen Gletscherarm geschaffenen niedrigen Paß des Distelberges (Abb. 32/11), der den Zugang zum breiten Suhretal erleichterte, vorgezeichnet. Auf der Nordseite der Aare fächerten sich die Wege auf. Sie folgten den natürlichen Kerben und Sätteln über die vordersten Juraketten und waren die kürzesten Verbindungen in den Raum Basel (über die Schafmatt, Abb. 32/1), in den Tafeljura (über die Salhöhe, Abb. 32/2) und ins Fricktal (über das Bänkerjoch, Abb. 32/3, 33, 34 und 35). Sowohl bei diesen Juraübergängen wie auch längs der Wege südlich der Stadt Aarau waren bis in unsere Zeit hinein eindrückliche alte Wegspuren, alte Hohlwege, Zeugen einstigen Verkehrs. Wenn sich auch Hohlwege selten genau datieren lassen, so können doch die Anfänge der Begehung durch archäologische Funde, Flur- und Wegnamen oder auch durch geschichtliche Quellen einigermaßen gesichert werden. So fand man beispielsweise an der ältesten Wegspur über die Salhöhe eine keltische Münze aus vorrömischer Zeit. Der alte Hohlweg über das Bänkerjoch verband römerzeitliche Siedlungskomplexe, und auf der Jurarippe südlich von Oltingen (Kanton Basel-Land) ist noch ein kurzer Abschnitt eines typischen römerzeitlichen, ev. keltischen Karrengeleises zu sehen, eine Verkehrslinie, die dem Schafmattübergang zugeordnet werden darf.

Die alte Entfelderstraße, südlich der Stadt Aarau, hieß schon in spätmittelalterlicher Zeit Hohlgasse (Abb. 32/4), ein Hinweis darauf, daß der Weg schon damals durch jahrhundertelangen Gebrauch eingetieft war. Südlich des Dorfes Oberentfelden führte ein uralter Durchgangsweg Richtung Schöftland und Sursee, der den bezeichnenden Namen Heerweg (Abb. 32/5) trug. Dieser Name haftet meistens an uralten öffentlich-rechtlichen Verkehrswegen.

In spätrömischer Zeit führte in Aarau sogar eine Brücke über die Aare, von der noch mächtige Eichenstämme im Altlauf des Flußes durch eine Taucherequipe im Winter 1977/78 untersucht werden konnten (Abb. 32/6, 36, 37). Der Zugang in die Innerschweiz und über den Brünig und die Grimsel hatte offenbar längst vor der Gründung der Eidgenossenschaft große Bedeutung (Abb. 38 und 40). Für die Lokalgeschichte und für die Geschichte der Bautechnik stellte sich die Frage, wie wohl die Route im unteren Suhretal, zwischen Unter- und Oberentfelden, geführt wurde, denn diese breite Talsohle war durch zahlreiche Grundwasser-Aufstöße und Bachläufe gekennzeichnet. Völlig unerwartet sollte diese Frage im Spätsommer 1968 beantwortet werden.

Eigenartige Bodenfunde in den Suhrenmatten (Gemeinde Unterentfelden)

Anfangs September 1968 wurde zwischen dem Bach Uerke und der Suhrenmattstraße in Unterentfelden eine gegen 60 m lange Baugrube ausgehoben (Abb. 32/7). Ohne Schwierigkeiten fraß der Trax mit seiner mächtigen Schaufel Humus und Schotter aus dem ebenen Gebiet heraus. Plötzlich blieb er jedoch stecken. Man beobachtete, wie sich der Traxführer bemühte, ein überaus hartes Stück aus einer Schicht am Boden loszubrechen, jedoch lange ohne Erfolg. Nachdem das weichere Material abgeräumt war, zeichnete sich am Boden eine etwa 4 m breite, harte Schicht ab, die dunkelrot bis braun gefärbt war. Je weiter gegraben wurde, desto deutlicher wurde ein eigenartiger Befund sichtbar: Durch die ganze Baugrube verlief ein gerader Damm, der aus betonhartem Material bestand. Der Abtrag konnte nur durchgeführt werden, indem der Trax den Untergrund, Erde und Schotter wegtransportierte, dann das harte Material von unten her anpackte und es in großen Brocken absprengte. Diese sahen im einzelnen wenig einheitlich, wie Konglomerate aus. Zum Teil handelte es sich um körniges braunes Material, das an zahlreichen Stellen von kohlschwarzen, schiefrigen Einschlüßen durchsetzt war. Auch ziegelrote Lehmknollen waren eingebacken (Abb. 39).

Hin und wieder fanden sich auch Stücke von eigentlicher Schlacke und von Glasfluß. Im Gegensatz zu deren Aussehen verliehen ihre Festigkeit und Härte den Eindruck einer schlankweg gegossenen Masse.

Von Anfang an war klar, daß es sich nicht um eine natürliche Bodenbildung, sondern um ein künstliches Gebilde handelte. Eine Nachbarin, welche die mühevolle Arbeit des Trax beobachtet hatte, konnte am Rande des fraglichen harten Materials eine große Zahl von verschiedenartigen Tierknochen und Keramikscheiben sicherstellen. Durch eine Umfrage bei den Nachbarsleuten ergab sich, daß bereits einige Jahre früher schwarzer Humus mit kopfgroßen Brocken von schlackenartigem Material aus unmittelbarer Nähe abtransportiert worden war, der aus einer großen Baugrube der Glühlampenfabrik an der Uerke stammte. Auch hier hatte man unter etwa 30 cm Humus das schlackenartige Material abgetragen. Einzelne Brocken zeichneten sich durch großes Gewicht aus. Mit den porösen Schlackenteilen waren spezifisch schwere, rotbraune Einschlüße verbacken, in denen Reste von geschmolzenem Eisenerz vermutet werden mußten.

Die wenigen Anhaltspunkte, die durch den neuen Befund und die früheren «Zeugenaussagen» gewonnen werden konnten, sprachen für einen primitiven Eisenschmelzofen, der am einstigen Uerkelauf betrieben worden war. Merkwürdig war, daß keine Flurnamen wie Blayen oder ähnliche in den historischen Akten gefunden werden konnten. Da aus Urkunden oder Urbaren seit der Zeit um 1300 Hinweise hätten erwartet werden dürfen, war an eine Entstehung des eigenartigen Materials in spätmittelalterlicher Zeit kaum zu denken. Dies wurde auch dadurch bestätigt, daß die Forscher über den Eisenerzabbau auf der Nordseite der Aare, im Hungerberggebiet, recht gut orientiert sind. So war es naheliegend, an einen römerzeitlichen Schmelzofen zu denken, der zum großen Gutshof von Oberentfelden (Abb. 32/8) gehört haben könnte. Die Verwendung des Schlackenmaterials ließ sich auf einer Länge von etwa 300 m nachweisen. Wo sich vor der Melioration der Ebene der alte Uerkelauf befand, bestand im Trassee eine Lücke von 4,50 m.

Der Befund des neuentdeckten Trassees und die früher gemachten Beobachtungen in der näheren Umgebung, die vermutlich der gleichen Zeit angehörten, ließen es nun angezeigt erscheinen, den gesamten Fund- und Fragenkomplex mit Hilfe moderner Untersuchungsmethoden anzugehen.

Untersuchungen und deren Resultate

Die angefragten Spezialinstitute erklärten bereitwillig ihre Unterstützung. Nachdem der Gemeinderat von Unterentfelden die Übernahme der Unkosten zugesichert hatte, wurden folgende Untersuchungen durchgeführt:

– Bestimmung der Keramikreste durch den damaligen Kantonsarchäologen, Dr. H. R. Wiedemer.
– Bestimmung der Tierknochen, die wie die zahlreichen Keramikstücke am Rand des Trassees gefunden worden waren, duch Dr. K. A. Hünermann

Abb. 32
Überblick über die Verkehrsverhältnis-
se im Raume Aarau, Maßstab
1:25 000.
1: Alte Straße über die Schafmatt,
Weg mit Karrengeleise oberhalb von
Oltigen und alter Hohlweg über
Zeglingen,
2: Hohlwege aus verschiedenen Zeiten
über die Salhöhe nach Obererlinsbach,
3: Bänkerjoch, die älteste Verbindung
von Küttigen ins Fricktal,
4: Die Hohlgasse südlich von Aarau
wurde erst nach dem Zweiten Welt-
krieg aufgeschüttet und zur modernen
Straße ausgebaut,
5: Heerweg, direkte Verbindung ins
obere Suhretal, ursprünglich Gemeinde-
grenze zwischen Kölliken und Muhen,
6: Eichenpfähle sind östlich des
Elektrizitätswerkes Aarau (EWA)
schon auf einem Stadtplan aus dem
19. Jahrhundert verzeichnet. Die 1978
untersuchten Pfähle sind die exakte
Fortsetzung der Brücke,
7: Ungefähre Zone «In den Bächen»
(Koordinaten 645800/246100) mit
den Schlackenfunden,
8: Großer römischer Gutshof am
süd-östlichen Ende von Oberentfelden,
9: Bohnerzvorkommen auf dem
Hungerberg,
10: Bohnerzvorkommen auf dem
Hasenberg,
11: Niedriger Paß über den Distelberg.
Landeskarte Nr. 1089, Aarau.
Reproduziert mit Bewilligung des
Bundesamtes für Landestopographie
vom 1. 3. 1989.

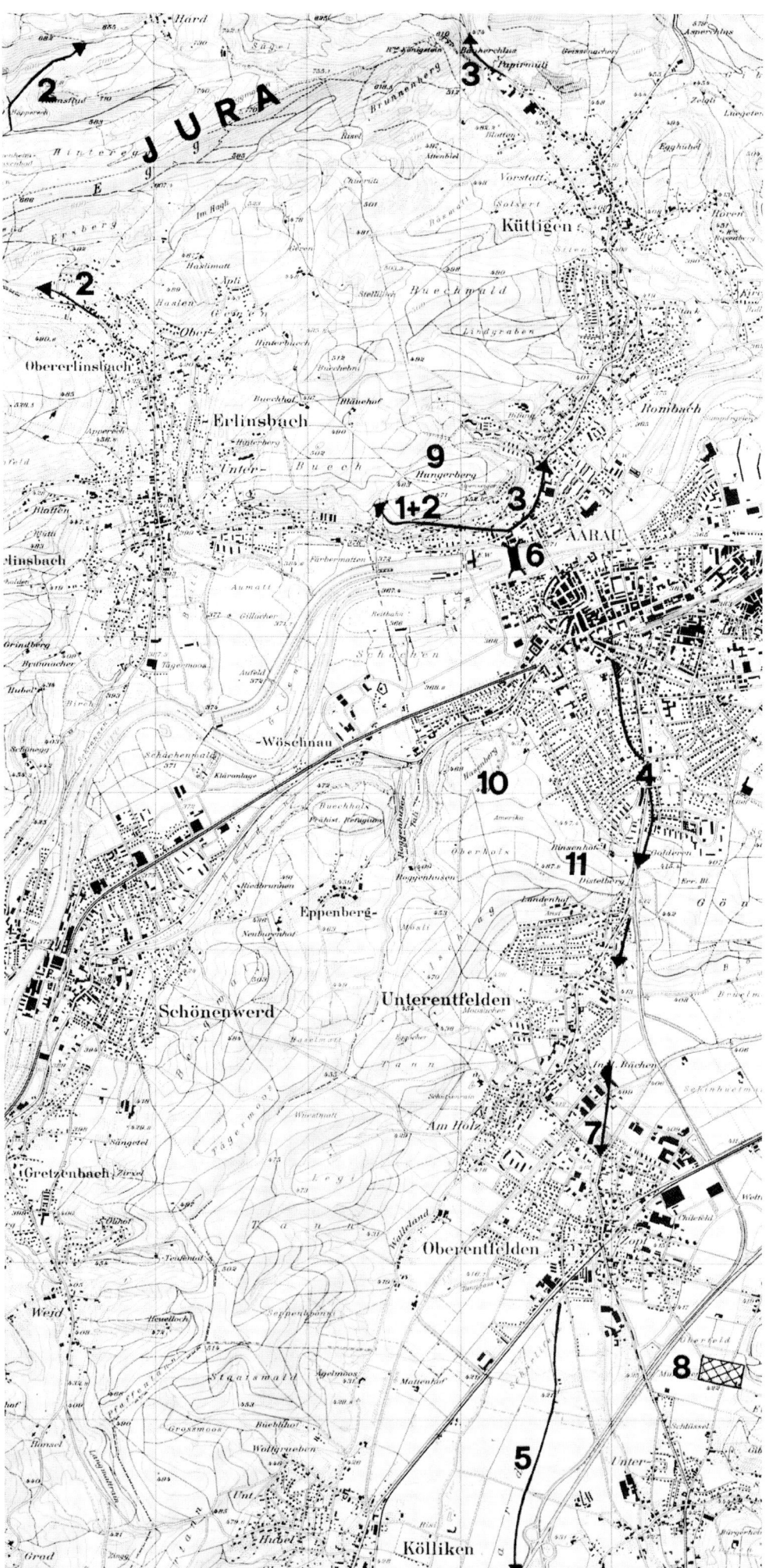

Abb. 33
*Unterer Abschnitt des Hohlweges am Bänker-
joch (Benken), der auf der ganzen Strecke
parallel zur Straße (erbaut im 17. Jahrhundert)
verläuft.*

Abb. 34
*Alte und neue Straße südlich des Passes
(Bänkerjoch, 674 m. ü. M.).*

Abb. 35
Der alte Hohlweg am Bänkerjoch.

Abb. 36
*Die Taucherequipe hat eines der alten Brük-
kenjoche durch weiße Fähnchen markiert
(zwischen dem Elektrizitätswerk der Stadt
Aarau und der Brücke gelegen).*

Abb. 37
Zwei Taucher
schleppen ein unter
Wasser abgesägtes
Stück Eisenholz ans
Ufer für die
dendrochronologi-
sche Untersuchung.

Abb. 39
Das schlackenartige
Trassee im Schnitt.
Unter einer Erd-
schicht von 30–50 cm
ist der mächtige
Straßenkörper
zwischen den beiden
Männern hinter dem
Pickel deutlich sicht-
bar. Durchschnittliche
Breite von 3–3,5 m.

Abb. 38
Das Schlößli zu Aarau, heute Stadtmuseum,
kontrollierte vor der Stadtgründung in der
Mitte des 13. Jahrhunderts den Aareübergang
(Furt oder Fähre).

Abb. 40
Der Stadtprospekt des
Aarauers Hans Ulrich
Fisch (II.) von 1665
zeigt deutlich, daß sich
die Brücke seit
der Stadtgründung bis
heute an derselben
Stelle befand. Vor
dem rechten Bildrand
stecken die Pfähle der
älteren Brücke in der
Aare.

vom Paläontologischen Institut der Universität Zürich.
- Altersbestimmung verkohlter Holzreste aus dem Boden des Schlackenhorizontes durch Prof. Dr. H. Oeschger vom Physikalischen Institut der Universität Bern mit Hilfe der Radio-Karbon-Methode (C 14).
- Analyse der Materialproben durch Dr. A. Stahel von der Technischen Stelle Holderbank AG.

Die Ergebnisse dieser verschiedenen Untersuchungen können folgendermaßen kurz zusammengefaßt werden.

Untersuchungen der Keramikreste

Alle Keramikreste stammen aus einem einzigen Zeithorizont, der dem 13. Jahrhundert angehört. Er entspricht etwa der Zeit der Stadtgründung von Aarau an der Stelle einer bäuerlichen Siedlung. Da dieses Gebiet bis zur modernen Melioration der Suhrebene ungestört geblieben war, war anzunehmen, daß das Scherbennest im 13. Jahrhundert abgelagert wurde und der fragliche Straßenkörper früher entstanden sein mußte.

Paläontologische Untersuchung

Die Knochenfragmente stammen vermutlich ausschließlich von Haustieren, und zwar von Pferd, Rind, Ziege und Schwein. Das Rind ist am reichlichsten belegt. Die auffallende Häufigkeit der Überreste von jüngeren Tieren läßt auf geschlachtete Tiere schließen. Am eigenartigsten sind die Pferdeknochen. Es handelt sich durchwegs um Knochen einer kleinwüchsigen Pferdeart, etwa von Eselsgröße. Jungtiere oder Esel kommen nicht in Frage. Trotz der geringen Größe handelt es sich um ein echtes Pferd, vermutlich um eine Ponyrasse. Für eine Datierung können wir nur die Ergebnisse der Pferdeknochen auswerten. Ponyartige Pferderassen traten bei uns seit der Bronzezeit (1800–800 v. Chr.) auf. Obgleich in römischer Zeit auch größere Pferderassen sehr heimisch wurden, blieben die Kleinpferde bei der alteingesessenen Bevölkerung weiterhin in Gebrauch. Reste von einer solchen ponyähnlichen Rasse wurden beispielsweise in den 1930er Jahren im frühmittelalterlichen Gräberfeld in der Telli bei Aarau gefunden. Man nimmt an, daß diese Kleinrassen etwa in der Karolingerzeit (9. Jahrhundert) ausgestorben sind.

C-14-Methode

Das verkohlte Holz, das unter dem Schlackenkörper gefunden wurde, kann zu einer Substruktion im feuchten Talboden gehört haben. Sicher ist es ungefähr gleichen Alters wie das unmittelbar darüber abgelagerte Material. Es lag nun nahe, das während Jahrhunderten von allen atmosphärischen Einflüßen abge-schirmte Holz mit der C-14-Methode datieren zu lassen. Diese besteht darin, den Zerfall von radioaktivem Kohlenstoff zu messen. Das Ergebnis, das uns Prof. Dr. Hans Oeschger mitteilte, war zunächst etwas schockierend, nämlich ein Alter, das bisher in der Regionalgeschichte kaum erwartet worden wäre. Die Datierung lautete auf 1060 (+/– 80) Jahre. Dies bedeutet, daß der mittlere Wert ein Alter von 1060 Jahren angab, mit Abweichungen von 80 Jahren in die frühere wie in die spätere Zeit.

Für die Datierung des Trasseekörpers bedeutet dies, daß der früheste Zeitpunkt des primitiven Eisengußes und damit der Schlackenproduktion in das frühe 9. Jahrhundert fallen würde, der späteste dagegen in den Ausgang des 10. Jahrhunderts. Diese Zeitspanne entspricht der spätkarolingischen bis ottonischen Epoche, in der der Name des Dorfes Entfelden erstmals im Jahr 965 urkundlich erwähnt wird.

Die genauere geschichtliche Abklärung führte zum Schluß, daß diese Datierung, die scheinbar in einen «Leerraum» fällt, doch sehr viel für sich hat. In spätkarolingischer oder ottonischer Zeit wurde durch die frühen Aargaugrafen, den Vorläufern der Grafen von Lenzburg, das Chorherrenstift Beromünster gegründet. Zu dieser Zeit muß der Verkehr durch das Suhretal und über die Jurapässe recht bedeutend gewesen sein. Auch Königsgut ist für diese Epoche in unserem Gebiet gut belegt.

Frühchristliche Zentren bestanden schon in Schönenwerd, Suhr, Kirchberg/Küttigen, Schöftland und Sursee.

Die überraschende zeitliche Einstufung der Schlacken, die also weder der römischen Zeit noch dem späteren, urkundlich gut belegten Mittelalter angehören, bringt etwas Licht in eine wenig bekannte Epoche der Geschichte.

Physikalische und chemische Untersuchung der Schlacken

Die makroskopische Beurteilung ergab folgende Resultate: Die beiden untersuchten Proben enthielten dasselbe Material; es waren Schlacken aus primitiven Brennprozeßen. Sie sind teilweise mit natürlichem, kalkig-sandigem Material verkittet. Die Probe B ist stark verrostet, was auf einen gewissen Eisengehalt hinweist. Die chemische Analyse ergab ebenfalls einen bedeutenden Eisengehalt. Bei der Probe A war der Eisengehalt sogar doppelt so hoch wie bei der zweiten.

Chemische Analyse:
«Sie ergab die folgenden Gehalte der wichtigsten Oxyde:

	Probe A	Probe B
SiO_2	40,46	67,13
Al_2O_3	14,74	10,78
Fe_2O_3	26,34	13,40
CaO	11,46	2,08

Diese Werte sind für gewisse Schlacken durchaus möglich, wenn sie auch nicht mit Analysen moderner Hochofenschlacken verglichen werden können. Beachtenswert ist vor allem der bedeutende Eisengehalt. Es ist denkbar, daß eine primitive Verhüttung Schlacken mit derart hohen Eisengehalten liefert.»

Aufgrund der Röntgendiffraktion, die das Vorhandensein von glasiger Substanz anzeigte, kann geschlossen werden, daß die Proben Rückstände eines bei hoher Temperatur ablaufenden Prozesses sein müssen. Zur Differenzialthermoanalyse schreibt Dr. A. Stahel schließlich:

«Hier gleicht insbesondere die Kurve der Probe A (1. Probe) den an der Technischen Stelle Holderbank vorhandenen Aufnahmen von Schlacken. Aus der Kurve geht auch ein Entwässerungsvorgang hervor. Schlacken haben zum Teil hydraulische Eigenschaften, können also ‹abbinden›. Ein Teil der Probe A hat eine Abbinde- oder Hydrationsreaktion durchlaufen. Dies deutet darauf hin, daß die Probe A einem als Bindemittel gedachten Material entstammen könnte. Es kann allerdings nicht gesagt werden, ob die nachgewiesene Hydration beabsichtigt war, oder ob sie einfach eine Folge der natürlichen Verwitterung ist.»

Den Untersuchungen der Technischen Stelle Holderbank kann also entnommen werden, daß die beiden untersuchten Proben den Schlacken eines Brennprozesses entstammen. Es darf wohl vermutet werden, daß man das Schlackenmaterial unmittelbar nach dem Ausbruch aus dem primitiven Hochofen wegen der wohl bekannten hydraulischen Eigenschaften in dieser feuchten Ebene als Bindemittel für den Bau des Straßenkörpers verwendete. Von großer Bedeutung ist jedoch, daß es sich bei den fraglichen Materialien nicht um eigentlichen Mörtel, wie er von den Römern benutzt wurde, handeln kann. Dazu ist der Kalkgehalt viel zu gering. Aber die abbindenden Eigenschaften waren den damaligen Technikern sicher bekannt. Die Bücher Vitruvs waren seit der Römerzeit den Fachleuten all die Jahrhunderte hindurch stets gegenwärtig. Die Erkenntnis, daß Bindemittel oder Stoffe mit latent abbindenden Eigenschaften mit erdähnlichen Materialien abbinden können, wird heute bei der Methode der Bodenstabilisation ausgenützt. Auch bei diesem Verfahren werden instabile Bodenarten (Lockgesteine) mit einem angepaßten hydraulisch wirkenden Bindemittel stabilisiert, d. h. verfestigt.

Ergebnis

Daß im Bereich der Glühlampenfabrik in Unterentfelden in karolingisch-ottonischer Zeit ein Eisenschmelzofen betrieben wurde, dürfte durch die verschie-

denen Untersuchungen nachgewiesen
worden sein. Da das Schlackenmaterial
über mindestens 300 m Länge zum Unterbau des Suhrentalweges verwendet
wurde, ist an eine von einem bedeutenden Grundherrn organisierte Anlage zu
denken, die über längere Zeit in Betrieb
stand. Der Brennofen diente wohl in
erster Linie der Herstellung von Eisen,
und sekundär wurde das «Abfallmateri-
al» seiner Eigenschaften wegen für den
Straßenbau verwendet.

Herkunft des Eisenerzes

Natürlich stellt sich dabei auch die Frage nach der Herkunft des Eisenerzes.
Bekanntlich fand in der Frühzeit die
Verhüttung möglichst nahe bei den
Abbaustellen statt. Aus geologischer
Sicht läßt sich damit auf eine Stelle
schließen, an der mit größter Wahrscheinlichkeit abgebaut wurde. Bohnerz
ist auf den Malmkalken des Hungerber-
ges (Abb. 32/9) in reichlichem Masse
eingelagert. Dieselbe Formation, jedoch
viel näher an der Oberfläche, finden wir
südwestlich der Stadt Aarau auf dem
Hasenberg (Abb. 32/10, Oberholz).
Noch heute fallen dem Wanderer die
unregelmäßig geformten, dolinenartigen
Trichter und Gruben auf. Da sie nicht als
natürliche Einsturztrichter angesehen
werden können, sind sie vermutlich
einer frühen Form des Bergbaues, wie er
im benachbarten Jura seit dem 13. Jahrhundert urkundlich bezeugt ist, zuzu-
schreiben. Von hier war der Transport
über den Distelberg (Abb. 32/11) an die
Uerke zur oben erwähnten Verhüttungs-
stelle sehr leicht zu bewerkstelligen.

Literatur

Laur-Belart, Dr. R.: Frühromanische Wachtposten auf dem Kerenzerberg bei Felsbach
(G 1). In: Ur-Schweiz 1 (1960).

Laur-Belart, Dr. R.: Der frühromanische
Wachtposten auf dem Biberliskopf. In: Ur-
Schweiz 2/3 (1962).

Lüthi, Dr. A.: Wie alt ist das Dorf Unterentfelden. In: Der Postillon 1969, Entfelder
Nachrichten, 10. Jg.

Lüthi, Dr. A. u. a.: Geschichte der Stadt Aarau
(Ur- und Frühgeschichte, S. 35 ff.). Aarau
1978.

Vitruvius: Zehn Bücher über Architektur.
Übersetzt von C. Fensterbusch, Wissenschaftliche Buchgesellschaft, Darmstadt
1980.

Untersuchungsberichte

Universität Bern, Physikalisches Institut,
17. März 1969.

Paläontologisches Institut und Museum der
Universität Zürich, 20. Dez. 1968.

Technische Stelle Holderbank, 7. Juli 1969.

Vom Jägerpfad zur Autobahn

Früher begangene, jetzt vergletscherte Hochalpenpässe

In den «Mitteilungen des Deutschen und Österreichischen Alpenvereins» aus dem Jahre 1889, also vor rund 100 Jahren, veröffentlichte Dr. Walther Schultze aus Halle an der Saale (Deutschland) in den Ausgaben Nr. 9 und 10 vom 15. resp. 31. Mai jenes Jahres einen Bericht mit dem obigen Titel. Darin beschrieb er aufgrund von Wanderungen und Hochtouren in den Schweizer Alpen und Befragungen von Bewohnern der von ihm besuchten Gegenden wie auch aufgrund eines eingehenden Literaturstudiums verschiedene früher begangene, heute jedoch vergletscherte Pässe in den Alpen, hauptsächlich Richtung Nord-Süd. Er berichtet über Pässe im Berner Oberland, im Wallis und in der Ostschweiz, die teilweise sogar noch auf alten Karten als solche eingezeichnet waren. Heute werden sie nur noch von Touristen und Wanderern, oft über Gletscher, passiert.
Eine Zusammenfassung der Beschreibung von Dr. W. Schultze über zwölf ehemals begangene, heute jedoch teils vergletscherte Pässe in den Walliser Alpen dient als Einführung des nachfolgenden Beitrages «5000 Jahre Walliser Straßenbau».

Zwölf ehemals begangene und heute vergletscherte Alpenpässe im Wallis

Nord-Süd-Verbindungen

Von Westen beginnend gehört zu den vor 100 Jahren noch ziemlich oft benutzten Pässen der *Col de Fenêtre* (Abb. 41). Er führt aus dem Val de Bagnes nach dem Valpelline, einem Seitental, das von Osten nach Westen parallel zur Schweizer Grenze die Paßwanderer nach Aosta leitete. Dieser schon zur Zeit von Dr. Schultze ziemlich beschwerliche Übergang soll früher in einem bedeutend besseren Zustand gewesen sein, denn es handelte sich um einen ganz gewöhnlichen Handelsweg. Noch 1882 standen dort Reste von zwei Gebäuden, in denen ein Beobachter alte Wagenschuppen erblickte. Die Gemeinde Bagnes besaß früher das Recht des freien Verkehrs über diesen Paß ins Piemont. Schon vor 100 Jahren mußte man beim Übergang den Glacier de Durand überschreiten, was jedoch nicht immer notwendig war. 1476 passierte eine Armee diesen Paß,

und 1541 rettete sich Calvin, als er von Aosta in die Schweiz floh, über den Col de Fenêtre.
Ein zweiter Paß war der *Col de Collon*, der vom Val d'Hérens ebenfalls ins Valpelline führte. Dieser war vor 100 Jahren stark vergletschert, bildete früher aber die große Straße für den Viehhandel aus dem Wallis nach Italien. Man trieb ganze Herden von Kühen über ihn zum Markt von Aosta. Im 18. Jahrhundert war die Existenz dieses Passes noch bekannt; so fand ein Beobachter 1842 auf der Paßhöhe ein eisernes Kreuz, was auf einen regen Verkehr hinweist.
Ein weiterer, allerdings weniger bekannter Übergang vom Valpelline ins Val de Bagnes ist offenbar der *Col de la Reuse d'Arolla* gewesen, der hauptsächlich von Schmugglern und Jägern begangen wurde.
Nach der Überlieferung soll auch das Val d'Anniviers (Eifischtal) in lebhaftem Verkehr mit Italien gestanden sein. Man soll sogar mit Saumtieren aus dem Eifischtal über einen Hochpaß nach Aosta gezogen sein. Nun ist es jedoch klar, daß eine direkte Verbindung zwischen dem Val d'Anniviers und Aosta nicht möglich ist. Es dürfte sich daher wahrscheinlich um eine kombinierte Paßverbindung handeln, die darin bestand, daß man aus dem Val d'Anniviers über den *Col de Durand* (Abb. 42) nach Zmutt und Zermatt ging und von da weiter über den *Theodulpaß* (Abb. 43) nach dem Val Tournanche. Dieses letztere Tal mündet in das Valle d'Aosta ein, so daß eine

Abb. 41
Der Col de Fenêtre führt vom Val de Bagnes nach dem Valpelline und anschließend nach Aosta. Dieses Bild stammt aus dem Jahre 1854, also rund 35 Jahre vor dem Artikel von Dr. Schultze. Der Verfasser des Artikels, selber Bergsteiger, beschreibt im Text den Paß als ziemlich beschwerlich. In früheren Zeiten soll er jedoch besser begehbar gewesen sein, was auch die Abbildung aus dem Werk von Toepffer («Voyages en Zig-Zag») zeigt.

derartige Verbindung ohne weiteres möglich war.
Noch vor 100 Jahren wurden die beiden *Pässe Theodul* und *Monte Moro* (Abb. 44) oft überschritten. Nach Ansicht von Dr. Schultze waren beide früher noch stärker begangen. Der Theodul führt aus dem Nikolaital (Mattertal) ins Val Tournanche und soll der Tradition nach im 8. Jahrhundert durch den Bischof Theodul von Sitten überschritten worden sein. Nach einem alten Manuskript stand noch 1743 auf der Höhe des Passes eine Kapelle. Über diesen Paß wurde früher Handel mit Wein und mit Vieh betrieben.
Weiter nimmt der Verfasser des genannten Artikels an, daß der Monte Moro, die Verbindung zwischen dem Saastal und dem Valle Anzasca, früher besser ausgebaut gewesen sei als zu seiner Zeit. Auch heute noch muß man ein Firnfeld überschreiten, während früher ein gepflasterter Weg, der von den Einwohnern beider Täler unterhalten werden mußte, über den Paß führte. Schon 1440

Abb. 42
Der Col de Durand nach einem Bild aus dem
«Echo des Alpes» von 1872/73, also rund 10
Jahre bevor Schultze darüber schrieb. Er war
immer schwierig zu begehen, wie vorliegendes
Bild einer Besteigung vom 22. Juli 1872 zeigt.
Zwar stellten die Zeichner damals die
Schrecken der Berge gerne verstärkt dar;
dieses Bild zeigt jedoch deutlich, daß viele
vor Jahrhunderten gut begehbare Pässe durch
das Vorrücken der Gletscher beinahe unpas-
sierbar wurden.

war der Monte Moro ein alter Paß; im
15. und 16. Jahrhundert war er sehr be-
sucht, er zählte sogar zu den meistbegan-
genen Pässen der Alpen.

Außer diesen beiden Pässen war früher
ein dritter Übergang aus den Vispertä-
lern nach Italien im Gebrauch, nämlich
das alte *Weißtor,* das von Zermatt ins Val
Anzasca führte (Abb. 45). Vor 100 Jahren galt das Weißtor als schwierige Tour
und Kletterei. Im 18. und noch zu Anfang des 19. Jahrhunderts soll es jedoch
von den Anwohnern nicht allzu selten
überschritten worden sein. Gemäß Literatur existierten, wenigstens vor 100 Jahren, noch viele Zeugnisse einer regen
Benützung des Weißtores. Der Tradition
nach wurde dieser Übergang von Pilgern
benützt, die zur Wallfahrt von Zermatt
nach dem Sacro Monte bei Varallo zogen; auch Frauen hätten den Paß überschritten. In den Felsen sollen eiserne
Ringe den Übergang erleichtert haben,
wobei man von Zermatt bis Varallo rund
eineinhalb Tage gebraucht habe. Noch
1840 soll der Paß der Wallfahrt wegen
begangen worden sein. Allerdings wird
in allen Quellen darauf hingewiesen,
daß die Begehung des Passes gefährlich
sei.

West-Ost-Verbindungen

Es existierten nicht nur Nord-Süd-, sondern auch West-Ost-Verbindungen, d. h.
direkte Übergänge von Tal zu Tal, um
den Umweg durch das Haupttal des
Kantons Wallis ausschalten zu können.
So war der *Col d'Hérens* (s. Abb. 47),

heute eine ziemlich lange Gletschertour,
früher ein oft begangener Übergang, der
von den Einwohnern von Evolène zum
Besuche des Gottesdienstes in Zermatt
benützt wurde. Die Gemeinde Praborgne – alter, latinisierter Name von Zer-
(Zur-)matt – soll umgekehrt früher nach
Evolène kirchenpflichtig gewesen sein.
Bis zu Beginn des 19. Jahrhunderts war

Praborgne verpflichtet, jedes Jahr durch
die Täler von Zmutt und Hérens eine
Prozession nach Sion zu machen. Erst
am 20. April 1816 kaufte sie sich von
dieser Verpflichtung frei. Ein weiterer
Beweis ist die Tatsache, daß sowohl in
Evolène als auch im Zermattertal Fami-
lien lebten, die aus dem jeweils anderen
Tal stammten. Der Col d'Hérens wurde
in den 30er Jahren des 19. Jahrhunderts
aufgegeben und wird erst wieder in der
heutigen Zeit als Gletscherwanderung
begangen.

Ein ebenfalls heute sehr schwieriger
Übergang ist das *Triftjoch*, eine Verbin-
dung vom Val d'Anniviers ins Nikolaital.
Früher soll ein reger Verkehr zwischen

Abb. 43
Der Theodulpaß mit seinem Rundpanorama
Süd-Nord-Süd. In der Bildmitte Blick nach
Norden, links davon der Saasgrat. Im Nord-
westen das Matterhorn als deutlich erkennba-
re, in den Himmel ragende Spitze, und in der
rechten Bildhälfte (Nordosten) das Breithorn
und das kleine Matterhorn. Das Kreuz
bezeichnet den Theodulpaß (Höhe 3 384 m).
Bild aus dem Jahre 1840.

Abb. 44
Mit Recht nimmt Dr. Schultze an, daß der Monte-Moro-Paß, die Verbindung zwischen dem Saastal und dem Val Anzasca, früher gut ausgebaut war und sehr oft begangen wurde. Die beiden Unterkunftshäuser in der Nähe der Paßhöhe beweisen die Vermutung, daß früher ein gepflasterter Weg über diesen Paß führte. Bild aus dem Jahre 1829.

Abb. 45
Der Weißtorpaß führte von Zermatt ins Val Anzasca über eine Höhe von 3618 m. Er liegt zwischen dem Monte Rosa und der Cima di Jazzi. Daß die Begehung des Weißtors immer schwierig war, zeigt dieses Bild aus dem Jahr 1854. Nicht allein die Höhe des Überganges ist maßgebend für dessen Begehbarkeit, sondern auch die örtlichen Verhältnisse. So war der Theodulpaß (Abb. 44) weit besser begehbar, obwohl er nur wenig tiefer (3384 m) liegt als das Weißtor. Bild aus dem Jahre 1854.

den beiden Tälern stattgefunden haben. So hat der Pfarrer Ruden aus dem Zermattertal 1849 in den Felsen auf der Zinalseite Bruchstücke von Leitern beobachtet, wobei, gemäß Angaben in alten Urkunden, das Triftjoch früher sogar mit Maultieren überschritten worden sei; man will 1845 in den Felsen oberhalb des Triftgletschers ein Hufeisen gefunden haben.

Eine weitere West-Ost-Verbindung ist der *Augstbordpaß* zwischen dem Turtmanntal und dem Nikolaital; dieser wird im nachfolgenden Artikel («5000 Jahre Straßenbau im Wallis») eingehend behandelt. Zu Beginn des 19. Jahrhunderts hat Notar Inalbon mit vielen Anderen zusammen Spuren des gepflasterten Weges gesehen, und die Orte Gruben und Meiden im Turtmanntal, wo schon vor 100 Jahren nur noch dürftige Hütten standen, sollen früher wichtige Dörfer gewesen sein.

Nach einer, allerdings ziemlich unbestimmten Tradition soll früher zwischen Zermatt und Saas Fee resp. dem Saasertal eine Verbindung über den jetzigen *Adlerpaß* existiert haben. Schon vor dem 16. Jahrhundert bekannt, sei er jedoch seit Anfang des 17. Jahrhunderts nicht mehr überschritten worden.

Bestimmten Angaben gemäß existierte eine Verbindung zwischen dem Saastal und der Simplonstraße, und zwar über die Triftalpe, das *Laquinjoch* und durch das Laquintal. Es soll früher sogar eine gepflasterte Straße vorhanden gewesen sein, von der man noch zu Anfang des 19. Jahrhunderts Spuren gesehen haben will.

In die gleiche Kategorie von Querverbindungen fällt der Übergang über das *Roßboden*- oder *Rothhornjoch*, über das man von Saas durch das Mattwaldtal hinauf und dann direkt nach Simplon gelangt.

Schlußfolgerung

Es zeigt sich immer wieder, daß wir uns von den heutigen Straßenverbindungen zu stark blenden lassen und dabei vergessen, daß in früheren Zeiten, besonders zu Zeiten, als die Gletscher rückläufig waren (Abb. 46), Übergänge als Pässe benützt worden sind, die heute als Hochtouren gelten.

Daß einige dieser Übergänge sehr häufig begangen wurden, beweist die Tatsache, daß auch heute noch immer wieder Spuren von gepflasterten Wegen gefunden werden. Normale Alpwege werden in den seltensten Fällen gepflästert, da das Vieh einen derartigen Wegunterbau nicht benötigt. Für regelmäßigen Verkehr, besonders mit Saumtieren, waren jedoch gute Wegbeläge und in regelmäßigen Steigungen angelegte Trassees, je nach Gelände sogar in Serpentinen, notwendig.

Ein schöner Vergleich zwischen Alpwegen, die nur zur Benützung der Alp dienen, und Gebirgswegen, die zum Zwecke des Verkehrs angelegt wurden, bieten die Wegarten an der ehemaligen italienisch-österreichischen Front im 1. Weltkrieg. Während die militärischen Wege dem Kräftevermögen eines beladenen Saumtieres angepaßt wurden und daher in regelmäßiger Steigung vom Tal zu den Höhen hinaufführen, sind heute noch die dortigen Alpwege die jeweils kürzesten Verbindungen zwischen Tal und Alp, unbekümmert um die jeweiligen Steigungen, solange diese noch von einem Menschen mit Traglast oder von Vieh überwunden werden können.

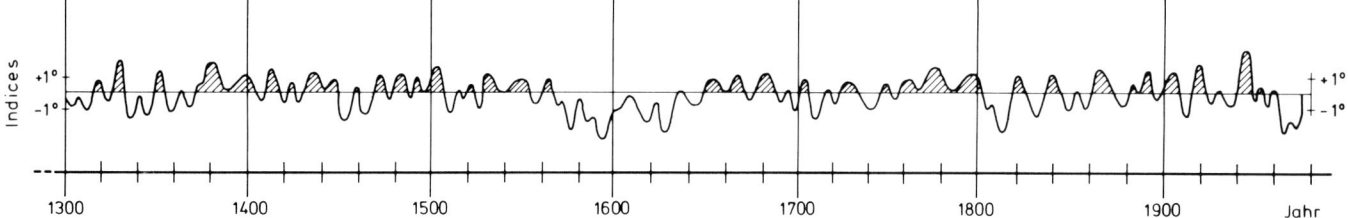

Abb. 46
Schwankungen der mittleren Jahrestempera-
tur in der Schweiz in den letzten 670 Jahren
um 1 °C. Jahre der Kurven unter der Abszisse
bedeuten Zeiten, in denen die Gletscher
mehrheitlich vorrückten, über der Horizonta-
len bedeutet es Rückzug. So zogen sich die
Gletscher z. B. von 1370–1450, von
1475–1505, von 1650–1690 usw. jeweils
zurück, was ein gefahrloses Begehen der
Alpenpässe erlaubte. In anderen Zeiten, wie
z. B. von 1570–1650, waren die Pässe unter
dem Eis begraben. Das 19. Jahrhundert
zeichnet sich durch einen starken Wechsel von
Vorrücken und Rückzug aus wie auch der
bisherige Teil des 20. Jahrhunderts.

5 000 Jahre Walliser Straßenbau

Die Zeitspanne von 1800–1975 verkör-
pert einen enormen Fortschritt in der
Technik des Straßenbaues, von der ersten
modernen Alpenstraße über den Simplon-
paß, die Napoleon in den Jahren
1800–1805 erbauen ließ, bis zur Eröff-
nung der N 9 am 6. November 1975. Die
erste Straße mit ihren Brücken und Gale-
rien war aus militärischen Gründen er-
baut worden; die neueste Verkehrstrans-
versale ist Ausdruck der Mobilität und des
enorm gestiegenen Handelsaustausches.
Mit seinen 2 005 m weist der Simplon die
minimalste Scheitelhöhe aller Alpen-
transitpässe auf. Er hat jedoch den
geographischen Nachteil, daß er nur ins
obere Rhonetal und nicht in den nord-
alpinen Raum führt wie der Gotthard
und der Große St. Bernhard, dessen
Paßscheitel auf 2 469 m ü. M. liegt.

Seit frühester Zeit war der Große
St. Bernhard der wichtigste Alpenübergang aus europäischer Sicht. So ist es
auch nicht verwunderlich, daß er auf

Abb. 47
Ur- und frühgeschichtliche Begehung der
Hochalpen in der Gegend zwischen dem Val
d'Hérens und dem Mattertal.
● *Ortschaften mit urgeschichtlichen Funden*
○ *Gruppen von Schalensteinen, einzelne mit*
   Felsgravuren
   Mons Silvius = Theodulpaß
– – – – – *alte Wegspuren (z. T. identisch*
   mit mittelalterlichen Ortsver-
   bindungen)
——— *großräumig übergeordnetes*
   Saumwegsystem

dem mittelalterlichen Peutingerschen
Itinerar, das auf römischen Straßenkarten beruhte, als einziger Alpenübergang
eingetragen war. Er stellte die schnellste
Heeresverbindung zwischen Nordwest-
europa und Italien her. Nachdem der
Simplon und auch der Große Bernhard
durch moderne Paßstraßen bezwungen
wurden, erscheint die Gipfelflur der
Viertausender zwischen den beiden Walliser Flankenpässen wie ein unbezwing-
barer Wall – wenigstens verkehrsgeogra-
phisch. Doch dieser Eindruck, den uns
die modernen Verkehrslinien suggerie-
ren, trügt.
Vor dem technischen Zeitalter sah die
Struktur der Verkehrsverbindungen völlig anders aus als heute. Wenn wir uns
mit den Walliser Seitentälern befassen,
die heute von Norden her gut erschlos-
sen sind, übersehen wir gerne, daß sie
alle vor Zeiten untereinander und über
den Hauptwall mit dem Süden in Verbindung standen. Viele von ihnen hatten

bis in die Mitte des letzten Jahrhunderts
wenigstens eine gewisse regionale Bedeutung. Die Walliser Karten aus dem
16. und 18. Jahrhundert enthalten diese
Paßnamen, die keiner aus Vergnügen,
sondern einzig aus wirtschaftlichem
Zwang kennenlernte. Bezeichnender-
weise werden sie fast ausnahmslos als
«Berg» bezeichnet, also «Großer
St. Bernhardsberg», weil die Besteigung
von Bergen nur dann ausgeführt wurde,
wenn sie unbedingt notwendig war.
Für den Warenverkehr wie auch für den
Reise- und Pilgerverkehr wählte man im
Mittelalter die kürzeste Strecke und
nahm dabei erstaunliche Höhendifferenzen in Kauf, so wenn man z. B. von
Zermatt aus über den schwer begehbaren Col d'Hérens nach Sion (Sitten)
wallfahrte, statt daß man den etwas längeren Weg, ohne allzu große Höhendifferenzen, über Visp wählte (Abb. 47).
Wir müssen uns auch bewußt sein, daß
die technischen Voraussetzungen und

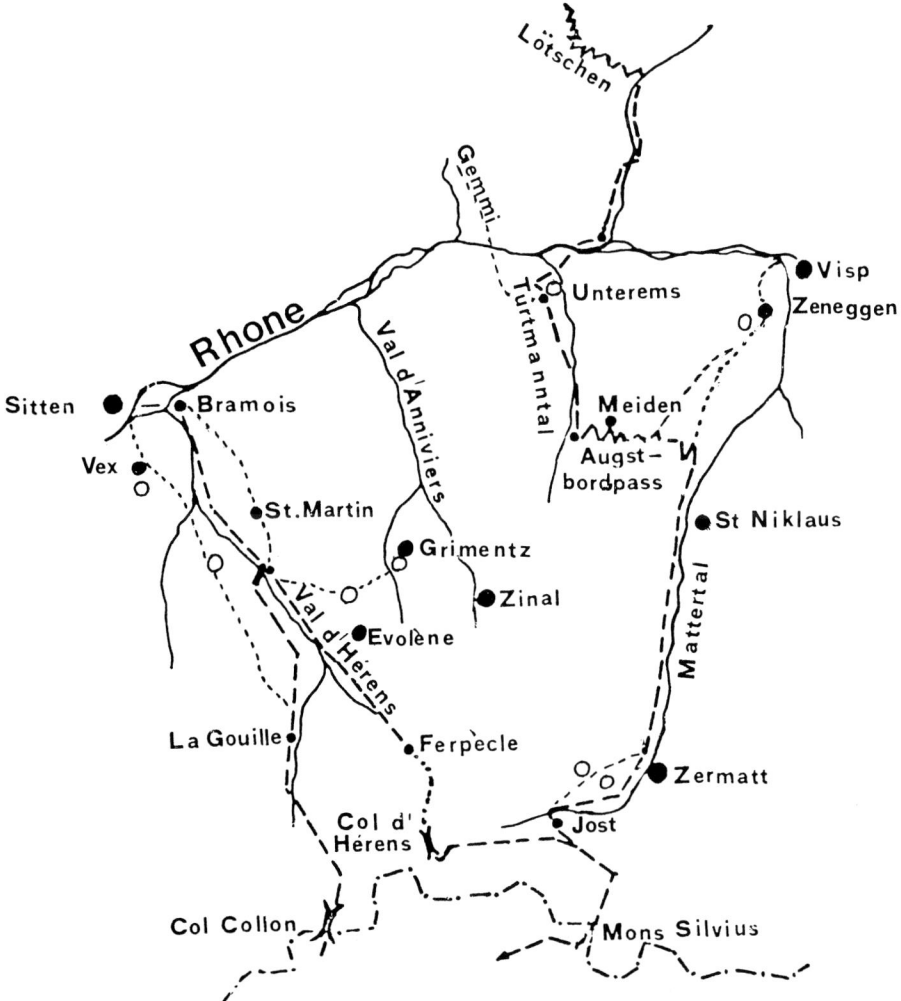

Mittel für den Wegbau über rund zwei Jahrtausende, von der Antike bis zum Einsatz moderner technischer Hilfsmittel, etwa dieselben waren.

Je nach militärischen oder wirtschaftlichen Bedürfnissen stieg und fiel das Interesse am Ausbau oder am Unterhalt eines Paßweges. Ferner spielte natürlich auch der mögliche Einsatz von Arbeitskräften eine entscheidende Rolle, von Einheimischen oder Fremden, die unter mühseligsten Bedingungen Wege zu bahnen und Kunstbauten zu errichten hatten, bis sie an die Grenze des damals Möglichen stießen. Eine lenkende, planende Staatsmacht konnte allerdings damals schon anderes erreichen als die Bestrebungen von Leuten kleiner Talschaften, die nur gerade den primitivsten Verbindungsweg nach außen zu erstellen versuchten.

Wenn wir gleichsam in den Rückspiegel blicken, ist es doch erstaunlich, mit welch genialem Blick die Pioniere im Bau von Verkehrswegen die Gegebenheiten der Natur erkannt und die optimalen Lösungen gefunden haben, ohne daß sie je die weiträumige Topographie aus der Luft hätten überblicken können, wie dies heute möglich ist. Wenn in unserem Sinne von «Straßen» die Rede ist, so sind damit Verkehrswege von übergeordneter Bedeutung, also nicht ein Weg von Haus zu Haus, gemeint. Je nach Epoche und «Baukonstruktion» handelt es sich um einen Saumweg oder um einen so gut ausgebauten Weg, daß er befahren werden konnte.

Früheste Begehung der Alpenpässe

Als sich nach der letzten Eiszeit die Eiszungen sukzessive in die Seitentäler zurückzogen, ließen sie an den mittleren und unteren Hangpartien Mengen von Schutt liegen. Seiten- und Zwischenmoränen sind in einzigartiger Weise im Val d'Hérens, in der Gegend von Euseigne, zu sehen. Das Material verfestigte sich, und mit der zunehmenden Klimaverbesserung waren diese Talhänge bald von dichter Vegetation überwachsen. Da die natürliche Baumgrenze viel höher lag als die heutige, bildeten sich weniger Lawinen und Erdrutsche, so daß die Talflanken über lange Zeit weitgehend intakt blieben.

Jäger, die dem Wild auf seinen Wechseln folgten, dürften die ersten Menschen in unseren Tälern gewesen sein, die Fährten und Wegspuren anlegten. Nach den erstaunlichen Funden aus der Gegend von Sion, aus der Zeit um 3000 v. Chr., war der Mensch um diese Zeit im Rhonetal schon seßhaft geworden. Die Voraussetzungen für einen Warenaustausch über die Alpen waren damit gegeben. Jungsteinzeitliche Funde aus dem 3. Jahrtausend v. Chr. beweisen denn auch, daß der Col Collon und der Theodulpaß (Mons Silvius) bereits begangen

wurden (Abb. 47). (Die Jungsteinzeit wird etwa der Zeit von 3000–1800 v. Chr. zugeschrieben; die durch günstiges Klima ausgezeichnete Bronzezeit reicht von 1800–800 v. Chr. Die erste und zweite Eisenzeit bilden die Brücke zur Römerzeit, die etwa Mitte des ersten vorchristlichen Jahrhunderts beginnt und bis etwa 400 n. Chr. dauert.)

Nebst einzelnen Gerätschaften, manchmal sind es auch ganze Depots, aus der Jungsteinzeit und der Bronzezeit finden wir als eigentliche «Wegbegleiter» sogenannte Schalensteine. Schalensteine haben kreisrunde oder ovale Eintiefungen in anstehendem Gestein, an losen Blöcken oder Menhiren. Über die Zweckbestimmungen dieser seit der Altsteinzeit (Moustérien) vorkommenden Spuren menschlicher Tätigkeit gehen die Meinungen sehr auseinander – für uns ist nur bedeutsam, daß die meisten Schalensteine frühe Wegbegleiter sind, was auch für die Nordseite des Simplonpasses, die Schalensteine im Nesseltal, zutrifft. Welches auch ihre magisch-kultische Bedeutung gewesen sein mag, es ist höchst auffällig, wie wir immer wieder an alten Wegspuren auf solche frühe Zeugen menschlicher Anwesenheit stoßen (Abb. 48 und 49).

Die Paßstraßen im Mittelwallis

Wie sich die Technik des Wege- und Straßenbaues in den vergangenen Jahrtausenden entwickelte, soll im folgenden anhand der Pässe vom Val d'Hérens im Westen bis zum Mattertal im Osten dargestellt werden.

Abb. 47 zeigt die Standorte der ältesten Zeugen: urgeschichtliche Fundplätze von Bedeutung sowie die Schalensteine. Die durch sie markierten Routen dürften so etwas wie ein ältestes Wegnetz ergeben. Als in der Bronzezeit eine umfangreiche Rodungstätigkeit und damit die alpwirtschaftliche Nutzung der Hochla-

gen begann, entstanden mit Sicherheit viele Wegspuren, die sich durch jahrhundertelangen Gebrauch zu eigentlichen gebahnten Wegen entwickelten. Da sie siedlungsgünstige Plätze verbanden, wurden sie zur eigentlichen Verkehrsinfrastruktur einer landschaftlichen Einheit, so daß man sie oft kaum von mittelalterlichen oder neuzeitlichen Wegen, deren Ausbau inzwischen verbessert wurde, unterscheiden kann.

Wenn man vom einstmals versumpften Rhonetal in die weit nach Süden eingeschnittenen Täler gelangen wollte, mußte man die mehrere 100 m hohe Mündungsstufe umgehen, um auf diese Weise auf die Hangterrassen der Seitentäler zu gelangen. Steil, jedoch unproblematisch war der Aufstieg nach Vex, wenn man auf der westlichen Seite das Val d'Hérens begehen wollte. Östlich der Mündungsschlucht stieg man von Bramois über Vernamiège und St. Martin zu den Hangverflachungen auf, um dann in die breite Talsohle bei Evolène zu gelangen.

Auf der Route über Vex konnte man ohne topographische Schwierigkeiten – bei den damaligen Verhältnissen – über Arolla zum Col Collon gelangen. Sowohl bei Vex wie auch in der Nähe vom Lana treffen wir dicht am Weg auf Schalensteine. Im Aufstieg zu diesem Paß fand man auf 2600 m Höhe, auf dem Plan de Bertol, eine sehr schön retouchierte steinerne Lanzenspitze von 126 mm Länge. Große Bedeutung hatte damals auch der Col de Torrent, der von Evolène aus nach Grimentz im Val d'Anniviers führte. Diese Route ist dicht mit Schalensteinen belegt. Auf mehreren von ihnen finden wir Felszeichnungen,

Abb. 48
Schalensteine nördlich vom Lana, am linksseitigen alten Talweg im Val d'Hérens (Koordinaten 602 550 / 108 500).

deren Motive als für die europäische Bronzezeit typisch gelten können.

Ebenso mußte man durch Umgehung der Mündungsstufen des Val d'Anniviers wie auch des Turtmanntales den Eingang in den oberen Talbogen erzwingen. Auch am uralten Weg, der am steinzeitlich fündigen Hügel Kastleren vorbei nach Unterems im Turtmanntal aufsteigt, finden wir einen in seiner Art wohl jungsteinzeitlichen Schalenstein. Völlig anders als bei den bisher genannten Tälern ist der Eingang ins Mattertal. Von Visp aus gelangt man ohne Schwierigkeiten bis Stalden, dann folgt jedoch die früher unbezwingbare Schlucht von Kalpetran. So war man auch hier zur Umgehung genötigt. Von Visp führt ein steiler Weg nach Zeneggen hinauf, das durch eisenzeitliche Funde bekannt wurde. Am alten Höhenweg Richtung Süden stoßen wir beim Weiler Hostettu wiederum auf eine Gruppe sehr eigenartiger Schalensteine.

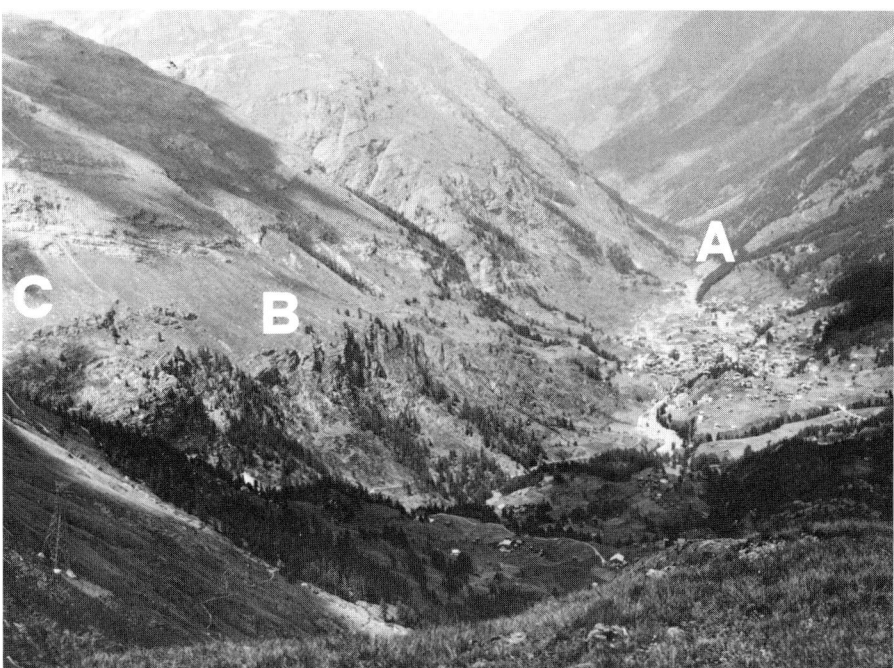

Abb. 50
Der Talkessel von Zermatt bot schon vor Jahrtausenden auf der westlichen Talseite eine nach Süden ansteigende Hangverflachung, auf der die Schalensteine und die ältesten Wegspuren gefunden wurden. A: Spiss, B: Hubelwäng, C: Ofenen.

Abb. 49
Schalensteine auf Ofenen ob Zermatt.

Daß man schon vor mehr als 4000 Jahren zum Theodulpaß hinaufstieg, beweist der Fund einer schönen steinzeitlichen Axt aus Nephrit in der Flur *Garten* unterhalb des Trockenen Steges. Aus dem heutigen Dorfraum von Zermatt, der durch die Triftschlucht zerteilt wurde, umging man die schluchtartigen Täler der *Gornera* und des *Zmuttbaches,* indem man über Geländestufen, die von Norden nach Süden ansteigen, auf die große Hangterrasse von *Hubel* und *Hubelwäng* (s. auch Abb. 63 und 64) gelangte. Hier treffen wir auf zwei Gruppen von Schalensteinen (Abb. 50 B und C). Die untere Gruppe bei B enthält auf einzelnen Steinplatten nebst den üblichen kleinen Schälchen Felszeichnun-

gen, wie wir sie von zahlreichen Fundplätzen, auch außerhalb der Schweiz, kennen. Die symbolhaften Zeichen werden oft der Bronzezeit zugeschrieben. Auf einer erhöhten Stelle, auf *Ofenen* (Abb. 50 C und Abb. 51), sind einige Steinplatten mit Schälchen übersät, die einen bedeutend archaischeren Eindruck erwecken. Sie dürften wohl demselben zeitlichen Horizont zuzuweisen sein wie die jungsteinzeitlichen Funde, die vor wenigen Jahren in unmittelbarer Nähe durch einige Walliser Heimatforscher gemacht wurden. Es handelte sich um über ein Dutzend Steinwerkzeuge wie Messer und Sicheln. Diese Funde belegen die Begehung und Bewirtschaftung des hinteren Mattertales vor etwa 5000 Jahren. Noch etwas weiter taleinwärts ließ sich der Zmuttbach leicht überqueren, und so war es auch möglich, ohne unüberwindliche topographische

Schwierigkeiten den Theodulpaß zu erreichen.

Zur Zeit einer regelmäßigen Begehung des Theodulpasses wählte man dann eine viel kürzere Route, von der später die Rede sein soll.

Sowohl der Col Collon (3098 m, Val d'Hérens) als auch der Theodul (3319 m, Mattertal) bieten bei normalen Gletscherverhältnissen keinerlei unüberwindliche Schwierigkeiten, so daß man diese Hochalpenpässe ohne einen eigentlichen Wegbau bewältigen konnte.

Geschichte verbindet Frühzeit mit heute

Da man in der Frühzeit die geländegünstigsten und kürzesten Routen aussuchte, ist es weiter nicht verwunderlich, daß aus diesen einstigen Wegspuren im Laufe der Vor- und Frühgeschichte ein Wegnetz der einheimischen Bevölkerung wie auch die magisch fixierten Linien, auf denen man das Vieh zur Sömmerung auf die Alpen trieb, entstanden. In diesen Belangen hat sich uraltes Wesen bis in die neueste Zeit erhalten, nimmt man doch an, daß die im Val d'Hérens heimische Viehrasse, die Eringerkühe, mit dem Torfrind der Pfahlbauzeit identisch ist.

Die von alters her begangenen Wegspuren wurden nur verlassen, wenn Naturgewalten die Leitlinien blockierten und den Menschen zur Verlegung und Neuanlage eines Weges zwangen. Solche Naturereignisse haben sich tief in die Seele der Bevölkerung eingegraben und gaben den Anstoß zu Sagen und Legenden, denken wir etwa an den Untergang von Täsch: *«Einst kam ein alter, armer Mann spät abends zu den ersten Häusern von Täsch. Vergeblich klopfte er an die Haustüren und bat um einfaches Abendbrot und Unterkunft. Überall wurde er hochmütig abgewiesen. Schließlich gelangte er – schon außerhalb des Dorfes – zum Haus einer armen Witwe, die jedoch bereitwillig ihr karges Brot mit ihm teilte und ihm ein Nachtlager bereitete. Dann geschah es! Ein furchtbares Krachen und Dröhnen setzte ein, und am Morgen waren alle Häuser des Dorfes mitsamt den Bewohnern unter Schuttmassen verschwunden. Nur das Haus der barmherzigen Witwe blieb verschont.»*

Die Topographie von Täsch läßt deutlich erkennen, daß der von der steilen Bergflanke herunterbrausende Täschbach schon oft Hochwasser und Unmengen von Schutt mit sich geführt hat. Dabei

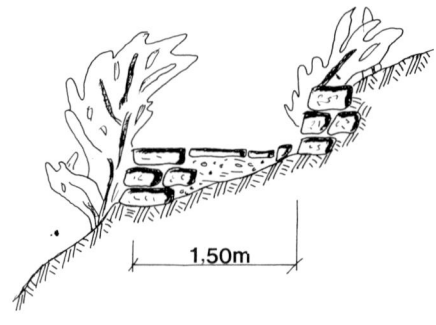

müssen immer wieder Teile des Dorfes zerstört worden sein. Besonders eindrücklich ist die oberste Dorfpartie, wo unweit des heute kanalisierten Wildbaches ein Mauergeviert, die Ruine des mittelalterlichen Burgturmes, aus dem Schutt ragt und als Gartenumfriedung dient.

Diese Kontinuität der Verkehrswege hat nun allerdings den Nachteil, daß nur die Linienführung und die Wegbegleiter, seit christlicher Zeit auch Kreuze und Kapellen, sehr alt sind, nicht aber der heutige bautechnische Stand der Wege. Da man über Jahrhunderte immer wieder Steinplatten verlegte und sich gegen Hangrutschungen durch einfache Trockenmauern schützte, ist in vielen Fällen eine Datierung unmöglich.

Die Baukonstruktion eines Verkehrsweges ist nicht nur vom Stand der Bautechnik einer Zeit abhängig, sondern auch von sozialen und wirtschaftlichen Faktoren. Ein großräumig organisierter Staat

kann bezüglich Linienführung und Einsatz von zahlreichen Arbeitskräften anders disponieren als eine isolierte Talschaft. So hat z. B. Napoleons «Kanonenstraße» über den Simplon auf die Siedlungsentwicklung des Wallis kaum einen nennenswerten Einfluß ausgeübt.

Rätselhafte Wegabschnitte in vergandeten Talflanken

Jägerpfade, die in topographisch günstigen Verhältnissen von Siedlung zu Siedlung ihren Ursprung haben, wurden im Laufe der Jahrhunderte zu eigentlichen Saumwegen, die man da und dort verbesserte und mit einfachen Brücken ausstattete. Und doch gibt es in ausgedehnten Hanglagen, die heute oft unbesiedelt und von tiefen Erosionsfurchen durchzogen sind, ausgeprägte Wegabschnitte, die sich in keines der bekannten Wegnetze einfügen lassen und oft durch sorgfäl-

Abb. 51
Hangverflachung Ofenen mit den urtümlichen Schalensteinen und den jungsteinzeitlichen Fundstellen. Vor einem Schalenstein steht eine Person.

1.50m

Abb. 52
Querschnitt des gebauten Weges westlich von Les Haudères im Val d'Hérens.

tige Bauweise verblüffen. Sie stellen uns vor Rätsel über einstige Zusammenhänge, Zeit der Entstehung und Funktion. Je älter ein Verkehrsweg ist, desto geringer sind die noch vorhandenen Spuren und der Anteil der noch bestehenden Wegstrecke.

Nicht nur die eingangs erwähnten Naturkräfte treiben ihr zerstörerisches Werk, sondern es sind auch die späten Talbewohner, die den kargen Boden so gut wie möglich nutzen und deshalb Stützmauern und gebahnte Wege abbrechen und das Land wieder der landwirtschaftlichen Nutzung zuführen.

Eindrücklich ist dies beispielsweise am alten Weg zum Col Collon, gegenüber von Les Haudères, der Fall (Abb. 52). So ist es gar nicht möglich, einen derartigen abgegangenen Verkehrsweg in seiner Gänze nachzuweisen. Man muß sich damit zufrieden geben, wenn gesicherte Teilstücke und datierbare Wegbegleiter eine überzeugende Rekonstruktion einer Linienführung ermöglichen. Überträgt man in diesem Fall die Straßenfragmente auf die genaue Landeskarte, so zeigt es sich, daß das Straßennetz, das durch das Val d'Hérens und das Mattertal und nach den eingangs erwähnten Pässen Col Collon und Theodul führt, keinerlei Rücksicht auf die seit dem Mittelalter entstandenen Dörfer zu nehmen scheint. Wenden wir uns vorerst den Wegen und Wegrelikten im Val d'Hérens zu. Abb. 47 läßt zwei Verkehrsachsen erkennen. Die eine führt aus dem Raume Sion (Sitten) in das Val d'Hérens, wo sie sich teilt.

Der eine Ast zeigt zum Col Collon hinauf, der andere stellt über den Col d'Hérens die Verbindung zur Theodulroute her. Eigenartig ist, daß die letztere die Verbindung über den Lötschenpaß (oder eventuell die Gemmi) mit dem schweizerischen Mittelland herstellt. Beide Übergänge können sehr wohl in früher Zeit ausgebaut worden sein. Der Lötschenpaß wurde noch im Spätmittelalter zum Viehexport nach Italien benutzt, wie das bernische Ausbauprojekt vom Ende des 17. Jahrhunderts zeigt, in welchem auf dem Gletscher eine Route eingetragen ist. Deren Funktion wurde folgendermaßen umschrieben: *«Die Straass welche im Winter über den Gletscher gebraucht wird das Vieh darüber in Italien ze führen».*

Nebst den beiden eingangs erwähnten ortsverbindenden Talwegen erregen im Val d'Hérens eine Anzahl von Wegspuren unsere Neugier, die sich nicht in jenes System einfügen lassen. Hervorzuheben ist auch, daß gerade in diesem Tal mehrere Verkehrsbeziehungen durch *Schalensteine* markiert werden, beispielsweise auf der westlichen Talseite über Lana und auf der östlichen über den Col de Torrent. Teilstücke eines früher wohl zusammenhängenden Weges lassen folgende Linienführung vermuten:

Von Bramois im Rhonetal aus strebte der Weg zuerst steil in die Höhe bis gegen die Höhenkote 900 m. Dann verlief er, langsam ansteigend, weit unter den heutigen Dörfern über die damals noch wenig erodierten Talhänge südwärts. Im Gegensatz zu den Jägerpfaden handelte es sich um einen Verkehrsweg, der sich an einzelnen Stellen durch ein gebautes Trassee auszeichnete, das 1–2 m Breite aufwies (Abb. 52). Gegenüber Euseigne finden sich einzelne Wegstücke mit talseitigem Trockenmauerwerk. Als wir uns hier erkundigten, ob ein direkter Weg nach Bramois bestehe, erklärte man uns schmunzelnd, dies sei tatsächlich der Fall. Es gebe tatsächlich einen stark verfallenen Weg talauswärts, der kaum mehr zu begehen sei. Bekanntlich wurden diese Hänge seit dem Mittelalter wegen der Köhlerei – auf die auch Flurnamen hinweisen – immer wieder gerodet. Durch die nachfolgende Erosion wurden die Hänge zerstört und Felspartien vom darüberliegenden Moränenschutt entblößt. Eindrückliche Überreste des früheren Zustandes sind zum Beispiel die Erdpyramiden von Euseigne.

Zu allen Zeiten liefen die Wege durch den Talhauptort Evolène. Vor dem nördlichen Dorfeingang fand sich unter dem modernen Straßenviadukt über den Grand Torrent ein auffallendes, altes Wegstück, das auf einen begrenzten Ausschnitt des alten Talbodens mündete, in den sich der Talfluß, die Borgne, durch das Gestein zu einer etwa 20 m tiefen Schlucht eingeschnitten hatte. An dieser engen Stelle – eine ähnliche befindet sich bei Praz Jean – stoßen wir auf die beidseitigen Widerlager einer steinernen Brücke, die zu Beginn der 40er Jahre unseres Jahrhunderts eingestürzt war. Viele ältere Talbewohner haben sie in ihrer Jugend noch begangen (Abb. 53). Auf älteren Karten wird sie oft als «Pont

Abb. 53
Pont de la Pirra im Val d'Hérens, oft auch Teufelsbrücke genannt, nördlich von Villetta (Koordinaten 601 750 / 110 325). Horizontal vorkragender Straßenkörper.

du Diable» bezeichnet. Noch heute läßt sich erkennen, daß sie ganz anders gebaut war als die kaum 1 km entfernte Brücke aus dem 17. Jahrhundert bei Praz Jean, die zu dem verbreiteten, gegen die Mitte hin ansteigenden Typ der «Eselbrücke» gehört.

Bei der eingestürzten Brücke gabelt sich der nur noch in kargen Spuren vorhandene Weg. Der westliche Ast führte zum Col Collon hinauf. Völlig erhalten ist die Wegkonstruktion nur noch an wenigen Stellen, wo sich Stütz- und Futtermauern

erkennen lassen. Gestrüpp und Unkraut markieren solche Abschnitte, während sonst der Hang landwirtschaftlich intensiv genutzt wurde. Die Talverzweigung von Les Haudères wurde links liegen gelassen, und in der Folge decken sich alte Wegspur und heutige Fahrstraße über weite Strecken. Einzelne alte Wegkapellen weiter südwärts und Wegspuren zeigen deutlich, daß bei ausgedehnteren Hangverflachungen das heutige Sträßchen nicht mehr dem alten Weg folgt. Besonders interessant ist der Abschnitt von La Gouille, wo wir neben dem alten Wegstück mehrere mit Trockenmauerwerk ausgekleidete Grubenhäuschen vorfinden. Schon den frühesten Touristen in der ersten Hälfte des 19. Jahrhunderts fielen sie auf, und die damaligen Talbewohner bezeichneten diese seltsamen Ruinen als sehr alt. Münzen, die früher hier gefunden wurden, sollen zum Teil römischer Herkunft gewesen sein (Abb. 54).

Von der eingestürzten Brücke führen Wegspuren an der östlichen Talflanke bergan. Südlich von Evolène finden wir ein zusammenhängendes altes Wegstück, die *Vie antique* (aus dem Lateini-

Abb. 54
Alpweiler La Gouille. Im Vordergrund zwei der sehr alten Grubenhäuschen der einst ausgedehnten Siedlung auf einer exponierten Geländekuppe. Im Hintergrund die Holzhäuser von La Gouille in ausgesprochener Schutzlage.

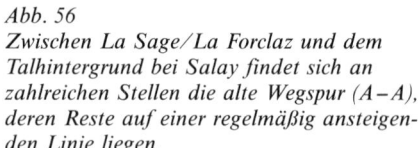

Abb. 55
Vie antique: überwachsener, in regelmäßigen Serpentinen ansteigender Weg zwischen Evolène und La Sage im Val d'Hérens.

Abb. 56
Zwischen La Sage/La Forclaz und dem Talhintergrund bei Salay findet sich an zahlreichen Stellen die alte Wegspur (A–A), deren Reste auf einer regelmäßig ansteigenden Linie liegen.

schen: via = Weg), an der einst eine Kapelle stand, die St. Férian geweiht war. Ende des 17. Jahrhunderts wurde sie nach Evolène transformiert. Am alten Standort finden wir noch Ruinen. Die Vie antique steigt in Serpentinen bergan, ohne die Dörfer La Sage und La Forcla zu berühren. Regelmäßig nach Süden ansteigend sind im Hang Wegabschnitte erhalten, bis nach Salay und Ferpecle (Abb. 55 und 56).

Zur Entwicklung des Straßenbaus können wir im südlichen Val d'Hérens drei verschiedene Entwicklungsstufen feststellen:

1. Die durch jahrhundertelangen Gebrauch entstandenen alten Wege, die oft zu Saumwegen ausgebaut wurden.
2. Die markanten Wegspuren, die unabhängig von den Dörfern angelegt wurden, wie die Vie antique.
3. Im 17. Jahrhundert erfolgte erstmals der Bau von befahrbaren Straßen. Dieser stand wahrscheinlich im Zusammenhang mit dem an vielen Plätzen bezeugten Abbau von Blei, Zink, Silber und Kupfer in jener Zeit.

Durch die Verlegung und den Bau von Kapellen zu dieser Zeit erhalten wir wichtige Anhaltspunkte. 1625 wurde die Kapelle Notre Dame de la Garde mit den 14 Prozessionsstationen neu errichtet, 1639 die Friedhofskapelle an der neuen Straße südlich von Evolène und gegen Ende des 17. Jahrhunderts die St. Férians-Kapelle neu errichtet.

Daß eine Verkehrsbeziehung von Zermatt ins Val d'Hérens bis zu den großen Gletschervorstößen bestand, ist urkundlich erwiesen. Auf der Alp Bricola, auf

über 2400 m ü. M., finden wir eine Gruppe von vermutlich mittelalterlichen Hausruinen, wie wir sie häufig antreffen, sowie Reste von Bewässerungsanlagen. Der Flurname Les Mansettes weist darauf hin, daß in früheren Jahrhunderten ein Weg gegen den Col d'Hérens hinauf bestand (Abb. 55 und 56).

Alte Wege im Mattertal

Der heute für den Sommer-Skisport bedeutende Theodulpaß spielte in früheren Jahrhunderten als Saumweg eine wichtige Rolle für den Transithandel aus Italien nach dem Wallis. Zahlreiche Münzen aus den Jahrhunderten der Römerzeit, die man im Moränenschutt der Paßhöhe gefunden hat, lassen auf sehr frühe Begehung schließen. Der uns bekannte Paßname ist jedoch neueren Ursprungs. Auf den Landkarten des 16. und 17. Jahrhunderts finden wir die Bezeichnungen *Mons Silvius, Augsttalberg, Passo del Vallais*, wobei zu bemerken ist, daß unter «Berg» früher der Paßweg, und nicht der aufragende Berg gemeint war.

Wie gelangte man nun zu diesem Tor nach Süden? Zahlreiche Indizien und die Volksüberlieferung sprechen von einer Verbindung aus dem Val d'Hérens ins Zmuttal und von hier über Schwarzsee auf den Theodulpaß. Die Verbin-

Abb. 57
Kernstück der ausgedehnten Siedlungswüstung auf der Alp Oberstafel oberhalb von Meiden/Gruben im Turtmanntal auf 2370 m, unterhalb des Augstbordpasses.

Abb. 58
Der relativ guterhaltene Plattenweg an der steilen Blockfurt/Twära. Im Hintergrund (A) der Augstbordpaß. Das langsame Talwärtsgleiten der Felsblöcke hat den Weg weiter oben in Richtung Paß zerstört.

dung nach Zermatt ist für die Zeit vor den Eisvorstößen des 17. Jahrhunderts (Abb. 43) urkundlich nachgewiesen.
Vom Rhonetal her strebten zwei Verkehrsachsen diesem wichtigen Paß (3 322 m) zu, die sich bei St. Niklaus vereinigten. Die eine, die vom Standpunkt der Bautechnik aus besonders interessant ist, führte von Sion durch das Turtmanntal einwärts bis nach Meiden. Von hier führte der Weg über den Quersattel des *Augstbordpasses* (2 894 m), und in unzähligen Serpentinen gelangte man über die Alp Jungu nach St. Niklaus hinunter.

Dieser Weg aus dem Turtmanntal zeigt bautechnisch den vollkommensten Ausbau des gesamten Wegnetzes. Von Meiden im Turtmanntal her weisen die alten Wegspuren keine Besonderheiten auf. Bemerkenswert ist eine ausgedehnte Siedlungsruine auf 2 369 m, die sicher im Zusammenhang mit dem Paßweg stand. Das etwa meterhoch aufgehende Mauerwerk zahlreicher einräumiger Gebäude umgibt einen mit Platten belegten Innenhof (Abb. 57). Man denkt unwillkürlich an eine uralte Etappenstation, an eine Art Sust. Vielleicht fanden in früheren Jahrhunderten hier auch die großen Volkszusammenkünfte statt, die nach der Tradition auf dem Augstbordpaß stattgefunden haben sollen. Das Paßgebiet selbst bot keine Gelegenheit dazu, wie denn auch in jenem Gebiet keine Trasseereste festgestellt werden können. Auf der Ostseite des Passes, im riesigen Augstbord-Talkessel, findet sich wieder die alte Wegspur in einer kilometerbreiten Blockhalde. Daß die scheinbar so stabilen Hänge sich unendlich langsam talwärts bewegen, zeigt sich bei diesem Trassee wie auch bei der oben genannten Gebäuderuine, die im «Zeitlupentempo» von zentnerschweren Blöcken überfahren werden. Die an Ort vorkommenden Blöcke wurden zu einem Straßenkörper von 1 – 1,50 m Breite aufgebaut und mit Deckplatten belegt (Abb. 58–60).
Der Weg umgeht den Staldengrat mit einer geringen Neigung auf der Südseite. Wo er einen steilen Kamin traversiert, mußte die Stützmauer in der steilen Wand befestigt werden. Die Fundamentsteine ruhen auf kleineren Steinen, die in ausgehauenen Löchern verankert sind. Die Exaktheit der Konstruktion auf der Höhe von 2 500 m über Hunderte von Metern ist einmalig. Nach der Durchquerung der Blockhalde fällt der breit-

angelegte Weg in weitausholenden Serpentinen gegen Alp Jungu ab (Abb. 61). Auch in diesem Abschnitt ist der Weg mit Stütz- und Futtermauern gut ausgebaut, bis er schließlich, fast wie in einer Halbgalerie, in die Felswand eingehauen wurde (Abb. 62).
Oberhalb von St. Niklaus verliert sich der breite Saumweg im landwirtschaftlich genutzten Hang. Die Höhendifferenz vom Augstbordpaß bis zum tiefsten Punkt beträgt 1 300 m. Wenn auch der Paß im Mittelalter von beachtlicher Bedeutung war, ist der Ausbau auf der Seite des Mattertales einmalig.
Der imposante Wegbau auf der Ostseite des Augstbordpasses läßt die Frage nach dem Initianten eines solchen Werkes auftauchen. Die Geschichtsquellen lassen uns hier im Stich. Sicher war er in früheren Jahrhunderten Träger eines bedeutenden Transithandels. Wie müssen wir uns nun die Fortsetzung nach Süden

Abb. 59
Technisch sehr gut ausgebauter Abschnitt. Der Weg ist aus zentnerschweren Felsplatten sorgfältig gefügt. Blick gegen Norden.

vorstellen? Verschiedene Talauen bis gegen Herbriggen hinauf ermöglichten bei normalem Wasserstand der Mattervispa deren Durchquerung. Die Dörfer auf der rechten Talseite markieren die Fortsetzung. Der Ortsname *Randa* weist dabei auf das alte romanische Bevölkerungselement hin.
Direkte Zugänge aus dem Rhonetal waren schon in früher Zeit hergestellt worden. Urgeschichtliche Funde, Schalen-

Abb. 60
Mulden im Hang werden durch Trockenmauerwerk aus teilweise sehr großen Felsblöcken durchquert. Diese Bauweise ist der Beweis für einen gezielten Wegbau, der technisch viel weiter entwickelt ist als ein Alpweg, auf dem das Vieh zur Sömmerung getrieben wird.

Abb. 62
*In der nach Norden ausholenden Serpentine
ist der Weg über längere Strecken aus dem
Fels gehauen, teilweise in der Art von Halb-
galerien.*

Abb. 61
*In einem regelmäßigen Gefälle und in einer
weit ausgezogenen Serpentine führt der Weg
südlich der Blockhalde talwärts.*

fehlt (Abb. 63). Wir haben hier ein Beispiel, das sehr eindrücklich zeigt, wie
rasch und gründlich Hänge zerstört werden, sobald einmal die Entwaldung begonnen hat. Der Moränenschutt wird
weggeräumt, und die nackten Felswände
bieten in der Folge oft unüberwindliche
Hindernisse, wie dies auch im Val
d'Hérens der Fall war.
Dieser Talweg von Stalden über Embd
und St. Niklaus nach Zermatt wurde
noch in der Mitte des 19. Jahrhunderts
allgemein begangen, wie Reiseberichte
jener Zeit eindrücklich belegen. Leo Lu-
zian von Rothen beging den Weg 1854.

steine, eine Wehranlage und eisenzeitliche Gräber bei Zeneggen, unterhalb von
St. Niklaus beiderseits des Talflusses,
sowie ein vermutlich eisenzeitliches
Grab beim Bahnhof Zermatt weisen auf
Besiedlung des Mattertales schon in vorrömischer Zeit hin. Auch der Abbau und
die Verarbeitung von Speckstein bei Zermatt dürfte bis in diese frühe Zeit zu-
rückreichen.
Ein natürliches Hindernis für die Begehung des Mattertales bildete die
Schlucht von Kalpetran, südlich von
Stalden. Spätestens seit dem Hochmit-
telalter wurde ein Umgehungsweg über
Embd nach St. Niklaus begangen. Man
war gezwungen, von ca. 900 m bis 1350
m aufzusteigen, um wieder bis zur Talsohle bei etwa 1100 m abzusteigen. Um
1970 konnte man von der Autostraße aus
noch am gegenüberliegenden Talhang
eindrückliche Wegabschnitte erkennen,
die sich in eine zusammenhängende Linie von Embd nach St. Niklaus einfügen
ließen. Durch breite Erosionsfurchen
war diese Talseite aufgebrochen. Mit
Verblüffung stellten wir fest, daß auf der
Erstausgabe der Landeskarte von St. Niklaus (Nr. 1308), im Maßstab 1:25000,
dieser Weg über weite Strecken noch
eingetragen war – im Gegensatz zur Ge-
samtnachführung von 1981, wo er völlig

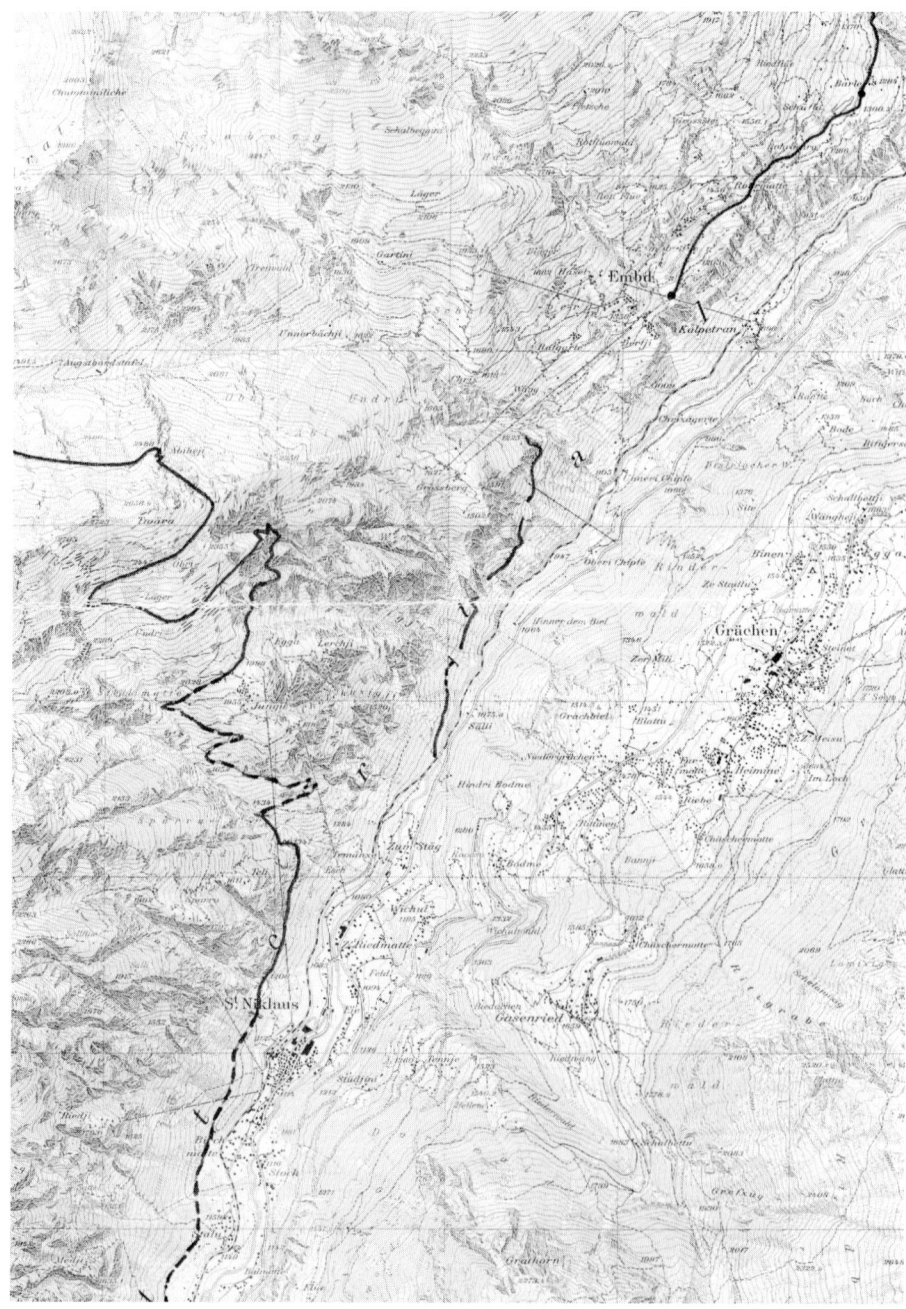

Abb. 63
*Alte Wege von Embd nach St. Niklaus.
Landeskarte Blatt 1308, 1:25000.
(Reproduziert mit Bewilligung des Bundesam-
tes für Landestopographie vom 28. 8. 1990.)*

Abb. 64
Skizze der Wege ob Zermatt.
Die älteste Fernstraße im Raume Zermatt.

Bewohnte Siedlungen   ■
Verfallene Siedlungen (Wüstungen)   ●
          Aroleit   1
          Gornera   2
          Momatt   3
          Schweifinen   4
          Recheten   5
          Triftchumme   6

Saumwege: Der Untere Weg
          (Lichenbretter) 7
          Der Obere Weg
          (über Schwarzsee) ————— 8
          Mittelalterlicher Weg von
          Täsch nach Zermatt _ _ _ _ 9

Schalensteine: Hubelwäng   ○ 10
            Ofenen   ○ 11

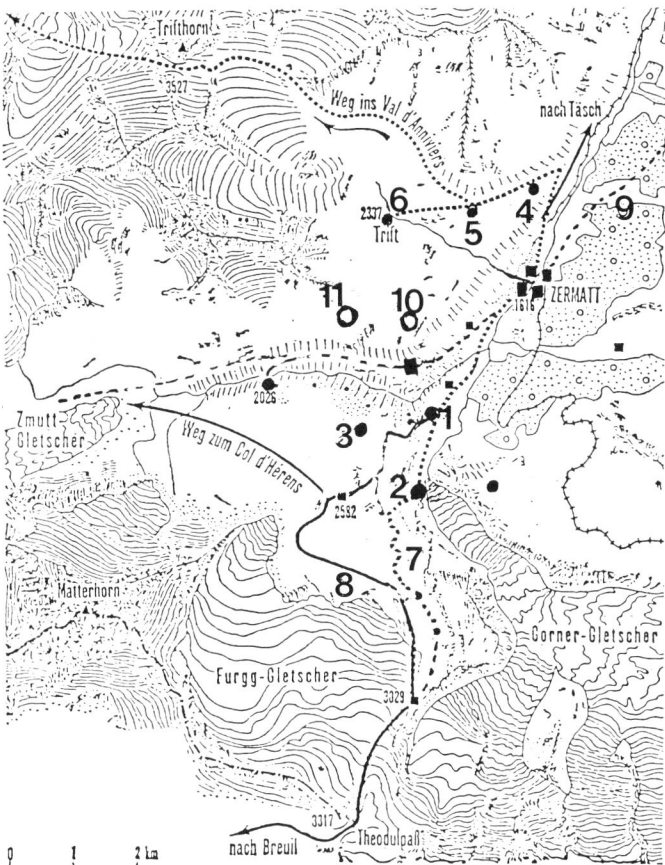

Der Theodulpaß, das Tor nach Italien

Die einfachste Verbindung aus dem Zermatter Dorfraum zum Theodul hinauf erfolgte über *Aroleit, Gornera,* am *Dossen* vorbei und über den *Furggbach* zu den *Lichenbrettern* hinauf (Abb. 64–68). Dies ist eine höchst auffällige Formation von Felsplatten bis unterhalb der *Gandegg*-Hütte. Die meisten Berg- und Gewässernamen gehen in dieser Zone auf voralemannische Sprachwurzeln zurück. Oberhalb der Gandegg überquerte man die Seitenmoräne, um dann den Oberen Theodulgletscher bis zum Paß hinauf zu begehen. Im Gebiet von Aroleit konnte man in einem Leitungsgraben auf einer Strecke von über 800 m unter einer meterdicken Lehm- und Humusschicht einen Brandrodungshorizont beobachten, der mit Hilfe der Radio-Karbon-Methode ins 10. Jahrhundert datiert

werden konnte. Damals erfolgte die Ausweitung des Weide- und Siedlungsgebietes durch die aus dem Norden zuwandernden *Walser,* die sich als Pioniere im Weg-, Brücken- und Siedlungsbau einen Namen machen sollten.

In diesem Bereich finden wir auch einzelne Hausruinen, kleine Steinhäuschen, die zum Teil noch als Grubenhäuschen angesprochen werden können (Abb. 67). In den folgenden Jahrhunderten wurde – dank des günstigen Klimas jener Jahrhunderte – die Landnutzung bis 3 000 m hinauf ausgedehnt. Ackerterrassen lassen sich bis auf 2 100 m nachweisen. Und

auf den Höhenlagen zwischen 2 200 m und 2 600 m finden wir ganze Ruinenfelder, Überreste von mehreren einräumigen Steinhäuschen. Diese Zeugen einstiger intensiver alpiner Wirtschaft stammen aus der gleichen Zeit wie der Ausbau der Alpenpässe für einen regen Säumerverkehr.

Mit den großen Eisvorstößen seit dem 14. Jahrhundert dürften der Furggbach wie auch die Lichenbretter unpassierbar geworden sein, so daß man auf den «obweren Weg» auswich (Abb. 64/8). Von Aroleit bog man ab und gelangte in steilem Anstieg über *Hermettji* nach *Schwarzsee* hinauf, wo sich nach der Zermatter Tradition ein Wegkreuz befand, das um 1500 durch die Kapelle Maria zum See abgelöst wurde. Hier bat man Gott noch einmal um Schutz, bevor man die spaltenreiche Gletscherzone betrat. Apere Zonen im langen Firnfeld waren der *Sandige Boden* und der *Trokkene Steg.* Mancher fand auch vor Erschöpfung den Tod auf dem Eisfeld oder stürzte in eine Gletscherspalte. Von solchen «Verkehrsunfällen» erfuhren wir durch einige aufsehenerregende Funde, die in den frühen 1980er Jahren gemacht wurden. Münzen aus dem 16. Jahrhundert, Kleiderüberreste, Schuhwerk und menschliche Knochen waren vom Glet-

Abb. 65
Eine große Rolle spielt in der Zermatter Überlieferung die einstige Alp Momatt mit ihren vier Haus-Wüstungen.

Abb. 66
Eine der alten Wegspuren (B–B), die im
Gebiet von Schwarzsee zur Seitenmoräne des
Furgg-Gletschers aus der Zeit des Eishoch-
standes führt. Sie dürfte aus dem 16. oder
17. Jahrhundert stammen.

Abb. 67
Eines der kleinen Grubenhäuschen im Aroleit.
Erbaut vermutlich im 10. oder 11. Jahrhun-
dert.

Abb. 68
Gut erhaltene Pflästerung auf Lichenbretter
(Aufstieg zum Theodulpaß).

Abb. 70
Steilpflaster mit senkrecht gestellten Steinen und Strecken mit flachen Randplatten (wie Bild) wechseln je nach Unterlage und Steigung ab.

scher am Moränenrand zwischen der Gandegg und dem Trockenen Steg «angelandet» worden. Die Münzen konnten alle in die Zeit zwischen 1550 und 1600 datiert werden, also in die Zeit, da der Obere Weg allgemein begangen wurde. In einem Dokument von 1517 ist sogar davon die Rede, daß ein Verwundeter im Schlitten über den Gletscher geführt wurde. Johannes Stumpf beschreibt in seiner Chronik (1548) diesen Übergang ins Aostatal folgendermaßen: «*Von diesem Ursprung* [gemeint sind Findelen und Aroleit – d. Verf.] *geht ein Paß über den Augsttalerberg, zu Latein Mons Silvius genannt, in das Krämertal [Val Tournanche] und ins Augsttal. Da muß man über einen großen Firn und Gletscher wandeln, der ist einer Meile Weges lang.*» Unter einer Meile verstand Stumpf etwa zwei Wegstunden, was hier etwa der Strecke von Schwarzsee zum Paß entsprach.

Baugeschichtlich ist der Weg über die Lichenbretter, also der untere Weg (Abb. 64/7), von Interesse. Der Name geht auf keltischen Ursprung zurück, dürfte damit als Indiz für ein hohes Alter der Begehung gelten. Wir finden hier folgende Charakteristika: Soweit abschleifende Eisvorstöße den Weg nicht zerstörten, findet sich über weiteste Strecken eine sehr sorgfältig angelegte Pflästerung (Abb. 68 und 69). In Steigungen, so auch in elegant angelegten Serpentinen, sind kleinere Steinplatten hochkant in den behauenen Fels eingefügt. In horizontal verlaufenden Abschnitten liegen dagegen die Platten

flach (Abb. 70). Diese Wegvariante ist im Sommer ausgeapert, und man muß erst südlich der Gandegghütte (3029 m) die Gletscherfläche betreten, deren Traversierung bis zur Paßhöhe keine Schwierigkeiten bietet (Abb. 71 und 72).

Zermatt – ein mittelalterliches Handelszentrum

Vom 11. Jahrhundert an begann der Handel über die Alpen stark zuzunehmen. Neue Transitrouten mußten gebaut werden – Wege, die zerstörte Gehängepartien umgingen und zu den aufblühenden Dörfern führten. Als Pioniere des mittelalterlichen Wegbaues gelten die Walser, denen man ja auch die Öffnung der Schöllenen (zwischen Göschenen und Andermatt an der Gotthardroute) zuschreibt. Erstmals seit der Antike erbaute man wieder steinerne Brücken und stabile Plattenwege, aber es wurden auch Wasserfuhren über

halsbrecherische Strecken angelegt. Gerade in den Walliser Südtälern zeigt sich der Unterschied in den Weganlagen gegenüber jenen aus der Römerzeit. Die technischen Voraussetzungen waren zwar grundsätzlich nicht anders geworden. Man achtete jedoch weniger auf eine Linienführung «nach der Wasserwaage», sondern man verband den anvisierten Punkt in der kürzesten Distanz, wobei man oft sehr steile Wegstrecken in Kauf nahm. Das Maß der Steigung ergab sich wohl vor allem aus der Leistungsfähigkeit der Saumtiere.

Oberhalb von Stalden eignete sich keine einzige Stelle für den Bau einer steinernen Brücke. Zwischen St. Nikolaus und Herbriggen überquerte man die Mattervispa wohl mit Hilfe eines hölzernen Steges, der nach jedem Hochwasser wieder ersetzt werden mußte. Südlich von Täsch waren die Talflanken derart ausgeräumt, daß man sie in der Höhe über den Weiler Ried umgehen mußte. Stiche

aus dem 19. Jahrhundert zeigen noch die hölzerne Brücke (Abb. 73), die in der Nähe der heutigen «Metrostation» den Fluß überquerte. Der Weg führte dann im Bogen hinter dem Bahnhof durch und mündete, heute als Alte Gasse bezeichnet, in den Dorfraum ein.
Ein ganzes Netz von Saumwegen wurde nun ausgebaut: der Weg nach Findelen, der Weg nach Zmutt (Abb. 74) und weiter zum Col d'Hérens, dann aber vor allem der Theodulweg (Abb. 75). Unregelmäßig gelegte Platten, grob gemauerte Futter- und Stützmauern kennzeichnen diese Wege. Einer der damals angelegten Saumwege verdient jedoch baugeschichtlich unser Interesse.

Von Zermatt ins Val d'Anniviers

Hartnäckig hat sich bis heute in Zermatt und im Val d'Anniviers die Tradition einer einstigen Handelsverbindung zwischen den beiden Tälern erhalten. Das von Norden nur schwer zugängliche Val d'Anniviers war während der klimatisch günstigen Zeit (11.–13. Jahrhundert) auf einen Zubringer von Süden her angewiesen (Abb. 64). Als Verbindung kamen nur die beiden heute schwierig zu begehenden Pässe Triftjoch und Col Durand in Frage. Wegspuren, die zu letzterem Übergang geführt haben, will man früher festgestellt haben. Der Zugang zum Triftjoch hinauf weist keinerlei alte Wegspuren auf. Doch zeigt die stark gemusterte Hangfläche hinter dem Bahnhof eine vom alten Dorfweg abzweigende Wegspur, die sich über längere Strecken vom heutigen Wanderweg gegen Schweifinen (Abb. 64/4) hinauf abhebt. Je höher man steigt, desto mehr entpuppt er sich als einst gut ausgebauter Saumweg von durchschnittlich 1,50 m Breite (Abb. 76).
In großzügig angelegten Serpentinen zieht er sich hangaufwärts, heute durch groß angelegte Lawinenverbauungen

Abb. 71
Der gepflästerte Weg führt zwischen Felsblöcken hindurch.

unterbrochen, bis er auf 2700 m in die Triftchumme (Abb. 64/6) einmündet. Wiederum steigt er an, um dann unter der Blockhalde des «Böse Tschugge» zu verschwinden (Abb. 77). Die den Hintergrund absperrende senkrechte Felswand scheint ein unüberwindliches Hindernis geboten zu haben, doch sorgte eine Verwerfung dafür, daß genau an der Stelle, wo das noch festgestellte Trassee hinzielte, eine ziemlich steile Rampe die Überwindung der Felswand ermöglichte. Auch der Flurname «Uf der Flue» weist auf die Bezwingung des natürlichen Hindernisses hin (Abb. 77).
Die Bezeichnung «Eseltschuggen» in der Gegend der Rothornhütte dürfte einen Hinweis geben, daß es hier mit

dem Säumen zu Ende war. Über die Karmulde zur fast senkrechten Felswand, die zum Joch hinaufführt (3527 m), mußten die Lasten von Menschen getragen werden (Abb. 78). Etwas leichter zu erklimmen ist die parallel dazu verlaufende Wand des Col du Montet. Noch vor Beginn des modernen Tourismus stieg der damalige Zermatter Pfarrer Josef Ruden im Sommer 1849 zum Paß hinauf und entdeckte auf der Nordseite Reste einer hölzernen Leiter, die darauf hinweist, wie man solche Hindernisse im Mittelalter überwand. Einen Parallelfall finden wir bei der Erschließung des Dorfes Albinen nördlich von Leuk. Bis zur Zeit des modernen Straßenbaus mußte man auch hier senkrechte Felswände mit Hilfe von Leitern überwinden (Abb. 79).
Für die Anlage des Saumweges nutzte man überall die Geländegunst. So war

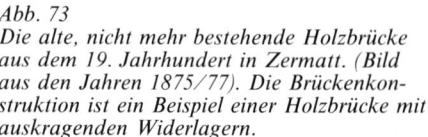

Abb. 72
Das oberste noch sichtbare Wegstück befindet sich bei der Gandegghütte. An der Stelle des Mastes der Bahn, die auf das kleine Matterhorn führt, war einst das Felsband wie zerschnitten, so daß man bequem auf die Seitenmoräne des oberen Theodulgletschers gelangen konnte.

Abb. 73
Die alte, nicht mehr bestehende Holzbrücke aus dem 19. Jahrhundert in Zermatt. (Bild aus den Jahren 1875/77). Die Brückenkonstruktion ist ein Beispiel einer Holzbrücke mit auskragenden Widerlagern.

Abb. 74
Seit 1982 ist der mittelalterliche Saumweg von Zermatt nach Zmutt als Wanderweg wieder instandgestellt worden.

Abb. 75
Unregelmäßige, jedoch handwerkliches Können verratende Pflästerung oberhalb des Weilers zum See.

Abb. 76
Der alte Triftweg hoch über Zermatt auf Chüeberg.

Abb. 77
Aufstieg zum Triftjoch. A: Saumweg auf der Triftchumme, B: Aufstieg zur Blockhalde Böse Tschugge, C: Natürliche Rampe in der Felswand, eine Verwerfung, D–E: Traverse Uf der Flue.

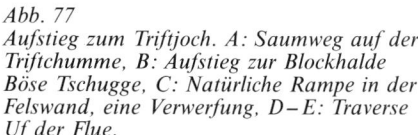

Abb. 78
Fortsetzung des Aufstieges zum Triftjoch. D–E: Uf der Flue, F: Eseltschuggen (ungefährer Standort der heutigen Rothornhütte auf 3177 m, G: Col du Montet, H: Triftjoch.

Abb. 79
Ansicht der Leitern von Albinen im 20. Jahrhundert. Diese Leitern bildeten einst die einzige Verbindung zwischen dem Dorf Albinen und dem tief eingeschnittenen Tal Leuk – Leukerbad. Heute sind sie noch in Gebrauch als Fußwegverbindung von Leukerbad nach Albinen.

wa 2300 m). Der direkte Zugang durch die Triftschlucht wurde erst im frühen 19. Jahrhundert angelegt.

Aus dem gesamten Zusammenhang darf man wohl die Folgerung ziehen, daß dieser sehr gut angelegte, regelmäßig ansteigende Saumweg primär nicht als Alpweg gebaut wurde, sondern der Verbindung ins Val d'Anniviers diente. Deutliche Wegspuren unter der lockeren Blockflur bis etwa 2800 m dürften diese Vermutung bestätigen.

Vorboten des modernen Straßenbaues

Die schier unüberwindlichen Hindernisse der Hochalpen forderten den Menschen schon früh heraus, um seine Handelsbedürfnisse befriedigen zu können. Einzelne Brücken, meist an halsbrecherischen Stellen, sowie raffiniert angelegte Saumwege waren die Spitzenleistungen sowohl der Antike als auch des Mittelalters. Neue Verkehrserfordernisse, die im Val d'Hérens möglicherweise mit dem Bergbau zusammenhängen dürften, riefen nach neuen Wegen, die bereits im 17. Jahrhundert entstanden und als Vorläufer des modernen Straßenbaues gelten können.

Abb. 81
Primitive Grubenhüttchen auf der Hangverflachung auf Schweifinen (ca. 2200 m ü. M.).

der Weg über weite Strecken nur gebahnt. Bei der Überwindung von Felsbändern legte man einen Unterbau aus Bruchsteinen an. Die einstige Breite des Weges zeigt sich durch die Anrißstelle auf der Hangseite, von wo sich im Laufe der Zeit eine Solifluktion (Hangkriechen) einstellte und die Wegspur zu einem schmalen Pfad einengte (Abb. 80). Es sei daran erinnert, daß erst um 1300 der Zugang vom Val d'Anniviers zum Rhonetal geschaffen wurde. Man wählte aus dem Val d'Anniviers statt des Umweges nach Norden die beschwerliche Reise über das Triftjoch, dessen Begehung mit der Klimaverschlechterung im 14. Jahrhundert immer schwieriger wurde und schließlich ganz aufgegeben werden mußte.

Der einst gut ausgebaute Saumweg zum Triftjoch hinauf durchquerte zwei größere Alpwüstungen. Die erste liegt auf der Hangterrasse *Schweifinen* (Abb. 81) auf

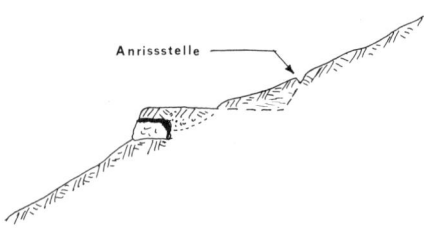

Abb. 80
Querschnitt des Triftweges.

etwa 2200 m. Es handelt sich um mehr als ein halbes Dutzend sehr kleine Grubenhäuschen. Da der Weg einige sogar anschneidet, dürfen wir annehmen, daß sie beim Bau des Weges bereits verlassen waren; sie gehören also vermutlich dem frühen Mittelalter an. Bei der oberen Gruppe bei *Recheten* (Abb. 64/5), etwa 2400 m, handelt es sich um einräumige Steinhäuschen, wie sie für die hochmittelalterlichen Alphüttchen typisch sind. Von hier zweigte ein heute stark verfallener Weg ab, der zur umfangreichen Alpwüstung in der Triftchumme führte (et-

Der Zugang zum Val d'Anniviers um 1300 erforderte den Bau von Brücken und das Einschneiden des Saumweges in die Felswände. Streckenweise befestigte man an diesen auch Stege. Diese Anlage wurde um 1700 für den Verkehr mit kleinen Wagen ausgebaut. Schließlich erfolgte etwa 1840 bis 1857 der Bau einer guten Fahrstraße, die nach dem Zweiten Weltkrieg verbessert und verbreitert wurde, um dem heutigen motorisierten Verkehr gewachsen zu sein.

Auch im Val d'Hérens wurde schon in der ersten Hälfte des 17. Jahrhunderts

mit der Verbesserung der Verkehrswege
begonnen. Der alte Talweg über Vex
nach Euseigne wurde zu einem Sträßchen erweitert, und auch nördlich von
Evolène findet sich über lange Strecken
ein noch vorhandenes, etwa 4 m breites
Trassee, das von einer sorgfältig errichteten Trockenmauer talseits abgestützt
wird. Im Gegensatz zur heutigen Straße
führte es über den die Gegend beherr-
schenden Felskopf, den die Kapelle
Notre Dame de la Garde (Abb. 82) dominiert. Sie trägt die Jahreszahl 1625
und ist das Ziel eines Prozessionsweges
von Evolène her, dessen 14 Stationen das
Sträßchen säumen.

Wenig später dürfte diese einfache Fahrstraße nach Süden verlängert worden
sein, denn als Wegbegleiter finden wir
hier die Friedhofkapelle von 1639. Sie
verläuft anschließend, gesäumt von
mehreren alten Gebäuderuinen, weiter
zum Weiler La Tour, dessen turmartige
Blockbauten auch aus jener Zeit stammen dürften. Bei Praz Jean, nur etwa
1 km von der alten Brücke entfernt, wurde im 17. Jahrhundert eine Brücke mit
dem typischen Eselsrücken und einem
Bildstöcklein erbaut (Abb. 83). Auch
hier konnte man die tiefe Schlucht mit
einer festen Brücke überwinden; sie
führt zu einigen verlassenen Häusern,
wo vor Jahrhunderten Minen von silber-
haltigem Blei- und Zinkerz ausgebeutet
wurden. – Die moderne Fahrstraße wurde dann erst gegen 1870 angelegt und in
den 60er Jahren unseres Jahrhunderts
großzügig ausgebaut.

Diesen Pionierleistungen im modernen
Straßenbau hat das Mattertal nichts an
die Seite zu stellen. Die ehemalige Drehscheibe des Saumverkehrs, Zermatt,
konnte noch lange durch keinen Fahrweg erreicht werden. Erst nach 1860, als
das Dorf durch die Bezwingung des
Matterhorns berühmt wurde, erhielt es
den ersten Straßenanschluß. Allerdings
konnte das Tal wenig später aufholen,
als es 1892 als einziges der vier hier
besprochenen Walliser Täler eine Bahn-
verbindung mit der Außenwelt erhielt.

Abb. 82
Ostseitiger Talweg im Val d'Hérens mit
Kapelle Notre Dame de la Garde.

Abb. 83
Brücke bei Praz Jean (Val d'Hérens) aus dem
17. Jahrhundert.

Literatur

Zu: Früher begangene, jetzt vergletscherte
Hochalpenpässe

Schultze, Dr. W.: in Mitteilungen des Deutschen und Österreichischen Alpenvereins,
Innsbruck, Nr. 9 u. 10 (1989).

Zu: 5000 Jahre Walliser Straßenbau

Lehner, P., et al.: Fund mittelalterlicher Münzen, Schuhwerk, Kleiderresten und menschlichem Gebein am oberen Theodulgletscher
bei Zermatt. Blätter aus der Walliser Ge-

schichte (BWG), hrsg. vom Geschichtsfor-
schenden Verein vom Oberwallis, XIX, Bd. 1
(1986), S. 187–200.

Lüthi, A.: Zermatt und die Hochalpenpässe.
Eine geländearchäologische Untersuchung.
BWG XVIII, Bd. 1 (1978), S. 9–134.

Lüthi, A.: Nochmals der Theodulpaß. BWG
1980, S. 343–356.

von Roten, Dr. H. A.: Türme und Dorfadel im
Oberwallis. BWG XXII, 1990, S. 115.

Die Anfänge
des preußischen Chausseebaus

Friedrich II., 1740–1786 König von Preußen, auch Friedrich der Große genannt, bevorzugte den Ausbau von Wasserstraßen und ließ den Bau von «Kunststraßen» nicht zu. Kurz nach seinem Regierungsantritt als Nachfolger Friedrichs II. ordnete der Preußenkönig Friedrich Wilhelm II. (Regierungszeit 1786–1797) eine möglichst dauerhafte Instandsetzung der meist unbefahrbaren Wege des Herzogtums Magdeburg an, wobei auch die Zweckmäßigkeit von Chausseebauten in Erwägung gezogen werden sollte. Im Mai 1787 wurden zwei vom Staat zu finanzierende Chausseen im Magdeburgischen und Halberstädtischen beschlossen und 1788 mit dem Bau der ersten Chaussee, der Straße von Magdeburg über Bernburg, Könnern und Halle zur sächsischen Grenze bei Leipzig, begonnen. Fast gleichzeitig fing man mit dem Chausseebau in der Grafschaft Mark und in der Kurmark (Berlin – Potsdam) an.

Friedrich II. von Preußen herrschte beim Regierungsantritt über 121 000 km^2 mit 3¾ Mio. Einwohnern. Er übergab bei seinem Tode 1786 seinem Nachfolger 198 000 km^2 mit 5½ Mio. Einwohnern und einen wohlgefüllten Staatsschatz. In dessen Regierungszeit erbte Preußen 1791 die Markgrafschaften Ansbach und Bayreuth; zudem vergrößerte es durch die polnischen Teilungen sein Staatsgebiet um 66 % auf 314 840 km^2. 1805, nach den verlorenen Napoleonischen Kriegen, mußte sich Preußen auf die Gebiete östlich der Elbe beschränken. 1808 wurden infolge der Steinschen Reformen die Organisation und Verwaltung des Staates grundlegend geändert. Nach den Befreiungskriegen dehnte sich Preußen, insbesondere im Westen, erheblich aus. Das Staatsgebiet bestand jetzt aus einem großen zusammenhängenden Teil mit acht Provinzen und der Hauptstadt Berlin und einem davon getrennten westlichen Teil mit zwei Provinzen am Rhein und in Westfalen. In die Regierungszeit Friedrich Wilhelms II. und Friedrich Wilhelms III. (1797–1840) fiel der Beginn des preußischen Chausseebaus, der sich somit auf die Zeit zwischen 1786 und 1805 datieren läßt. Wegen der veränderten flächenmäßigen und politischen Situation nach 1806 ist ein Vergleich mit der Zeit davor nicht möglich.

Vorläufer des preußischen Chausseebaus im 18. Jahrhundert in anderen Ländern

Deutschland war zu dieser Zeit in eine Unzahl souveräner Staaten zersplittert, von denen fast jeder eine eigene Rechtsprechung, eigene Münzen, Maße und

Abb. 84
Die Straßenverhältnisse waren Anfang bis Mitte des 18. Jahrhunderts im deutschsprachigen Raum Europas vielleicht nicht so schlimm und schwierig wie zwischen Mexico und Vera Cruz, aber sicher ähnlich.

Gewichte besaß. Kaum einer der deutschen Teilstaaten besaß ein zusammenhängendes Territorium. Preußen besaß außerhalb seiner Staatsgrenzen einen beträchtlichen Streusitz, z. B. das Fürstentum Ostfriesland, Gebiete im rheinisch-westfälischen Raum, im Bayerischen und Sächsischen bis hinunter zur Schweiz (Neuchâtel). Außerdem zerschnitten die sich etwa 125 km von Ost nach West und 15–20 km in Nordsüdrichtung ausdehnenden anhaltinischen Fürstentümer mit den Residenzstädten Dessau, Zerbst, Köthen und Bernburg das preußische Herzogtum Magdeburg in zwei Teile. Der größere Teil mit der Stadt Magdeburg lag nördlich von Anhalt, der kleinere mit der Stadt Halle südlich. Der Weg zwischen diesen beiden Städten führte also über anhaltinisches Gebiet.

Behindert wurde der immer reger werdende Fracht-, Post- und Reiseverkehr durch viele Streitereien der deutschen Staaten untereinander, durch unterschiedliche Postbestimmungen sowie durch schlechte, nach Regen oder in der Winterzeit unpassierbare Wege (Abb. 84). Auch die bedeutendsten, die sogenannten Heer- und Landstraßen, waren kaum befestigte Erdstraßen, auf denen die Fuhrwerke oft zerbrachen, umschlugen oder im Schlamm steckenblieben. Die Reisegeschwindigkeiten waren minimal (z. B. für die Fahrposten weniger als 4 km/h). Luther brauchte für seine Reise von Wittenberg nach Worms (1521) bei günstiger Witterung 13 Tage, von Eisenach nach Jena zwei Tage. 1820 fuhr man von Leipzig nach Berlin noch vier bis fünf Tage. Den Landesherren oblag die Aufsicht über die Wege und

über die Wegebaupflichtigen; die Landesherren forderten aber auch Geleit-, Wege- oder Brückengeld von den Reisenden und den Fuhrleuten. Das Stapelrecht, das ursprünglich dafür sorgen sollte, die Versorgung der städtischen Einwohner mit Nahrungsmitteln und anderen Gütern sicherzustellen, wurde von den Städten mißbraucht, indem sie von den Fuhrleuten und Kaufleuten Abgaben forderten, bevor diese weiterreisen durften. Dies führte dann aber dazu, daß sich immer mehr Fuhr- und Kaufleute dem Geleit, dem Stapelrecht und dem Straßenzwang entzogen, wodurch erhebliche finanzielle Verluste für die Landesherren entstanden. Deshalb sollten gute, jederzeit befahrbare Straßen den geldbringenden Fracht- und Postverkehr (einschließlich Postreisenden) in das Land ziehen.

Chausseen sind Kunststraßen, d. h. ingenieurmäßig angelegte Straßen, die nicht durch «die Willkür der Fuhrleute» entstanden sind und mit Steinschotterung befestigt wurden. Die Beschotterung wurde auch Chaussierung genannt. In der Regel wurden sie alleeartig mit Bäumen bepflanzt. Geprägt wurde der Name durch das 1716 in Frankreich gegründete «Corps des ponts et chaussées» (Abb. 85). Auch als später die wassergebundenen durch hydraulisch oder bituminös gebundene Decken oder durch Pflaster ersetzt wurden, hielt sich der Name Chaussee für Landstraßen als Gegensatz zu den Stadtstraßen bis zum Anfang unseres Jahrhunderts.

Vorbilder für preußische Chausseen waren vorhergehende Chausseebauten:

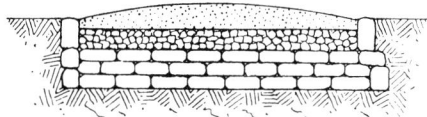

Abb. 85
Französischer Straßenunterbau.

Baubeginn	Land	Strecke
1675	Frankreich	Paris–Orléans
1727	Köln	Köln–Bonn
1733	Baden	Karlsruhe–Durlach
1752	Württemberg	Stuttgart–Ludwigsburg
1753	Kurpfalz	Bacharach–Rheinböllen
1754	Thüringen	Eisenach–Erfurt
1764	Hannover	Hannover–Hameln
1764	Kursachsen	Leipzig–Dresden
1770	Braunschweig	Braunschweig–Helmstedt

Abb. 86
Preußischer Personenpostwagen in der ersten Hälfte des 18. Jahrhunderts.

Die Verkehrsverhältnisse am Ende des 18. Jahrhunderts

Der Merkantilismus förderte den Warenaustausch, die Barockzeit mit ihrer «Bauwut» forcierte den Transport von Baumaterialien, die wachsenden Städte brauchten eine umfangreichere Versorgung. Zum großen Teil wurden zwar Baumaterialien (Holz, Steine, Kalk) und Brennstoffe (Holz, Torf, Holzkohle) mit dem Schiff transportiert, aber es blieb noch ein bedeutender Teil für den Fahrzeugtransport. Landwirtschaftliche Erzeugnisse, Salz und Wein wurden überwiegend mit Fahrzeugen transportiert, Vieh (Schafe, Rinder) wurde getrieben. Dazu kam der Gemeindeverkehr der Bauern und der Militärverkehr (Kanonen, Gepäck, Munition, Verpflegung).

Die Reiselust war gewachsen, Diplomaten und Fürsten reisten oft zu Kongressen, Verhandlungen oder Familienfeierlichkeiten; Adlige und Bürger gingen auf «Bildungsreise». Beim Umzug zwischen den Sommer- und Winterresidenzen fuhren nicht nur der Hof und die Regierung hin und her, sondern es wurden auch riesige Kolonnen mit Möbeln, Geschirr, Wäsche und Akten in Bewegung gesetzt.

Die Fahrzeuge für den Personentransport waren komfortabler geworden, aber in Preußen noch lange nicht überall üblich (Abb. 86). Für die Reisenden gab es ab Anfang des 18. Jahrhunderts Fahrzeuge mit Federung (Aufhängung des Wagenkastens an Riemen, seltener an Holzfedern), die Lenkung war durch Vorderwagen mit Spannagel, Drehscheit und Deichselschere sowie durch die Verbindung zum Hinterwagen mit Langbäumen wesentlich verbessert (Abb. 87).

Die Fahrzeuge für den Gütertransport waren seit dem Mittelalter unverändert geblieben. Normale einachsige zweirädrige Karren mit Zuggabel (gegebenenfalls waren zwei Pferde hintereinander gespannt), wie sie in der Landwirtschaft benutzt wurden, konnten max. 0,6 t befördern, zweiachsige vierrädrige mit Deichsel und zwei bzw. vier Pferden

max. 2 t. Für Transporte von Handelswaren wurden auch schwere Karren benutzt, die zweirädrig bis 1,6 t und vierrädrig weit mehr als 2 t beförderten. Im landwirtschaftlichen Verkehr wurden ebenfalls Kühe als Zugtiere verwendet, kleine Karren wurden von Hunden oder Ziegen gezogen. Die Verwendung von Schlitten im Winter war selten. Viele Menschen gingen jedoch zu Fuß, teilweise mit erheblichen Lasten, die sie in einem Korb auf dem Rücken oder mit Hilfe eines über die Schulter gelegten Querholzes trugen. Deshalb gab es – zum Lastabsetzen – an den Straßen «Ruhesteine».

Die brandenburgischen und preußischen Herrscher waren bis 1786 wenig geneigt, sich intensiv mit den Fragen des Straßenbaus zu beschäftigen oder dafür sogar Gelder zu bewilligen. Der Handelsverkehr wurde soweit wie möglich auf die natürlichen Wasserwege verwiesen, die durch Kanalbauten erweitert und verbessert wurden. Die Verbindungen zwischen Oder und Elbe durch Kanäle unter Einbeziehung von Spree und Havel ermöglichten einen durchgehenden Schiffsverkehr von Breslau über

Berlin nach Magdeburg und Hamburg. Dazu kamen sicherlich militärische Überlegungen. In der friedizianischen Zeit wurden daher die übergeordneten Landstraßen nicht besonders befestigt, aber Gräben und Wälle zur Wasserführung und zur Verhinderung des Abweichens von der Straße angelegt sowie Weiden-, Maulbeer- und Obstbäume bzw. Hecken gepflanzt oder Findlinge an den Straßenrand gesetzt. Eine möglichst geradlinige Linienführung wurde angestrebt. Die Straßenbreite – zwischen den Gräben – sollte betragen: bei Heerstraßen 11,20 m, bei Poststraßen 7,50 m und bei sonstigen Straßen 3,80 m. Der Vorschlag der Akzise-Direktion (Steueramt) von 1768, mit dem Bau einer Chaussee von Magdeburg nach Leipzig zu beginnen, um die Staatseinnahmen zu erhöhen und zusätzliche Beschäftigungsmöglichkeiten zu schaffen, wurde von Friedrich II. abgelehnt. Auch Vorstöße anderer Verwaltungsstellen scheiterten.

Abb. 87
Ankunft einer Diligence im 18. Jahrhundert. Diese Wagen hatten verschiedene Namen wie Eilwagen, Postomnibus oder Malleposten. Güter wurden mit Packwagen befördert. Tägliche Verbindungen von Ort zu Ort hießen Journalièren.

Zeittafel

1688–1713	Kurfürst Friedrich III. ab 1701 König Friedrich I.	Erstes Publicandum zum Straßenbau
1713–1740	König Friedrich Wilhelm I.	Ordnung des Postwesens, Setzen von Meilensteinen
1740–1786	König Friedrich II. (Friedrich der Große)	Ausbau der Wasserstraßen Regeln für unbefestigte Straßen
1786–1797	König Friedrich Wilhelm II.	Erste Chausseebauten
1797–1840	König Friedrich Wilhelm III.	1806–1815 Unterbrechung des Chausseebaus durch Preußisch-Napoleonische Kriege 1814 erste Chausseebauvorschrift

Die Erkundungsreise

Der stärkste Befürworter des Kunststraßenbaus in Preußen war der Minister von der Schulenburg-Blumenberg (Alexander Friedrich Graf von der Schulenburg war von 1786–1790 Minister für das Departement des Herzogtums Magdeburg). Er verhalf dem wirtschaftlichen Gesichtspunkt des Straßenbaus zum Sieg über den rein militärischen, der bei König Friedrich II. das Übergewicht hatte. Als Minister im Generaldirektorium, der damaligen Regierung, regte Schulenburg 1787 den Bau von Kunststraßen von Leipzig über Halle und Magdeburg nach Hamburg und von Leipzig über Magdeburg und Halberstadt nach Braunschweig an; es sind die beiden wichtigsten, schon sehr alten Handelsstraßen in diesem Bereich Preußens. Aber noch fehlte es in Preußen an allen technischen Erfahrungen im Chausseebau. Im Gegensatz zu Frankreich, wo bereits im Jahre 1716 das «Corps des ponts et chaussées» gegründet worden war, wo seit 1747 die «Ecole des ponts et chaussées» für die Ausbildung der Straßenbaubeamten sorgte und 1789 bereits 38000 km Routes Nationales vorhanden waren, gab es in Preußen weder ausreichend ausgebildete Straßenbauer noch genügende Chausseebauten.
Um die vorhandenen Erfahrungen in Deutschland auszuwerten, schickte der Minister Schulenburg den für eine Erkundigungsreise als besonders geeignet betrachteten Baudirektor der Magdeburgischen Kammer auf eine Rundreise zum Studium der Chausseebauten Deutschlands. Es handelte sich um den Baudirektor Mathias Stegemann, geboren am 21. Mai 1737, der sich bis dahin im wesentlichen mit Schleusen- und Wasserbau beschäftigt hatte. Die Reise ging von Magdeburg über Dresden, Moritzburg, Prag, Wien, Linz, Regensburg, Nürnberg, Ansbach, Stuttgart, Straßburg, Mannheim, Augsburg, Ulm, Stuttgart, Koblenz, Frankfurt/Main, Hanau, Fulda, Kassel, Minden, Göttingen, Hameln nach Hannover und zurück nach Magdeburg. Aus dem Bericht von Stegemann aus dem Jahre 1787 ist zu erkennen, wie schlecht, aber auch wie unterschiedlich der Chausseebau in den deutschen Kleinstaaten gehandhabt wurde. So heißt es dort z. B., «Hessen – Darmstadt hat ebenfalls seine eigenen Plans und Grillen», und über die hannoverschen Chausseen, daß sie «im ganzen ungleich und poltrig sein» und «die Kurhessischen, Fuldaer, Ilsenburger, Stadt Frankfurter auch nicht besser aussehen». Die Steinstraßen in Hannover machten viele Windungen, weil man vielmals gewundenen alten Landstraßen folgte und nicht die Bauern zur Hergabe von Akkergelände bewegen wollte. Er erwähnte die sehr guten Entwässerungsanlagen der kurmainzischen Chausseen und ihre Bepflanzung mit italienischen Pappeln. Auch wurden in den westdeutschen Staaten in vielen Fällen Obstbäume für die Straßenbepflanzung verwendet. In der Kurpfalz erkannte er an den langen schnurgeraden Straßenzügen die Einflüsse des benachbarten Frankreichs. Dessen Chausseen lobte er bei der Durchfahrt durch das Elsaß über alle Maßen. Den wesentlichen Grund für die hohe Qualität der Straßen sah Herr Stegemann darin, daß Frankreich kein Chausseegeld erhob, sondern den Straßenbau aus dem Staatsfonds bestritt. In Deutschland war es dagegen überall üblich, Chausseegeld zu erheben. Württembergs und Badens Chausseen hatten eine Kiesdecke auf einer Packlage von unbehauenen Steinen. Dagegen rühmte Stegemann das Straßensystem von Ansbach. Dort fand er nicht nur die besten Entwässerungsanlagen, sondern auch die beste Straßenausstattung mit Ruhebänken und Denkmalen zum Schmuck der Chausseen. Er spricht von den «schönsten Steinchausseen in Deutschland» sowie den «einzig größten Zierraten zum Lust derselben». Auch Böhmen und Sachsen hatte Stegemann bereist, hatte aber keine vorbildlichen Bauten dort gefunden. Trotz dieses positiven Erfahrungsberichtes kam es aber noch nicht so schnell zu einem umfassenden Chausseebau in Preußen. Die Minister Schulenburg und Heinitz schlugen zwar vor, im Osten des Staates ein einheitliches Chausseenetz in Angriff zu nehmen, aber sie scheiterten an dem für die Finanzen zuständigen Staatsminister Wöllner, der einen entsprechenden Dispositionsfonds nicht zur Verfügung stellen wollte.

Der Wettbewerb

In dem Regierungsprogramm – so würden wir heute sagen – von Friedrich Wilhelm II. spielte das Anlegen und Verbessern der Wege eine große Rolle. Für den Beginn suchte man sich das Herzogtum Magdeburg und das Fürstentum Halberstadt aus, weil hier die Wege besonders schlecht waren und zwei wichtige Straßen durch dieses Gebiet hindurchgingen, nämlich die von Hamburg nach Leipzig und die von Braunschweig nach Leipzig. Zudem war der Departement-Minister, der Graf Schulenburg-Blumenberg, ein besonders aktiver Befürworter des Straßenbaus.
Bereits im Herbst 1786 war das Aufmaß aller wichtigen Streckenabschnitte unter wesentlicher Mitwirkung des Kriegs- und Domänenrates Mathias Stegemann, später Baudirektor der Kriegs- und Domänenkammer zu Magdeburg (dieses war die Provinzialregierung), erfolgt. Das sehr kostspielige Unternehmen wollte der König aber nur unter der Bedingung durchführen, daß ihm durch Sachverständige eine zweckmäßige Trasse vorgelegt und auch die für den Bau und den Unterhalt der Straße notwendigen Vorschläge gemacht würden. Denn Fachleute waren weder der Graf Schulenburg-Blumenberg als Verwaltungsfachmann noch Mathias Stegemann, der im wesentlichen bisher im Wasser- und Schleusenbau gearbeitet hatte. Neben den Reiseerfahrungen wollte der König auch noch alle in seinem Bereich vorhandenen Kenntnisse sammeln und vergleichen können. So wies er den Geheimen Finanzrat von Wöllner an, einen Wettbewerb auszuschreiben. Dieser befahl der Königlichen Akademie der Wissenschaften in Berlin, einen Preis von 100 Dukaten auf die beste Abhandlung über die Anlegung zweier Heerstraßen durch das Magdeburgische und Halberstädtische auszusetzen. Die Ausschreibung erging am 23. Januar 1787. (In Magdeburg wurde sie am 27. Januar 1787 veröffentlicht.) Die Preisfragen hießen:
«Wie diese beiden großen Heerstraßen, die eine von Hamburg aus dem Lüneburgischen durch Leipzig, die andere von Braunschweig über Halberstadt nach Leipzig am besten angelegt werden können? Damit solche den kürzesten Weg nehmen, keine große oder Handelsstadt unberührt lassen, so nahe als möglich bei

schiffbaren Strömen bleiben und so wenig als möglich fremde Länder durchkreuzen? Welches die Mittel sind, die man zur dauerhaften Anlage und Unterhaltung dieser gebahnten Heerstraßen aufbringen müsse? Welche Materialien hierzu am besten zu gebrauchen sind? Woher sie am vorteilhaftesten genommen und wie sie am besten zum Ort ihrer Bestimmung transportiert werden können?»
Aus dieser Fragestellung sind die verkehrspolitischen Gründe zu erkennen, die zur Anlage dieser Straßen führen sollten. Es sollte ein Zeitvorteil gegenüber anderen Wegen entstehen, es sollten alle wichtigen Städte berührt werden, und man sollte so wenig als möglich fremdes Hoheitsgebiet benutzen müssen. Man erhoffte sich dadurch, die Handelsströme über und durch sein eigenes Land zu lenken. Darüber hinaus deuten die Fragen an, daß man nach einer verwaltungsmäßig guten Organisation für die Anlage und Unterhaltung der Straßen suchte und daß man technische und bauwirtschaftliche Fragen mitbeantwortet haben wollte. Dem Preisgericht genügten alle eingereichten Arbeiten (die drei besten Arbeiten der 15 Teilnehmer wurden veröffentlicht) nicht – auch aus heutiger Sicht ist das sehr verständlich. Aber weil Ende 1787 unbedingt mit dem Bau begonnen werden sollte, mußte entschieden werden. Den Preis von 100 Talern erhielt Mathias Stegemann, denn er hatte als einziger wohl anhand der besten Ortskenntnisse genaue Trassierungsvorschläge gemacht. Seine Vorschläge für den Bau und die Erhaltung lassen aber seine mangelnden Erfahrungen und geringen Kenntnisse des in anderen Ländern schon weit fortgeschrittenen Straßenbaus erkennen.
Der zweite Verfasser, wahrscheinlich aus dem Braunschweigischen stammend, sagte dagegen fast nichts über die Trassierung, erläuterte aber seine Bauvorschriften ausführlich durch Skizzen und Zeichnungen. Seine Regeln über Pflasterarbeiten lassen eine umfassende Erfahrung auf diesem Sektor erkennen. Die dritte Arbeit ist bei weitem die beste, aber da sie die Trassierung der Straßen unbeachtet läßt, konnte sie nicht prämiert werden. Sie beginnt mit einer verkehrswissenschaftlichen Untersuchung – und da der Verfasser wohl Schlesier ist, werden überwiegend Beispiele aus Schlesien herangezogen. Er zitiert verschiedene Schriftsteller, u.a. Gauthier, der die Straßen mit Adern in einem menschlichen Körper vergleicht: «*Ebenso blüht ein Staat, wenn alle seine Straßen bequem und gut sind, daß sie keine Verzögerung verursachen und alles was zur Bequemlichkeit des Lebens gehört geschwinde und wohlfeil in alle Gegend hinbringen können.*» Er schlägt die Einrichtung von Straßenbaukommissionen vor, die Bau- und Unterhaltung betreiben sollen und aus Fachleuten bestehen

müssen. Die Fachleute müssen zeichnen, vermessen und nivellieren können, sollen den Straßenbau praktisch erlernt haben und dies durch ein entsprechendes Examen belegen. So könnten nach Meinung des Verfassers auch junge Leute für das Zivilfach ausgebildet werden, besonders wenn sie sich im Winter fortbilden würden, z. B. in den Fächern Baukunst, Mechanik und Mathematik. Beispielhaft zitiert er hier Frankreich mit seiner Ingenieurausbildung. Aus einem Chausseebaufonds, der aus den Abgaben der Reisenden gespeist würde, könnten alle diese Ausgaben gedeckt werden. Der Straßenbau würde auch dazu dienen, vor allem in ärmeren Gegenden die Arbeitslosigkeit zu vermindern und dorthin Arbeit und Brot bringen. In einer Vielzahl von Kapiteln werden Regeln über Entwässerung, Straßenbaumaterialien, Brücken einschließlich ihrer Gründungen, Gerinne und Gräben, über den eigentlichen Deckenbau, die Absteckung der Trasse, die Ausschreibung der Arbeiten, die notwendige Aufsicht durch gut bezahltes und fachkundiges Personal (z. B. zwei Aufseher auf 20 Mann), die Arbeitsmittel, wie Schubkarren und Rammen, und der Bauablauf ausführlich erläutert. Der Verfasser gibt spezielle Bauvorschriften in Abhängigkeit von den angetroffenen Böden, genaue Pflastervorschriften und sogar Anregungen zur Akkordarbeit. Schließlich schreibt er über Bäume, Wegweiser, Meilensteine, Ruhebänke, Wirtshäuser und Herbergen. Besonderen Wert legt der Verfasser auf die Durchführung der Straßenerhaltung durch fachkundige Personen und zitiert hierzu Vorschriften aus Frankreich, aus den Herzogtümern Braunschweig und Lüneburg, aus Holland, aus der Schweiz, aus Kur-Trier und Breisgau. Diese Einsendung läßt einen sehr fachkundigen und auch in anderen Ländern erfahrenen Straßenbaufachmann erkennen.
Durch die Erkundungsreise von Herrn Stegemann und durch den Wettbewerb waren nunmehr die theoretischen Erfahrungen gesammelt, die man zur Umsetzung des Straßenbaus in Preußen benötigte. Allerdings fehlten nach wie vor die notwendigen organisatorischen Voraussetzungen sowohl für die Finanzierung wie für den Bau, es fehlten die Fachleute, und es fehlten schließlich die notwendigen Reglements.

Die Chaussee Magdeburg–Leipzig

Im Mai 1787 wurde der Bau von Chausseen von Magdeburg nach Leipzig und von Halberstadt nach Leipzig beschlossen. Diese sollten sich südlich Magdeburgs vereinigen, um dann als Hauptchaussee weiter über Neugattersleben, Bernburg, Könnern und Halle nach Großkugel an der preußisch-sächsi-

schen Grenze nahe Leipzig zu verlaufen. Friedrich Wilhelm II. stellte für beide Vorhaben jährlich 50000 Taler bereit. Mit dem Bau der Chaussee zwischen Magdeburg und Leipzig sollte sofort begonnen werden.
Die Magdeburger Domänenkammer (Provinzialregierung) setzte eine dreiköpfige Chausseebaukommission ein, deren Leitung dem Geheimen Baurat Stegemann übertragen wurde. Mit einer Kanzlei in Magdeburg, zwei bis drei Chausseebau-Inspektoren (Conducteuren), Aufsehern und Unteraufsehern hatten sie alle Aufgaben des Chausseebaus und der Instandhaltung fertiggestellter Abschnitte wahrzunehmen. Sie waren auch dafür zuständig, die Grundeigentümer für in Anspruch genommene Flächen zu entschädigen, neue Stein-, Kies- oder Sandlagerstätten aufsuchen zu lassen, Steinbrüche, Kies- und Sandgruben zu eröffnen und zu betreiben, Arbeitskräfte anzuwerben und zu entlassen sowie Spann- und Handdienste der Untertanen bei den Ortsobrigkeiten anzufordern.
In dem Publicandum vom 13. November 1787 betreffend «Obliegenheiten der Untertanen der Magdeburgischen und Halberstädtischen beim Chausseebau» wurden folgende Grundsätze für diese erste Chausseeanlage in Preußen festgelegt:
Die Chaussee war möglichst geradlinig zu führen, ohne die an alten Wegen liegenden Dörfer und Gasthöfe vollständig zu isolieren. Eigentümer, die Land zum Chausseebau hergeben mußten, sollten gegebenenfalls auch durch umgepflügte Teile alter Wege entschädigt werden.
Vorgesehen war die Aufteilung des etwa 17,50 m breiten Planums in 7,50 m Steinbahn, 6,30 m Sommerweg auf der einen und 1,90 m breites Bankett auf der anderen Straßenseite (Abb. 88). Die Gräben rechts und links sollten etwa 60–90 cm tief und auf der Sohle ebenso breit sein. Die Grabenränder waren so bald als möglich mit Gras zu besäen. Die Straßenränder waren mit Pappeln oder Obstbäumen bepflanzt.
Die Chaussee sollte keine größere Steigung als 6% aufweisen; bei Steigungen zwischen 2,5 und 4% fiel ebenso wie in Hohlwegen der Sommerweg weg, bei noch stärkeren Steigungen auch das Bankett; in solchen Fällen waren die Gräben durch gemauerte Wasserrinnen zu ersetzen.
Zur Vorbereitung des Straßenbaus wurde die ausgepfählte Trasse planiert und das Erdreich festgestampft; sumpfige Stellen mußten etwa 1 m tief aufgegraben und mit Steinen, Kies, Sand und Lehm so verfüllt werden, daß sie etwa 30 cm über das Planum hinausragten; so blieb die Trasse den Winter über liegen und konnte mit leichtem Fuhrwerk befahren werden, was gleichzeitig der Verdichtung des Planums diente.

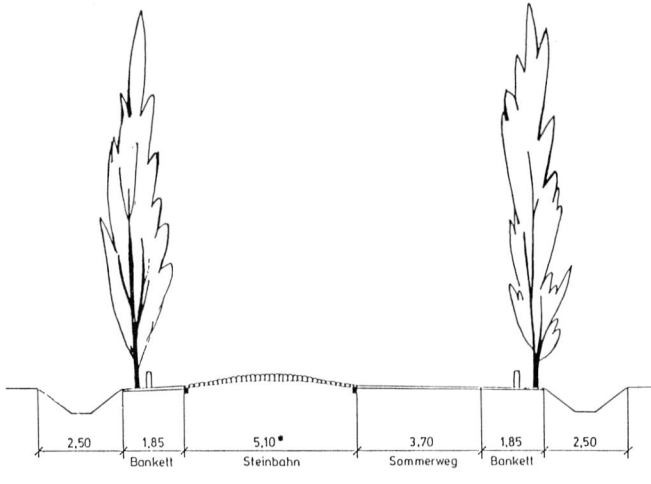

Abb. 88
Beispiel einer preußi-
schen Chaussee mit
Sommerweg.

2,50	1,85	5,10 *	3,70	1,85	2,50
	Bankett	Steinbahn	Sommerweg	Bankett	

* Bei Wegfall Sommerweg,
  Steinbahn 6,30 m oder 7,50 m breit.

Im Frühjahr wurden zu beiden Seiten der vorgesehenen Steinbahn etwa 47 cm hohe Bordsteine etwa 30 cm tief eingegraben und auf ihrer Innenseite der eingebrachte Boden bis etwa 10 cm gegen die Mittellinie abgetragen, so daß ein leicht gewölbter Raum zwischen den Borden entstand.

Die untere Lage der Straßendecke bestand aus groben, harten Steinen, die an den Borden 13 cm und in der Straßenmitte 26 cm hoch von Hand möglichst dicht gepackt wurden. Darauf schüttete man an den Borden 8 cm hoch und in der Straßenmitte 13 cm hoch faustgroße Steine. Auf beiden Lagen wurden so viele Steine, etwa in der Größe von Taubeneiern, aufgetragen, bis nach Stampfen oder Schlagen mit 5 kg schweren Schlegeln die Steinbahn an den Borden 24 cm und in der Mitte 48 cm stark war. Der notwendige Überzug mit ganz kleinen Steinen oder Kies unterblieb allerdings in vielen Fällen aus finanziellen Gründen (Abb. 89).

Der 6,30 m breite Sommerweg hatte eine leichte Neigung zur Grabenseite, und das Erdreich wurde mit 5–8 cm Kies abgedeckt. Das Bankett wurde ebenfalls leicht zur Grabenseite abgeflacht, erhielt aber keine Aufschüttung oder Befestigung; es diente zur Ablage von Baumaterial sowie zur Aufstellung der Meilenzeichen (Abb. 90). Von März bis Oktober 1788 und 1789 wurde gleichzeitig an mehreren Abschnitten gebaut. Die Bauarbeiten ruhten dann 1790 ganz und wurden 1791 weitergeführt. Ab 1802 war die etwa 100 km lange Chaussee von Magdeburg bis zur sächsischen Grenze gegen Zahlung des Chausseegelds befahrbar.

Das Teilstück Magdeburg–Neugattersleben an der Grenze zu Anhalt-Bernburg war 1792 fertig. Der Bau wurde von Preußen im Saalekreis südlich des Fürstentums Anhalt-Bernburg zügig weitergeführt. Anhalt-Bernburg hatte sich zwar bereit erklärt, das auf seinem Hoheitsgebiet liegende Stück mit eigenen Mitteln nach preußischen Plänen zu bauen, nachdem ihm hierfür die Chausseegelder für die 13 km lange Strecke zugestanden wurden. Doch Anhalt-Bernburg verschleppte die Fertigstellung bis Ende 1797 und behinderte so die durchgehende Chausseevermessung von Magdeburg bis Halle. Nullpunkt dieser Vermessung war das Denkmal Ottos I. auf dem Magdeburger Marktplatz.

Der Chausseebau litt teilweise erheblich unter Arbeitskräftemangel. Die Arbeit war schwer, zum Teil gefährlich (z. B. in den Steinbrüchen) und wurde schlecht bezahlt. Auch für das Arbeiten im harten Porphyr gab es keine wesentliche Zulage. Gezahlt wurde für das Lösen von etwa 6 m³ im Bruch 22 Groschen. Ein Bruchaufseher erhielt 2 Taler Wochenlohn (1 Taler = 24 Groschen). Für das Setzen der unteren Gesteinslage gab es für 4 laufende Meter 12 Groschen, für das Schlagen der Bahn mit den schweren Schlegeln 16 Groschen Lohn. Für Bankett- und Grabenplanierung wurden für 4 Meter 4 Groschen gezahlt. 10–14jährige Kinder erhielten für den Kleinschlag (Zerklopfen faustgroßer Steine) für 0,03 m³ 2 Pfennige (1 Groschen =

12 Pfennige). Im Winter wurden die Arbeiter entlassen.

Zur Wartung der Magdeburger Chaussee waren je Meile vier Chausseewärter angestellt, ein Chausseewärter bekam monatlich 5 Taler Lohn. Darüber hinaus erhielt der beste der vier Wärter je Meile noch eine Jahresprämie von 5 Talern. Jährlich gab es eine «Montur», also eine Dienstkleidung, die aus einer dunkelblauen Jacke mit rotem Kragen und Ärmelaufschlägen, aus Weste, Arbeitshose, Hut, Stiefeln und einem Brustschild als Dienstausweis bestand. Die Chausseewärter wohnten mietfrei in eigens für sie erbauten Chausseehäusern (Abb. 91). Die Doppelhäuser standen in einem Abstand von etwa 2 km; die Baukosten für das Haus betrugen rund 1 100 Taler. Jedes Haus besass zwei Kammern, Küche, Keller, Stall und rund 1 250 m² Gartenland. Etwa nach jeder Meile (ca. 7½ km) stand anstelle dieses Doppelhauses ein Dreifachhaus, das 1 900 Taler kostete. Die äußeren Wohnungen dienten je einer Chausseewärterfamilie als Unterkunft, die mittlere größere Wohnung war dem Chausseegeldeinnehmer vorbehalten (Abb. 92). Dieses Haus verfügte zusätzlich über eine «Expeditionsstube» für die Kassengeschäfte, in der sich die Einnehmer ständig aufhalten sollten. Schlagbäume sperrten die Steinbahn und den Sommerweg. Je nach Witterung hatte der Einnehmer für die folgende Meile die eine oder andere Seite der Straße durch Öffnen einer Schranke freizugeben. Die amtlichen Chausseegeldsätze und die zugehörigen Polizeistrafen waren an einer Tafel angeschlagen. Aus dem Chausseegeldtarif vom Mai 1790 können folgende Gebühren und Strafgelder beispielsweise genannt werden:

Abb. 89
Deckenaufbau einer Chaussee in Fahrbahn-
mitte.

Deckenaufbau in Fahrbahnmitte

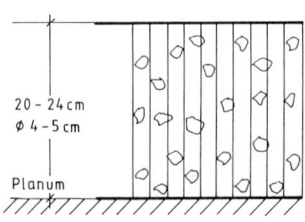

Bei leichtem Verkehr

20 – 24 cm
Ø 4 – 5 cm

Planum

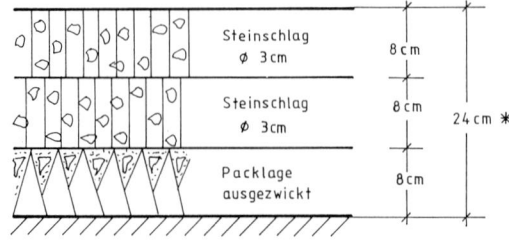

Bei schwerem Verkehr

Steinschlag Ø 3 cm	8 cm
Steinschlag Ø 3 cm	8 cm
Packlage ausgezwickt	8 cm

24 cm *

* bei weniger festem Material
  bis 32 cm
  Packlage mit Hammer verkeilt
  Zweite und obere Lage abgewalzt
  Abwalzung obere Lage mit Sand
  und Lehm.

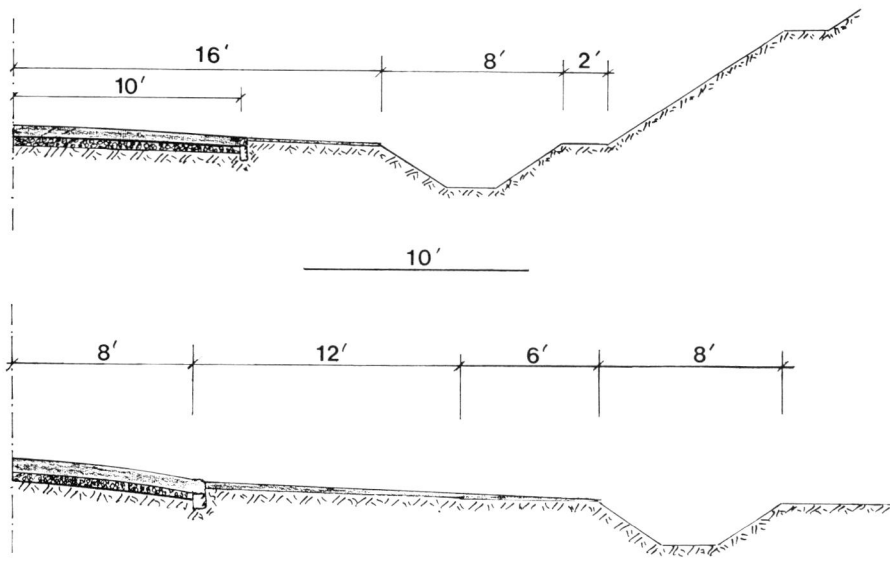

Abb. 90
Genormter Querschnitt einer Chaussee bei
großer (oben) und kleiner (unten) Steigung.
Die Maße sind in preußischen Fuß angegeben
(1 Fuß = 0,3139 m).

Abb. 91
Station 63: Chaussee-
wärterhaus an der
Berliner Straße/Haupt-
straße (heute Clay-
allee).

Abb. 92
Chausseewärter- und
Einnehmerhaus an
der Straße nach
Teltow, gebaut 1852.

Pferdekarren oder Frachtkarren mit Kaufmannsgütern: je Pferd und Meile 1 Groschen,
Extrapost mit Passagieren und zwei Pferden: 9 Pfennig je Meile,
reitende Pferde mit dem Reiter (Offiziere sind frei): 3 Pfennig je Meile,
Rindvieh zum Verkauf: je Stück 2 Pfennig,
Strafe für Beleidigung eines Chaussee-wärters oder Einnehmers: 1 Taler,
Strafe für Beschädigung einer Barriere: 12 Groschen,
Strafe für Beschädigung von Abweiser-steinen, Brückengeländern und Meilen-steinen: zwischen 1 und 5 Talern.

Die ersten sechs Bauabschnitte der Chaussee Magdeburg – Könnern koste-ten in Steinschlagbauweise je Meile 40 000 Taler. Die Kiesbauweise im Be-reich von Halle bis zur sächsischen Grenze kostete je Meile 15 000 Taler.
An Chausseegeld wurden zwischen 1790 und 1796 auf den bis dahin fertigge-stellten Abschnitten pro Meile 1 450 Taler eingenommen, nach Abzug der Unter-halts- und Verwaltungskosten blieb ein Gewinn von 355 Talern pro Meile.

Die Chaussee Berlin – Potsdam

Ein besonderes Interesse hatte das Kö-nigshaus natürlich an dem Ausbau der Chausse Berlin – Potsdam (Abb. 93), war sie doch die Verbindung zwischen den Residenzen Berlin und Potsdam. Hier stellte sich insbesondere die finanzielle Kalamität deutlich dar. Die Anlage, Er-haltung und Ausbesserung der Wege, Dämme und Brücken war ja bis dahin Angelegenheit der Grundherrschaft; ausgeführt wurden die Arbeiten mit Hil-fe der hand- und spanndienstpflichtigen Untertanen. Die Material- und Arbeits-kosten einer Chausseeanlage aber waren derart, daß sie nicht mehr von den Anlie-gern getragen werden konnten. Die Re-paraturkosten alleine der Poststraße von Schöneberg (heute Quartier von Berlin) nach Potsdam wurden auf 2 500 Taler geschätzt, die Baukosten der Chaussee aber auf 25 000 Taler für jede Meile. Die Kriegs- und Domänenkammer als zu-ständige Provinzialverwaltung der Kur-mark mußte daher feststellen, daß es sich bei einem Bau einer Chaussee im Gegensatz zu einer normalen Landstra-ße um ein «völlig neues Werk» handle. König Friedrich Wilhelm II. drängte aber auf den Neubau einer Chaussee, so wie er sie bei seinen Reisen als Kron-prinz bereits in Schlesien kennengelernt hatte (Kiesstraßen in Schlesien, nach Wegereglement vom 11. Januar 1767 als Kolonnenstraßen (= Militärstraßen) in Grafschaft Glatz (1770/71) und danach auch in der Ebene). Wegen Fehlens einer für den Straßenbau zuständigen Verwal-tung beauftragte er den neuernannten Direktor beim Oberhofbauamt, den Ar-

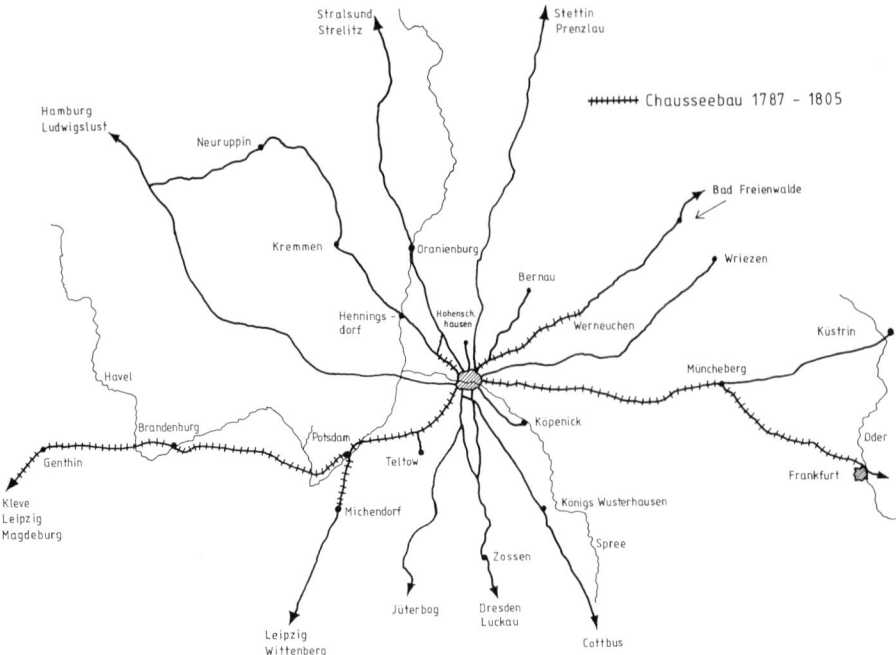

chitekten Langhans, als Vorsitzenden einer Kommission mit der Ausarbeitung eines vorläufigen Reglements. Der König war so ungeduldig, daß er das Ergebnis des Wettbewerbs bei der Akademie der Wissenschaften nicht abwarten wollte und befahl den Neubau eines Probeabschnitts zwischen dem Potsdamer Tor und Schöneberg (Bewilligung der Mittel am 7. März 1788). 1788–1789 wurde diese Strecke als Chaussee ausgebaut (31. Oktober 1789 fertiggestellt). Um dem schlesischen Vorbild möglichst nahezukommen, wurde der schlesische Wegebaumeister Weißbach vom Bauherrn herangezogen. Den Bauherrn vertrat der Bankier und Bauinspektor Itzig. Bei dem Ausbau der Straße folgte man dem schlesischen Vorbild. Zwischen die Bordsteine kam zunächst eine Packlage unbehauener Steine, auf ihr schichtete man keilförmiges Abschlaggestein mit der zugespitzten Seite nach unten und rammte diese Unterlage dann ab. Darüber kamen dann mehrere einzelne Schichten von Kies verschiedener Korngröße, die schließlich mit Lehm eingeschlämmt wurden. Die Decke wurde gestampft. Die Straße war in der Mitte erhöht und auf beiden Seiten von Gräben begleitet. Zwischen der Fahrbahn und den Gräben blieb Raum für ein Bankett und für Chausseebäume. Die Kolonistenstelle für einen Planteur (Gärtner einer Baumschule) wurde in Schöneberg eingerichtet; dort wurden die Pappeln gezogen, die während der ersten 70 Jahre der Straße Schatten spendeten. Der Probeabschnitt der Steinstraße wurde 1789 fertig und fand den vollen Beifall des Königs.
Ganz so gut kann aber diese Bauweise nicht gewesen sein, denn schon im Jahr

1790 urteilte das Oberbau-Departement des Generaldirektoriums: «*Mit der Chaussee vor dem Potsdamer Tor ist das Publikum zwar nicht so ganz zufrieden als der Weißbach glaubt, aber wahrscheinlich ohne seine Schuld, die Unterhaltung ist nicht so wie sie sein sollte.*»
Schon hieraus ist deutlich zu erkennen, daß es mit dem Bau alleine nicht getan war, sondern auch eine regelmäßige Erhaltung sichergestellt werden mußte. Aber viel scheint sich in der nächsten Zeit nicht verbessert zu haben, denn am 20. November 1793 schrieb der Generalintendant der preußischen Chausseen an den König: «*Die Reparatur der Chaussee vom Potsdamer Tor bis an die Schafbrücke* [etwa heutige Potsdamer Brücke über den Landwehrkanal – d. Verf.] *wird immer höchst beschwerlich und kostspielig sein, weil dieser Damm sowohl als auch der in der Gegend des Botanischen Gartens* [heute Kleistpark im Bezirk Schöne-

berg] *und im Dorfe Schöneberg* [Alt-Schöneberg etwa im Bereich Kaiser-Wilhelm-Platz/Kolonnenstraße] *bei dem geringsten Regenwetter durch die von Wilmersdorf, Dahlem, Lichterfelde, Schmargendorf darüber gehenden Fuhren mit Dünger, Lehm, Sand usw. der nachlässigen Aufladung und der schlechten Wege beschüttet und daher immer modrig bleiben wird. Als die Chaussee durch Bauinspektor Weißbach angelegt wurde, hat derselbe den Grund mit parallelen Formen erhöht und Schutt statt Kies genommen. Dieser hat sich zwischenzeitlich aufgelöst.*»
Weißbach versuchte weiterhin, sich als «Chausseebau-Fachmann» zu empfehlen, denn er lieferte 1790 der Kurmärkischen Kammer eine Denkschrift zum Chausseebau ab, die dem Oberbaudepartement des Generaldirektoriums zur Begutachtung vorgelegt wurde. Dabei empfahl Weißbach eine reine Kiesbauweise und rechnete an Kosten pro Meile etwa 17 500 Taler. Das Oberbaudepartement hielt aber nach den Erfahrungen die Kiesbauweise nicht für ausreichend und erachtete deshalb Steinchausseen für dauerhafter. Er nahm die Baukosten mit 35 000 Talern an und rechnete dazu noch jährlich 1 200 Taler für die Instandhaltung. (Die Kosten beziehen sich auf eine Meile, das sind rund 7,50 km.)
Eine weitere «Probestrecke» war inzwischen fertiggestellt, die kurze Chaussee im «Neuen Garten» in Potsdam von den holländischen Eingangshäusern bis zum Marmorpalais. Sie war 22 m breit und hatte zusätzlich einen Fußsteig von 2,50 m. Die Chaussee war beidseitig dicht mit italienischen Pappeln bepflanzt, vor dem Park standen Platanen als Alleebäume. Die 1789 gepflanzten Pappeln wurden 1832 durch Pyramiden-

Abb. 94
Chaussee im «Neuen Garten» in Potsdam.

zeichen ersetzt, sonst ist die Chaussee noch heute im alten Zustand erhalten (Abb. 94).

Der König sah, daß bei dem ständigen Streit zwischen dem Oberhofbauamt, dem Generaldirektorium (Regierung von Preußen) und der Kies- und Domänenkammer (Regierung der Kurmark) der Chausseebau nicht gedeihen würde. Deshalb ernannte er am 21. Juni 1791 Hans Moritz Graf von Brühl (Abb. 95) zum «Generalintendanten sämtlicher in meinen Landen exklusive Schlesien bereits vorhandener noch anzulegender Chausseen und der damit in Verbindung stehenden Brücken» und unterstellte sich diese Behörde direkt selbst. Der Generalintendant setzte den Tarif für das Chausseegeld fest und erarbeitete schnell ein Reglement – hierüber hatte eine Kommission, bestehend aus dem Direktor des Oberhofbauamtes Langhans, dem Justitiar Geheimrat Trotschel, dem Domänenrat Kohle und Domänen-

Abb. 95
Hans Moritz Graf von Brühl (1746 – 1811),
nach einem Gemälde von Anton Graff in der
Dresdener Gemäldegalerie.

rat von Carmer, bereits mehrere Jahre beraten; diese Kommission war ebenfalls für den Bau der ersten Chausseebauabschnitte verantwortlich. Inzwischen war der Bau der Chaussee von Schöneberg über Steglitz nach Zehlendorf weiter vorangekommen (Fertigstellung am 11. Mai 1791).

Es gab auch erhebliche Schwierigkeiten, zumal die Behörde verhältnismäßig klein war (siehe Abschnitt «Die Generalchausseebauintendantur von 1791–1808»). Die Chausseebauvorschrift heißt «Edikt über die Verbindlichkeit der Untertanen in der Kurmark in Ansehung des Chausseebaus» vom 18. April 1792, der Chausseegeldtarif wurde am 13. Mai 1792 in einem «Pu-

blicandum» den Untertanen zur Kenntnis gegeben.

Am 1. August 1792 wurde die Strecke Berlin–Zehlendorf eröffnet und Chausseegeld erhoben. Der Chausseeteil von Schöneberg über Zehlendorf nach der Glienicker Brücke war 11,30 m breit und das Planum leicht aufgewölbt. Zwischen die Bordsteine kam eine 15–20 cm starke Schicht ungesiebter Kies, und dieser wurde mit groben Felssteinen oder sehr grob zerkleinerten anderen Steinen beschichtet. Fuhrwerke mußten nun während des Winters darüber hinwegrollen, um alles zu verdichten. Im Frühjahr und Sommer dann erhielt die Straße eine Decke aus einem Gemisch von Kies und Schotter. Die Deckenstärke war in der Mitte mit 50 cm bemessen. Beiderseits der Fahrbahn lief ein 1,50 m breiter Bankettstreifen, der mit Pappeln bepflanzt wurde. Die Chausseegräben waren 1,00–1,20 m breit und hatten eine Tiefe von 1,50–1,80 m. Die Pappeln sollten im Abstand von 1 Rute (ca. 3,70 m) stehen.

Besondere Probleme warf die Überquerung des Stolper Werders, des heutigen Ortsteils Wannsee im Bezirk Zehlendorf, auf. Für die Trassierung legte Graf von Brühl dem König eine Skizze mit drei möglichen Trassen vor. Die erste führte über den Stolper Seen-Übergang über Dorf Glienicke zur Glienicker Brücke. Die zweite erforderte einen Brückenschlag über den Wasserlauf zwischen dem Großen und Kleinen Wannsee und ging am Stolper Weinberg über den Werder. Die dritte, die kürzeste Trasse, verlief geradlinig von der projektierten Wannseebrücke zur Glienicker Brücke. Für diese letztere entschied sich der König vor allem deshalb, weil hier auch die wenigsten Enteignungen erforderlich wurden. Schließlich wurden 600 m Streckenlänge eingespart. Allerdings waren die Bauprobleme erheblich. Die Skizzen von Brühl sind Plänen zu entnehmen, die Julius Haeckel in seinem Aufsatz «Verkehrsverhältnisse vor 1838» veröffentlicht hat. Brühl verengte das Gewässer zwischen dem Großen und dem Kleinen Wannsee durch Dämme, so daß nur eine kleine, wenig kostspielige Brücke (Friedrich-Wilhelm-Brücke) erforderlich wurde.

Nachdem Ende 1791 die Entschädigungsfragen auf dem Stolper Werder bereinigt waren, konnte auch diese letzte Strecke bis zur Glienicker Brücke in Angriff genommen werden. Sie enthielt die höchste Erhebung auf dieser Strecke, den Schäferberg, und auch tief eingeschnittenes Gelände, das mit weit hergeholtem Material – wegen fehlenden Steinmaterials in der Nähe mußten die Steine teilweise per Schiff herangebracht werden – aufgefüllt werden mußte. Die fehlenden Baumittel auf der einen Seite, die Schwierigkeit der Beschaffung des Materials auf der anderen Seite und die Ungeduld des Königs, verbunden mit

wenig sorgsamer Vorbereitung, machten Brühl außerordentlich zu schaffen. Am 13. Februar 1794 war der Chausseebau bis zur Glienicker Brücke abgeschlossen. Große Probleme hatte die Entschädigung des Gasthofes Stimming in Stolpe gemacht; ein neuer Gasthof an der Friedrich-Wilhelm-Brücke wurde erstellt. Dieser Gasthof florierte außerordentlich gut, denn hier mußten die Fuhrleute den Vorspann holen, um über den «Kilometerberg» zu kommen. Dies endete um 1839, als die Eisenbahnverbindung Berlin–Potsdam ihren Betrieb aufgenommen hatte.

Die Chaussierung des letzten Abschnittes erfolgte eineinhalb Jahre nach der Fertigstellung bis zur Glienicker Brücke, denn der König ordnete erst im April 1795 die Chaussierung des Weges von der Glienicker Brücke nach Potsdam an. Damit betrug die Gesamtbauzeit von dem Bereich des heutigen Nikolaussee bis hinein nach Potsdam fast fünf Jahre; im August 1795 wurde die Gesamtstrecke Berlin – Potsdam fertiggestellt.

Es wurden auch hier Baumschulen angelegt. Sie lagen einmal zwischen Steglitz und Zehlendorf, dann zwischen Zehlendorf und den sogenannten Hubertshäusern und am Wannsee. Chausseehäuser wurden ebenfalls gebaut (Abb. 92). Sie dienten nur der Erhebung des Chausseegeldes, deshalb standen dort auch die Barrieren. Die Chausseewärter sollten in den Dörfern wohnen. An folgenden Stellen wurde das Chausseegeld verlangt: am Potsdamer Tor (vor 1805 verlegt nach der Kreuzung mit dem Lützower Weg, obwohl erst zwischen 1845 und 1850 der Schafgraben zum Landwehrkanal umgebaut wurde, womit eine völlige Umstrukturierung des Gebietes vor dem Potsdamer Tor verbunden war), in Steglitz (etwa im Bereich des heutigen Hermann-Ehlers-Platzes), an der Nordweststrecke (der heutigen Kreuzung Berliner Straße/Clayallee, Abb. 91), hinter der Friedrich-Wilhelm-Brücke und vor der Glienicker Brücke. Die Meilensteine wurden erst nach 1816 gesetzt (Abb. 96).

Von der Grenze von Station 4/5–96/97 waren Stationszeichen gesetzt. Die Verkehrsbelastungen waren damals gering. Zur Ermittlung des Chausseegeldtarifs wurden von 1786–1791 Verkehrserhebungen durchgeführt. Sie ergaben im Jahresdurchschnitt 8607 Fuhren mit 20973 Pferden, 1270 Ochsen, 51 Kühen, 2284 Hammeln, 4561 Schweinen und 40 Kälbern (bei Schlachtvieh unpaariger Verkehr mit Übergewicht in Richtung Berlin). Reiter, Begleitpferde, Fußgänger mit und ohne Karren, Militär und Mitglieder der königlichen Familie wurden nicht gezählt, da sie von der Bezahlung des Chausseegeldes befreit waren; frei waren auch Guts- und Gemeindefuhren innerhalb der Feldmark.

Die Chausseegeldeinnahmen deckten allerdings nicht die Ausgaben der Erhaltung einschließlich des Personals und einer Verzinsung der Investitionskosten. Das lag sicherlich an der nicht ausreichenden Bauweise und der Freistellung vieler Benutzer vom Chausseegeldtarif. 1795 wurden die Einnahmen mit 3800 Talern und die Ausgaben mit 4370 Talern veranschlagt.

Die Fahrzeiten für die Postkutsche bzw. Journalière (Postwagen, die eine tägliche Verbindung von Ort zu Ort unterhielten, zwischen Berlin und Potsdam seit 1754) verkürzten sich von 5 ½ – 6 Stunden auf 4 Stunden.

Abb. 96
Meilenstein aus der Zeit nach 1830: «1 Meile bis Berlin» an der B 96 (Berlin-Mariendorf).

Zusammenstellung der wichtigsten Daten:

1) 7. März 1788
   Bewilligung der Mittel Berlin–Schöneberg
   31. Oktober 1789
   Fertigstellung der Chaussee Berlin–Schöneberg

2) 11. Mai 1791
   Fertigstellung der Chaussee Schöneberg–Zehlendorf
   1. August 1792
   Betriebseröffnung der Chaussee Berlin–Zehlendorf und Erhebung des Chausseegeldes

3) 13. Februar 1794
   Fertigstellung der Chaussee Zehlendorf–Glienicker Brücke (Erhebung des Chausseegeldes ab 1. März 1794)

4) 5. August 1795
   Fertigstellung der Chaussee Glienicker Brücke – Potsdam

   Verantwortliche für Abschnitt 1 und 2: Kommission unter Langhans, Direktor des Oberhofbauamtes,
   Aufsicht: Inspektor Itzig,
   Bauleitung: Weißbach, Wegebaumeister.

   Verantwortliche für Abschnitt 3 und 4: Graf von Brühl,
   Aufsicht und Bauleitung: Chausseeverwaltung Inspektor/Hofbaurat Itzig u. a.

Die Generalchausseebauintendantur von 1791–1808

Die Einsetzung einer Generalchausseebauintendantur und die Berufung eines Intendanten als direkt dem König unterstehende Behörde versuchte das Kompetenz-Wirrwarr und die Streitigkeiten zwischen den verschiedensten Stellen in Preußen neu zu ordnen und den Chausseebau zu beschleunigen. Der König hatte sich anscheinend schon länger nach einem geeigneten Intendanten umgesehen, der einen einer solchen Stellung entsprechenden Rang haben mußte und auch über Erfahrungen in der Sache verfügen sollte. Hans Moritz Graf von Brühl war 1791 als Oberst in die preußische Armee übernommen worden, nachdem er vorher Oberstleutnant in der französischen Armee gewesen war. In Frankreich hatte er das dortige gute Chausseewesen kennengelernt und sich in Sachsen, wo er das Gut Seifersdorf besaß, auch praktisch im Chausseebau betätigt. Nach vorheriger Besprechung mit dem Leiter des Generaldirektoriums Bischoffswerda (etwa dem Ministerpräsidenten entsprechend) reichte Hans Moritz Graf von Brühl am 31. Mai 1791 an den König ein Gesuch ein, in dem er seine Vorstellungen zum Chausseebau und zum Chausseebauamt entwickelte. Gleichzeitig stellte der König fest, daß diese neue Stelle vom Oberhofbauamt gänzlich getrennt werden müsse und die Chausseebauintendantur mit ausreichenden finanziellen Mitteln auszustatten sei.

Eine Order vom 21. Juni 1791 berief Brühl zum «Generalintendanten sämtlicher in meinen Landen exklusive Schlesien bereits vorhandenen oder noch anzulegenden Chausseen und der damit in Verbindung stehenden Brücken». Die Order enthielt darüber hinaus die Bestimmung, daß Brühl unmittelbar vom König abhängen solle, seine Anträge direkt an ihn zu richten habe und «ohne alle Konkurrenz» der anderen Behörden arbeiten solle. Ebenfalls am 2. Juni hatte der König an den Finanzminister von Wöllner geschrieben, daß er Hans Moritz Graf von Brühl zum Chaussee-

bauintendanten ausgewählt habe; er erteilte Wöllner den Auftrag, alle Chausseebauangelegenheiten vom Oberhofbauamt und von den anderen Kollegen auf die neue Intendantur zu übertragen. Die Zahlung eines Geldbetrages für die Übertragung der Stelle wurde Brühl im Gegensatz zu seinen Mitarbeitern erlassen.

Eine genaue Instruktion wurde dem Generalchausseedepartement gegeben: Leitung der im Gange befindlichen Chausseebauten, Planung neuer Chausseen, Anstellung der Chausseeoffizianten, gerechte Berücksichtigung der Untertanen bei Materialeinkäufen usw. Die Schwierigkeiten waren aber auch vorauszusehen, weil man dem Intendanten keinen festen Etat bewilligte, sondern ihm auf jeweiligen Antrag die notwendige Summe aus dem Dispositionsfonds der Hofstaatskasse zur Verfügung stellen wollte. An Gehalt wurden dem Grafen von Brühl 1500 Taler bewilligt; ab 1794 bekam er eine Zulage von 400 Talern, die für sein Verwaltungsgebäude und dessen Heizung bestimmt waren. 1795 wurden für die Besoldung der Mitarbeiter 4368 Taler zur Verfügung gestellt.

Wegen der Bewilligung der Mittel blieb die Chausseebauintendantur abhängig vom Generaldirektorium (Ministerrat). Die Minister der Provinzen fühlten sich in ihrer Zuständigkeit gekränkt und wurden kurz darauf beim König vorstellig: In Westfalen, Magdeburg und Halberstadt wären die Chausseebauten von noch größerem Umfange als in der Kurmark, sie würden durch das Provinzialdepartement und durch die Kammer besorgt, und die Einsetzung eines Intendanten über alle Straßen würde diese Verfahren nur erschweren. Außerdem widerspräche es diesen Provinzen zugebilligten Rechten. So wurde sehr schnell die Tätigkeit des Generalintendanten auf die kurmärkischen und pommerschen Provinzen beschränkt, und damit die Abhängigkeit vom Generaldirektorium auf die Kammern verlagert; der Generalintendant wurde jedoch gleichzeitig in den Rang eines Obersten erhoben. Es wurden detaillierte Anweisungen gegeben, insbesondere hinsichtlich der Fortsetzung des Chausseebaus zwischen Berlin und Potsdam und des Baus neuer Chausseen, z. B. zwischen Berlin und Frankfurt/Oder (Abb. 93). Die wichtigsten hieraus sind die finanziellen Vorschriften für die Intendantur, nämlich daß der Bericht und Kostenanschlag an den König einzureichen seien, daß die Chausseekasse die Kosten tragen müsse, die ihre Zuweisungen aus dem Dispositionsfonds bekomme, und daß die Chausseegelder von der General-Zoll- und Akzise-Administration erhoben würden und zur Reparatur der Chaussee zu verwenden seien.

Nach der preußischen Niederlage 1806 (Napoleonische Kriege, Schlachten bei

Jena und Auerstedt) wurde die Verwaltung reorganisiert und dabei die vielen Sonderbehörden wie Oberhofbauamt und Chausseeintendantur aufgelöst (Reform der obersten Staatsbehörden vom 24. November 1808 unter französischem Einfluß). Das Chausseebauwesen ging auf die Regierung über, in diesem Falle auf das Ministerium des Inneren, Abteilung Handel und Gewerbe mit der Abteilung «Technische Oberbaudeputation». Hans Moritz Graf von Brühl behielt nur noch die Tätigkeit eines Gutachters, die er bis zu seinem Tode ausgeführt hat.

Weitere Chausseebauten in Preußen bis 1806

Als die Chaussee nach Potsdam fertig war, wurden von der Chausseebauintendantur neue Pläne für die Ostchaussee von Berlin über Müncheberg ausgearbeitet (Abb. 93). Über die Finanzierung gab es die üblichen Streitigkeiten, so daß zu Lebezeiten von Friedrich Wilhelm II. nichts mehr erfolgte.
Friedrich Wilhelm III. bewilligte schließlich die Mittel für den Bau einer Chaussee nach Charlottenburg, ihre Kosten sollten 30 000 Taler nicht überschreiten. Der Kostenanschlag des Grafen von Brühl wurde von der Kammer auf 33 508 Taler, 11 Groschen und 2 Pfennig gekürzt. Er umfaßte den Bau von drei Brücken und zwei Chausseehäusern («Einnehmerhäuschen») hinter der Mühlenbrücke.
Die Bauzeit war verhältnismäßig kurz, denn Mitte 1798 war die Strecke bereits fertiggestellt, und es wurden ab 1. Dezember 1798 Chausseegelder erhoben. Die Chausseegeldeinnahmen betrugen in den ersten drei Monaten 1 069 Taler, 5 Groschen und 6 Pfennige; sie waren regelmäßig höher als die der Berlin – Potsdamer Chaussee bei gleichen Ansätzen. Aber schon im folgenden Jahr wurde über ihren schlechten baulichen Zustand geklagt. Dies war natürlich besonders kritisch, weil fast täglich Fahrten einer königlichen oder prinzlichen Kutsche hier entlangführten und die Beschwerden natürlich direkt an den König herangetragen wurden. Die Probleme lagen sicherlich bei der Erhaltung der Straße, denn eine Kieschaussee ohne ständige Pflege war sehr schnell in einem äußerst schlechten Zustand. Die Chausseeoffizianten waren darüber hinaus keine Facharbeiter oder Ingenieure, sondern im Regelfall ehemalige Unteroffiziere. Sie hatten naturgemäß das Interesse, sich von ihrer sehr langen Dienstzeit auszuruhen oder an den Einnehmerstellen das reisende Publikum zu malträtieren.
Auch der Streit mit dem Oberhofbauamt über den ihm entzogenen Geschäftsbereich setzte sich fort, so daß erst ein königliches Machtwort den Konflikt um

die Oberleitung des Baus der Chaussee Berlin – Frankfurt zugunsten des Grafen von Brühl entschied.
Auch bei der Chaussee nach Bad Freienwalde waren die Interessen des Königs vorherrschend, hier eine Chaussee zu bauen, denn Freienwalde war die Residenz der Königinwitwe Friederike.
Aus den ersten Chausseebauten kann man klar erkennen, daß das Interesse der Verbindung zwischen Berlin und den Residenzen vorrangig war. Dagegen war das Interesse an dem Ausbau der Ostchaussee von Berlin nach Frankfurt/Oder und der Westchaussee von Potsdam nach Magdeburg im wesentlichen ein militärisches (Abb. 93). Handel und Gewerbe spielten bei all den Überlegungen tatsächlich keine Rolle, obwohl sie immer wieder als Motivation in den Schriften genannt wurden. Eine Übersicht über die Chausseebauten zwischen 1789 und 1806 geben die Tab. 1 und 2.
Zwar wird der der Chausseebau oft kritisiert, aber man muß doch feststellen, daß trotz aller Schwierigkeiten, insbesondere in bezug auf die Finanzierung, in diesen wenigen Jahren mit unzureichenden Mitteln und mit einer unzureichenden Organisation über 200 km Chausseen gebaut wurden.
Von einem technischen Standard kann aber trotzdem beim preußischen Chausseebau nicht gesprochen werden. Zwar waren sich die Maße für die einzelnen Chausseen ziemlich ähnlich, aber es gab im Detail noch erhebliche Unterschiede. Hierüber gibt die Tab. 2 Auskunft. Es handelt sich überwiegend um Kieschausseen, die naturgemäß eines erheblichen Pflegeaufwands bedurften und nicht sehr dauerhaft waren. Kies wurde aber deswegen im wesentlichen als Deckschicht verwandt, da dieses Material im Warschauer Urstromtal als einziges Steinmaterial direkt verfügbar war und somit einen preisgünstigen Chausseebau erlaubte. Erst die Chausseen, die nach 1808 gebaut wurden, vermieden diesen Fehler.
Die noch geplanten Chausseebauvorhaben (in Ost- und Westpreußen sowie in Pommern gab es noch überhaupt keine Chausseen!) mußten durch die Ereignisse des Jahres 1806 entfallen: Sieg Napoleons bei Jena und Auerstedt am 14. Oktober 1806, Besetzung Berlins durch die Franzosen am 24. Oktober 1806 sowie Bildung des Königreiches Westfalen im Jahre 1807, in das die westlich von Elbe und Saale liegenden preußischen Gebiete einbezogen wurden. Nach dem endgültigen Sieg über Napoleon 1815 waren in den befreiten preußischen Landesteilen und in den von Kursachsen abgetretenen Gebieten nicht nur umfangreiche Reparaturen an Wegen und Straßen erforderlich, sondern es bestand auch die Notwendigkeit – im wesentlichen unter militärischen Gesichtspunkten –, neue Chausseen zu

bauen, insbesondere um die im Rheinland isoliert liegenden Provinzen auf möglichst kurzen Wegen mit den östlichen Landesteilen zu verbinden. Eine Zusammenfassung aller dieser Vorhaben erfolgte im August 1817 in einem zentralen «Chausseebauplan». Aber auch der Chausseebau nach Schlesien, Preußen, Pommern, Sachsen, Mecklenburg und Hamburg wurde danach vorangetrieben, wobei die Grundlage die erstmals 1814 bzw. 1816 erschienene «Anweisung zur Anlegung, Unterhaltung und Instandsetzung der Kunststraßen» war (Teil I vom 22. Dezember 1814, Teil II vom 29. März 1816).

Die Chausseehäuser

An den Stadttoren standen die Einnehmerhäuser (Abb. 92), die der Erhebung der Akzise, einer Einfuhrsteuer auf Vieh, Getreide, Wein, Branntwein u.ä. dienten. So auch am Potsdamer Tor (Berlin – Potsdam), Frankfurter Tor (Berlin – Frankfurt), Hamburger Tor (Berlin – Tegel), Brandenburger Tor (Berlin – Charlottenburg) und am Bernauer Tor, später Königstor (Berlin – Freienwalde).
Mit der Aufhebung des Chausseegeldes am 1. Januar 1875 verloren die Einnehmerhäuser ihren Zweck. Die Grundstücke an der Straße waren als Bauland begehrt und wurden verkauft. Chausseewärterhäuser wurden verlagert, aufgegeben oder anders genutzt, z. B. als Polizeidienststellen, Straßenwärterhäuser oder Notunterkünfte. Nur für einige frühe kann das Schicksal rekonstruiert werden. Einen einheitlichen Baustil gab es bis 1814 nicht (Abb. 91 und 92).

Kurzer Ausblick auf den Chausseebau in Preußen zwischen 1808 und 1875

Die zentrale Verwaltung und die Finanzierung der Chausseebauten in Preußen lag zwischen 1808 und 1875 bei dem jeweils zuständigen Ministerium, während der Bau der Chausseen durch die Provinzialverwaltungen erfolgte. Das Ministerium stellte den Straßenbauplan auf, sicherte die Finanzierung, genehmigte die Pläne und erließ darüber hinaus Vorschriften für den Straßenverkehr, für die Straßenfahrzeuge sowie für den Bau, die Erhaltung und die Verwaltung der Kunststraßen. Mit dem Dotationsgesetz vom 8. Juli 1875 gingen die Chausseebauangelegenheiten auf die Provinzialverbände über. Schon am 1. Januar 1875 war mit dem Gesetz vom 27. Mai 1874 das Chausseegeld auf allen Staatschausseen abgeschafft worden.
Regelungen über Achsmaß und Gewichte sind ab 1827 nachweisbar, wobei besonders interessant ist, daß das zulässige Gewicht nicht nur von der Zahl der Räder eines Fahrzeuges abhängig gemacht wurde, sondern auch von der Felgenbreite. Je breiter die Felge, desto höher

Straße	Streckenabschnitt	Tor in Berlin (Tor in Potsdam)	heutige Fern- str. Nr.	Länge (km)	Fertig- stellung	Anmerkungen
Berlin–Potsdam	Berlin–Zehlendorf-Potsdam	Potsdamer Tor	1	28	1795	Chausseehäuser, z. B. Lützower Weg
Berlin–Charlottenburg	Berlin–Charlottenburg	Brandenburger Tor		6	1798	
Berlin–Frankfurt/Oder	Berlin–Müncheberg– Frankfurt/Oder	Frankfurter Tor	1/5	89	1801– 1803	
Berlin–Kremmen	Berlin–Abzweigung Dalldorf (heute Kurt-Schumacher- Platz)	Oranienburger Tor		5	1803	Meilenstein Abzweigung Dalldorf Chausseehaus nördlich der Müllerstraße
Potsdam–Wittenberg	Potsdam–Michendorf	(Lange Brücke)	2	19	1803	
Potsdam–Magdeburg	Potsdam–Brandenburg	(Brandenburger Tor)	1	38	1805	
Berlin–Bad Freienwalde	Berlin–Weißensee– Werneuchen	Bernauer Tor	2/158	27 212	1806	

Tab. 1
Übersicht über die Chausseebauten zwischen 1789 und 1806.

Tab. 2
Abmessungen und Konstruktionssysteme einiger Chausseen in Preußen in den Baujahren 1795 – 1805.

Straße	Endgültige Fertigstellung	Planum Breite (m)	Stein- bahn Breite (m)	Bankett (m)	Graben Breite (m)	Gesamt- straßen Breite (m)	Tragschicht in Mitte Stärke (cm)°°	Gesamtstärke+ in der Mitte (cm)	Bäume
Berlin– Potsdam°	1795	11,30	7,50	1,90	1,90	15,00	21	37	ja
Berlin–Char- lottenburg	1799	11,30	6,30	2,50*	1,90	15,00			nein**
Berlin–Frank- furt/Oder	1803	10,70	6,90	1,90	1,90	14,50	31°°°	47	ja
Berlin– Brandenburg	1805	15,20	9,40	2,80	1,60	28,00	29	40	ja

*	gleichzeitig Fußweg
**	wegen des Tiergartens
°	Maße des Abschnitts bis Schöne- berg
°°	Kies oder Gemisch von Kies, Splitt, Lehm
°°°	15 cm Packlage, 15 cm Grobkies
+	Deckschicht: Kies oder Kies- Splittgemisch

Umrechnungsmaße: 1 Zoll = 2,61 cm
1 Fuß = 31,385 cm
1 Meile = 7,532484 km

war das zulässige Gewicht von Fahrzeugen in Tonnen. Weiterhin war die zulässige Last in Tonnen abhängig von der Jahreszeit; im Sommer waren höhere Lasten zulässig als im Winter. Die Fahrzeugbreite war mit 1,73 m, die Breite der Ladung mit 2,82 m und die Gleisbreite der Felgen, jeweils von der Felgenmitte an gemessen, mit 1,36 m als Maximum festgelegt worden. Die Breite der befestigten Steinbahn der Chausseen wurde so bestimmt, daß sich auf ihr zwei Fuhrwerke begegnen konnten. Die gesamte Straßenbreite lag zwischen 7,50 und 12,50 m, je nach Breite der Steinbahn und abhängig von dem Vorhandensein

eines Sommerweges (Abb. 88 und 90); die eigentliche Straßenbefestigung mit Packlage und Schüttlagen sollte eine Breite von 4,50 bzw. 7,50 m haben.
Die Steinbahn wurde zwischen Tiefborden erstellt und bestand über der Packlage aus zwei Schüttlagen, die schließlich mit einem Lehm-Sand-Gemisch abgewalzt wurde (Walzen hatte Jacob Leupold in seinem «Theatrum Machinarum» schon 1725 abgebildet (Abb. 97); 1830 empfiehlt Polonceau leichte Holzwalzen, die dann durch steinerne oder gußeiserne, jeweils von Menschen oder Tieren gezogen, abgelöst wurden; ab 1885 sind Dampfwalzen nachgewiesen).

In der Mitte hatte die Steinbahn eine Dicke von 30 cm, an der Seite von mindestens 24 cm. Sommerweg und Bankette waren mit einer Kiesbahn von etwa 8 cm Dicke befestigt. Bäume sollten in einem Abstand von 11 m gestellt werden und auf Lücke gepflanzt werden. Darüber hinaus waren Begrenzungen durch Chausseesteine vorgesehen und die Errichtung von Wegweisern und Meilenanzeigern vorgeschrieben.
Alle technischen Fragen bis hin zur Ausrüstung der Chausseewärter wurden in der «Anweisung zum Bau und zur Unterhaltung der Kunststraßen» geregelt, von der die erste Fassung von 1814

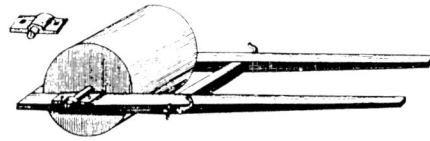

Abb. 97
Leupold (1674 – 1727) gab verschiedene Bücher unter dem Namen «Theatrum Machinarum» heraus. Im Buch «Schauplatz der Hebezeuge», gedruckt 1725, findet sich auf Tabula X diese eiserne Walze. Breite der Walze: 2 Fuss, Durchmesser: 2 Fuss, Gewicht (von Leupold berechnet bzw. geschätzt): 30 Centner. Im dazugehörigen Text finden sich auch Anweisungen und Zeichnungen zum Straßenbau.

stammt und die letzte mit den Zeichnungen von Schinkel von 1834 («Anweisung zur Anlegung, Unterhaltung und Instandsetzung der Kunststraßen», Berlin 1814 und 1816; «Anweisung zum Bau und zur Unterhaltung der Kunststraßen», Berlin 1834) (Abb. 98 – 100). Diese einheitlichen Vorschriften sorgten dafür, daß das Chausseenetz in Preußen in einem außerordentlich guten Zustand erhalten blieb. Als später einmal gefragt wurde, was Preußen für den Straßenbau geleistet habe, kam die Antwort: in bezug auf Technik und Innovation nichts, aber die Verwaltung und die Erhaltung der Chausseebauten war vorbildlich für ganz Europa. Zwischen 1816 und 1830 wurden jährlich 225 km, zwischen 1830 und 1845 jährlich 290 km alleine an Staatschausseen gebaut.
Trotzdem gab es 1900 in der Provinz nur 190 km Chausseen auf 1 000 km².

In der Mitte des Berichtzeitraumes (1808 – 1875), im Jahre 1854, gab es in Preußen 21 500 km (1818 erst 3 935 km) Chausseen, davon waren 13 500 km Staatschausseen. Die übrigen Chausseen verteilten sich auf Bezirks- und Kreisstraßen (Verbände), Gemeindestraßen sowie auf Aktien- und Privatstraßen, die im wesentlichen nach 1848 gebaut wurden. Im gleichen Jahr wurden für den Neubau von Staatschausseen 1 040 000 Taler und für die Erhaltung 2 206 100 Taler ausgegeben. Die Einnahmen aus den Chausseegeldern und dem Verkauf von Holz und anderen Materialien deckten etwa nur die Hälfte der Erhaltungskosten. 1862 gibt es in Preußen 18 000 km, 1875 20 500 km staatliche Chausseen.
Mit der Verlagerung des Fernverkehrs auf die Eisenbahn verlor der Chausseebau seine Bedeutung für den öffentlichen Fernverkehr, so daß ab 1870 Chausseen in erster Linie zur Anbindung des Umlandes an die Städte bzw. an die Bahnhöfe oder als Verbindungsstraßen erstellt wurden. Im Bereich des Umlandes von Berlin hatten sich durch den Chausseebau die Reisezeiten bis auf die Hälfte verkürzt; mit der Eisenbahn jedoch verwandelte sich eine Tagesreise in eine Einstundenfahrt.
Die Chausseen waren unterschiedlich auf die Provinzen verteilt. Hier gab es ein eindeutiges West-Ost-Gefälle: in den westlichen Provinzen gab es hinsichtlich der Fläche erheblich mehr Kilometer Chaussee als in den östlichen Provinzen. Die Chausseen wurden in dieser Form bis in die 30er Jahre unseres Jahrhunderts gebaut und dienten als Grundlage

für das danach entstehende Netz der übergeordneten Straßen, jedoch nicht für die Autobahnen.
Vielfach liegen die heutigen Fernstraßen auf den Trassen der alten Chausseen, die meist überbaut oder infolge von Trassen- und Querschnittsveränderungen in der Örtlichkeit bis auf wenige Reste nicht mehr erkennbar sind. Erhalten blieben jedoch die Meilensteine (Abb. 96) und einige Chausseehäuser.
In einigen Fällen wird heute versucht, diese Restbestände der alten Chausseen unter Denkmalschutz zu stellen und sie auf diese Weise der Nachwelt zu erhalten.

Anmerkung

Die früher in Fuß, Elle, Rute und Meile angegebenen Maße wurden grundsätzlich in cm, m, km umgerechnet, wo es zum Verständnis erforderlich ist.

Abb. 98 – 100
«Anweisung zum Bau und zur Unterhaltung der Kunststraßen», Berlin 1834.

Erster Theil Abtheilung II.
Unterhaltung und Instandsetzung der Kunststraßen.

Erster Abschnitt.
Unterhaltung der Kunststraßen.

§. 112.
Um die Dauer und Brauchbarkeit einer Kunststraße zu sichern, ist bei Unterhaltung derselben mit aller möglichen Aufmerksamkeit zu verfahren. *Allgemeine Vorschriften.*

§. 113.
Die Länge einer Wärterabtheilung hängt zwar von der Lage, Bauart, Frequenz der Straße ab, gemeinhin ist sie aber 1000 Ruthen anzunehmen und sind darin Arbeits-Abtheilungen von 50 Ruthen abzumessen und zu bezeichnen. *Arbeits-Abtheilungen.*

§. 114.
Die Steine an den Grenzpunkten zweier Wegewärter-Abtheilungen werden mit römischen, und die Steine der Arbeits-Abtheilungen nach fortlaufenden Nummern mit arabischen Ziffern bezeichnet. Die Ziffern sind mit Oelfarbe, schwarz auf weißem Grunde, aufzusetzen. *Bezeichnung der Wegewärter- und Arbeits-Abtheilungen.*

§. 115.
Das brauchbarste Material, welches in der Gegend zu haben ist, muß zur gehörigen Zeit und in solcher Menge angeschafft werden, als muthmaßlich im Laufe eines Jahres zur Unterhaltung der Straße erforderlich sein wird. Bei Schätzung des Bedarfs ist auf zufällige, ungünstige Umstände Rücksicht zu nehmen. *Beschaffung der Materialien.*

§. 116.
Die rohen Materialien werden in der Regel in abgemessenen Haufen von vier und zwanzig Cubikfußen, wo möglich nur einen Fuß hoch, aufgesetzt. *Aufsetzen der Materialien.*

§. 117.
Das zur Ausbesserung einer Steinbahn erforderliche Material wird nach den in §. 63. für die Oberlage gegebenen Bestimmungen zubereitet, oder, wo es angeht, schon in der erforderlichen Größe zerschlagen abgeliefert. *Zubereitung der Materialien.*

§. 118.
Zur Verhütung von Unterschleifen müssen die vorräthigen bereits abgenommenen Steinmaterialien, ehe neue Vorräthe abgeliefert werden, wo möglich zugerichtet sein. Die alten und bereits abgenommenen Vorrathshaufen des rohen oder zugerichteten Materials werden mit Weißkalk über's Kreuz besprützt. *Bezeichnung der Steinmaterialien.*

4*

Zweiter Theil.
Anweisung zur Dienstführung der bei den Kunststraßen angestellten Beamten.

§. 1.
Insofern die Anstellung besonderer Wegewärter statt findet, um die Unterhaltung der Kunststraße zu bewirken, hat es bei den allgemeinen Bestimmungen über ihre Annahme und Entlassung sein Bewenden. Zur Anstellung sind nur rüstige und thätige Leute, welche schreiben können, zuzulassen, und welche wenigstens ein halbes Jahr vorher bei dem Bau der Straßen oder bei deren Unterhaltung auf Tagelohn oder im Verding gearbeitet, dabei die Gegenstände ihrer Arbeit kennen gelernt und Thätigkeit und gutes Benehmen gezeigt haben. *Wegewärter.*

§. 2.
Die Arbeitsstunden des Wegewärters sind in der Regel:
a) vom 1. April bis Ende September von 5 bis 11 und von 1 bis 8 Uhr;
b) in den Monaten März und Oktober von 6 bis 11 und von 1 bis 7 Uhr;
c) in den Monaten Februar und November von 7 bis 11 und von 1 bis 6 Uhr, und
d) in den Monaten Januar und December von 8 bis 11 und von 1 bis 5 Uhr.

§. 3.
Der Wärter muß in den vorgeschriebenen Arbeitsstunden ununterbrochen mit dem erforderlichen Werkzeuge auf der Straße beschäftigt sein.

§. 4.
Auch an Sonn- und Fest-Tagen hat der Wärter seinen Distrikt zu begehen. An solchen Tagen können Wegewärter durch ihre Nachbarn sich zuweilen vertreten lassen.

§. 5.
Der Wegewärter ist verpflichtet, den vorgesetzten Wegebaubeamten Gehorsam zu leisten und deren Anweisungen zu befolgen.
Ohne besonderen Auftrag liegt im Allgemeinen ihm ob:
a) die Aufsicht über die Hülfsverdingsarbeiter und die Fuhren. Er muß darauf sehen, daß die gelieferten Materialien an den Orten aufgesetzt werden, welche der Wegebaubeamte dazu bestimmt hat;
b) die Vorrathshaufen der abgelieferten Materialien aufzuzeichnen. Er hat darauf zu halten, daß sie nach den Bestimmungen des §. 116. auf zuvor geebneter Fläche ordnungsmäßig, parallel mit der Kante der Straße und in gleichen Abständen aufgesetzt, auch die bereits abgenommenen Materialien nicht wieder in Anrechnung gebracht werden; deshalb hat er dieselben mit Weißkalk zu bezeichnen. §. 118.;

5*

Literatur

Boegl, A.: Die Straßen der Pfalz 1700 – 1792. Bonn-Bad Godesberg.

Gundlach, W.: Geschichte der Stadt Charlottenburg. Berlin 1905.

Haeckel, J.: Die Anfänge der Berlin-Potsdamer Eisenbahn. Mitteilungen des Vereins für die Geschichte Potsdams, Neue Folge, Bd. IV, Nr. 326 und Nr. 336, Potsdam 1932.

Hummel, Dr. H.: Preußischer Chausseebau – 200 Jahre Chaussee Magdeburg – Halle – Leipzig. Die Straße 11 (1986).

Hummel, Dr. H.: Anhaltinische, kursächsische und preußische Chausseebauten zwischen 1763 und 1806. Die Straße 7 (1987).

von Krosigk, H.: Karl Graf von Brühl und seine Eltern. Berlin 1910.

Krünitz, J. G.: «Landstraßen» und «Chaussee». In: Oekonomische Enzyklopädie, Bd. 62 und 63, Berlin 1794.

Landeskunde der Provinz Brandenburg, Bd. II, hrsg. von F. von Mielke. Dietrich Rumer Verlag, Berlin 1910.

Liman, H.: Preußische Chausseen. Berliner Bauwirtschaft 20 (1981).

Liman, H.: Zur Geschichte des Straßen- und Wegebaus in Berlin. Berliner Bauwirtschaft 10 (1987).

von Lüder, C. F.: Vollständiger Inbegriff aller beim Straßenbau vorkommender Fälle. Frankfurt a. M. 1779.

Novum Corpus Constitutionum Prussico – Brandenburgensium, praec. Marchicarum.

Rellstab, L.: Berlin und seine nächsten Umgebungen. Darmstadt 1852.

Scharfe, W.: Chausseen 1792 – 1875. Historischer Handatlas von Brandenburg und Berlin, Lfg. 42.

Schulze, B.: Das preußische General-Chausseebau-Departement. Forschungen zur Brandenburgisch-Preußischen Geschichte, Bd. 47 (1935).

Schulze, B.: Erläuterungen zur Brandenburgischen Kreiskarte von 1815. Anlage, Kapitel III: Die Poststraßen in Berlin-Brandenburg 1815.

Schulze, B.: Die Anfänge des norddeutschen Kunststraßenbaus. Blätter für deutsche Landesgeschichte, Jahrg. 84, Heft 3 (1938).

Schulze, B.: Geschichtliches über das norddeutsche Straßenwesen. Technikgeschichte, Bd. 23 (1934).

Trumpa, Dr. K.: Bemerkungen zu Zehlendorfs ältesten Straßen. Heimatbrief des Heimatvereins Zehlendorf, Nr. 1 (1983).

Umpfenbach: Theorie des Neubaus der Kunststraßen, Berlin 1830.

VSVI Niedersachsen: Es begann mit 12000 Talern. Hildesheim 1989.

Wahl, F. G.: Theoretisch Praktischer Unterricht in dem Straßen- und Brückenbau. Zweibrücken 1786.

Wedeke, J. C.: Handbuch des Chausseebaus. Quedlinburg 1835.

Wirth, I.: Stadt und Bezirk Charlottenburg (Die Bauwerke und Kunstdenkmäler von Berlin). Berlin 1961.

Würtz, L.: Die geschichtliche Entwicklung des Straßennetzes in Baden-Württemberg. Bonn-Bad Godesberg 1970.

Bauten des Verkehrs

Verkehr im Sinne der Geschichte der Bautechnik kann als «ortsverändernde Bewegung von Personen und Sachen» definiert werden. Verkehrsbauten wären damit alle Anlagen und Vorrichtungen baulicher Art, die solcher Ortsveränderung dienen. Wenn etwas über die geschichtliche Entwicklung der Verkehrsbauten gesagt werden soll, so müßte man eigentlich in die Frühgeschichte zurückgehen. Der Handel der Frühkulturen vollzog sich zweifellos nicht nur auf Trampelpfaden und Gewässern; die Handelswege und Heerstraßen benötigten bauliche Anlagen, so Brücken, Landungsgelegenheiten, Wegbefestigungen oder eigentliche Wegbauten.

Zur Zeit der Kelten

Bis zur Keltenzeit ist von solchen Bauten wenig erhalten geblieben. Die keltischen Helvetier, die damals das Gebiet nördlich der Alpen bewohnten, unterhielten sehr rege Beziehungen zum Mittelmeerraum. Die Handelsstraßen führten von Marseille, einer phönizisch-griechischen Gründung, das Rhônetal aufwärts ins Gebiet des Genfersees und des Mittellandes. Aus dieser Zeit ist ein Rheinübergang bei Zurzach bekannt.

Zur Zeit der Römer

Mit der Kolonisierung des Landes durch die Römer, beginnend in der Mitte des ersten vorchristlichen Jahrhunderts, wurden Verkehrsbauten und Siedlungen planmäßig und in großem Umfang erstellt; die Legionsadler benötigten Horste und die Legionäre brauchten Straßen – Straßen für die Verbindungen nach Rom und zu den benachbarten Provinzen, Straßen für den Nachschub, Straßen für den Handel. Das kühle Kalkül römischer Staatskunst erkannte die Bedeutung der Orte und ihrer Verbindungen, die römische Baukunst führte sie aus. Wenn der Legionär nicht kämpfte baute er. Das war ein nicht unwichtiger Teil eines Legionärslebens. Genauer gesagt: den Legionären oblag die Projektierung und Bauleitung; die Arbeiter rekrutierten sich aus Sklaven, Kriegsgefangenen und Verdingten der unterworfenen Völker. So lösten relativ wenige Menschen – die römischen Besatzungstruppen in Helvetien dürften etwa aus 10 000 Mann bestanden haben – ein recht ansehnliches Bauvolumen aus.

Die Verbindung fernster Provinzen mit der Hauptstadt war lebensnotwendig für das Reich. Die Legionen sorgten während Jahrhunderten dafür. So entstanden nicht nur neue Siedlungen oder wurden bestehende ausgebaut, sondern man baute vor allem auch Straßen und Brücken (Abb. 101–106). Römisches Genie sorgte dafür, daß es sich dabei nicht um kurzlebige Provisorien handelte, sondern um Anlagen, die Jahrhunderte überdauerten und ihren Zweck sogar noch erfüllten, als bereits andere Völker das Land besiedelten.

Unter den Denkmälern römischer Baukunst sind in der Schweiz an vielen Orten auch Reste von Römerstraßen sichtbar (Abb. 107). Die Bedeutung der «Auskofferung», d. h. der Ersatz von schlecht tragfähigem oder frostgefährdetem Untergrund durch einen «Koffer» aus grobporigem, frostsicherem Sand-, Kies- oder Steinmaterial, war den römischen Baumeistern wohlbekannt. Die Römerstraßen waren selbst im rauheren Klima unseres Landes Allwetterstraßen; sie mußten es auch sein, waren sie doch in erster Linie nach strategischen Gesichtspunkten angelegt.

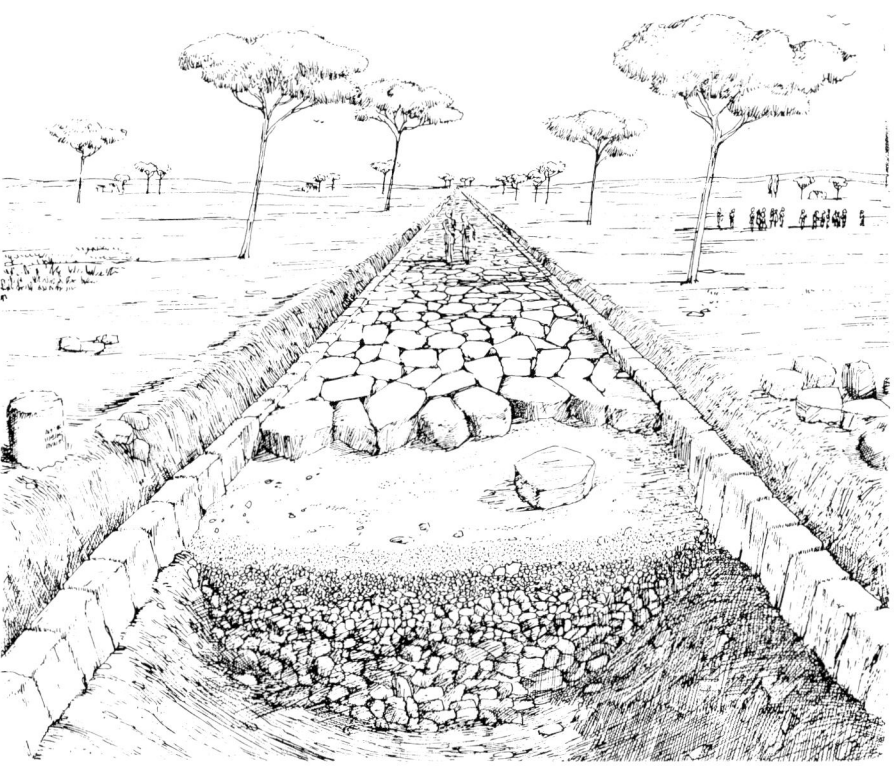

Abb. 101
Idealisierte Darstellung einer der vielen möglichen Konstruktionsarten von Römerstraßen.

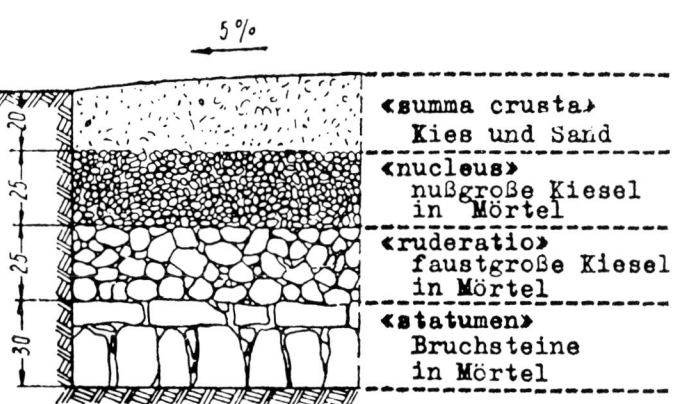

Abb. 102
Aufbau einer römischen Kiesstraße (ähnlich einer französischen Chaussee des 17. und 18. Jahrhunderts). Zu beachten ist das starke Quergefälle, das das Wasser ableitete. Solche Straßendecken wurden gestampft (siehe Band 1, Kap. 4, Abb. 145). Walzen werden erstmals im 17. Jahrhundert erwähnt.

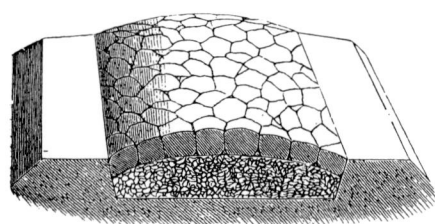

Abb. 103
«Steinstraße» auf Kiesunterlage, ebenfalls
eine römische Konstruktion.

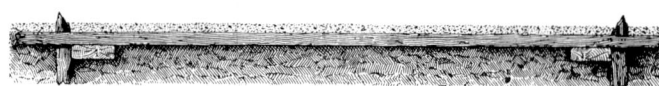

Abb. 104
Römerstraße in
Sumpfgebiet. Holz-
Kies-Konstruktion.

Abb. 105
Die bekannteste Römerstraße Via Appia,
erstellt ab 312 v. Chr., mit einer Breite von
8 m. Sie führte von Rom vorerst bis Capua
und wurde dann verlängert bis Brindisi.

Abb. 106
Trajanstraße bei
Orsova an der Donau.
Der römische Kaiser
Trajan lebte von
53–117 n. Chr. Die
Straße wurde aus
dem felsigen Ufer
gesprengt.

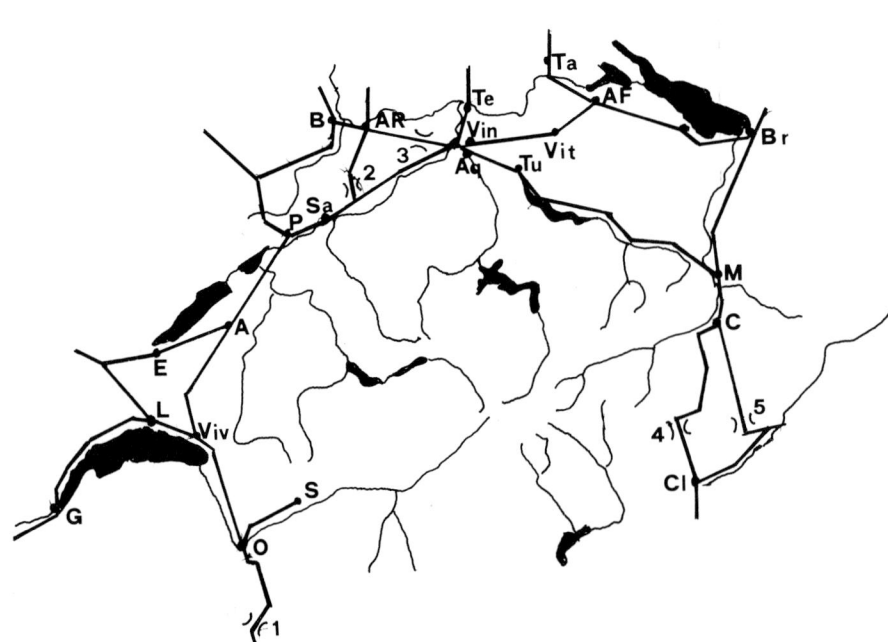

Abb. 107
Das römische Hauptstraßennetz in Helvetien
mit den wichtigsten Flüssen und Seen sowie
Städten und Pässen. Städte (in Klammer die
heutigen Ortsnamen): G: Genava (Genf), L:
Lousonna (Lausanne), O: Octodurus (Mar-
tigny), S: Sedunum (Sitten), Viv: Viviscus
(Vevey), E: Eburodunum (Yverdon), A: Aven-
ticum (Avenches), P: Petinesca (Studen), Sa:
Salodurum (Solothurn), B: Basilia (Basel),
AR: Augusta Raurica (Augst), Vin: Vindonis-
sa (Windisch), Te: Tenedo (Zurzach), Aq:
Aquae (Baden), Tu: Turicum (Zürich), Ta:
Tasgaetium (Stein am Rhein), AF: Ad Fines
(Pfyn), Br.: Brigantium (Bregenz), M: Magia
(Maienfeld), C: Curia (Chur), Cl: Clavenna
(Chiavenna), Vit: Vitudurum (Oberwinter-
thur). Pässe: 1: Großer St. Bernhard, 2:
Oberer Hauenstein, 3: Bözberg, 4: Splügen,
5: Julier. Auffallend ist das Fehlen römischer
Übergänge im Gotthardgebiet.

Antike Sprengtechnik

Auch die Sprengtechnik der Antike wurde von den Römern angewandt: Erhitzen des Felsens im offenen Feuer und Abschrecken des glühenden Gesteins mit Wasser. Auf diese Weise ließen sich nicht nur lokale Felshindernisse aus dem Wege schaffen, sondern auch eigentliche Stollen ausbrechen. Der «Pierre Pertuis» (durchbohrter Fels) im Jura zeugt noch heute von dieser Technik, die in der Antike auch anderen Völkern bekannt war (Abb. 108). Der größte Teil des Ausbruches wurde aber von Hand, mit Meißel und Schlegel abgebaut, wo das Gebirge standfest, geschichtet oder zerklüftet war.

Der steinbruchmäßige Abbau mit Bohrlöchern und Keilen war den Römern ebenfalls bekannt. In die Bohrlöcher wurden trockene Holzkeile gesteckt; der Quelldruck des hierauf durchnässten Holzes erzeugte einen Spalt längs der Bohrlochreihe.

Straßen und Brücken

Es seien hier nur wenige Beispiele römischer Straßen und Brücken auf dem Gebiet der heutigen Schweiz erwähnt; sie stehen stellvertretend für zahlreiche andere bekannte Fundstellen und viele weitere unbekannte Relikte, die noch nicht freigelegt sind. Dazu wären jene Fundorte zu zählen, die den Nachfahren als willkommene und leicht auszubeutende Steinbrüche dienten; denn das römische Straßennetz war durchaus geschlossen und nicht nur auf wenige Provinzhauptorte ausgerichtet.

Eine Straßenkarte des Römerreiches, die aus der Zeit des Augustus stammt und heute «tabula Peutingeriana» genannt wird, zeigt auch in helvetischen Landen die Straßenverbindungen in aller Klarheit, die Distanzen in Wegstunden und ca. 3500 Ortsnamen. Meilensteine, Votivsteine, Grabsteine und Streufunde zeugen heute noch von einem offenbar recht lebhaften Verkehr. Man schätzt, daß zur Kaiserzeit das römische Imperium von 80000 km befestigten und befahrbaren Straßen durchzogen war.

Neben den technisch hoch entwickelten Straßenbauten waren Brücken die wichtigsten römischen Verkehrsbauten. Hier sind zunächst die Kriegsbrücken zu nennen, die von den Genietruppen der Legionen auch über große Flüße geschlagen wurden. In Caesars Bericht über den Gallischen Krieg, findet sich eine eingehende Beschreibung zweier solcher Brückenschläge über den Rhein in den Jahren 55 und 52 v.Chr. bei Koblenz/Andernach und bei Köln. Es handelt sich um hölzerne Jochbrücken, deren Fahrbahn mit Reisig und einem Lehmschlag abgedeckt waren, um sie auch für die Reiterei und pferdegezogene Wagen passierbar zu machen (Abb. 109) (s.

Abb. 108
Der «Pierre Pertuis» (durchbohrter Fels) bei Tavannes im Jura, ein Straßentunnel aus römischer Zeit. Stich von A. Rottmann.

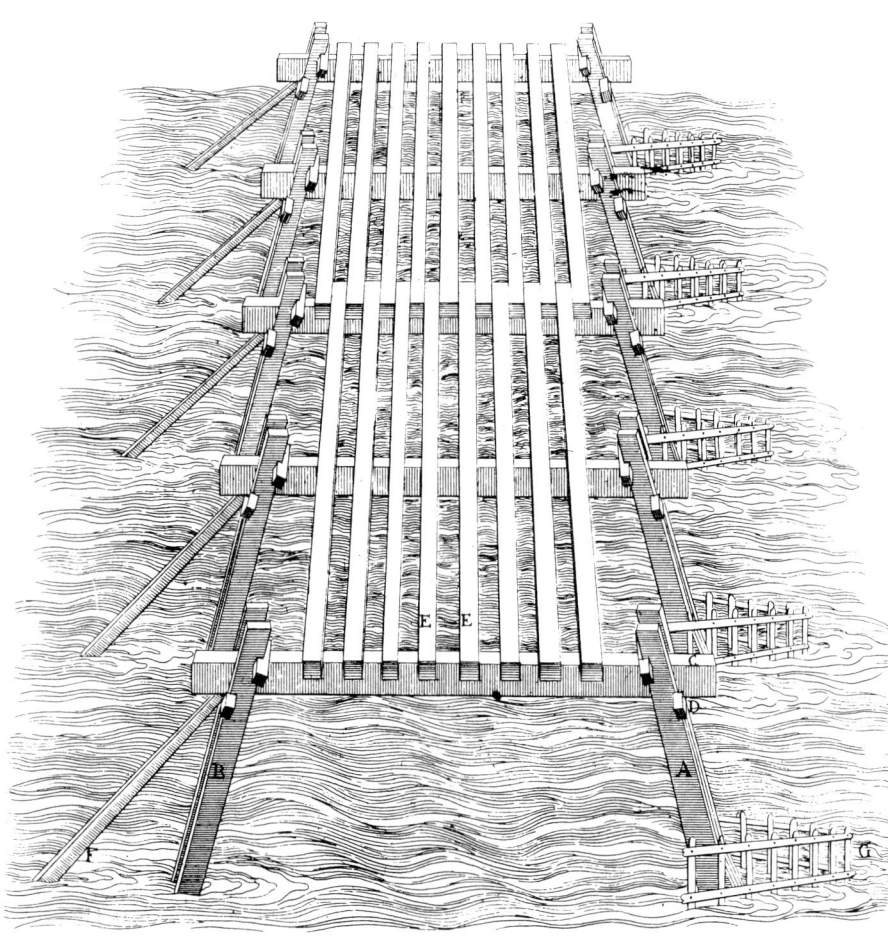

Abb. 109
Eine der vielen Zeichnungen der von römischen Truppen erbauten Rheinbrücken. Die Beschreibung des Brückenbaus in Caesars Buch «De Bello Gallico» ist sehr allgemein und wenig technisch. Caesar war nicht Ingenieur, sondern Feldherr und Staatsmann. Die Beschreibung erlaubt daher die Annahme mehrerer von einander abweichender Konstruktionen.

Band 1, Kap. 5: «Die Geschichte der Baumaschinen»). Brücken dieser Art mögen als Provisorien für kürzere oder längere Zeit gedient haben. Als Dauereinrichtung verwendeten die Römer einen Brückentyp, der für größere Flüße geeignet war: gemauerte, breite Steinpfeiler, eigentlich gemauerte Kästen, die mit losen Steinen gefüllt waren. Zwischen die Pfeiler wurden Holzsprengwerke gespannt oder es wurden Kreisbogengewölbe gebaut (Abb. 110). Die im Flußlauf stehenden Pfeiler wurden in ähnlicher Weise wie heute noch errichtet: entweder im «Trockenen», d. h. nach Umleitung des Flußes durch Fangdämme, oder mit Hilfe von hölzernen Spundwänden und nach Ausschöpfen der so erstellten Baugruben.

Für kleinere Spannweiten wurden vollständig in Stein gemauerte, schlanke Bogenbrücken eingesetzt, die man gemeinhin auch heute noch als «Römerbrükken» bezeichnet (Abb. 111). Schließlich gab es noch die Aquädukte, deren Hauptfunktion die Aufnahme von Wasserleitungen war: lange Reihen schlanker, hoher, steinerner Bögen, die sich harmonisch in die Landschaft einfügten.

Zur Zeit der Alemannen

Der Glanz des Römerreiches, seine hohe Zivilisation mögen mit dazu beigetragen haben, daß die germanischen Nachbarn im Norden nach Süden drängten. Nach der Überwindung des Limes, der römischen Grenzbefestigung, und der helvetischen Rheingrenze strömten im 3. Jahrhundert n. Chr. alemannische Stämme ins Land und siedelten hier bis weit in die Alpen hinein. Nicht daß die Römer

Abb. 111
Brücke bei Montreux (Kanton Waadt). Stich von Outwaite. Diese Brückenkonstruktion, ein gemauerter Bogen mit Halbkreisgewölbe, war seit der Römerzeit bis in die Neuzeit üblich.

und die keltischen Einwohner völlig verdrängt wurden: mancher Veteran, der nach seinen Legionärsjahren hier Land zur Besiedelung und Bearbeitung erhalten hatte, mag auch unter den neuen Herren geblieben sein. Vom Weiterleben

der Kelten zeugen viele Ortsnamen, wenn auch die Sprache der Alemannen angenommen wurde.

Die neuen Siedler hatten indessen weder den Willen zur staatlichen Struktur noch die zivilisatorischen Fähigkeiten in genügendem Maße, um die übernommenen Güter römischer Kultur auch nur zu halten. Die germanischen «Reiche» waren kurzlebig und eher von einzelnen Persönlichkeiten getragen als von Geschichtsbewußtsein geprägt. Mit dem abnehmenden Bedürfnis nach Verkehr verfielen die Straßen, und mit dem Verschwinden der römischen Bauleute und Legionäre verkümmerte die Technik der Verkehrsbauten. Die neuen Herren waren den früheren bautechnisch nicht gewachsen; ihre Hochbauten waren aus Holz, ihre Siedlungsweise – im allgemeinen Streusiedlungen – benötigte kaum Straßen nach römischem Vorbild.

Dennoch ist es erstaunlich, wie lange die gewaltige zivilisatorische und kulturelle Leistung der Römer in unserem Land nachwirkte, obwohl die Anwesenheit der Legionen kaum drei Jahrhunderte gedauert hatte; Kelten und Rätier übernahmen gar vollständig die Sprache der Eroberer, so groß war damals die Assimilationskraft der neuen Kultur und Zivilisation.

In der Entwicklung der Verkehrsbauten ergab sich ein Stillstand, ja sogar ein weitgehender Verfall. Viele der großen

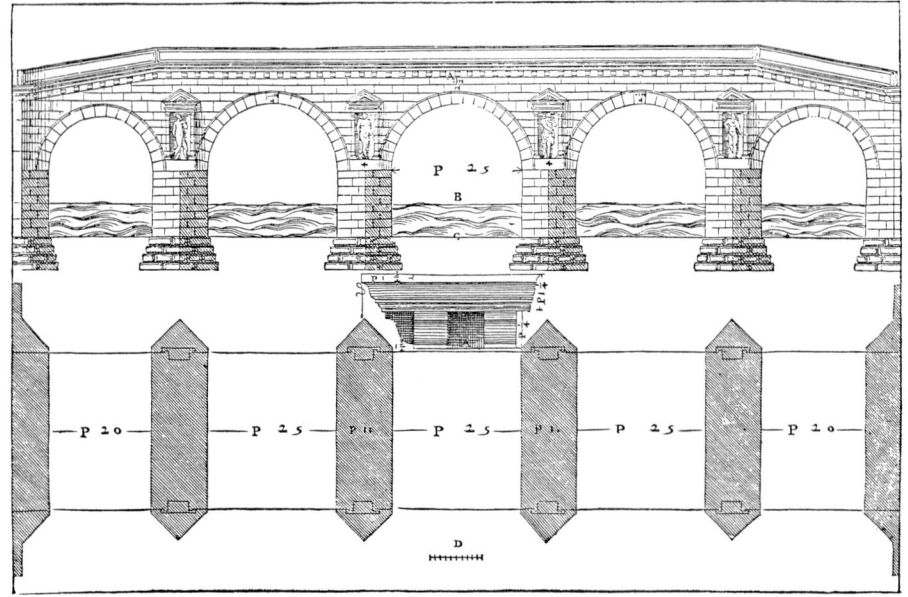

Abb. 110
Römerbrücke über den Fluß Metauro bei Calgi in Umbrien. Die Brücke wurde vom Architekt Andrea Palladio (1508–1588) ausgemessen und in seinem Buch «Die vier Bücher zur Architektur» (erste deutsche

Übersetzung 1698 in Nürnberg) veröffentlicht.
A: Gesims, B: Wasseroberfläche, C: Grund des Flusses, D: Maßstab = 10 Fuß (1 Fuß = 0,31 m).

römischen Werke wurden in zahllosen Kriegen zerstört. Für neue Schöpfungen fehlten meist Wille, Zeit und Fähigkeit. Was von Römerbauten erhalten blieb, diente oft bis ins späte Mittelalter den Bedürfnissen einer wohl kaum wachsenden Bevölkerung. Die übergroße Mehrzahl der römischen Bauten wurden in späteren Jahrhunderten zu willkommenen Lagern behauener Steine, soweit nicht ohnehin in alemannischer Tradition in Holz gebaut wurde.

Im Mittelalter

Wohl führte die Christianisierung des Landes im frühen Mittelalter zu einer gewissen Belebung der Bautätigkeit im Hochbau, z. B. Klöster, Kirchen, Burgen; an Verkehrsbauten jedoch scheint kaum ein Interesse bestanden zu haben. Die einzigen Brücken, die im Mittelalter errichtet wurden, waren einige Flußübergänge aus Stein oder Holz in den Städten. Ihre Technik unterschied sich kaum von jener der römischen Flußbrücken, nur die Qualität der Arbeit war schlechter, und die Werke waren weniger dauerhaft. Was die Landstraßen betrifft, sind die Reiseberichte voller Klagen über ihren mißlichen Zustand bis weit ins 18. Jahrhundert hinein. Einzig in Städten und Dörfern gab es vom 14. Jahrhundert an gepflästerte Straßen und Plätze. Nur im Tessin ist die Sitte der Straßenpflästerung, verbunden mit Fahrspuren aus Granitplatten, noch älter, und es besteht dort möglicherweise eine mehr oder weniger ungebrochene Tradition von der römischen Straßenbaukunst her.

Als Verkehrsbauten im weiteren Sinne mag man auch jene Bauten bezeichnen, die indirekt dem Verkehr von Personen und Waren dienten. Hier wären zunächst die kaiserlichen Pfalzen zu nennen, in denen der Kaiser mit seinem Gefolge auf seinen Reisen durch das Reich wohnte und die zugleich ein Netz von militärischen Stützpunkten bildeten. In ähnlicher Weise benützten die kirchlichen Obrigkeiten auf ihren Dienstreisen die Klöster als Absteige. Und ähnlich den römischen «castra» und «oppida» bildeten auch die Pfalzen und Klöster den Kern von bürgerlich-gewerblichen Siedlungen, so etwa in Zürich und Basel.

Als Vorläufer der heutigen Hotelbauten mögen die «Susten» gelten – jene Herbergen mit Ställen und Lagerhäusern (Abb. 112), die an wichtige Verkehrswegen angelegt wurden und dem Wechsel der Pferde, dem Warenumschlag und der Unterkunft der Reisenden dienten. In ähnlicher Weise wären die zahlreichen Zollhäuser als Verkehrsbauten zu bezeichnen. Beide Bauten – Susten und Zollhäuser – sind in der Schweiz noch erhalten, wenngleich vielfach auch bloß in Flurnamen. Dies überrascht nicht, denn sowohl durch das schweizerische

Abb. 112
Das Hospiz auf dem Gotthardpaß. Gezeichnet und gestochen von Johann Rudolf Schellenberg, nach 1796.

Abb. 113
Selbst Päpste waren gegen die Unbill des Reisens, besonders in den Alpen, nicht gefeit.

Mittelland wie über die Alpen führten und führen bedeutende europäische Straßen, und die Säumerei und Fuhrhalterei waren wichtige Erwerbszweige in vielen Alpentälern. Dazu kam, daß viele Verbindungen von europäischer Bedeutung durch den Raum der schweizerischen Alpen verliefen: von Paris nach Venedig, von Wien nach Spanien, von Zürich nach Mailand (Abb. 113). Das «Heilige Römische Reich Deutscher Nation» bestand weiter in seinen wichtigsten Verkehrsadern, auch als es politisch längst zerfallen war.

Die enge Wechselwirkung zwischen Verkehrs- und Kriegswesen ist in einem topographisch so reich gegliederten Land wie der Schweiz besonders augenfällig. Viele Pässe und Passagen sind kaum umgehbar, und die wichtigsten Punkte wurden mit Burgen und Wehrbauten gesichert. In vielen Bündnissen und Verträgen wurde der Unterhalt und die Offenhaltung der Verkehrswege den Partnern zur Pflicht gemacht. Im Krieg Zürichs gegen die Waldstätte spielte die Sperrung der «Salzstraße» von den aargauischen Rheinsalinen über den Zürichsee nach Schwyz eine große Rolle.

Der Schöllenenweg (Abb. 114) und der Gotthard wurden ausgebaut, da die Innerschweizer das Bedürfnis nach einer sicheren Verbindung ins Tessin und in die Lombardei hatten. In ähnlicher Weise war die bernische Macht auf gute Wegverbindungen zwischen Genfersee, Jura und Oberland angewiesen. Reste von Meilensteinen mit Angabe der Weg-

Abb. 114
*Die «Twärrenbrücke» und die «Stiebende
Brücke» in der Schöllenenschlucht zwischen
Göschenen und Andermatt wurden erst gegen
Mitte des 12. Jahrhunderts erbaut und ermöglichten Säumer- und Personenverkehr.
Mit diesem Weg wurde der Gotthard rasch zu
einem wichtigen Übergang nach Italien
(jährlich 20000 Rompilger!), und die Waldstätte wurden für das Reich und die habsbur-
gischen Vorlande plötzlich sehr wichtig: 1291
verschworen sich die Waldstätte zur Bewah-
rung der Reichsunmittelbarkeit. Der Ausbau
zum befahrbaren Saumweg mit steinernen
Brücken («Teufelsbrücke») erfolgte erst gegen
Ende des 16. Jahrhunderts, als die Eidgenos-
sen schon längst nach Mailand zu ziehen
gewohnt waren.*

stundenentfernung von Bern zeugen
heute noch vom Selbstbewußtsein eines
Staates, der die Eidgenossenschaft während langer Jahrhunderte entscheidend
mitformte.
Reisen in den Alpen war nicht nur beschwerlich (Abb. 115), sondern ganz im
Gegensatz zu heute auch äußerst unbe-
liebt. Man scheute die Berge, das Gebirge barg der Schrecken viel. Alpenüber-
querungen wurden nur ausgeführt, wenn
sie unbedingt notwendig waren. Die
Menschen hatten ein anderes Gefühl gegenüber der Natur, sie war fremd und oft
bedrohlich.
Einen guten Einblick in das Empfinden,
das den damaligen Menschen bei einer
Alpenüberquerung beschlich, vermittelt
das Reisebüchlein des Andreas Ryff,
eines rührigen Basler Handelsmannes.
Ryff wurde 1550 geboren, er starb 1603
im Alter von 53 Jahren. Als Handels-
mann, aber auch als Beauftragter seiner
Vaterstadt Basel reiste er viel in der Welt
herum. Das Gebiet der damaligen Eidgenossenschaft kannte er besser als mancher heutiger Schweizer seine Heimat
kennt. Er war oft im Tessin, in Bologna,
in Venedig, in Köln, in Belfort (er besaß
dort einen Bergwerksbetrieb), in Stuttgart usw. Er überschritt mehrmals den
Gotthard. Über alle seine Reisen führte
er getreulich Buch. Dieses Tagebuch,
das Ryff mit Zeichnungen ausschmück-
te, ist erhalten geblieben. Folgen wir nun
einer Reise über den Gotthardpaß im
Jahre 1587. Ryff schreibt wie folgt:
*«Von Wassen zeicht man gehn Gestene,
do ist auch noch ein alter thurm, darinen
etwaß adelß sein wohnung gehapt hat.
Von Gestenum zeucht man dan die Schellenen oder den Schellene berg vollens
auff, do ahn etlichen orthen gewelbte
brucken über die Ryß gondt, daß man
hinniber und wider heriber muoß. Do rouschet und tobet das wasser so grousam,
daß es einen, der solches nie gesechen,
erschreckt, biß daß man schier gar uff die*

Abb. 115
*So reiste man in den Alpen von der Gotik bis
zum Beginn des Barock.*

*Schellenen hinauff kompt, do ist ein gä-
her, stutziger, hocher stalden, durchauß
mit steinen besetzt, von einer gewelbten
brucken hinauff bis ahn ein eck oder
scharpffe ranck des felsens, do kompt man
stracks unversehens zuo des teiffels bruk-
ken, Al Ponto Dilfernno genant, das ist
ein solliche brucken, die hoch ob dem
wasser mit einem eintzigen bogen oder
gwelb von einem felsen in den anderen
gebouwen ist; zur rechten handt rouschet
und rumpplet das wasser die Ryß einem
hoch über die felsen herab entgegen; grad
under der brucken falt eß wider tieff über
ein felsen hinab und ist die brucke über 5*

*oder 6 schuoch nit breit; dasselbig orth ist
gantz herumb mit hochen felsen eng
umbgeben und stypt das wasser so feer
doselbsten von wegen hochen und wilden
vahlß, daß eß einem rauch oder tanff und
näbel gleich sicht, und diewyl dan diß orth
eng und rings herumb mit hochen glatten
felsen umbringet und die wasser also rou-
schen und stieben, so haben die landtleuth
Inferuno, die hell, und die brucken el
Ponto Dilferno, die hell brucken oder des
teuffels brucken genent. Keinner ist so
manlich, ders nit gesechen, wan er so
ilents unversechens umb das eck des felsens darzuo kompt und über diese hoche
schmale brucken muoß, der nit erschrecke
und sich dorab nit etwaß entsetze, sonder-
lich diewyl keine länen oder nebenwend
doran sind, wie man auch keine do machen kan dieser ursachen; das landtvolck
muoß doselbsten all ir bouw und bren
holtz die Schellenen uff und über dise
brucken schleiffen, waß fy in der wilde
Ursseren und Hoschpital brouchen wellen,
dan sonst do nienen kein holtz vorhanden
ist. Und wan sy mit einem boum oder
holtz uff die brucken komen, so miesen sy
das holtz uff der brucken strags von mittag gegen nidergang der sonen, also gantz
intz krytz wenden und khören von wegen
der krumen stroß und ist anderst kein
mittel do, daß also man diser ursach halben keine länen oder wend an der brucken
haben kan. So bald man nun über dise
brucken und ein wenig den felsen auff
kompt, so hat man die Schellene übersti-
gen und ist man in der schönnen fuoßeb-
nen grasreichen wilde Ursseren, und
gleich beim dorff Urssellen (heute Andermatt) und ¹/₂ stund fuoßwegs davon zuo
Hoschpitaal, ein dorff und schloß an des
Gotharts berg fuossolen, dahin 2 mylen.
Demnoch zeucht man gleich von Hoschpitaal im dorff den Sant Gotharts berg ahn;
ist anfangs doselbsten ein zinlichen stich
hinauff gar stotzig und gäch, demnoch
bald wider ein stuck feldts eben und dan*

*widerumb berg auff, biß daß man gar
hinauff kompt zuo dem klösterle oder spit-
tal und herberg 1¹/₂ myl. Wan man nun
gar hinauff kompt uff den Gothart, do
ligen 3 kleine see oder simpff in einem
dryangel nahe bey einander und in der
mitte zwischen den drey seen ist ein guot-
ter brunquellen, zuo aller obrist uff dem
gebirg; der ein see zur lincken hand hat
kein ausgang; auß dem nechsten gegen
Deutschland laufft das wasser die Ryß, so
den Lutzernner see filt; auß dem dritten
seelin gegen Italien entspringt das wasser
der Tefyn, so den Langensee bei Luggaris
filt. Gleich ahn disem see stott der spittaal
oder herberg, und Sant Gotharts kirchlin
darbey, strags hinder dem kirchlin facht
man wider ahn abstygen gegen dem Lyf-
fener thaal zuo.»*

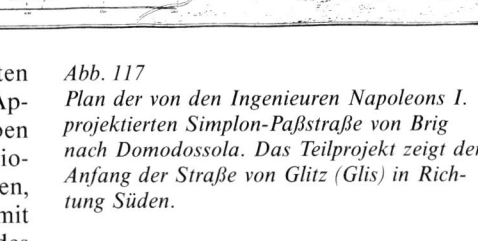

Das Gebiet der Schweiz ist reich an Flüssen und Seen. Es ist daher nicht verwunderlich, daß die Binnenschiffahrt schon
sehr früh große Bedeutung erlangte; es
gab Schiffsherren und Flotten. Der Be-
ruf der Schiffsleute war nicht ungefähr-
lich – ein Schiff konnte bei aufkommen-
dem Sturm rasch in eine bedrohliche
Lage kommen. Deshalb waren beispielsweise am Zürichsee bis in die Gegenwart
die Gemeinden verpflichtet, gesicherte
Häfen («Haaben») zu bauen und zu unterhalten.

Die Neuzeit

Trotz alledem war die Zeit vor der Französischen Revolution, um eine Zäsur zu
setzen, verkehrsbautechnisch kaum er-
giebig (Abb. 116). Eine Ausnahme und
eine einzigartige Leistung bilden die
Holzbrücken der Brüder Johannes und
Hans Ulrich Grubenmann aus dem

18. Jahrhundert. Diese hochbegabten
Zimmerleute aus Teufen (Kanton Ap-
penzell Ausserrhoden) schufen neben
vielen weitgespannten Dachkonstruktio-
nen auch eine Anzahl von Holzbrücken,
welche die Kühnheit des Entwurfs mit
statischem Gefühl und Gepflegtheit des
konstruktiven Details in seltenem Maße
vereinigen. Bekannt ist vor allem die
Rheinbrücke in Schaffhausen mit über
100 m freier Spannweite – zur Sicherheit
wurde allerdings ein Zwischenpfeiler erbaut. Die Brücke fiel, wie so viele Holzbrücken, den Napoleonischen Kriegen
zum Opfer.
Oft zerstörte der Krieg die Verkehrsbauten, oft waren Kriege jedoch auch –
wie schon zur Zeit der Römer – Ursache
für den Bau von «Verkehrswegen». So

*Abb. 117
Plan der von den Ingenieuren Napoleons I.
projektierten Simplon-Paßstraße von Brig
nach Domodossola. Das Teilprojekt zeigt den
Anfang der Straße von Glitz (Glis) in Richtung Süden.*

stand auch bei jener Verkehrsbaute, die
man als den Beginn des neuzeitlichen
Straßenbaus bezeichnen könnte, der
Kriegsgott Gevatter. Für seine Feldzüge
nach Italien ließ Napoleon die Simplonstraße ausbauen (Abb. 117 und 118). Gewissermaßen in römischer Tradition
wurde hier eine gute, breite Fahrstraße
konzipiert und erbaut, die in nichts mehr
an die mehr oder weniger gut ausgebauten Saumwege erinnerte. Durchgehende
Pflästerung, konstante Breite, gleichmä-
ßiges und beschränktes Gefälle, steinerne Brücken – ein Werk, das dem harten
Gebirgswinter standhalten konnte. Für
lange Zeit war diese Straße wegweisend
für den Gebirgsstraßenbau. In der Folge
wurden viele Pässe ausgebaut, so der
Große St. Bernhard (Abb. 119) und die
Graubündner Paßstraßen (Abb. 120).

Der Einfluß der Maschine

Wie in anderen Bereichen markierte
auch im Verkehrswesen das Aufkommen
der Maschine einen Wendepunkt. Von
allen Verkehrsmitteln war es das Schiff,
das zuerst motorisiert wurde. Im Jahre
1823 fuhr das erste Dampfschiff auf dem
Genfersee. Die neue Antriebsart hatte
den Vorteil der Wetterunabhängigkeit
und der bedeutend erhöhten Transport-
leistung; sie breitete sich rasch aus. Hingegen blieben die baulichen Konsequen-
zen gering, auch wenn die größeren
Transportmengen umfangreichere Lan-
dungsanlagen erforderten.

*Abb. 116
Straßenbau im
18. Jahrhundert:
Ausbesserung einer
Landstraße im Staat
Bern, der für guten
Straßenunterhalt
bekannt war. An
einem Holzgatter
wird Sand- und
Steinmaterial
ausgesiebt; davor ein
zweirädriger Karren
für den Transport von
Steinquadern. Das
Viergespann auf der
Straße vermittelt eine
Vorstellung von den
Verkehrsmitteln der
Zeit. Während Jahr-
hunderten bestand
Straßenbau aus
Straßenunterhalt.*

Abb. 118
Simplonpaß, Gondo-
schlucht. Bild von
G. Lory Sohn aus dem
Jahre 1811. Die
Simplon-Paßstraße
wurde als erste Alpen-
straße nach den
Römern ingenieur-
mäßig erbaut.

Abb. 119a und b
Großer St. Bernhard. Anno 1815 erbaute
Straße, Teilstück unterhalb des Hospizes,
Richtung Norden. Die Paßstraße führt von
Martigny (Kanton Wallis) nach Aosta
(Italien).

Abb. 120
Brücke bei Splügen (Dorf am gleichnamigen Paß im Kanton Graubünden). Holzkonstruktion, wie sie in den Alpenländern damals üblich war. Stich von W. Lang, um 1850.

Abb. 121
Urnerloch zwischen Göschenen und Andermatt (Gotthardpaß) oberhalb der Teufelsbrükke. Stich von Borgnet, um 1750.

Der Tunnel

Trotz des hohen Standes der Sprengtechnik, die zum technischen Wissen der römischen Ingenieure gehörte, sind Straßentunnel von der Antike bis in die Neuzeit eher eine Seltenheit – ganz im Gegensatz zu den Wassertunnel (besser Wasserstollen), die schon Jahrhunderte v. Chr. geschlagen wurden. Die Straßenbauer vergangener Zeiten versuchten stets, den Bau von Tunnels zu umgehen, mit Ausnahme kurzer Felsdurchbrüche, wie z. B. der Straßentunnel «Pierre Pertuis» (Abb. 108) im schweizerischen Jura.

Das berühmte «Urnerloch» (Abb. 121) ist eher neueren Datums; Ryff erwähnt in seinem Reisebüchlein diesen Tunnel nicht. Das Vorbild der Abb. 121 stammt aus den letzten Jahrzehnten des 18. Jahrhunderts. Auch das «Verlorene Loch» (Trou Perdu), oberhalb von Thusis in der «Via Mala», stammt aus den letzten Jahrhunderten (Abb. 122). Erst die Entwicklung der maschinellen Technik für das Lösen von Gestein ermöglichte den Bau von größeren Straßentunnels.

Die Straßenwalze

Dieses Gerät gehört zu den jüngsten Entwicklungen der Baumaschinen. Heute eine wichtige maschinelle Voraussetzung und technische Hilfe beim Bau von Wegen, Plätzen und Straßen, war die Walze in der Antike unbekannt. Es gibt kein lateinisches Wort für Straßenwalze (dafür für Straßenreinigungsmaschine «machina viis purgandis»).

Allerdings wurde im Palast des Königs Bar-Rekub in Nordsyrien eine aus den Jahren um 750 v. Chr. stammende steinerne Walze mit einem Durchmesser des Walzenkörpers von 21,60 cm und einer Länge von 42,70 cm gefunden (Abb. 123). Seitlich besaß dieses Gerät zwei Rinnen, in denen möglicherweise Ringe befestigt wurden, die ein Ziehen der Walze erlaubten. Es ist jedoch kaum anzunehmen, daß diese Walze zum Verfestigen von Straßenbaumaterial gedient hat – dazu ist sie zu klein und zu leicht. Das Gewicht variiert je nach Art des Gesteins und der Abmessungen der Seitenteile zwischen 40 und 50 kg. Bei einer Auflagefläche des Walzenkörpers von

3 cm ergibt sich ein Bodendruck von 0,4 kg – viel zu wenig, um eine verdichtende Wirkung auf Straßenbaumaterial auszuüben.

Man könnte jedoch die gezogenen Säulenschäfte (siehe Band 1, Kap. 5, Abb. 15) als Straßenwalzen bezeichnen. Ob diese gezogenen Säulenteile auch als Straßenwalzen verwendet wurden, läßt sich nicht beweisen. Bei den antiken

Abb. 122
«Verlorenes Loch» (Trou perdu) oberhalb von Thusis an der Via Mala (Graubünden). Stich aus dem Jahre 1844.

Schriftstellern, die sich mit Technik beschäftigten, ist die Straßenwalze kein Thema.

Eine Quelle verweist auf die «Zehn Bücher über Architektur» von Vitruv (84 v. Chr. bis Christi Geburt). In Buch 5, Kap. XI: «Ringschulen» soll er schreiben, daß für das Einebnen von Sportplätzen Walzen verwendet worden seien. Trotz eifrigen Suchens wurde dieser Hinweis nicht gefunden. Aber da es verschiedene Ausgaben und Übersetzungen von Vitruv gibt, ist es möglich, daß in irgend einer Ausgabe diese Bemerkung

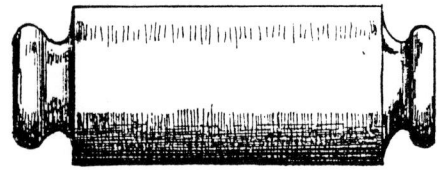

Abb. 123
Steinerne Walze, gefunden im heutigen Syrien, aus dem Jahre 750 v. Chr. Mit einem Gewicht von nur max. 50 kg wurde dieses Gerät kaum für Straßenarbeiten verwendet.

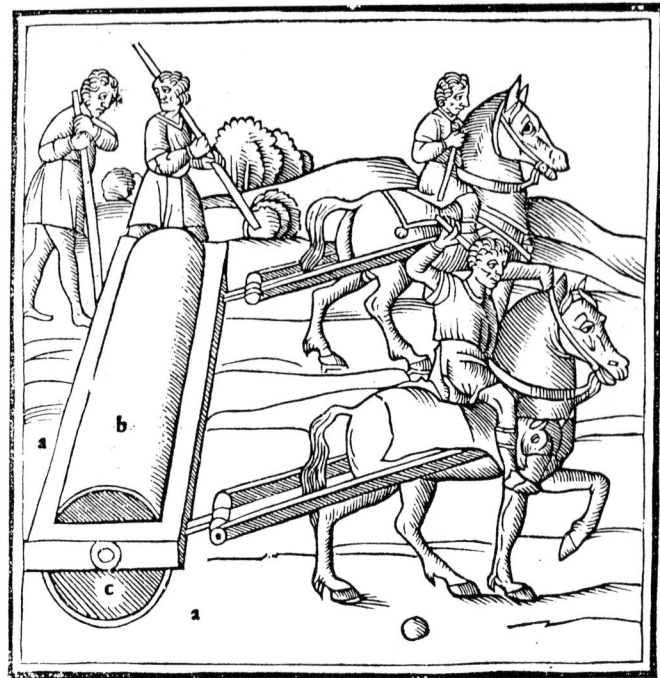

Abb. 124
Diese Darstellung eines Säulentransportes in einer italienischen Ausgabe des um die Zeitenwende von Vitruv herausgegebenen Werkes «Zehn Bücher über Architektur» ließ vielfach die Ansicht aufkommen, man habe um die Zeit von Christi Geburt die Straßenwalzen und deren Verwendung gekannt (s. auch S. 190/191 in Band 1).

zu finden ist. In einer italienischen Ausgabe «De Architectura» von Vitruv, herausgegeben 1524, findet sich ein Bild ähnlich der oben erwähnten Abbildung in Band 1 (Abb. 124). Der von Pferden gezogene Säulenschaft ist ungeschützt, rollt also am Boden, obwohl im Text der Transport von Säulenteilen beschrieben wird. Es ist möglich, daß dieses Bild zu dem Irrtum geführt hat, Vitruv habe Straßenwalzen gekannt und beschrieben.

Bis zu diesem Bild in der italienischen Ausgabe des Vitruv von 1524 finden sich weder Bilder noch Texte über Walzen oder walzenähnliche Geräte. Erst Jacob Leupold (1674–1727) beschreibt eine eiserne Walze (s. Abb. 96 in diesem Kapitel), deren Gewicht er sogar angibt. Er empfiehlt die Verwendung eiserner Walzen wie folgt:

«Weil auch alle dergleichen Arbeit dennoch Anfangs locker ist, daß der Regen sich sehr geschwinde einziehet und alles wieder Muuß-weich machet, auch die Räder so gleich wieder tieff einschneiden, so hielte ich davor, es solte gute Dienste thun, wenn man eine recht starcke und schwehre eiserne Waltze anschaffte, welche zum wenigsten 12 oder mehr Centner wäge, und nach dem Erdhacken das Gleiß überwaltzete; denn dadurch würde nicht nur alles recht derb und glatt, und könte weder Wasser noch Rad so leichte mehr eindringen. Ob schon eine dergleichen Waltze auch an die 30 bis 40 Thaler kosten solte, so kan sie hingegen 50 und mehr Jahre gebrauchet und viele Kosten ersparet, auch hinkünfftig so gleich die neu-auffgeschütteten Wege überwältzet und derb gemachet werden, daß so wol der Regen als Wagen sie nicht so gar leichte wieder heben könte.
Es muß eine solche Waltze zwar hoch, aber nur schmahl seyn, mit einem Gestelle

und Deichsel versehen, daß man zwey oder mehr Pferde vorspannen kan. Wann dergleichen Waltze 2 Fuß breit und im Diameter auch 2 Fuß, dörffte sie ohngefähr an purem Eisen etliche 30 Centner wägen, die aber auf etliche 60 Rthl. betragen würde. Alleine es sind 1½ Fuß schon genug.»

Erste Walzversuche bei Chausseen (s. vorheriges Kapitel) sollen um das Jahr 1787 durchgeführt worden sein. De Cessart, Generalinspektor des französischen Wegebaus, gab 1787 die erste Anregung zur Konstruktion und Verwendung schwerer hohler Walzen aus Gußeisen für die Zwecke des Wege- und Straßenbaus heraus. Er schlug Walzen mit folgenden Maßen vor:

Walzenlänge	8 Fuß (ca. 2,10 m)
Durchmesser	36 Zoll (ca. 97 cm)
Wandung	2 Zoll (ca. 5,40 cm)
Gewicht	3 500 kg

1830 kam die eiserne Straßenwalze dank den Bemühungen des französischen Ingenieurs Polonceau auf, vorerst als pferdegezogene Gefährte (Abb. 125), später mit Dampfmaschinenantrieb.

In Berlin wurden ab 1830 in der Königlichen Eisengießerei Straßenwalzen gebaut; über dem Walzenkörper war ein Wagenboden angebracht, der von einem Rad gestützt wurde (ähnlich Abb. 126 und 127). 1859 wurden die ersten Dampfwalzen eingesetzt (Abb. 128–130). Der Bau von Chausseen verlangte den Einsatz von Walzen, da das Verfestigen des frisch geschütteten Baumaterials nur durch den während des Winters darüber geleiteten Verkehr – im Winter ruhten allgemein die Bauarbeiten – ungenügend war und anschließend ständigen Unterhalt erforderte, was kostspielig war.

Abb. 125
Von vier Pferden gezogene Straßenwalze aus
dem 19. Jahrhundert.

Abb. 126
Straßenwalze mit Gewichtskästen. Für den
Transport über längere Strecken konnte der
Walzenkörper hochgestellt werden; das Gerät
fuhr dann auf vier Rädern.

Abb. 127
Vier Pferde zogen diese Walze mit Gewichtskästen.

Abb. 128
Dampfwalze mit stehendem Zylinder.

Abb. 129
Straßenwalze mit Dampfantrieb (Makadami-
sierungsmaschine: Mac Adam war ein engli-
scher Ingenieur, der die Kiesstraßen in Eng-
land einführte), in der Art einer Lokomotive
mit Antriebsmaschine und Tender. Aus einem
Lehrbuch von 1884.

Abb. 130
Diese Straßenwalze gleicht schon den uns
bekannten Dampfwalzen (aus zeitgenössi-
schem Inserat).

Literatur

Basler Jahrbuch 1891. Verlag R. Reich, Basel 1891.

Feldhaus, F. M.: Die Maschine im Leben der Völker. Birkhäuser, Basel 1954.

Feldhaus, F. M.: Die Technik, ein Lexikon. Verlag R. Löwit, Wiesbaden 1970.

Leopold, J.: Theatrum Machinarum oder Schauplatz der Heb-Zeuge, Leipzig 1725.

Neuburger, Dr. A.: Die Technik des Altertums. Verlag R. Voigtländer, Leipzig 1919.

Reuleaux, F.: Das Buch der Erfindungen, Gewerbe und Industrien. Verlag O. Spamer, Leipzig und Berlin 1885.

Reuleaux, F.: Der Weltverkehr und seine Mittel. Verlag O. Spamer, Leipzig 1901.

Straub, H.: Die Geschichte der Bauingenieurkunst. Birkhäuser, Basel 1975.

Vitruvius: Zehn Bücher über Architektur. Übers. von C. Fensterbusch. Wissenschaftliche Buchgesellschaft, Darmstadt 1981.

Vitruvius: The Ten Books on Architecture, Morris Micky Morgan. Doves Publications Inc., New York.

Kapitel 3
Tiefbau – Wasserbau

Zwei Drittel der Erdoberfläche sind mit Wasser bedeckt – es ist begreiflich, daß ein bedeutender Teil der Bautätigkeit den Wasseranlagen gilt. Wasserbau ist zur Hauptsache eine Arbeit der Tiefbauer. Er umfaßt Gebiete wie Wasserversorgung und Wasserableitung (Wasserfassungen, Leitungen, Reservoire, Bewässerungsanlagen usw.) sowie Fluß- und Seebau (Schiffbarmachung, Hafenbau usw.).

Wasser wurde seit jeher von allen Menschen nicht nur benötigt, sondern auch geschätzt. Auch die Steinzeitmenschen zogen, genau wie die Tiere, dem Wasser nach. Von diesen Zeiten sind wenig Zeugen der Wasserbautechnik erhalten geblieben. Aber viele Höhlen oder Siedlungsplätze sind in der Nähe oder direkt an noch bestehenden oder damals vorhandenen, heute verlandeten Gewässern gefunden worden. Auch der seßhaft gewordene Mensch, der Ackerbau betrieb, benötigte und schätzte das Wasser.

Als die Menschen begannen, mit den geernteten oder hergestellten Waren, die sie nicht selbst verwenden konnten, Handel zu treiben, wurde die Wasserfrage in vielen Fällen nicht gerade prekär, aber dessen Beschaffung und Lagerhaltung wurde stets wichtiger. Da das damalige Baumaterial vorwiegend Holz war, sind Zeugen solcher Konstruktionen sehr selten gefunden worden. Über ein Wasserreservoir aus den Jahren 1550–1400 v. Chr. aus Holz, dessen Konstruktion, Bauausführung und Zweck orientiert der zweite Beitrag diese Kapitels (S. 135 ff.).

Die ersten Kulturvölker, die den Boden bebauten, erkannten die wichtige Bedeutung des Wassers. Zu diesen Kulturen, die auch als «Wasserkulturen» bezeichnet werden, gehören die Sumerer und ihre Nachfolger in Mesopotamien (heute Irak), die Ägypter im Niltal, die damaligen Bewohner des heutigen Indiens sowie die alten Chinesen.

Auch die Israeliten schätzten das Wasser. Bei der Ausführung ihrer Wasserbauwerke wurden sie von den Phöniziern unterstützt. Bekannt sind die Anlagen von König Salomo (König der Juden um 950 v. Chr.) und zum Teil heute noch in Betrieb stehende Quellfassungen und Zisternen für die Wasserversorgung von Jerusalem.

Es war allerdings den Römern vorbehalten, außergewöhnliche Bauwerke für die Wasserversorgung ihrer Städte zu schaffen. Im dritten Beitrag dieses Kapitels werden Beispiele solcher Bauwerke aus dem ursprünglichen Römerreich ausführlich beschrieben. Das gleiche Thema wird im vierten Beitrag behandelt, besonders die für das Gebiet der heutigen Schweiz damals üblichen und bescheidenen, dennoch aber technisch auch beachtenswerten «kleinen» Wasserversorgungen, speziell auch die «Kleinwasserfassungen» und -leitungen für einzelne Gutshöfe.

Ein weiterer Teil des Wasserbaus gilt der Bändigung der Flüsse und Seen zum Zwecke der Schiffbarmachung, der Kraftnutzung, und, speziell in früheren Zeiten, der Trinkwasserversorgung.

Über Flußregulierungen zum Zwecke der Vermeidung von Überschwemmungen orientiert der Beitrag «Die Entwicklung des schweizerischen Flußbaus».

Einige Beispiele historischer Wasserversorgungen

Die Aufgabe, die Menschen mit Wasser zu versorgen und diese Flüssigkeit nach der Verwendung wieder abzuleiten, verlangt Tiefbauarbeiten vielerlei Art. Das Legen von Wasserleitungen erfordert beispielsweise genaue Einmessung des Trassees, Aushub, Tunnel- und Brükkenbau (Aquädukte), fachgerechtes Verlegen der von der Bauindustrie gelieferten Röhren resp. der auf der Baustelle erstellten gemauerten Leitung, weiterhin Dichten der Fugen oder der Leitung und Wiedereindecken.

Ein Beispiel einer bedeutenden Wasserversorgung im Altertum war die um 532 v. Chr. erbaute Tunnelleitung von der Leukothenquelle durch den Berg Kastro nach Samos. Noch älter ist eine Regenwasserableitung, erbaut um 2500 v. Chr., in den Tempelanlagen der Pyramide des ägyptischen Königs S'ahu-re. Die 400 m lange Leitung besteht aus einem 4,70 mm starken Kupferblech, das zu einem Rohr von 4,70 cm Durchmesser zusammengebogen und mit Gipsmörtel in hohle Steine eingemauert ist.

Frischwasserzuleitungen wurden je nach Menge des Wassers mit Röhren oder mit gemauerten und verputzten Kanälen erbaut. Für die Ableitung des Abwassers dienten praktisch überall offene, aus Naturstein gehauene oder auch gemauerte Steinrinnen, die mit Platten abgedeckt wurden.

Die Rohre wurden aus verschiedenen Werkstoffen hergestellt. Außer Blei und Zinn wurde hauptsächlich Ton und Holz (Teuchel) verwendet, in China sogar Bambus. Die Kombination von Bleirohren in Stein diente dem Bau von Druckleitungen wie die Leitung von Ephesus (antike Stadt an der Westküste Kleinasiens). Bei dieser Leitung liegen die Verbindungen der 60 cm langen Bleirohrelemente (Innendurchmesser 8 cm, Wandstärke 4 cm) in ca. 36 cm langen Natursteinmuffen. Die Fugen zwischen den Röhren sind mit Kalkmörtel abgedichtet.

Der Dichtigkeit der Leitungen wie auch der Reservoire und Fassungen wurde große Aufmerksamkeit geschenkt, was nicht zu verwundern ist, waren doch die Leitungen oft sehr lang (s. auch Band 1, Kap. 3, Abschnitt «Kleine Geschichte der Bindemittel»).

Vitruv beschreibt die Fabrikation und das Verlegen der Röhren aus Blei und Ton:

«Wird aber das Wasser in Bleiröhren geleitet, so soll zuerst bei der Quelle ein Wasserschloß errichtet werden, und dann soll nach der Wassermenge die lichte Weite der Röhren bestimmt werden. Die Röhren sollen dann von diesem Wasserschloß zu einem Wasserschloß gelegt werden, das in der Stadt liegt. Die Röhren sollen nicht weniger als 10 Fuß lang gegossen werden. Wenn sie hundertzöllig sind, sollen sie ein Gewicht von 1 200 Pfund haben, wenn achtzigzöllig, ein Gewicht von 960 Pfund, wenn fünfzigzöllig, ein Gewicht von 600 Pfund, wenn vierzigzöllig, ein Gewicht von 480 Pfund, wenn dreißigzöllig, ein Gewicht von 360 Pfund, wenn zwanzigzöllig, ein Gewicht von 240 Pfund, wenn fünfzehnzöllig, ein Gewicht von 180 Pfund, wenn zehnzöllig, ein Gewicht von 120 Pfund, wenn achtzöllig, ein Gewicht von 100 Pfund, wenn fünfzöllig, ein Gewicht von 60 Pfund. Die Größenbezeichnung aber bekommen die Röhren nach der Zahl der Zoll, die die Platten breit sind, bevor sie zur Röhre zusammengebogen werden, so. Wenn z. B. aus einer Bleiplatte, die 50 Zoll breit ist, eine Röhre gemacht wird, dann heißt die Röhre fünfzigzöllig, und die anderen ebenso.»

In dieser Beschreibung liegt ein Widerspruch. Vitruv schreibt zuerst vom Gießen der Röhren «Fistulae ne minus longae pedum denum fundantur», am Ende des Abschnittes dagegen vom Zusammenbiegen der Platten «antequam in rotundationem flectantur».

Es ist kaum anzunehmen, daß zuerst Platten gegossen wurden, z. B. für den Transport, die nachher für die Herstellung von Röhren mit gleicher Wandstärke wieder vergossen wurden. Es scheint, daß im Laufe der Zeiten ein Satz, in dem der Unterschied zwischen gegossenen und gebogenen Röhren erklärt wird, verloren gegangen ist. Gemäß Funden wurden sowohl gebogene als gegossene Rohre eingebaut.

Die Platten wurden so zusammengebogen, daß die Kanten sich berührten. Es entstand ein Rohr mit eher mandelförmigem Querschnitt. Die zusammenliegenden Ränder wurden entweder direkt oder mit einem darüber liegenden Bleistreifen verlötet. Nicht verlötete Röhren mit nach oben liegenden Fugen wurden mit Blei vergossen oder verkittet. Untersuchungen an verlöteten römischen Röhren mit Wandstärken von 7 mm ergaben folgende Resultate:

Druck 3 atü:	Rohr weitet sich kreisförmig aus
Druck 8 atü:	Rohr erreicht volle Kreisform
Druck 18 atü:	Rohr reißt auf

Für senkrechte Fallrohre wurden vielfach gegossene Bleirohre verwendet.

Interessant sind auch die Angaben von Vitruv über die Vermessungs- und Nivellierungsarbeit beim Verlegen der Leitungen, auch der gemauerten Rohre. Er schreibt:

«Die erste Arbeit ist das Nivellieren. Nivelliert aber wird mit dem Diopter oder der Wasserwaage oder dem Chorobat, aber ein genaueres Ergebnis erreicht man mit dem Chorobat, weil Diopter und Wasserwaage täuschen. Der Chorobat aber besteht aus einem etwa 20 Fuß langen Richtscheit. Dieses hat an den äußersten Enden ganz gleichmäßig gefertigte Schenkel, die an den Enden [des Richtscheits] nach dem Winkelmaß [im Winkel von 90 Grad] eingefügt sind, und zwischen dem Richtscheit und den Schenkeln durch Einzapfung festgemachte schräge Streben. Diese Streben haben genau lotrecht aufgezeichnete Linien, und jeder einzelnen dieser Linien entsprechend hängen Bleilote von dem Richtscheit herab, die, wenn das Richtscheit aufgestellt ist und alle Bleilote ganz gleichmäßig die eingezeichneten Linien berühren, die waagerechte Lage anzeigen. (...) Wenn aber Wind störend einwirkt und durch die so hervorgerufenen Bewegungen der Bleilote die Linien keine zuverlässige Anzeige mehr bieten können, dann soll das Richtscheit am oberen Teil eine Rinne von 5 Fuß Länge, einem Zoll Breite und 1½ Zoll Tiefe haben, und dort hinein soll man Wasser gießen. Wenn nun das Wasser in genau gleicher Höhe die obersten Ränder der Rinne berührt, dann wird man wissen, daß die Lage waagerecht ist. Ebenso wird man, wenn mit diesem Chorobat so nivelliert ist, wissen, wie groß das Gefälle ist.»

In nachrömischen Zeiten wurden in Mitteleuropa vorwiegend hölzerne Rohre, die Teuchel oder Tüchel, für Wasserleitungen verwendet. Diese wurden aus Tannen-, Fichten- oder Erlenstämmen mit dem Teuchelbohrer aus dem Stammzentrum herausgebohrt (Abb. 1). Für die Verbindungen wurden die vorgeschnittenen Rohrenden ineinander gesteckt oder mittels eiserner Ringverbindungen miteinander verbunden (Abb. 2).

Die geschlagenen Stämme wurden erst gelagert, dann gebohrt, entrindet und im Teuchelweiher zwischengelagert. Beide Verbindungssysteme finden sich schon in römischen Wasserleitungen; oft läßt sich das Trassee einer alten römischen Teuchelleitung, deren Holzrohrelemente längst verschwunden sind, nur an Hand der ausgegrabenen eisernen Verbindungsringe feststellen.

Ein schönes Beispiel einer mittelalterlichen Wasserversorgung nördlich der Alpen bietet die Stadt Basel, die schon im 13. Jahrhundert, eventuell sogar schon im 12. Jahrhundert, zwei Versorgungssysteme erstellte. Basel, damals eine kleine, am Rheinknie gelegene Stadt, erstreckte sich über den hoch über den Rhein ragenden Münsterhügel, über die beiden Talflanken und den Talboden des «Stadtbaches» Birsig, der am Fuße des Hügels entlang floß.

Aus römischen Zeiten stammt ein Sodbrunnen mit einer Tiefe von 20,10 m. Der ausgemauerte Schacht reicht bis in die anstehende wasserführende Molasse.

Im Jahre 1317 schloß die Stadt einen Vertrag mit dem Probst und dem Kapitel zu St. Leonhard. In diesem Vertrag wurde die Unkostenverteilung bei Reparaturen des Spalenwerks neu geregelt. Das Spalenwerk versorgte die Bewohner des Birsigtales mit Wasser; bis ins 20. Jahrhundert waren öffentliche Brunnen an dieses Wasserwerk angeschlossen. Das zweite Werk, das Münsterwerk, diente der Versorgung des Münsterhügels, Sitz

des Bischofs und des Domkapitels. Beide Werke wurden aus Quellen, die außerhalb der Stadt lagen, gespiesen. Bevor die beiden Werke, die später noch vergrößert wurden, erbaut wurden, existierten in der Stadt nur die Sodbrunnen (Sode) und die Lochbrunnen (lokale Quellfassungen).

Die Wasserwerke sind wahrscheinlich noch älter. Ein Kaufvertrag aus dem Jahre 1291 regelt die Besitzverhält-

nisse zwischen dem Bäcker Ulrich und dem Brunnmeister Konrad – es gab damals also schon einen Brunnmeister, einen Verantwortlichen für ein Wasserwerk.

Noch älter ist die Erwähnung eines Brunnens aus dem Jahre 1265, an den sechs Abwasserbrunnen angeschlossen waren. In solchen Brunnen wurde das aus Stockbrunnen abfließende Wasser weiter verwertet. Stockbrunnen waren

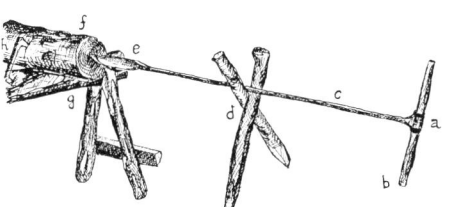

Abb. 1
Bohrvorrichtung für das Bohren von Teucheln. a, b, c und e: Teuchelbohrer, d: Bohrstütze, f: Teuchel, g: Holzbock, h: Bundhaken.

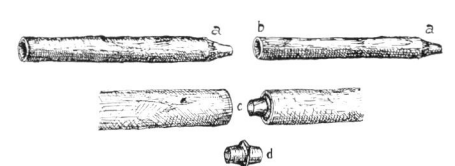

Abb. 2
Teuchelverbindungen. Oben: Das zugespitzte Ende des einen Rohres paßt in die muffenartig ausgeweitete Öffnung des anderen Rohres. Unten: Eiserner Verbindungsring d mit Verbindung c.

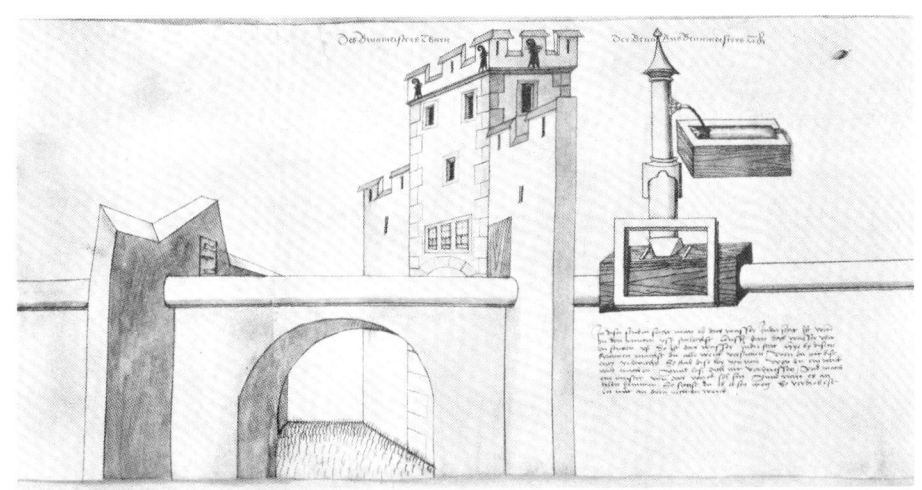

Abb. 3
Die Leitung des Spalenwerks überquert den Stadtgraben, durchstößt die Stadtmauer und bedient einen unmittelbar dahinter liegenden Stockbrunnen (Ausschnitt aus dem Plan von Hanns Zschan).

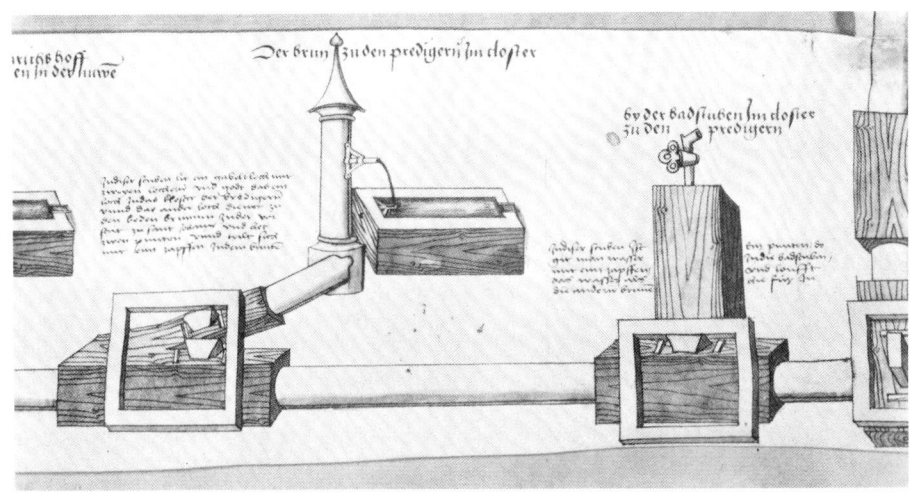

Abb. 4
Brunnen des Spalenwerks beim Predigerkloster und Zuleitung zu den Badestuben im Kloster (Ausschnitt aus dem Plan von Hanns Zschan).

Abb. 5
Die Wasserleitung des Münsterwerks über-
windet den Stadtgraben mittels eines Dückers
(Siphon) (Ausschnitt aus dem Plan von
Hanns Zschan).

im Gegensatz zu den Lochbrunnen an Wasserwerke angeschlossen. Nur aus einem Stockbrunnen kann so viel Wasser fließen, daß sechs Abwasserbrunnen alimentiert werden können.

Gemäß dem Brunnenbuch von 1666 versorgte das Spalenwerk fünfzehn, das Münsterwerk zwölf Stockbrunnen.

Das Wasser wurde in Teuchelleitungen, die auch geringe Drücke aufnehmen konnten, von außerhalb der Stadt liegenden Quellen in die Stadt geleitet. Die erste Ausführung des Spalenwerks hatte eine Länge von 3,60 km, das Münsterwerk war 1,90 km lang. Die Teuchellänge variierte im Mittel zwischen 3 und 6 m, wobei 6 m lange Rohre eher eine

Ausnahme waren. Für beide Werke wurden also etwa 1 300 – 1 500 Stämme benötigt. Da im Laufe der Zeit noch weitere Werke erstellt wurden, belief sich die totale Länge einschließlich der Zuleitungen zu den privaten Hofbrunnen auf rund 30 km, was einige Tausend Teuchel benötigte und viel Arbeit verlangte. Die Tagesleistung eines für das Bohren der Teuchel spezialisierten Mannes betrug 10–12 Röhren (Abb. 1).

Die Lebensdauer der Teuchel variierte je nach Holzart, Beschaffenheit der Erde und Art der Anlage (in der Erde eingegraben oder freiliegend) zwischen 10 und 12 Jahren.

Alle im Laufe der Zeit erstellten Wasser-

werke blieben in Betrieb bis 1954; ab 1824 wurden die Röhren aus Holz durch solche aus Eisen ersetzt, wodurch alle Stockbrunnen mehr Wasser lieferten.

Über diese Wasserwerke ist man besonders gut orientiert. Im Jahre 1491 wurde als Brunnmeister ein Hanns Zschan angestellt. Als gewissenhafter Brunnmeister erstellte er vom Spalenwerk und vom Münsterwerk je einen Plan. Der Plan des Hauptstranges des Spalenwerks mißt 5,90 m, die Seitenstränge haben die Länge 2,30 m, 0,70 m und 1,70 m. Der Plan des Münsterwerks ist zusammengerechnet rund 14,40 m lang. Die Pläne enthalten alles Wissenswerte über die Werke (Abb. 3, 4 und 5).

Literatur

Basler Zeitschrift für Geschichte und Altertumskunde, 54. Band, Universitätsbibliothek Basel 1955.

Bitterli-Brunner, P.: Geologischer Führer der Region Basel. Birkhäuser, Basel 1988.

Burg, A.: Brunnengeschichte der Stadt Basel. Verkehrsverein Basel 1970.

Feldhaus, F. M.: Die Technik, ein Lexikon. Löwit, Wiesbaden 1970.

Maissen, A.: Die hölzerne Wasserleitung. Romanica Helvetica, Band 26.

Mitteilungen des Leichtweiss-Instituts für Wasserbau, Technische Universität Braunschweig. Heft 71 (1981).

Vitruv: The Ten Books on Architecture. Dover Publ. Inc., New York 1914/1960.

Vitruv: Zehn Bücher über Architektur. Übers. von C. Fensterbusch. Wissenschaftliche Buchgesellschaft, Darmstadt 1981.

Die Zisterne in der bronzezeitlichen Siedlung auf dem Padnal bei Savognin (Kanton Graubünden)

In den Jahren 1971–1983 wurden auf dem Padnal bei Savognin, einem markanten Hügelplateau im Oberhalbstein, ca. 500 m südlich des Dorfes und unmittelbar an der Julierstraße gelegen, durch den Archäologischen Dienst Graubünden Überreste einer bronzezeitlichen Siedlung ausgegraben. Entdeckt wurde diese Siedlung bei Kiesabbauten in den Jahren 1938 und 1947 durch einen einheimischen Lehrer von Savognin und W. Burkart, den damaligen Betreuer der archäologischen Sammlung des Rätischen Museums in Chur; großflächige Grabungen waren damals aber aus finanziellen Gründen nicht möglich.

Anläßlich erneuter Kiesgewinnungen im Jahr 1970 wurden Teile der bronzezeitlichen Siedlung zerstört. Zugleich aber bot sich die Gelegenheit, die durch den Kiesabbau und ein Bauprojekt bedrohte Parzelle zu ergraben.

Die archäologischen Untersuchungen auf dem Padnal erbrachten den Nachweis einer bronzezeitlichen Siedlung mit mindestens fünf Siedlungshorizonten, d.h. fünf verschiedenen Dörfern übereinander. Die Siedlung brannte mehrmals ab, wurde aber anschließend immer wieder an Ort und Stelle neu aufgebaut und überdauerte so die ganze Bronzezeit (ca. 1800–800 v. Chr.). Merkwürdigerweise baute man die Siedlung ursprünglich in eine langgezogene natürliche Mulde hinein, was zweifellos Probleme verschiedenster Art nach sich zog. Von der gesamten Siedlung konnte durch den Archäologischen Dienst Graubünden schätzungsweise etwa ein Drittel bis maximal die Hälfte ergraben werden.

Die erste und zweite Siedlung

Für die erste, frühbronzezeitliche Siedlung (ca. 1800–1550 v.Chr.) ließ sich im Kern der länglichen Geländemulde eine einzeilige Reihensiedlung mit Pfosten- und «Säulenbauten» (mit auf Unterlagsplatten ruhenden Ständern) nachweisen. In der zweiten, größtenteils bereits schon mittelbronzezeitlichen Siedlung (ca. 1550–1400 v.Chr.) konnte man bereits eine dreizeilige Siedlung mit mehreren Hüttenkonstruktionen fassen (Abb. 6).

Aufgrund der in dieser zweiten Siedlung neu aufkommenden Trockenmäuerchen – unvermörtelte Mauern dienten als Subkonstruktionen für Holzbauten – und aufgrund zahlreicher «Hüttenlehmfragmente» – Lehm, der ursprünglich als Isolation zwischen die Wandhölzer gestrichen wurde, aber später anläßlich

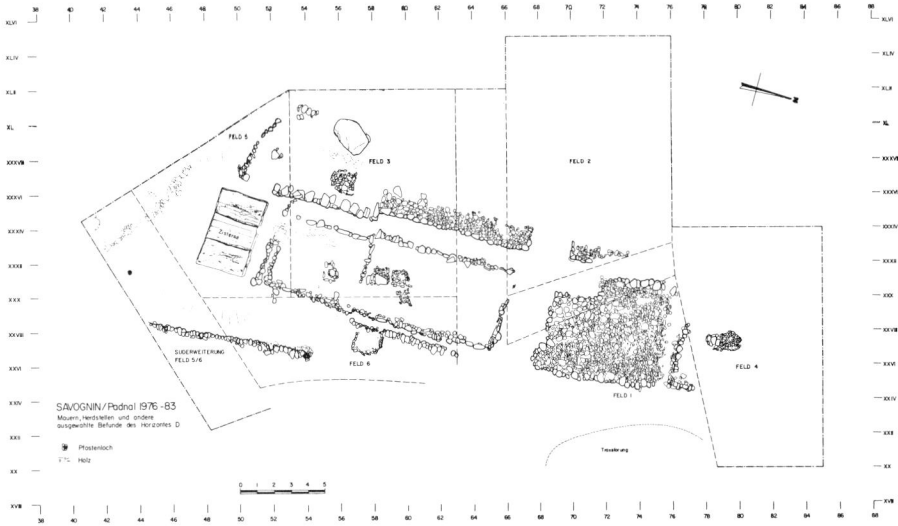

einer Brandkatastrophe hart gebrannt wurde – möchte man annehmen, daß bereits in dieser Zeitphase der einfache Blockbau aus Rundhölzern aufkam. Diese zweite Siedlungsphase von Savognin-Padnal zeigt schon deutliche Baustrukturen, eine Art «Baukonzept», und damit wohl auch eine gemeinschaftliche Organisation. Von dieser dreizeiligen Reihensiedlung liegt die Mittelzeile am tiefsten, nämlich im Bereich des ursprünglichen Muldenkerns; die beiden seitlichen Zeilen hingegen ruhen am Muldenabhang, leicht erhöht auf einer Art Terrassierungsmäuerchen.

Die Lage einer Siedlung in einer muldenartigen Senke brachte zweifellos große Wasserprobleme mit sich. Das anfallende Regen- und Schmelzwasser mußte – soweit wie möglich – abgezogen werden; Abzuggräben und Traufgräben waren zu erstellen, und das humose Gehniveau zwischen den Gebäuden mußte andauernd mit Kies- und Schottermaterialien stabilisiert werden.

So waren wir keineswegs erstaunt, als wir 1980 südlich einer Häusergruppe, also mitten in der Siedlung, auf ein großes «Steinbett» von ca. 5 × 4 m Ausmaß stießen (Abb. 7), das sich später als 1,50–1,60 m tiefe, mit Steinen gefüllte Grube erwies. Während wir in dieser «Steingrube» sofort eine Sickergrube erkannten, deren Zweck es war, das in der Siedlung anfallende Regen- und Schmelzwasser zu entziehen, stellten wir später äußerst erstaunt fest, daß die Basis und auch die Ummantelung der Grube aus einem bis zu 1 m dicken Lehmpaket bestand. Was sollte denn Lehm im Innern einer Sickergrube, der ja dem Wasserablauf eher hinderlich als nützlich war?

Abb. 6
Situation der zweitältesten Siedlung mit Zisterne.

Eine Holzkonstruktion vor 3500 Jahren

Des Rätsels Lösung ergab sich in den Jahren 1982 und 1983, als man den Lehmmantel der Grube vorsichtig abzubauen begann und auf die Überreste einer hochinteressanten Holzkonstruktion stieß (Abb. 8). Zunächst zeichnete sich eine Art Holzkiste von ca. 2,80 m Breite und 4,80 m Länge ab, die wir vorsichtigerweise als «Wasserfassung» bezeichneten. Diese Kiste schien aus brett- oder bohlenartigen Elementen aufgebaut zu sein. An einem dieser Hölzer ließ sich eine eingearbeitete Rille beobachten, die wir zunächst als Nut, heute aber lieber als Falz bezeichnen möchten (Abb. 9).

In einer Ecke der Konstruktion schien sich gar ein Vertikalholz, wohl eine Art Pfosten oder Ständer, abzuzeichnen. Die Schwierigkeit der Interpretation des Be-

Abb. 7
Steinbett südlich der dreizeiligen Häusergruppe.

Abb. 8
Teil der zisternenartigen Holzkiste während der
Grabungskampagne 1982.

Abb. 9
Detail aus der Wandkonstruktion der Zisterne
mit eingearbeiteter Nut bzw. mit Falz.

Abb. 10
Zisterne nach abgeschlossener Freilegung.

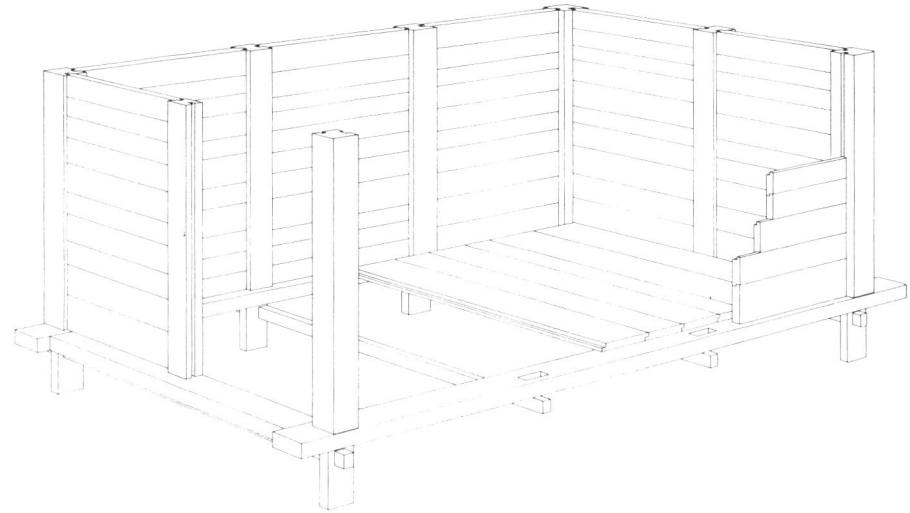

Abb. 11
Rekonstruktionsversuch der Zisterne.

fundes bestand darin, daß vom ursprünglichen Holzkörper nur noch ein bescheidener Überrest von maximal ca. 1–2 mm Dicke vorhanden war. Allerdings ist es ein außerordentlich glücklicher Zufall, daß Holzreste noch festzustellen waren. Holz ist bekanntlich vergänglich und erhält sich nur selten und unter günstigsten Bedingungen wie Feuchtkonservierung in Seen und Mooren oder abgeschlossen in luft- und wasserdichten Lehmpackungen.

Holzproben von dieser Kiste konnten zumindest teilweise in der Eidgenössischen Anstalt für das Forstliche Versuchswesen in Birmensdorf (Kanton Zürich) als Lärchenholz identifiziert werden. Während der Grabungskampagne 1983 gelang es uns, die gesamte Anlage freizulegen (Abb. 10) und einigermaßen zu untersuchen. Die Holzkiste entpuppte sich nun eindeutig als «zisternenartige Wasserfassung» oder eben Zisterne.

Der Aufbau der Zisterne

Die Konstruktion der Zisternenanlage ließ sich nun besser erfassen und verstehen. Der gesamte Zisternenbefund wies eine Länge von ca. 4,70–4,80 m und eine Breite von 2,90–3,00 m auf. Stellenweise war der Zisternenbefund noch ca. 1,40 m hoch erhalten; ursprünglich war er aber sicher weit höher. Die Gesamtkonstruktion ruhte auf vier massiven Schwellbalken (Abb. 11). Auf den beiden Längsschwellen standen je vier vertikale Pfosten oder Ständer, je zwei Eckpfosten und zwei Wandträger. Auch die beiden Querschwellen trugen je einen Wandträger. Insgesamt waren auf den Schwellbalken zehn solcher Vertikalständer vorhanden.

Zumindest bei den acht Ständern der Längsschwellen konnte beobachtet werden, daß sie nicht einfach in die Schwellen eingezapft waren, sondern daß sie die Schwellen durchschlugen und unmittelbar unter dem Schwellbalkenniveau im anstehenden Moränenkies in Pfostenlöchern Halt suchten. Je ein

Ständerpaar der beiden Längsschwellen war unter dem Schwellbalkenniveau durch Querstreben miteinander verbunden, d. h. insgesamt vier Querstreben auf acht Ständer. Die Querstreben waren offensichtlich in die unteren Enden der Ständer eingezapft.

Auf den Längsschwellbalken aufliegend fanden sich die Überreste eines Bretterbodens (Abb. 10). An einer Stelle kamen gar zwei ausgezeichnet erhaltene Brettfragmente aus Lärchenholz zum Vorschein, die einerseits zeigten, daß der Bretterboden aus ca. 3,00–4,50 cm dicken Spältlingen bestand, und andererseits einen sehr schön gearbeiteten Falz aufwiesen (Abb. 12). Dieser beweist, daß die Bretter des Zisternenbodens miteinander im Falzverband standen. Die Bretter dürften ca. 30–40 cm breit gewesen sein.

Auch die Zisternenwände bestanden offensichtlich aus brett- oder eher bohlenartigen Elementen. Wir möchten annehmen, daß auch diese Bohlen miteinander im Falzverband standen (Abb. 9 und 14). Die Bohlenwandelemente dürften ihrer-

seits in die vertikal stehenden Ständer eingenutet gewesen sein (Abb. 11). Wahrscheinlich waren die Ständer in ihrem oberen Bereich mit Querstreben oder einer anderen Stützkonstruktion versehen, da der Druck des Hinterfüllmaterials auf die Zisternenwände offenbar sehr groß war. Bei der gesamten Zisternenanlage handelte es sich offenbar um eine eigentliche Bohlen-Ständerkonstruktion.

Über die ursprüngliche Höhe der Zisternenanlage ist wenig Sicheres bekannt, doch lassen der Schichtbefund (Abb. 13) und ein Vergleich mit dem Gehniveau der zur Zisterne gehörenden Siedlungsphase (Abb. 6) eine ungefähre Höhe von ca. 2 m vermuten.

Die Abdichtung

Die Zisterne wurde mit Lehmpackungen abgedichtet (Abb. 14). So fand sich unter dem Bretterboden eine ca. 10–15 cm starke Lehmschicht, die stellenweise von kohlehaltigem Aschenmaterial durchsetzt zu sein schien. Auch auf dem Bretterboden selbst fand sich eine ca. 8–10 cm dicke Lehmschicht, die ebenfalls aschig-brandiges Material enthielt und offensichtlich künstlich in die Zisterne eingebracht wurde. Auf der Außenseite der Zisterne war eine solche Lehmdichtung ebenfalls festzustellen. Eigenartig daran war, daß diese äußere Lehmpackung teils nur 3–5 cm stark war, teils aber auch eine Dicke von bis zu 1 m und mehr einnahm. Seltsamerweise läßt sich im Profilschnitt durch die Zisternengrube (Abb. 13) feststellen, daß diese Lehmpakete in der Zisternenhinterfüllung

Abb. 12
Brettfragmente des Zisternenbodens.

zungenartige Auswüchse bildeten, die gegen das Zisterneninnere zuzustreben schienen.

Was diese Lehmzungen bedeuteten oder gar bezweckten, ist schwer verständlich. Eine mögliche Erklärung wäre bestenfalls, daß die obersten Lehmzungen eine Art Trichter bildeten, der das Regen- und Schmelzwasser dem Zisterneninnern zuzuführen hatte. In bezug auf die übrigen, tiefer liegenden Lehmzungen könnten wir uns höchstens vorstellen, daß sie einen Aufbau der Zisternenhinterfüllung in Etappen repräsentieren oder daß der ursprünglich eingebrachte Lehm im Laufe der Zeit durch Begehung und Schichtpression stark gestaucht wurde, und infolgedessen immer wieder neue Hinterfüllmaterialien und auch «Lehmtrichter» eingebracht werden mußten.

Die Baugrube

Die Zisterne befand sich in einer mächtigen Grube von ca. 8,00–10,50 m Durchmesser und 2,50–3,50 m Tiefe, die eigens für den Zisternenbau in den anstehenden Moränenkies eingetieft wurde. Das Hinterfüllmaterial der Zisterne bestand im unteren Grubenbereich teilweise aus mächtigen Steinblöcken, die zweifellos einen Gegendruck zur gefüllten Zisterne bildeten, und weiter oben aus schotterig-humosen und kiesigen Materialien und den oben erwähnten Lehmzungen (Abb. 13).

Das Zisterneninnere war über 1 m hoch mit lehmigem Material angefüllt, das seinerseits stark mit Schotter, relativ viel

Funden (vorwiegend Knochen und Keramik) und auch Holzresten (Wandversturz) durchsetzt war. Dieses Füllmaterial wurde zweifellos während der Benützungszeit von oben her eingeschwemmt oder gelangte durch den Versturz einzelner Wandpartien ins Zisterneninnere.

Zweck und Aufgabe der Zisterne

Über den Verwendungszweck der Zisterne wissen wir, daß sie gewissermaßen eine Doppelfunktion innehatte. Zunächst einmal diente sie der Entwässerung des feuchten Untergrundes der in einer Mulde angelegten Siedlung; gleichzeitig wurde das anfallende Regen- und Schmelzwasser gespeichert. Wir glauben nicht, daß die Zisterne als Trinkwasserreservoir diente – zumindest nicht in friedlichen Zeiten –, denn dafür war das Wasser wohl allzu stark verschmutzt. Zudem flossen Feldbäche mit sauberem Wasser in unmittelbarer Siedlungsnähe. Aber es gab natürlich verschiedene andere Verwendungsmöglichkeiten für solches Zisternenwasser. So benötigten beispielsweise Töpfer oder Bronzegießer Wasser. Auch zum Austränken des Viehs war Wasser notwendig.

Der eigentliche Grund zum Bau dieser Zisterne könnte aber auch durchaus die beständig drohende Brandgefahr in der aus Holzhütten bestehenden Siedlung gewesen sein. Das Dorf war ja soeben einer Brandkatastrophe zum Opfer ge-

fallen. Deswegen war es natürlich nützlich, mitten im Dorf Wasser für die «Feuerwehr» zu haben. Allerdings läßt der Umstand, daß diese Zisternenanlage nach einem weiteren Dorfbrand endgültig aufgegeben wurde, vermuten, die Zisterne habe ihren Zweck nicht ganz erfüllt.

Der Bauablauf

Anhand des Grabungsbefundes von Savognin-Padnal läßt sich auch der ganze Bauvorgang im Zusammenhang mit dieser Zisterne weitgehend rekonstruieren. Nach dem Brand der frühbronzezeitlichen Siedlung begann man zuerst die große Zisternengrube auszuheben, und zwar dort, wo die Mulde am tiefsten war. Anschließend baute man die Zisternenkonstruktion in Lärchenholz. Wir nehmen an, daß die Zisterne außerhalb der Grube gebaut wurde. Die Holzbearbeitung erfolgte mit einfachstem Bronzegerät, nämlich mit einfachen Beilen, wohl «dechselartigen» Instrumenten und meißelartigen Geräten, eventuell auch mit Holzhämmern.

Vermutlich wurde die Zisterne dann wieder zerlegt und anschließend das Rohgerüst (Schwellbalken, Ständer und Querstreben) in der Grube selbst zusammengestellt und im Kiesgrund verankert. Danach brachte man die unterste Lehmisolationsschicht ein, fügte den Bretterboden und die Bohlenwände ein, wobei nicht auszuschließen ist, daß eine letzte

Abb. 13
Südprofil der Felder 5 und 6 mit einem Schnitt   *durch die Zisternengrube und teilweise auch durch die Zisterne.*

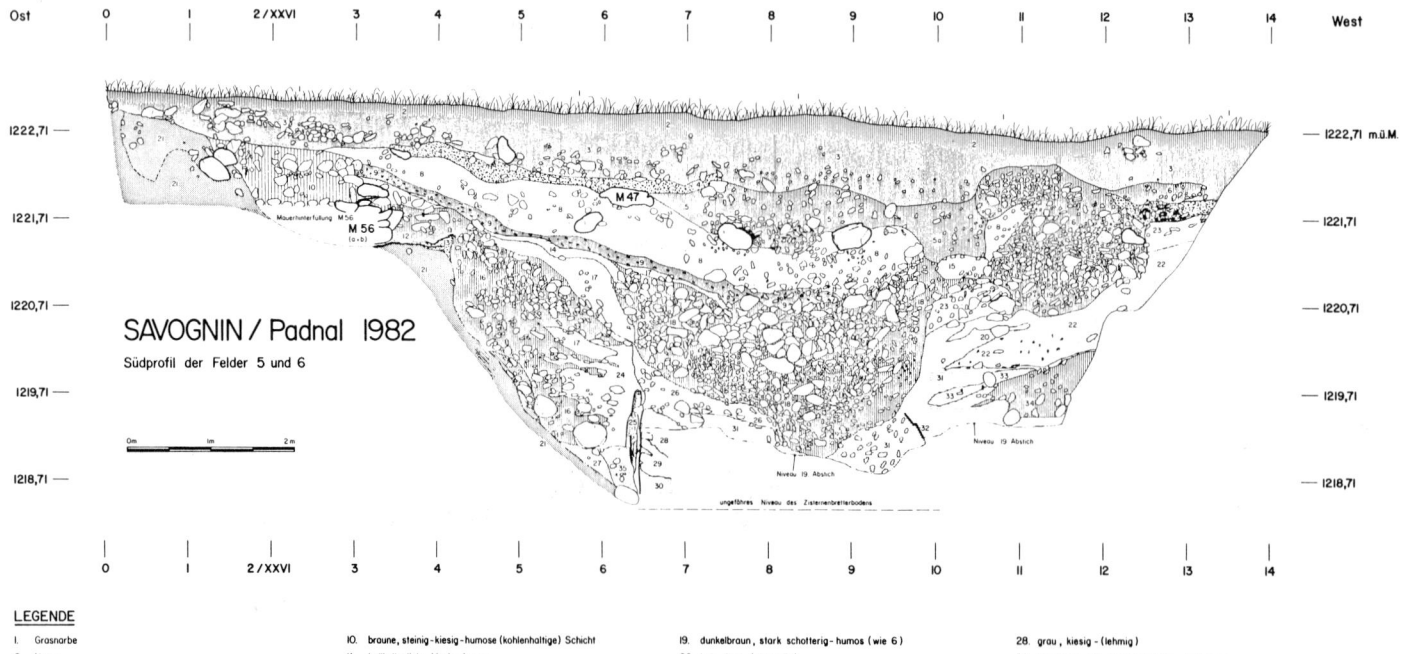

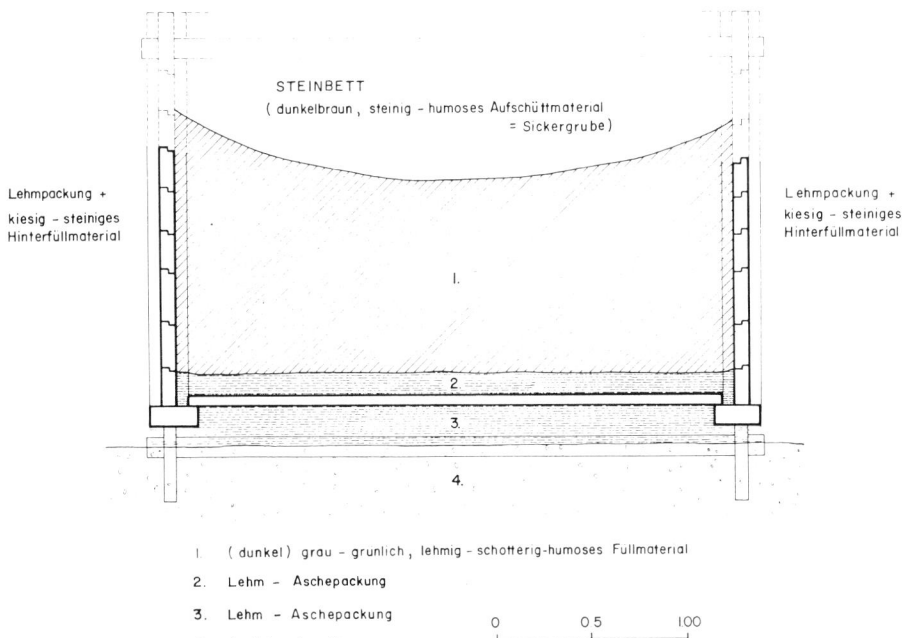

Abb. 14
Schematischer Schnitt durch die rekonstruierte
Zisterne.

Holzbearbeitung, wie z.B. das Einpassen der Falzen und Nuten, erst jetzt erfolgte.

Darauf wurde auf den Bretterboden die innere Lehmpackung eingebracht. Anschließend oder gleichzeitig wurde die Zisterne auch auf ihrer Außenseite mit Lehm abgedichtet, was wahrscheinlich etappenweise und in Abwechslung mit der Einbringung des Hinterfüllmaterials erfolgte. Zuletzt wurde noch über die ganze Grube hinweg eine gegen die Zisterne hin abfallende Lehmschicht gelegt, die den Trichtereffekt erzielen sollte.

Erst im jetzigen Zustand begann man mit dem Bau der Wohnhäuser, die mindestens teilweise den äußeren Grubenrand überlagerten. Wir vermuten, daß später mehrere Niveaukorrekturen vorgenommen werden mußten, da die 2,00–3,50 m dicken Hinterfüllmaterialien sicher einer massiven Schichtpression ausgesetzt waren. Nach dem Brand der Siedlung wurde dann aber die Zisterne endgültig aufgegeben und das Zisterneninnere mit Steinmaterial zugeschüttet. Es ist durchaus wahrscheinlich, daß diese Steingrube zumindest sekundär als Sickergrube für die späteren Siedlungshorizonte Verwendung fand.

Die Bedeutung des Grabungsbefundes

Die Zisterne entstand zu Beginn der zweiten Siedlung, also in einer Übergangszeit zwischen Frühbronzezeit und Mittelbronzezeit (ca. 1500 v.Chr. oder kurz zuvor). Für ihre Zeit und in ihrer Art ist sie unseres Erachtens ein Unikum. Im Hinblick auf Arbeitsaufwand und Größenordnung, nicht aber im Hinblick auf Konstruktionsart läßt sie sich bestenfalls mit der spätbronzezeitlichen Quellwasserfassung von St. Moritz vergleichen, die bereits 1907 ausgegraben wurde. Allerdings erfüllte jene Wasserfassung einen ganz anderen Zweck. (Heute ist diese Quellwasserfassung im «Museum Engiadinais» in St. Moritz zu besichtigen.)

Die Bedeutung des Savogniner Zisternenbefundes liegt nicht nur in der Einzigartigkeit dieser Holzkonstruktion, sondern sie ermöglicht darüber hinaus weitere Aufschlüsse über den hohen Stand der Holzbearbeitungstechnik und über die Bauweise der Holzhäuser (Bohlen-Ständerbauten) im Alpenraum während der Bronzezeit.

Literatur

Rageth, J.: Die bronzezeitliche Siedlung auf dem Padnal bei Savognin (Oberhalbstein GR). Jahrbuch der Schweiz. Gesellschaft für Ur- und Frühgeschichte (JbSGUF) 59 (1976), S. 123 ff. und nachfolgende Jahrgänge (bis 1986). Zum Zisternenbefund: J. Rageth, in: JbSGUF 68 (1985), S. 65 ff., spez. S. 91 ff.

Rageth, J.: Eine bronzezeitliche Zisterne bei Savognin. Helvetia Archaeologica 16/1985, 63/64, S. 81 ff.

Zürcher, A.: Funde der Bronzezeit aus St. Moritz. Helvetia Archaeologica 3/1972, 9, S. 21 ff.

Wasser und Abwasser
in der römischen Antike

Eine so allgemeine Wertschätzung von Gesundheit und Lebensqualität wie im römischen Weltreich läßt sich vorher zu keiner Zeit feststellen, danach erst wieder in unserem Jahrhundert – und das auch nur in zivilisierten Ländern. Es ist daher interessant, den Überlegungen und Werken der antiken Baumeister nachzuspüren. Hier sei angemerkt, daß der römische «architectus» (abgeleitet vom griechischen «architekton», der künstlerisch und mathematisch begabte Planer und Bauleiter) die Tätigkeiten eines heutigen Architekten und Ingenieurs in sich vereinigte. Das Wort «architectus» muß also mit «Baumeister» und das Wort «architectura» mit «Baukunst» übersetzt werden (Müller 1989).

Wasser ist Leben. Dieses moderne Schlagwort entspricht durchaus den Vorstellungen der Antike. Die Römer übernahmen die Kenntnisse der Griechen und Etrusker und brachten sie mit ihrer technischen und organisatorischen Begabung – aber ebenso mit den ungeheuren Möglichkeiten eines Weltreichs – auf eine Höhe, die auch heute Architekten und Ingenieure mit Hochachtung und Begeisterung erfüllt. Als Beispiele sollen Bauwerke aus den Bereichen Wasserversorgung und Abwassertechnik angeführt werden. Einige Angaben über die verwendeten Baustoffe sowie über das Trinkwasserangebot seien vorausgeschickt.

Baustoffe

Die Römer verwendeten die traditionellen Baustoffe, vor allem Stein, Holz, Ziegel und Metall (Durm 1905). In der ersten Hälfte des 3. Jahrhunderts v. Chr. (in Cosa/Italien ab 273 v. Chr.) entwickelten sie den römischen Beton, das «opus caementitium» (Lamprecht 1990; s. auch Band 1, Kap. 3: «Kleine Geschichte der Bindemittel»).

«Gesunder» Naturstein ist seit eh und je ein besonders dauerhafter Baustoff; Gewinnung, Bearbeitung, Transport und Einbau sind jedoch sehr aufwendig. Vitruv gibt uns in seinen «De architectura libri decem» (Zehn Bücher über Architektur) eine Beschreibung der wichtigsten Gesteinsarten und ihrer Eigenschaften.

Holz war in der Antike das wichtigste Bau- und Heizmaterial. Auf Dauer konnten Siedlungen nur in holzreichen Regionen bestehen. Römische Wohnbauten zeigten überwiegend eine Kombination aus Stein, Holz und Mörtel. Bei größeren Bauwerken und wenig tragfähigem Boden brachte man Pfahlroste

Abb. 15
Deckengewölbe der Wasserleitung nach Köln. Man erkennt die Abdrücke der Brettschalung (vermutlich 2. Jahrhundert n. Chr.).

Abb. 16
Bleirohre mit Steckmuffen einer Wasserleitung in Arles (Frankreich). Innerer Durchmesser etwa 12 cm, Wanddicke etwa 1 cm (Anfang 2. Jahrhundert n. Chr.).

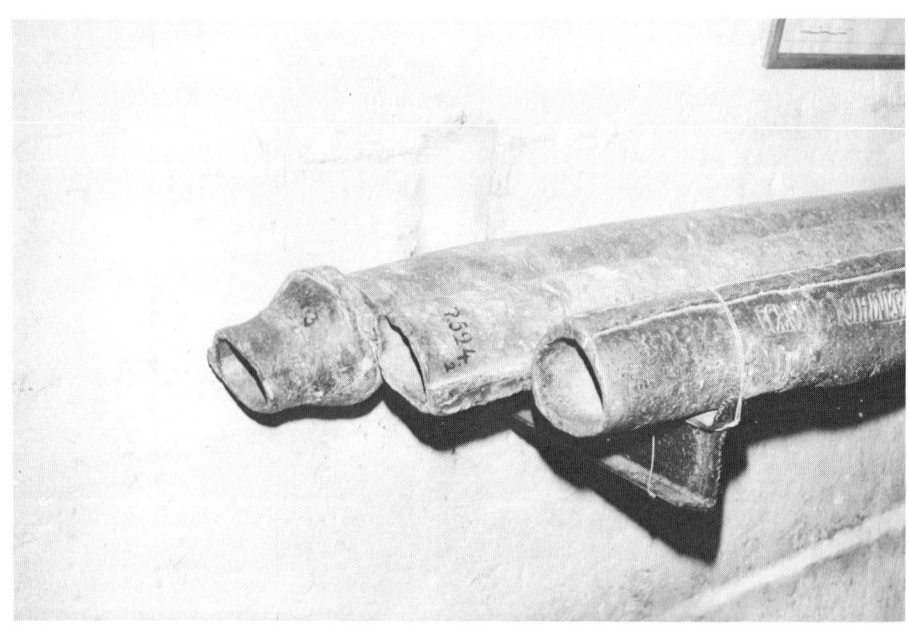

ein. Nach breiter Einführung des *opus caementitium* fand Holz außerdem Verwendung als Balken und Brett für die Betonschalung (Abb. 15).

Ton und luftgetrocknete Ziegel sind bereits um 8000 v. Chr. bekannt. Nicht viel später wurde Ton zu Ziegeln gebrannt. In römischer Zeit finden wir eine außerordentliche Vielfalt von Mauerziegeln, Dachziegeln und Tonrohren (heute:

Steinzeugrohre). Ziegelmehl war ein wichtiger Baustoff für die Herstellung eines wasserundurchlässigen Mörtels bei Putz in Wasserleitungen und Zisternen oder für Unterwasserbeton.

Metalle verschiedener Art wurden im Bausektor eingesetzt: Eisen, Blei, Kupfer und Bronze. Bei Bleileitungen (Abb. 16) gibt es Durchmesser von etwa 2–30 cm. Während Bleirohre ursprüng-

Abb. 17
Zisternenkomplex der Villa Jovis, Residenz
des Tiberius (römischer Kaiser von 14–37
n. Chr.) auf Capri. Rest eines der vier großen
Wasserbehälter aus opus caementitium von
etwa 28 × 6,5 m Grundfläche mit sorgfältig
hergestelltem Innenputz (erste Hälfte des
1. Jahrhundert n. Chr.).

lich im Gußverfahren hergestellt wurden, gingen die Römer auch zu einer rationelleren Methode über: Sie bogen lange Bleiplatten rohrförmig zusammen und verlöteten die häufig umgebördelte Stoßnaht.

Römischer Beton wurde – im Gegensatz zu aufwendigen Steinblöcken – aus örtlichen Lesesteinen, Sand, gebranntem Kalk und Wasser hergestellt (Lamprecht 1987). Als «Meilenstein in der Baugeschichte» ließ er jede gewünschte Form zu, beschleunigte den Baufortschritt und war preisgünstig. Trotzdem hatte er ähnliche Eigenschaften wie der Naturstein. Es gibt daher kaum ein Großbauwerk der Kaiserzeit, das nicht zu wesentlichen Teilen aus *opus caementitium* errichtet wurde. Das Bauprinzip bestand in der Verwendung zweier Außenschalen aus Steinen oder Ziegeln und dem eigentlichen Mauerkern, der die Tragfunktion übernahm. Statt der Schalen waren auch Holzschalungen im Einsatz, die nach dem Erhärten abgenommen und wieder verwendet werden konnten.

Trinkwasserangebot

Nicht zufällig zeigen zahlreiche römische Brunnen eine Göttin mit Füllhorn. Sie stellt gewissermaßen Tag und Nacht eine verschwenderische Fülle von erstklassigem Trinkwasser bereit. Zahlen hierzu gibt es in größerem Umfang. So liegt die geschätzte Wassermenge für Rom zwischen etwa 150 und 2150 l pro Kopf und Tag. Unsicherheitsfaktoren bilden hierbei z. B. die tatsächliche Ein-

wohnerzahl, die Wasserverluste infolge undichter Leitungen und die Querschnittsverkleinerungen durch Kalkablagerungen. Eine Untersuchung des Verfassers kommt für den Zeitpunkt um 100 n. Chr. zu einem Wasserangebot zwischen 370 und 450 l, also rund 400 l pro Kopf und Tag (Lamprecht 1987).

Ein Vergleich mit heutigen Zahlen (1990 in Deutschland rund 150 l) ist natürlich problematisch, da hier Wasserangebot und -verbrauch verglichen würden. Die Römer gingen für unsere heutigen Vorstellungen, die natürlich nicht das Maß aller Dinge sein können, verschwende-

risch mit dem Wasser um, da die Versorgungssysteme Tag und Nacht in Betrieb waren. Eine Zählung in Rom um 400 n. Chr. ergab eine stolze Bilanz: elf Aquädukte, elf Thermen, 856 Privatbäder und 1352 Laufbrunnen.

Wasserversorgung

Wassergewinnung, -transport und -speicherung

Die einfachste Art der Wasserversorgung sind Zisternen (Wasserspeicher), in denen das Regenwasser gesammelt wird (Abb. 17). Weitaus unabhängiger vom Regen sind natürlich ein Bach, ein Fluß, ein Brunnen oder eine Quelle. Wir erkennen mehrere aus Flüssen abgezweigte Wasserleitungen, z. B. in Trier, Segovia (Spanien), Aix en Provence und Lyon (Frankreich) sowie in Side (Türkei).

Wohlschmeckender als Flußwasser ist jedoch Quellwasser. Daher entstanden nach und nach eine Vielzahl von Wasserleitungen für größere Städte (Fahlbusch 1982; Frontinus-Gesellschaft 1982, 1987 und 1988. Grewe 1986; Werner 1986; Wölfel 1980). Große Sorgfalt verwandten die Römer auf die Suche nach Quellen mit gesundem und wohlschmeckendem Wasser. Vitruv gab ausführliche Ratschläge; so empfahl er, die im fraglichen Gebiet vorhandene Vegetation und Tierwelt, aber auch den Gesundheitszustand der Menschen zu beobachten.

Die Wasserleitungen verlaufen meistens unterirdisch und bestehen aus *opus caementitium*. Auf Brückenkonstruktionen wurden sie über Täler und mit Hilfe von

Abb. 18
Aquädukt in Segovia (Spanien). Das aus
Werksteinen hergestellte Bauwerk ist bis zu
28 m hoch und rund 813 m lang; um 1970
wurde es vollkommen renoviert (1. Jahrhundert n. Chr.).

Abb. 19
Aquädukt Los Milagros in Merida (Spanien).
Trotz seiner Herstellung aus opus caementi-
tium mit Steinbekleidung wirkt das Bauwerk
fast grazil; es ist bis 25 m hoch und rund
830 m lang (1. Jahrhundert n. Chr.).

Abb. 20
Bauwerk zur Wasserverteilung («castellum»)
am Stadtrand von Nimes (Frankreich) mit
zehn Öffnungen in der Wand und drei im
Boden; Durchmesser 5,50 m (1. Jahrhundert
v. Chr.).

Abb. 21
Laufbrunnen an einer
Straßenkreuzung in
Pompeji (Italien).
Dahinter ein Wasser-
turm für die Versor-
gung des umliegenden
Wohnbezirks (1. Jahr-
hundert n. Chr.).

Tunnel durch Berge geführt. Im deutschen Sprachgebrauch hat es sich eingebürgert, eine über eine Bogenkonstruktion geführte Wasserleitung als Aquädukt zu bezeichnen (Abb. 18 und 19). Dabei bedeutet die Übersetzung des lateinischen Wortes eigentlich «Wasserführung», müßte sich also auf die gesamte Leitung beziehen. Am Rande der Stadt gelangte das Wasser in ein Verteilerbauwerk, ein Wasserschloß, das den Druck ausglich und das Wasser verteilte. Vitruv verwendete hierfür den Begriff «castellum» (Abb. 20). Von diesem Bauwerk wurde das Wasser durch ein Leitungsnetz aus Ton- oder Bleirohren, vereinzelt auch aus «Beton»-Fertigteilen, dem Endverbraucher zugeführt (Abb. 21 und 22).

In vielen Fällen mußte das Wasser gespeichert werden. Becken und Vorratsbehälter sind seit alters bekannt. Die zahllosen, noch heute vorhandenen Zisternen aus römischer Zeit weisen Rauminhalte von bis zu 100000 m³ auf (Abb. 23). Häufig liegen sie unter der Erdoberfläche; wir kennen aber auch oben offene Anlagen. Beim Bau mehrerer Becken hintereinander konnte das Wasser durch Filter hindurch von einem Behälter in den anderen geleitet werden und gewann dadurch wesentlich an Reinheit (Abb. 24).

Wenig bekannt in der Öffentlichkeit sind römische Talsperren, obwohl ihre Zahl in die Hunderte ging (Casado 1985; Schnitter 1978). Eine Talsperre speichert Wasser in Zeiten des Überflusses und gibt es bei Dürre wieder ab. Neben reinen Erddämmen und reinen *opus caementitium*-Konstruktionen (Abb. 25) waren meistens Kombinationen aus Erde mit Stein oder *opus caementitium* üblich.

Abb. 22
Wasserrohre aus «Beton»-Fertigteilen (heute «Zementrohre») im Archäologischen Museum in Metz (Frankreich). Sie haben eine quadratische Außenform von etwa 21 × 21 cm, einen Innendurchmesser von 6–8 cm und eine Länge von etwa 95 cm (2. Jahrhundert n. Chr.).

Abb. 23
Fildami-Zisterne in Istanbul (Türkei). Die teilweise bogenförmig ausgebildeten Wände aus opus caementitium sind etwa 11 m hoch, die Grundfläche mißt etwa 127 × 76 m (5. Jahrhundert n. Chr.).

Abb. 24
Zisterne in Ampurias (Spanien). Das Bauwerk besteht aus vier Kammern mit Zwischenwänden (vermutlich für Filter) und trug eine gewölbte Decke (1./2. Jahrhundert v. Chr.).

Abb. 25
Proserpina-Talsperre bei Merida (Spanien),
benannt nach der Tochter des Zeus und der
Demeter, Gemahlin des Hades. Sie besteht
aus opus caementitium mit wasserseitiger
Steinverblendung und einer Kubatur von
rund 478 800 m³; die Länge beträgt rund
427 m, die Höhe rund 18 m. Die Sperre dient
heute der Feldbewässerung (Anfang 2. Jahr-
hundert n. Chr.).

rund 270 m (Agrippa, 63–12 v. Chr., war römischer Feldherr und Schwiegersohn des Kaisers Augustus; er ließ große Bauten errichten und eine Karte des römischen Reiches herstellen). Die Funktion des noch fast unbeschädigten Bauwerks bestand ausschließlich in der Überführung des Leitungsstranges (aus *opus caementitium*) über das tief eingeschnittene Tal; die jetzt neben der unteren Bogenreihe verlaufende Straße wurde erst 1743 hinzugefügt.

Die Wasserleitungen nach Rom

In Rom mußten Ende des 1. Jahrhunderts n. Chr. etwa 700 000 Einwohner mit Wasser versorgt werden (Lamprecht 1987). Der zu dieser Zeit verantwortliche «curator aquarum» Frontinus hat uns in seinem Buch «De aquaeductu urbis Romae» (Die Wasserversorgung der Stadt Rom) eine fundierte und interessante Zusammenstellung über Planung, Bau, damaligen Zustand, Betrieb und Verwaltung der neun zeitgenössischen Wasserleitungen nach Rom hinterlassen. Bemerkenswert sind detaillierte Verbesserungsvorschläge. Seine grundsätzlichen Zahlenangaben sind in Tab. 1 zusammengefaßt. Frontinus führte regelrechte Standardmaße für Leitungsrohre ein

und stellte eine Normtabelle für 25 verschiedene Durchmesser auf. Eine ähnlich umfassende Literaturquelle ist für kein anderes Wasserleitungssystem der Antike vorhanden.

Die Wasserleitung nach Nîmes

Die rund 50 km lange Wasserleitung nach Nîmes verdankt ihre heutige Bedeutung einem der künstlerisch und technisch vollkommensten Aquädukte: dem Pont du Gard (Abb. 26). Dieses dreistöckige Brückenbauwerk mit unten sechs, in der Mitte elf und oben 35 Bögen aus mörtellos gefügten Werksteinblöcken wurde vermutlich ab 19 v. Chr. unter Agrippa errichtet und hat bei einer Höhe von nahezu 50 m eine Länge von

Abb. 26
Pont du Gard bei Nîmes (Frankreich). Die
Funktion des etwa 50 m hohen und etwa
269 m langen Bauwerks bestand nur in der
Überführung der Wasserleitung. Die auf der
unteren Bogenreihe verlaufende Straße
stammt aus dem Jahre 1743 (Baubeginn etwa
19 v. Chr.).

Name	Bauzeit	Länge (in km) etwa			
		gesamt	unterirdisch	an der Erdoberfläche	auf Brücken (Aquädukt)
vor Christi Geburt					
Appia	312	16,6	16,5	?	?
Anio Vetus	272	63,6	63,3	0,3	–
Marcia	144	91,3	80,2	0,8	10,3
Tepula	125	?	?	0,8	?
Julia	33	22,8	13,2	0,8	9,6
Virgo	19	20,9	19,0	0,8	1,0
Alsietina	2	32,8	?	?	0,5
nach Christi Geburt					
Claudia	52	68,6	53,6	0,9	14,1
Anio Novus	52	86,8	72,9	3,0	10,0

Tab. 1
Wasserleitungen nach Rom gemäß Frontinus,
«De aquaeductu urbis Romae».

Die Wasserleitung nach Köln

Im 1. Jahrhundert n. Chr. erhielt die Stadt Köln eine rund 30 km lange Wasserleitung mit mehreren Versorgungssträngen aus dem in der Nähe gelegenen «Vorgebirge» (Grewe 1986). Als dieses System nach Menge und Qualität nicht mehr ausreichte, begann – vermutlich im 2. Jahrhundert – der Neubau einer rund 100 km langen Leitung aus dem Westteil der Eifel.

Eine wichtige Quellfassung ist in Abb. 27 dargestellt. Diese «Brunnenstube» von Kallmuth/Eifel war so gut erhalten, daß man sie 1956 vollständig rekonstruieren und mit einem Schutzgebäude umgeben konnte. Die Brunnenstube wurde seinerzeit in eine wasserführende Schicht am Fuße eines Hanges eingebaut. Der untere Teil des Bauwerks ist durchlässig konstruiert. Das Wasser strömte also leicht hinein und ließ sich dann in die vorbeilaufende Wasserleitung einspeisen.

Die alte und die neue Leitung bestehen im Teil ihres Querschnitts (Abb. 28) meistens aus *opus caementitium* mit einem Innenputz (Mörtel mit Ziegelsplitt), den man anschließend mit einem Gewölbe aus vermörtelten Steinbrocken über einem Lehrgerüst betoniert, überdeckte. Der Querschnitt schwankte je nach Durchflußmenge; er ist aber meistens so groß, daß ein Mann für Kontroll- und Ausbesserungsarbeiten mindestens hindurchkriechen konnte. Im Raum Köln hatte die ältere Leitung eine lichte Höhe von etwa 1,40 m (Abb. 29). In geeigneten Abständen sind Einstiegsschächte angeordnet. Wie bereits erwähnt, wurden Täler beim Bau vielfach mit Hilfe von Aquädukten überquert. Ein Beispiel ist

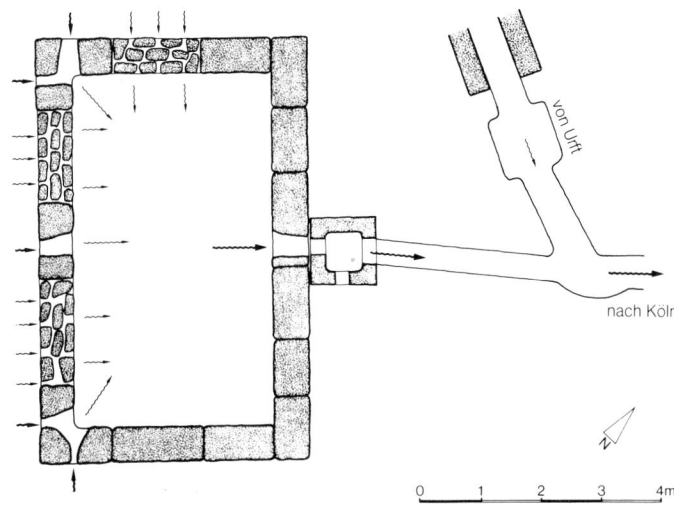

Abb. 27
Quellfassung («Brunnenstube») bei Kallmuth/Eifel für die Wasserleitung nach Köln. Durch die im unteren Wandbereich durchlässige Konstruktion konnte das Wasser einsickern und der vorbeifließenden Leitung zugeführt werden (vermutlich 2. Jahrhundert n. Chr.).

von Urft

nach Köln

0 1 2 3 4m

der seit 1961 wieder aufgebaute Teil des Aquädukts von Vussem/Eifel. Das Bauwerk überquerte mit dreizehn bis zu 11 m hohen Bögen das 72 m breite Tal. Der längste Aquädukt der Eifelwasserleitung lag bei Meckenheim; er war rund 1,40 km lang, bis zu 11 m hoch und wies fast 300 Pfeiler auf. Die geförderte Wassermenge wurde zu maximal 0,25 m³/s ermittelt. Für den Bau dürften etwa

500 000 Tagewerke erforderlich gewesen sein. Dem entspricht bei 250 Arbeitern und mindestens 13 Baulosen, in denen gleichzeitig gearbeitet werden konnte, eine Bauzeit von etwa vier Jahren.

In späteren Jahrhunderten konnte man nicht verstehen, daß ein so aufwendiges Bauwerk «nur» für die Trinkwasserversorgung errichtet wurde. So soll er als Pipeline für Moselweine oder als

Abb. 28
Querschnitte durch die Wasserleitung nach Köln.

Schnitt bei Hürth
(1. Jahrh. n.Chr.)

Schnitt bei Buschhoven
(2. Jahrh. n.Chr.)

Schnitt bei Frechen-Bachem
(1. Jahrh. n.Chr.)

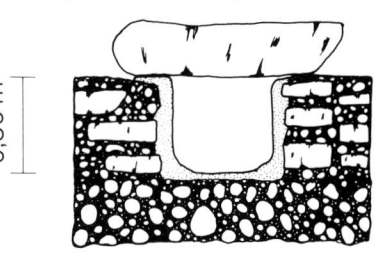

0,35 m

0,40 m

1,10 m

0,55 m

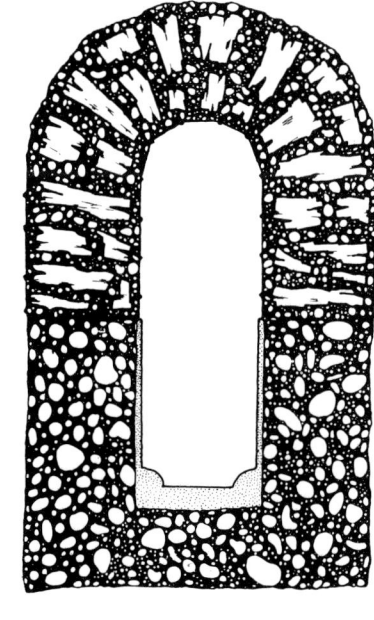

1,40 m

0,45 m

Abb. 29
Ausstellungsstück der Wasserleitung nach
Köln; lichte Höhe etwa 1,40 m (1. Jahrhundert n. Chr.).

antike Baumethoden für eine Freispiegelleitung zur Anwendung: eine in den Fels eingearbeitete, bis 16 m tiefe unterirdische Rinne, eine Leitung aus großen Felsplatten, eine unterirdische Leitung in offener Baugrube, Tunnelstrecken (auch mit «Beton»-Auskleidung), Aquädukte und eine Leitung auf einer Mauer (Izmirligil 1979; Lamprecht 1989). Außerdem ist das Bauwerk auf großen Strecken vorzüglich erhalten.

Die Leitung wurde aus der in den dortigen Fluß Manavgat stürzenden Quelle Dumanli (gleichmäßige Schüttung über das Jahr: etwa 50 m³/s) gespeist und hatte bis zum Eintritt in die Stadtmauer von Side ein Gefälle von nur rund 36 m zur Verfügung (Abb. 30). Das sich daraus ergebende mittlere Gefälle betrug also nur 1,23‰ und lag somit deutlich unter dem von Vitruv angegebenen Mindestwert von 5‰; daher waren äußerst sorg-

Abb. 30
Längsschnitt der Wasserleitung nach Side (Türkei) (2. Jahrhundert n. Chr.).

fältige Nivellierarbeiten notwendig. Das Quellwasser wurde in einem der Quelle gegenüberliegenden Uferabschnitt in einer in den Fels gehauenen Steinrinne aufgefangen (Abb. 31), hatte eine besonders gute Trinkqualität und ganzjährig eine Temperatur von 8–9°C.

Der Verlauf der Wasserleitung – im oberen Teil unmittelbar neben dem Fluß Manavgat – wurde auch für Side vor allem nach wirtschaftlichen Gesichtspunkten festgelegt. Die Römer bevorzugten Freispiegelleitungen, da hier die geringsten Störungen auftraten. Bei überwiegend ebenem Gelände lehnte sich die Trasse an die Höhenschichtlinien an; flache Täler überwand man durch eine «Schlingen-Lösung». Bei tieferen Tälern oder Flüssen wurden jedoch Aquädukte erforderlich. Die maximale Tiefe lag hier bei etwa 50 m; bei noch tieferen Tälern entschied man sich für eine Druckleitung (Dücker). Konnten Berge aus wirtschaftlichen oder anderen Gründen nicht umgangen werden, wurden Tunnel angelegt.

Schnellpost mit Wasservögeln nach Köln gedient haben. Spätestens im 5. Jahrhundert geriet die Eifelleitung außer Betrieb und wurde in den folgenden Jahrhunderten zu einem beliebten «Steinbruch» für die Umgebung. Karl der Große (742–814) schloß mit der Stadt Köln sogar einen Vertrag über den Abbruch, und in vielen Burgen, Klöstern, Kirchen und Häusern kann man heute die Reste der Leitung wiederfinden. Besichtigungsstücke dieses Bauwerks stehen in 19 Ortschaften, wie z. B. Aachen, Andernach, Bonn, Darmstadt, Essen, Köln und sogar in Dänemark.

Die Wasserleitung nach Side (Türkei)

Side liegt an der Südküste der Türkei, etwa 65 km östlich von Antalya, in einer seit der Steinzeit durchgehend besiedelten und fruchtbaren Ebene. Die Stadt war eine griechische Gründung und entwickelte sich unter römischer Herrschaft zu einem bedeutenden Handelszentrum mit Prachtstraßen, Tempeln, Marktplätzen, einem großen Theater und zwei Häfen. Wichtige Grundlage für das städtische Leben war die etwa 30 km lange Wasserleitung aus den Schluchten des nördlich gelegenen Taurusgebirges. Sie wurde im 2. Jahrhundert n. Chr. erbaut und bietet dem Ingenieur und dem Architekten wie dem geschichtlichen Interessierten auch heute noch bemerkenswerte Informationen in einer grandiosen Landschaft. Hier kamen nämlich auf einer relativ kurzen Strecke sämtliche

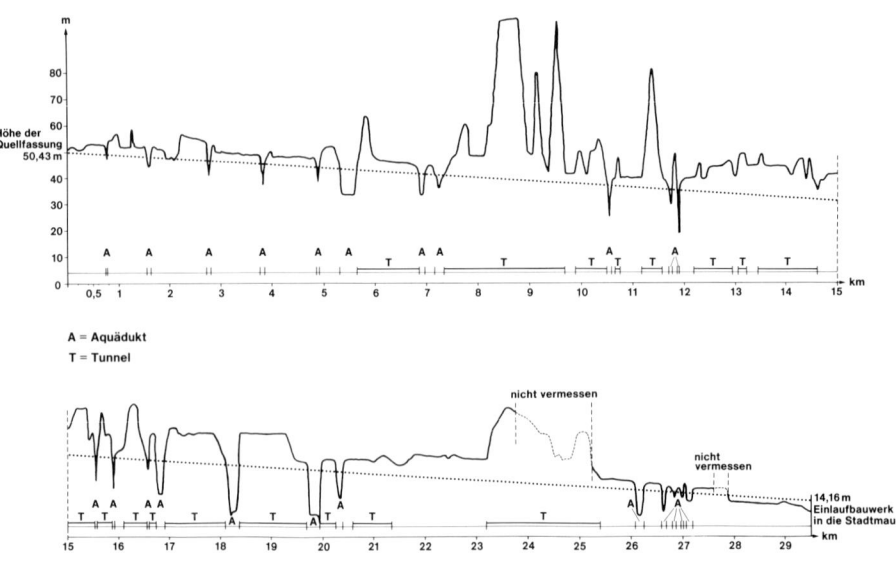

A = Aquädukt
T = Tunnel

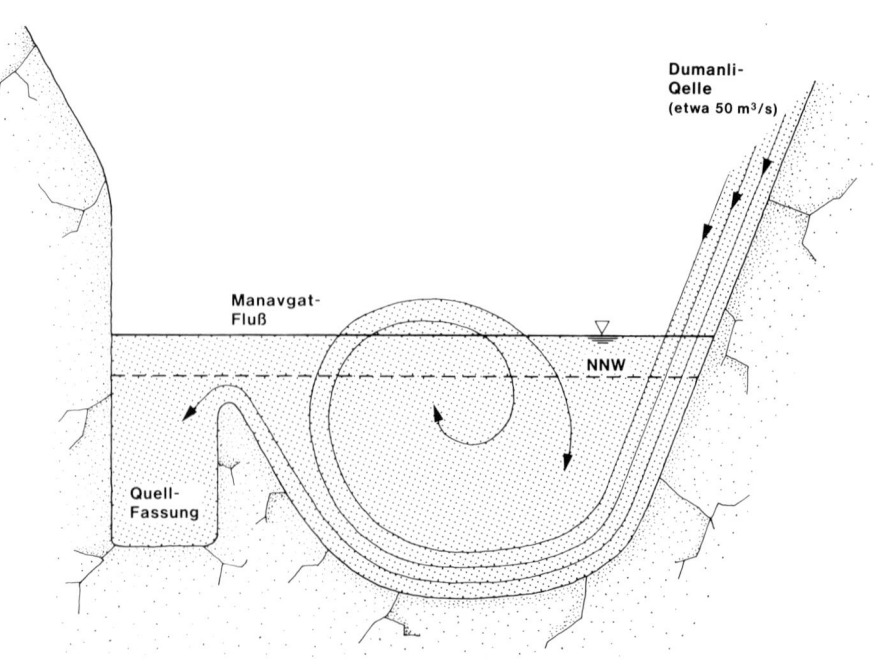

Abb. 31
Quellfassung der Wasserleitung nach Side (Türkei); Entnahmebauwerk aus dem Manavgat-Fluß (2. Jahrhundert n. Chr.).

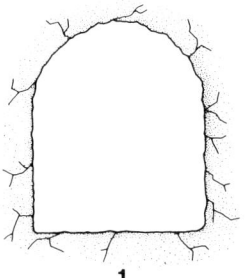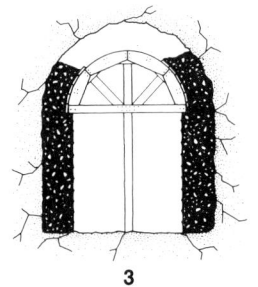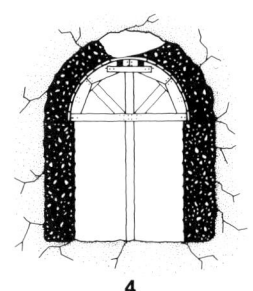

1   2   3   4   5

Abb. 32
Arbeitsstufen der Tunnelauskleidung mit opus
caementitium für die Wasserleitung nach
Side (Türkei) (2. Jahrhundert n. Chr.).

Die Griechen wählten häufig Doppel-tunnel übereinander. Dabei stellte der obere Strang einen «Primärtunnel» dar, von dem aus der untere einfacher und exakter vermessen und gegraben werden konnte. Nach einer anderen Lesart sollte der obere Tunnel den Gebirgsdruck so vermindern, daß der untere nicht mehr so leicht beschädigt würde (Tölle-Ka-stenbein 1991). Die Römer wendeten ein rationelleres Verfahren an. Sie gruben nach besonders sorgfältiger und mei-stens erfolgreicher Vermessung nur eine Röhre, die sie bei nicht so hartem Fels mit *opus caementitium* auskleideten. Die Wasserversorgung nach Side enthält we-gen des schwierigen Geländes 23 Aquä-dukte und rund 13 km Tunnelstrecken, von denen rund 5 km mit einer etwa 40 cm dicken *opus caementitium*-Aus-kleidung versehen wurden. Die Baupha-sen sind in Abb. 32 schematisch angege-ben. Während sich die Wand- und die seitlichen Bogenbereiche in herkömmli-cher Bauweise betonieren ließen (Schal-bretter in Fließrichtung), mußte für den restlichen, etwa 50 cm breiten Bereich im First ein anderes Verfahren erdacht werden. Hier wurde einzeln Brett vor Brett quer zur Fließrichtung verlegt, der Raum darüber mit kleinen «Beton»-Chargen verfüllt und dann verdichtet, eine heute noch übliche Methode (Abb. 33). In einer nicht veröffentlichten Diplomarbeit (Lamprecht 1987) wurde von Engels, Huppenrich, Müller und Ol-berding ermittelt, daß der Bau der knapp 30 km langen Wasserleitung durch sehr schwieriges Gelände etwas länger als fünf Jahre dauerte; auf der Baustelle waren im Mittel knapp 1000 Arbeiter beschäftigt. Die Baukosten für die drei Verfahren – offene Baugrube, Tunnel und Aquädukt – verhielten sich etwa wie 1 : 1,70 : 3. Daraus ergibt sich beispiels-weise, daß eine Tunnelstrecke dann wirt-schaftlicher als eine Strecke in offener Baugrube wurde, wenn der hierfür not-wendige Umweg knapp das Zweifache betrug. Für die erforderliche Kalkmenge mußten rund 15000 t Kalkstein gewon-nen, transportiert und gebrannt werden; zum Brennen benötigte man rund 70000 m³ Feuerholz. Die 23 Aquädukte

erforderten eine Baumasse (Steine und Mörtel) von insgesamt rund 90000 m³. Die Untersuchungen über die geförder-ten Wassermengen nach Side führten zu Mittelwerten von 2,30 m³/s, diejeni-gen der Fließgeschwindigkeit zu etwa 1,10 m/s.

**Druckleitungen nach Aspendos,
Lyon und Laodikea**

Es wurde bereits erwähnt, daß die Rö-mer bei tieferen Einschnitten als etwa 50 m Druckleitungen anlegten. Hierbei haben sie die griechischen Erfahrungen, z. B. mit der Druckleitung nach Perga-mon, ausgewertet, die die gewaltige Tie-fe von 192 m überwand (Garbrecht/Hol-torff 1973).
Aspendos, in der Südtürkei nahe bei Side, wurde auf einem flachen Felspla-teau errichtet und erhielt sein Trinkwas-ser vor allem aus einem in der Nähe gelegenen Bergmassiv. Die Wasserlei-tung aus durchbohrten Felsquadern nahm ihren Weg vom Bergmassiv herun-ter durch eine Ebene bis in die Stadt auf dem Felsplateau. In der Ebene waren in der Leitung im Grundriß zwei Knick-punkte vorgesehen. Da an diesen Stellen

Abb. 33
«Beton»-Auskleidung (etwa 40 cm dick) für
einen Felstunnel der Wasserleitung nach Side
(Türkei). Man erkennt längs- und quer-
laufende Schalbrettabdrücke
(2. Jahrhundert n. Chr.).

bei Wasserdruckstößen eine Leitung leicht beschädigt werden kann, erdachte der römische Baumeister eine besonders sichere Konstruktion. Er führte die Lei-tung vor den Knickpunkten auf einem Rampenbauwerk bis zur Höhe mit dem Wasserdruck Null, hier – im Knickpunkt der Leitung – in ein offenes Becken und dann auf der zweiten Rampe wieder nach unten. Die beiden ursprünglich et-wa 30 m hohen Rampenbauwerke aus *opus caementitium* sind relativ gut erhal-ten (Abb. 34).
Das antike Lyon lag ebenfalls auf einer Anhöhe; es erhielt sein Trinkwasser über vier Leitungen von insgesamt rund 200 km Länge. Die Gier-Leitung über-quert dabei das Flußtal des Izeron mit einer rund 2,60 km langen Druckleitung und einer maximalen Druckhöhe von rund 123 m. Das Wasser wurde auf zwölf nebeneinanderliegende Bleirohre mit Außendurchmessern von etwa 27 cm verteilt, die wegen der Druckempfind-lichkeit des Materials in ein Bett aus *opus caementitium* «einbetoniert» wur-den. Für die Druckstrecken aller vier Leitungen wurde ein Bleibedarf von ins-gesamt 35000–40000 t geschätzt.
Laodikea ist eine früher bedeutende griechische Gründung in der Westtürkei. Auch sie liegt auf einer Anhöhe und bezog einen Teil ihres Trinkwassers über eine Druckleitung aus durchbohrten Steinblöcken. Reste dieser stark versin-terten Leitung sowie eines Verteilerbau-werks sind noch vorhanden (Abb. 35).

Abwassertechnik

Den Zivilisationsstand eines Volkes er-kennt man untrüglich daran, wie es seine Abwasserprobleme löst. Die Römer ha-ben hier – wie bei der Trinkwasserversor-gung – Maßstäbe gesetzt.

Häusliche und öffentliche Abwässer

Römische Häuser verfügten im allgemei-nen über Abwasserleitungen (Abb. 36) und nicht selten über Abortanlagen – oft in einem Seitengelaß der Küche. In vie-len Städten bestanden außerdem große und komfortabel angelegte öffentliche Aborte («latrina») (Abb. 37 und 38). Man saß nebeneinander auf Marmor-bänken, unter denen eine Dauerspülung lief. In dem senkrechten Teil der Bänke finden wir vorn ebenfalls Öffnungen, deren Funktion sich durch das Fehlen

Abb. 34
Rampenbauwerk («Wasserturm») der Druck-
wasserleitung nach Aspendos (Türkei). An den
zwei Knickpunkten der Leitung wurde je
ein 30 m hohes Bauwerk mit einem oben
offenen Behälter für den Ausgleich des hier
sonst gefährlichen Wasserdruckes errichtet
(2. Jahrhundert n. Chr.).

Abb. 35
Elemente einer Druckwasserleitung in Laodi-
kea (Türkei). Die rechteckigen durchbohrten
Steinblöcke mit Muffen sind stark versintert.

Abb. 36
Abwasserleitung aus Tonrohren mit Steck-
muffen in einem Wohnhaus in Pompeji
(Italien) (1. Jahrhundert n. Chr.).

Abb. 37
Öffentliche Abortanlage («latrina») in Doug-
ga (Tunesien) mit zwölf Sitzplätzen. Unter
und vor den Sitzen lief eine Dauerspülung
(1. Jahrhundert n. Chr.).

Abb. 38
Öffentliche Abortanlage in Ostia (Italien) mit
zwanzig Sitzplätzen und einer Dauerspülung
(1. Jahrhundert n. Chr.).

Abb. 39
Abflußöffnung an der Kreuzung zweier
Hauptstraßen in Pompeji (Italien).

von Toilettenpapier und durch eine vor der Sitzreihe verlaufende Spülwasserrinne erklären läßt. In Ostia grenzen zwei größere derartige Anlagen an das Forum, und in Timgad (Nordafrika) weist ein 25-Personen-Etablissement sogar Armlehnen auf, die als Delphine geformt sind. Als man im vorigen Jahrhundert in Pozzuoli das «macellum» (Markthalle) ausgrub, hielt man die dazugehörige Latrine zunächst für einen Tempelbereich. Heute wundern wir uns über die «Großraumanlagen», da es offenbar eine menschliche Eigenschaft ist, sich selbst und seine Zeit als Maßstab zu betrachten. Die Römer dachten in diesen «menschlichen» Fragen offenbar anders als wir. Im übrigen war damals der Weg zur Latrine manchmal weit. In Pompeji gibt nämlich eine Wandschrift den in der Übersetzung etwas salonfähig abgewandelten Hinweis: «Wenn Du schon Dein Geschäft auf der Straße verrichten willst, dann bitte nicht hier, sondern vorm Nachbarhaus».

Zu den meisten römischen Straßen gehörte eine wirkungsvolle Entwässerung. Staatsstraßen haben einen gewölbten Querschnitt mit erhöhtem seitlichen Rand für den störungsfreien Abfluß. In vielen Stadtstraßen wurde das Wasser in bestimmten Abständen durch Abflußöffnungen in die unterirdischen Sammelkanäle aufgenommen (Abb. 39).

Die Cloaca Maxima in Rom

Die bekannte Cloaca Maxima in Rom geht in ihren Anfängen auf den fünften etwas sagenhaften König Tarquinius Priscus zurück, der um 500 v. Chr. lebte. In dieser Zeit begann die systematische Entwässerung der sumpfigen Niederungen zwischen den sieben Hügeln.

Der ursprünglich offene Kanal, der nach und nach überbaut wurde, zeigt in seinem Grundriß noch deutlich den Verlauf eines Baches. In den folgenden Jahrhunderten kamen Erweiterungen, Reparaturen und sonstige Veränderungen hinzu. Zur Kaiserzeit konnten die Kanalinspekteure ihre Arbeiten bereits mit einem Kahn verrichten: Die Abmessungen der Cloaca Maxima betrugen nämlich bis zu mehr als 3 m Breite und mehr als 4 m Höhe (Abb. 40). In den ersten Jahrhunderten verwendeten die Römer zum Bauen große Natursteinquader (Tuff, Kalkstein und für den Boden Lava); später kamen Ziegel und vor allem *opus caementitium* hinzu. Heute kann der Reisende neben der Ponte Palatino noch die Ausmündung der Cloaca Maxima in den Tibe besichtigen; außerdem einen berühmt gewordenen Abflußdeckel, die Bocca della Verita, als «Mund der Wahrheit» bekannt. Eine Nachbildung dient der Entwässerung des Innenhofes in der Pinakothek München.

Die Cloaca Maxima hat ohne Zweifel erhebliche Aufwendungen an Arbeitskraft – sicher auch an menschlichem Leid – sowie an Baumaterial gefordert. Bei einer Kosten-Nutzen-Analyse im heutigen Sinne würde man im übrigen feststellen, daß es sich um eines der rentabelsten Ingenieurbauwerke der Menschheitsgeschichte handelt. Außerdem war es eine hygienische Großtat, die noch heute als Symbol gilt. Welche Bedeutung die Römer der Lebensqualität in ihren Städten zumaßen, erhellt auch daraus, daß es hierfür eine eigene Göttin gab, die «Venus Cloacina». Auf dem Forum Romanum kann man noch das Fundament eines ihr geweihten Tempels besichtigen.

Die Abwasserleitungen in Trier und Köln

Größere Abwasseranlagen sind aus Trier bekannt, der damals bedeutendsten Stadt nördlich der Alpen. So zählten die riesigen Thermenanlagen zu den umfangreichsten Wasserverbrauchern mit gleichzeitig erheblichem Abwasseranfall. Unter den Hauptstraßen verliefen daher mannshohe Abwasserkanäle, an die teilweise auch Privathäuser angeschlossen waren. Interessante neue Ergebnisse traten bei den seit 1987 laufenden Grabungen am Viehmarkt zutage. Außer kleineren Kanälen neben der Straße mit noch vollkommen erhaltenem Dichtungsputz stieß man auf rund 2 m hohe Hauptsammler unter der Straßenmitte (Abb. 41).

In Köln wurden drei der bisher nachgewiesenen zehn Hauptsammler teilweise freigelegt. Einer besteht aus sorgfältig bearbeiteten Tuffblöcken und zwei aus *opus caementitium* mit einer Schale aus Grauwacke; die Gesamtbreite geht bis zu 3,85 m, die lichte Breite bis rund 1,50 m und die lichte Höhe bis 2,45 m. Sie ziehen in östlicher Richtung zum Rhein und verlaufen unter den alten Straßenzügen, die sie gleichzeitig entwässerten.

Mit dem Untergang des weströmischen Reiches 476 n. Chr. verschwanden diese Kenntnisse für lange Zeit aus dem Bewußtsein. Es ist sicher bemerkenswert, daß eine königlich-britische Kommission nach einer Besichtigung der alten Abort- und Entwässerungsanlagen in Rom noch im Jahre 1842 diese für hygienischer als die modernen in Großbritannien hielt. Und auch in Köln gab es erst am Ende des 19. Jahrhunderts wieder fließendes Wasser und ein Abwassernetz.

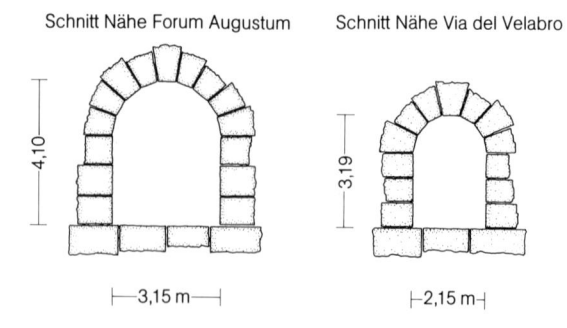

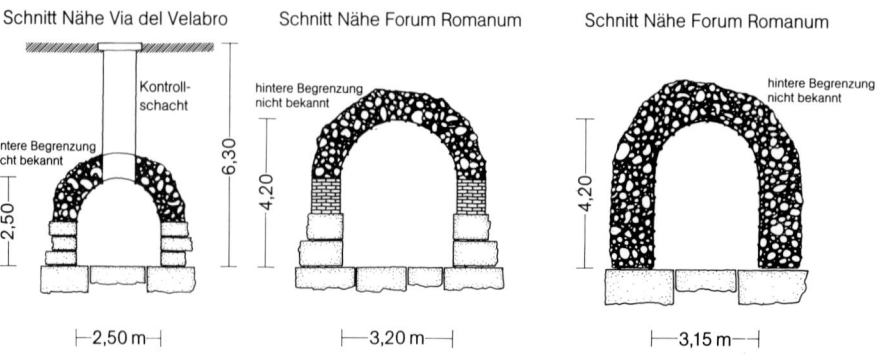

Abb. 40
Querschnitte durch die Cloaca Maxima in Rom.

Abb. 41
Entwässerungskanal in einer Hauptstraße in
Trier (1. Jahrhundert n. Chr.).

Literatur

Casado, C. F.: Ingeneria hidraulica Romana. Ediciones Turner, Madrid 1985.

Durm, J.: Die Baukunst der Römer. In: Handbuch der Architektur. Kröner Verlag, Stuttgart 1905.

Fahlbusch, H.: Vergleich antiker griechischer und römischer Wasserversorgungsanlagen. In: Mitteilungen des Leichtweiss-Instituts der Technischen Universität Braunschweig 73 (1982).

Frontinus, F. J.: De aquaeductu urbis Romae, Übersetzung G. Kühne. In: Wasserversorgung im antiken Rom. Oldenbourg Verlag, München/Wien 1982.

Frontinus-Gesellschaft (Hrsg.): Wasserversorgung im antiken Rom. Beiträge von G. Garbrecht, W. Eck, G. Kühne, H. Fahlbusch, B. Gockel; Oldenbourg Verlag, München/Wien 1982.

Frontinus-Gesellschaft (Hrsg.): Die Wasserversorgung antiker Städte, Band 2. Beiträge von G. Garbrecht, W. Eck, F. Glaser, H. Fahlbusch, Verlag v. Zabern, Mainz 1987.

Frontinus-Gesellschaft (Hrsg.): Die Wasserversorgung antiker Städte, Band 3. Beiträge von G. Garbrecht, K. Grewe, H. Manderscheid, H.-O. Lamprecht, O. Winkelmann, Verlag v. Zabern, Mainz 1988.

Garbrecht, G. und G. Holtorff: Wasserwirtschaftliche Anlagen des antiken Pergamon. Die Madradag-Leitung. In: Mitteilungen des Leichtweiss-Instituts der TU Braunschweig 37 (1973).

Grewe, K. (Hrsg.): Atlas der römischen Wasserleitungen nach Köln. Beiträge von W. Brinker, G. Garbrecht, K. Grewe, H. Hellenkamper, H.-O. Lamprecht, H.-D. Schulz, E. Thofern; Rheinland-Verlag, Köln 1986.

Izmirligil, Ü.: Die römische Wasserversorgungsanlagen von Side. In: Mitteilungen des Leichtweiss-Instituts der TU Braunschweig 64 (1979).

Lamprecht, H.-O.: Opus Caementitium – Bautechnik der Römer. Beton-Verlag, Düsseldorf 1987.

Lamprecht, H.-O.: Die römische Wasserleitung nach Side/Türkei. In: Wasser und Boden 12 (1989).

Lamprecht, H.-O.: Cosa – Von der Zyklopenmauer zum Römischen Beton. In: Deutsches Baublatt, Februar 1990.

Müller, W.: Architekten in der Welt der Antike. Artemis Verlag, Zürich und München 1989.

Schnitter, N.: Römische Talsperren. In: Antike Welt 2 (1978).

Tölle-Kastenbein, R.: Doppelstollen – Ein Phänomen griechischer Wasserleitungen. In: Kultur und Technik 2 (1991).

Vitruvius: De architectura libri decem. Zehn Bücher über Architektur, Übersetzung C. Fensterbusch. Wissenschaftliche Buchgesellschaft, Darmstadt 1982.

Werner, D.: Wasser für das antike Rom. VEB-Verlag für Bauwesen, Berlin 1986.

Wölfel, W.: Wasserbau in den Alten Reichen. VEB-Verlag für Bauwesen, Berlin 1990.

Römischer Wasserbau in der Schweiz

Einen guten Überblick über die Bautechnik, die von den römischen Wasserbauingenieuren für die Erstellung von Wasserbauten angewendet wurde, gibt Vitruv in seinem ca. 14 v. Chr. herausgegebenen Werk «Zehn Bücher über Architektur». Im Buch 8, Kap. 6 beschreibt er die Anlage von Wasserleitungen sowie das Graben von Brunnen und Zisternen. Die historische Forschung nimmt an, daß er als Baufachmann auch beim Bau einer römischen Wasserleitung tätig war. Er gehörte vermutlich als «architectus» dem Stab des M. Hispanius Agrippa an, als dieser als Aedil (d. h. einer der Chefs der Gesundheitspolizei im alten Rom) für die Versorgung der Privathäuser mit Wasser verantwortlich war (33 v. Chr.)

Die Empfehlungen, die Vitruv für den Bau von Wasserleitungen niederschrieb, sind sehr ausführlich, technisch wohlüberlegt und lassen auf große Erfahrung schließen. Sie zeigen aber auch, daß die Römer über gute technische Kenntnis des Baus und Betriebes von Wasserleitungen zur Versorgung der Siedlungen verfügten. So beschreibt er auch den Bau von Dückern mit Hilfe von Tonrohren, um Taleinschnitte zu durchqueren.

Römer als Pioniere

Abgesehen von einer Quellfassung bei St. Moritz GR (Abb. 42) und einer Zisterne bei Savognin GR, die beide im wesentlichen aus in den Boden eingelassenen großen Holzkisten bestehen und aus der Bronzezeit stammen (1250 bzw. 1500 v. Chr.), gehen alle frühe Wasserbauten in der Schweiz auf die Römer zurück. Nach der Schlacht von Bibracte in Ostfrankreich 58 v. Chr., in welcher Cäsar (100–44 v. Chr.) die keltischen Helvetier in ihrem Auswanderungszug nach Südfrankreich aufhielt und zurückschickte, geriet bis 15 v. Chr. das ganze Gebiet der heutigen Schweiz unter römische Herrschaft. So blieb es bis zur Mitte des 5. Jahrhunderts – ein Zeitraum, der

etwa demjenigen seit der Reformation bis heute entspricht. Die Bevölkerung der Schweiz dürfte damals nur einige 100 000 Menschen umfaßt haben, die zur Hauptsache im Mittelland zwischen Genfer- und Bodensee lebten.

Große Wasserversorgungen

Die Wasserzuleitungen zu größeren Ortschaften bzw. Militärstationen sind unzweifelhaft die bekanntesten Wasserbauten der Römer. Diese waren, vor allem für Badezwecke, auf Wasser geradezu versessen – in einem Ausmaß, wie es erst wieder in unserem Jahrhundert erreicht und möglicherweise übertroffen wurde. Sie scheinen keine Mühe und Kosten gescheut zu haben, um das köstliche Naß in guter Qualität und reichlichen Mengen nicht nur ihren Städten, sondern selbst Einzelsiedlungen zuzuführen. Entsprechend hoch entwickelt und in gewissem Sinne standardisiert war die dabei zur Anwendung gelangte Technik.

Meistens, aber nicht immer, wie noch oft geglaubt wird, waren die römischen Wasserzuleitungen auf drucklosen Freispiegelabfluß ausgelegt und folgten dem Gelände somit möglichst genau und mit geringem Gefälle. Das erfordert natürlich eine recht präzise Vermessung, für die Maßstäbe und Meßlatten, Bleilote, Zirkel und Zählrahmen [als Taschenrechner] zur Verfügung standen (Grewe 1985; Moosbrugger-Leu 1983; s. auch Kap. 1). Rechte Winkel wurden mit einem horizontalen Kreuz abgesteckt, an dessen vier Enden Bleilote hingen. Bleilote und Marken an den Stützstreben dienten dem Richten ca. 6 m langer Nivellierlatten, neben der in ihrer Oberfläche eingefrästen Wasserrinne bzw. -waage. Das letztgenannte, eher schwerfällige Gerät wurde wohl nur für die Hauptvermessung verwendet, während Zwischenpunkte durch Zielen über drei Pfosten mit Querbalken abgesteckt wurden.

Allerdings scheinen die römischen Baumeister mit der Einhaltung der Gefälle etwelche Mühe gehabt zu haben, vor allem wenn der Bau einer Wasserzuleitung in mehreren, gleichzeitig in Angriff genommenen Losen erfolgte. Gemäß einer detaillierten Untersuchung der vier größten Wasserzuleitungen zur Stadt Rom, welche bis 200 000 m³/Tag förderten, schwankt das Gelände entlang einer einzelnen Leitung im Verhältnis von 1:100 (zwischen 0,10 und 10‰). Die Querschnittsabmessungen variieren demgegenüber «nur» im Verhältnis von 1:3 (Blackman 1987).

Deshalb ist bei der Zuordnung von «Regelquerschnitten» oder gar Fördermengen zu einzelnen Wasserzuleitungen größte Vorsicht geboten, und vor allem letztere können nicht mehr als Größenordnung wiedergeben. In diesem Sinne sind in Tab. 2 die vier wichtigsten römischen Wasserzuleitungen in der Schweiz denjenigen einiger anderer transalpiner Städte gegenübergestellt. So gesehen gehören die schweizerischen Anlagen eher zu den kleinen. Zudem verlaufen sie zu 100 % in wieder eingedeckten Gräben, der bevorzugten Bauweise römischer Wasserzuleitungen.

Es fehlen also in der Schweiz sowohl Stollen als auch Bogenreihen bzw. Aquädukte, die gemeinhin als Inbegriff römischer Wasserbautechnik gelten (Abb. 43). Auch von den Verteilbecken

Abb. 42
Die Quellfassung bei St. Moritz GR aus der Bronzezeit. Sie bestand aus zwei ausgehöhlten Lärchenstämmen. Die rechte Röhre hat eine Höhe von 2,35 m bei einer Wandstärke von 6-7 cm, die Durchmesser betragen oben 0,78 m und unten 1,07 m. Die Fassungsröhren standen in einem Kasten aus Lärchenholzplanken, die Hohlräume zwischen Kasten und Röhren waren mit Lehm ausgepackt. Eingezeichnet sind auch archäologische Funde in situ, wahrscheinlich Leihgaben an den Quellengott.

AQUAEDUCTE.

AQUÆDUCT bey ANTIOCHIEN.

150 Fuss

AQUÆDUCT von PYRGOS bey CONSTANTINOPEL.

150 Fuss

Grundriss.

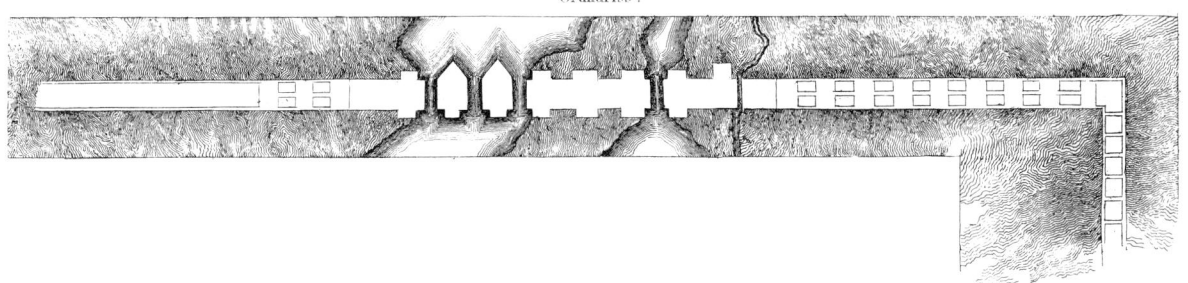

AQUÆDUCT in MYTELENE

RÖM. AQUÆDUCT.

RÖM. AQUÆDUCT.

RÖM. AQUÆDUCTE

150 Fuss

24 Fuss   20 Fuss   12 Fuss

Abb. 43
Beispiele römischer Aquädukte (1 Fuß = 0,314 m).

Abb. 44
Querschnitt der Wasserzuleitung nach Avenches VD (Aventicum) mit einem benetzten
Querschnitt von 0,20 m². Im Gegensatz zum
Querschnitt der Leitung nach Augst (Augusta
Raurica, Abb. 45) handelt es sich beim
Fundament dieses Kanals nicht um eigentliches Mauerwerk, sondern um Beton mit
großen Steinen, dem «opus caementitium»
(lateinische Bezeichnung des von den Römern
hergestellten Betons).

an den Leitungsenden haben sich nirgends Überreste erhalten, ebensowenig
wie von größeren Fassungsbauwerken.
Dafür geben die übrigen Charakteristika
der großen römischen Wasserzuleitungen in der Schweiz, namentlich ihre
Querschnitte, einen guten Überblick
über die je nach Leitungsgröße angewandten Konstruktionen (Abb. 44–48).

Avenches VD

Das umfangreichste Wasserbeschaf-
fungssystem liegt beim ehemaligen helvetischen Hauptort Avenches (Aventicum) vor, 32 km südöstlich von Bern
(Aubert 1969). In Abb. 49 sind allerdings
nur die drei südwestlichen Zuleitungen

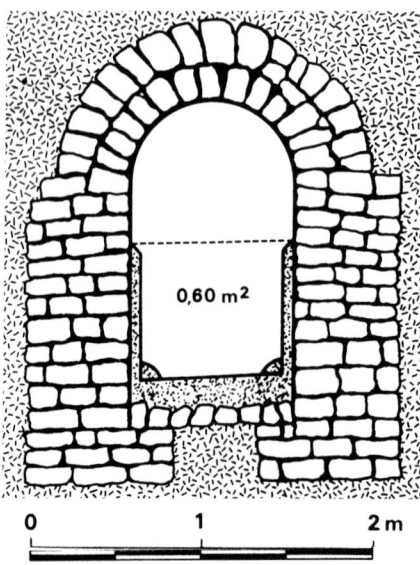

Abb. 45
Querschnitt der Wasserzuleitung nach Augst
BL (Augusta Raurica). Der benetzte Quer-
schnitt beträgt 0,60 m².

Abb. 46
Teilstück des Ergolz-Aquädukts, der Wasserzuleitung nach Augst BL (Augusta Raurica).

Abb. 47
Gleiche Konstruktion wie Abb. 46 (Ergolz-
Aquädukt). Man beachte das gute Mauerwerk der Kanalwände und des Gewölbes
sowie den Feinbeton in der Sohle, der mit
Ziegelschrot gemischt wurde, um die Qualität
besonders hinsichtlich Festigkeit und Dichtigkeit zu erhöhen. Ziegelschrot resp. Ziegelmehl
ist nebst Trass oder Puzzolanerde (vulkani-
sche Aschen) eines der Zusatzmittel, mit
denen die Römer und unsere Vorfahren im
Mittelalter die Qualität des Verputzes und
Betons verbesserten. Mit diesem «opus caementitium» in feinkörniger Ausführung wurde
auch der Verputz an den Wänden des benetzten Querschnittes hergestellt.

VETUS

NOVUS

Abb. 48
Querschnitt der Wasserzuleitung nach Windisch AG (Vindonissa). Oben der Querschnitt
der älteren Leitung (vetus), unten derjenige
der neuen Leitung (novus). Diese Leitung ist
heute noch in Betrieb und kann in einem
Gebäude in Windisch besichtigt werden.

dargestellt, weil man die Eintrittspunkte
in die drei anderen im Süden bzw. im
Osten der Stadt kennt, aber weder die
Herkunftsorte noch ihren Verlauf. Offensichtlich mußten immer wieder weitere der zahlreichen, aber nicht sehr er-
giebigen Quellen in der Umgebung er-
schlossen werden. Deshalb weist selbst
der Querschnitt der längsten Zuleitung
von Bonne Fontaine bescheidene Abmessungen auf, was wiederum eine einfache Überwölbung aus Trockenmauerwerk ohne Kalkmörtel und Stützscha-
lung erlaubte (Abb. 44).

Augst BL

Die klassischen Konstruktionen mit ge-
schaltem Gewölbe zeigt der viel größere
Querschnitt der einzigen Zuleitung nach
der nicht minder bedeutenden Stadt
Augst (Augusta Raurica), 10 km östlich
von Basel (Abb. 45–47) (Laur-Belart 1966, S. 145–155). Im Gegensatz zu
den Quellwasserzuleitungen von Avenches zapfte sie ein Fließgewässer, die

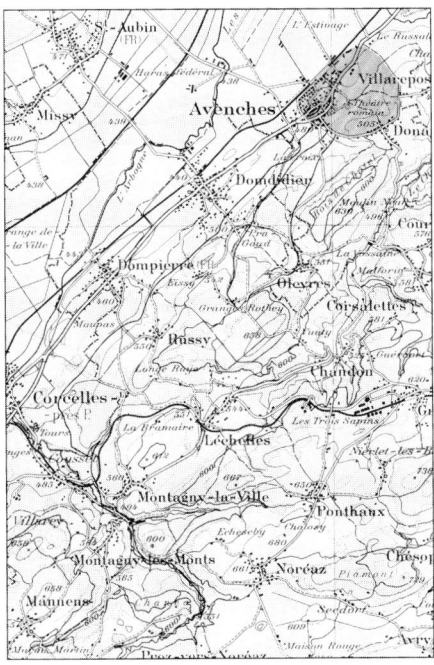

Abb. 49
Trassee der Zuleitung nach Avenches VD (Aventicum). Die längste Leitung beginnt in Bonne Fontaine, die mittlerer Länge in Coppet und die kürzeste bei Oleyres. (Reproduziert mit Bewilligung des Bundesamtes für Landestopographie vom 5. 9. 1988, Landeskarte 1:100000, Blatt 36).

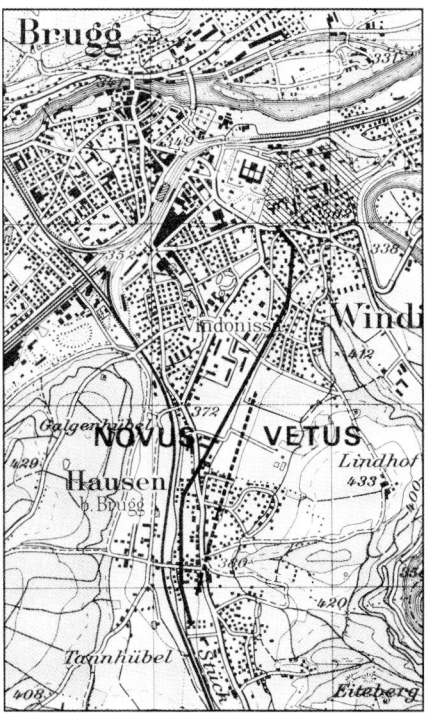

Abb. 51
Trassee der Wasserzuleitung nach Windisch AG (Vindonissa). (Reproduziert mit Bewilligung des Bundesamtes für Landestopographie vom 5. 9. 1988, Landeskarte 1:50000, Blatt 215).

26 km nordwestlich von Zürich, ist in dreierlei Hinsicht bemerkenswert (Laur-Belart 1935, S. 91–96). Erstens erschloß sie weder ein Fließgewässer noch Quellen, sondern direkt das Grundwasser (Abb. 51). Um diesem den Eintritt in die Leitung zu gestatten, bestehen die Seitenwände im ersten Viertel ihrer Länge aus Trockenmauerwerk und sind unverputzt. Der Abdeckung der Rinne dienen Steinplatten anstelle eines Gewölbes (Abb. 48).

Zweitens sind bei der Windischer Leitung zwei Baustadien auszumachen, ein größeres älteres (vetus) und ein kleineres neueres (novus). Der Übergang vom einen zum anderen könnte im Gefolge des ersten großen Alemanneneinbruchs um 260 n. Chr. erfolgt sein.

Drittes bemerkenswertes Merkmal: Die neuere Leitung ist noch in Betrieb, und im Keller des Altersheims von Windisch kann man das Wasser in einem freigelegten Leitungsstück fließen sehen.

Nyon VD und Genf

Die weit nach Westen, jenseits der heutigen Landesgrenze ausgreifende Zuleitung nach Nyon (Colonia Julia Equestris), 21 km nordöstlich von Genf, ist nur dürftig erforscht (Pélichet 1942 und 1945) (Abb. 52). Ihr relativ großer Querschnitt ist hydraulisch schlecht genutzt, da der wasserdichte Verputz, wo er nötig ist, nur 40 cm über die Sohle reicht (Abb. 53).

Lediglich bruchstückhaft bekannt ist die Zuleitung aus der Gegend von Annemasse in Frankreich nach Genf (Genava) (Blondel 1943, 1946 und 1961). An der Landesgrenze hat man bei Moillesulaz im Bett des Foron ein Fundament des Aquädukts über diesen Fluß gefunden, und die bei Chêne ergrabenen Leitungsreste weisen einen benetzbaren Querschnitt von 0,40 m² auf und sind überwölbt. Um den Stadthügel zu erreichen, auf dem heute die Kathedrale St. Pierre steht, scheint sie in einer Dückerleitung geendet zu haben, wie es in viel größerem Ausmaß von drei Zuleitungen nach Lyon bekannt ist (Tab. 2).

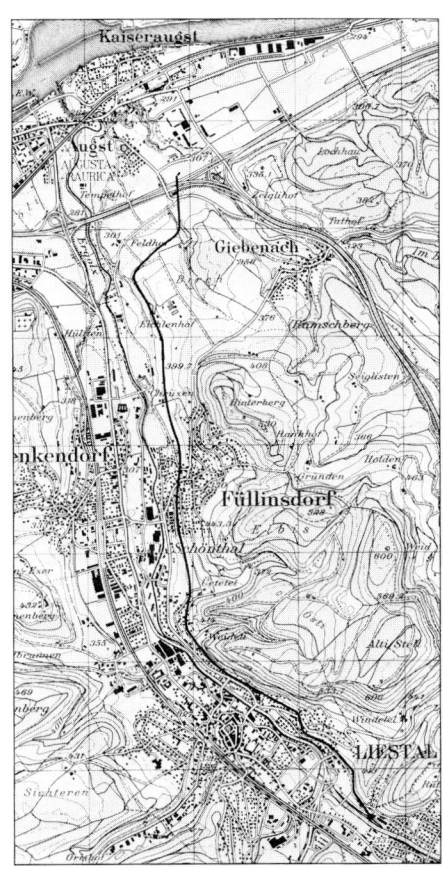

Abb. 50
Trassee der Wasserzuleitung nach Augst BL (Augusta Raurica). (Reproduziert mit Bewilligung des Bundesamtes für Landestopographie vom 5. 9. 1988, Landeskarte 1:50000, Blatt 214).

Ergolz, an und folgte dem Flußlauf fast bis ans Ende (Abb. 50). Dieses befindet sich im Abhang der Hügel südlich von Augst, rund 15 m über der Stadt. Damit stand genügend Druck für die Wasserverteilung in der Stadt mittels Blei- oder Holzröhren zur Verfügung. Von beiden hat man interessante Überreste gefunden, von den durchbohrten Baumstämmen oder «Teucheln» zwar nicht mehr das Holz selbst, sondern die ebenfalls röhrenförmigen Sinterablagerungen und die eisernen Verbindungsringe zwischen den einzelnen Röhren.

Windisch AG

Die kurze und kleine Wasserleitung zur Militärstation Windisch (Vindonissa),

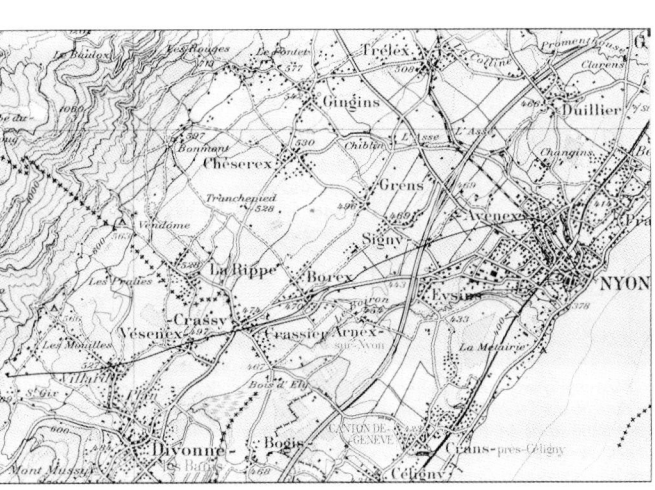

Abb. 52
Trassee der Wasserzuleitung nach Nyon VD. (Reproduziert mit Bewilligung des Bundesamtes für Landestopographie vom 5. 9. 1988, Landeskarte 1:100000, Blatt 40).

Stadt	Quelle		Länge (km)	Mittl. Gefälle (⁰/oo)	Benetzbarer Querschnitt (m²)	Fördermenge (m³/Tag)
Avenches	Bonne Fontaine		17	~ 5	0.20	
	Coppet		4	1.1		5000
	Oleyres		2.8			
Nyon	Divonne		11	~ 5	0.35	
Augst	Ergolz		6.5	~ 2	0.60	
Windisch	Süss	Vetus	2.2	~ 6	0.22	
		Novus	2.2	~ 6	0.15	
Lyon		Mont d'Or	26	4.2	0.28	10000
		Yzeron	~30	~ 1	0.33	13000
		Brévenne	66	0.8	0.85	28000
		Gier	75	1.2	0.78	25000
Metz	Bouillons (Gorze)		22	1.0	0.88	
Trier	Ruwer		13	0.6	0.67	25000
Köln	Eifel		90	3.6	0.54	20000
Mainz	Finthen/Drais		6	>10	nicht mehr bestimmbar	
Wien	Gumpoldskirchen		16	?	?	6000

Tab. 2
Große römische Wasserleitungen in der Schweiz; zum Vergleich Beispiele aus dem Ausland.

Hauptkanal von 0,80 × 1,20 m in der Straßenmitte, der sich im Nordosten mit einem anderen aus Süden vereinigt, sowie kleinere Nebenleitungen und zahlreiche Kontrollschächte.

Wie schon erwähnt, wurden von den Römern nicht nur in größeren Ortschaften ausgefeilte Wasserver- und entsorgungsanlagen erbaut, sondern auch für einzelne Gutshöfe. Dafür gibt es in der Schweiz einige gute Beispiele (Drack 1968). Die einfachsten Leitungen waren aus Holz, z. B. zum römischen Wohnhaus bei Bellikon AG, 14 km westlich von Zürich, wo allerdings keine physischen Reste wie bei den Verteilleitungen in Augst gefunden werden konnten. Dagegen wurde 1975 in Yverdon VD (Eburodunum), 27 km nördlich von Lausanne, ein ganzer «Teuchel» von 2,50 m Länge gefunden (Journal d'Yverdon, 22. 2. 1977, S. 10), ebenso 1980 in Oberwinterthur ZH (Vitudurum), 22 km nördlich von Zürich (Neue Zürcher Zeitung, 5. 2. 1981, S. 41). Leitungen aus Bleiröhren scheint man für ländliche Wasserversorgungen nicht verwendet zu haben, solche aus Tonröhren nur selten (Drack 1968). Deren eindeutige Zuweisung in die römische Zeit ist häufig nicht

Übriger Siedlungswasserbau

Neben den beschriebenen großen öffentlichen Wasserversorgungen verfügten die Bewohner der Ortschaften, die nicht zu hoch über dem Grundwasser lagen (z. B. Windisch), oft noch über private Sodbrunnen. Die öffentliche Wasserversorgung endete für die meisten am Quartierbrunnen, und nur wenige konnten sich einen Hausanschluß leisten oder waren dazu berechtigt. Die

öffentlich und privat geförderten, relativ großen Wassermengen wollten aber auch wieder entsorgt werden. Verschiedene Überreste von ähnlich der Wasserzuleitung konstruierten Kanalisationen liegen in Augst BL vor (Laur-Belart 1966) (Abb. 54). Ein schönes Beispiel eines Netzes von gemauerten Abwasserkanälen wurde an der «Rue de la basilique» im Forum von Martigny VS (Octodurus), 26 km südwestlich von Sitten, ergraben (Wiblé 1983). Abb. 55 zeigt den

Abb. 54
Gemauerte Sekundärwasserleitung mit Schlammsammler von Augst BL (Augusta Raurica).

RUE DE LA BASILIQUE

0   5   10   15 m

Abb. 53
Wasserzuleitung nach Nyon VD, bei Mangette oberhalb der Stadt. Der Beton auf der rechten Seite sowie die Platten am Boden sind neu; sie waren notwendig, um den Kanal vor Zerstörung zu schützen. In der Urform waren die Wände nicht verputzt und der Boden besaß, da der Untergrund wasserundurchlässig ist, keinen Betonbelag.

Abb. 55
Plan der gemauerten römischen Abwasserkanäle in der «Rue de la basilique» im Forum von Martigny VS. S bezeichnet Kontrollschächte in der jeweiligen Leitung.

möglich, da es eine Vielzahl von Rohrtypen gibt und Fabrikationsmarken oder Begleitfunde oft fehlen (Abb. 56).
Eher selten sind auch gemauerte Kleinwasserleitungen. Abb. 57 zeigt die typischen Querschnitte von sechs solchen Leitungen, von denen drei ähnlich konstruiert sind wie die neuere Zuleitung nach Windisch (Abb. 48). Allerdings bestehen die Seitenwände in Neftenbach ZH, 20 km nordöstlich von Zürich, und beim Hardhof AG, 14 km östlich von Basel, aus reinem Kalkmörtel und nicht aus Mauerwerk. Die erstgenannte Leitung konnte übrigens auf 750 m Länge verfolgt werden, über die sie ein Gefälle von 4,5 ‰ aufweist. Die Leitung von Rüti bei Büren BE, 23 km nördlich von Bern, besteht aus Kalksteinblöcken, aus denen die Wasserrinne herausgemeißelt ist (Abb. 57). Etwas sonderbar muten die aus gebrannten Tonplatten bzw. -ziegeln bestehenden Leitungen von Münchwilen AG, 28 km östlich von Basel, (Gerster 1976) und von Arlesheim BL, 7 km südlich von Basel, (Drack 1968) an. Bei letzterer fließt das Wasser auf einem Lehmschlag – eine Konstruktion, die nur bei relativ geringer Fließgeschwindigkeit stabil bleiben kann (Abb. 57).
Ein wichtiges Element der Einzelwasserversorgung war, wo anwendbar und wie zuvor schon für städtische Verhältnisse beschrieben, der Sodbrunnen (Drack

Neftenbach/ZH
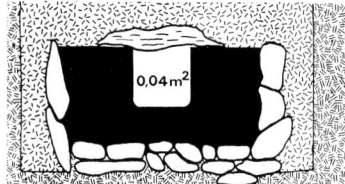

Hardhof/AG
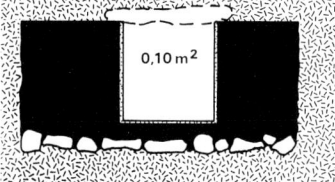

Münchwilen/AG
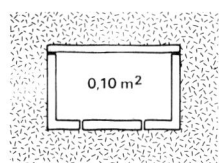

Martigny/VS
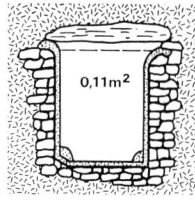

Büren/BE
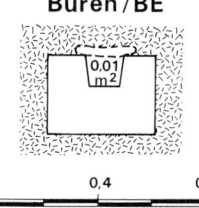

Arlesheim / BL
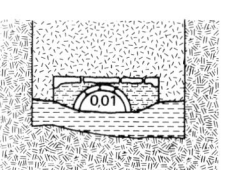

0   0,4   0,8 m

Abb. 57
Typische Querschnitte von gemauerten, steinernen und tönernen Kleinwasserleitungen. Die Seitenwände der Leitungen Neftenbach ZH und Hardhof AG bestanden aus reinem Kalkmörtel. Die Leitung von Büren BE besteht aus aneinandergereihten Kalksteinblöcken mit herausgemeißelter Wasserrinne.

Avenches / VD
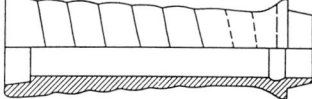

Bellmund / BE
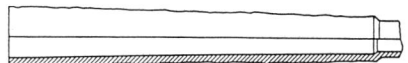

Oberweningen / ZH
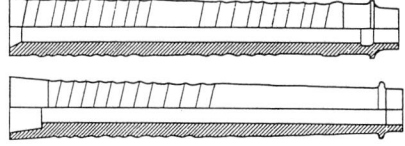

Pully / VD
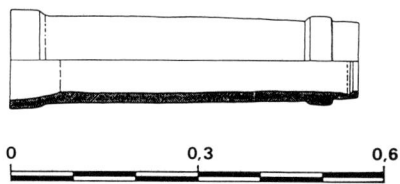

0   0,3   0,6

Abb. 56
Eindeutig römische Tonröhren aus der Schweiz. Von oben nach unten Avenches VD, Bellmund BE, Oberweningen ZH und Pully VD. Die einzelnen Zeichnungen zeigen in der oberen Hälfte die Ansicht und in der unteren Hälfte den Längsschnitt der jeweiligen Tonröhre.

1968). Ein solcher von 20 m Tiefe bei 0,95 m Durchmesser wurde auf dem heutigen Münsterplatz von Basel gefunden. 6 km weiter südwestlich fand man in Muttenz BL gar einen 25 m tiefen und 1,40 m weiten Sodbrunnen. Das schönste Beispiel stellt zweifellos derjenige von Seeb ZH, 12 km nördlich von Zürich, dar, obschon er nur 6 m tief ist bei einem Durchmesser von 1,20 m. Dafür haben sich bei ihm große Teile des Brunnenhauses erhalten, das der geschützten Wasserentnahme diente (Abb. 58).

Weitere Wasserbauten

An erster Stelle ist ein römischer Stollen zu nennen, dessen Sohle beim Bau eines Torfentwässerungs- und Transportstollens vom Lüscherzmoos zum Bielersee bei Hagneck BE, 24 km nordwestlich von Bern, angefahren wurde (Abb. 59). 1874 wurden gut zwei Drittel seiner Länge beim Bau des Hagneck-Einschnittes des Aare-Kanals im Zuge der ersten Juragewässerkorrektion ergraben (und zerstört!). Er diente offensichtlich auch

der Entwässerung und fügt sich somit in die Reihe der seit alters von den Römern in Italien zur Kulturlandgewinnung gebauten Entwässerungsstollen (Tab. 3). Diese wurden, wie auch die weitaus meisten Wasserversorgungsstollen, nicht von beiden Enden aus vorgetrieben, sondern nach der iranischen «Qanat»-Technik erstellt, d. h. durch beidseitigen Vortrieb von in relativ kurzen Abständen abgeteuften Vertikalschächten aus. Damit wurde einerseits die Vermessung stark vereinfacht und andererseits die Bauzeit erheblich verkürzt, da in mehreren oder, wenn nötig, in allen Schächten und Stollenlosen gleichzeitig gearbeitet werden konnte. Dafür mußte eine beträchtlich längere Gesamtstrecke ergraben werden, so daß nun der Minimalaufwand für diese und nicht für die Gerade das optimale Trassee ergab.
Letzteres gilt auch für den Hagneck-Stollen, beschreibt er doch im Grundriß einen leichten Bogen. Auf seiner Gesamtlänge von etwa 670 m dürfte er an die 15 Schächte haben, von denen sechs gefunden wurden. In standfestem Sand-

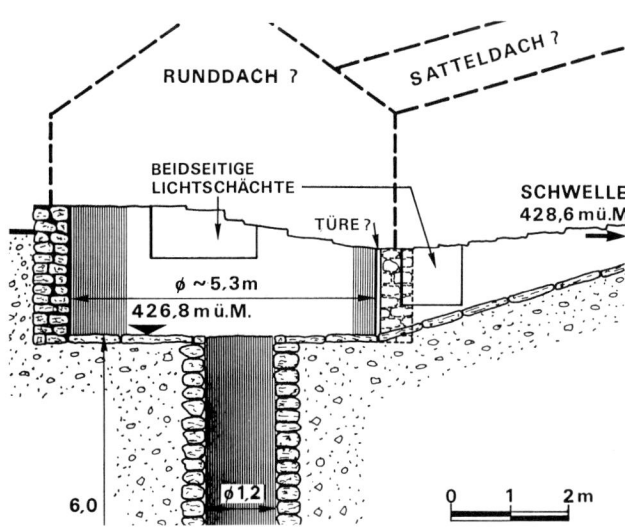

Abb. 58
Schnitt des Sodbrunnens und des Brunnenhauses in Seeb ZH.

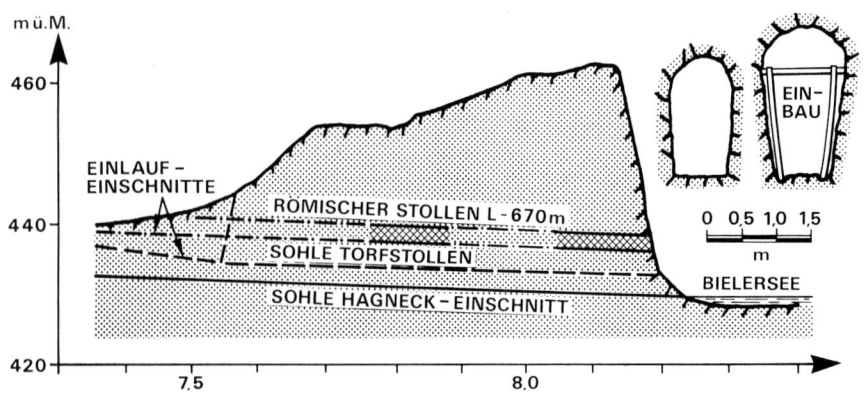

Abb. 59
Zehnfach überhöhter Längsschnitt und Quer-
schnitt im Sandstein (links) und Mergel
(rechts) des Entwässerungsstollens bei Hag-
neck BE.

Tab. 3
Römische Entwässerungsstollen.

Ort	Lage	Zeit	Länge (m)	Gefälle (⁰/oo)	Höhe (m)	Breite (m)	Anzahl Schächte
Ariccia	30 km SE Rom	500 v. Chr.	607	4,5	sehr unregelmässig		12
Lago Albano (Castel Gandolfo)	30 km SE Rom	396 v. Chr.	1200	–	2 – 3	1,3	–
Lago di Nemi (Genzano)	30 km SE Rom	–	1653	7,6	~3	~1	–
Lago Fucino	80 km E Rom	41 – 52 n. Chr.	5643	1,5	3,0	1,8	32
Lüscherzmoos (Hagneck)	10 km SW Biel	–	670	3,4	~1,7	0,8	~15

stein weist er einen knapp begehbaren Querschitt auf. Im gebrächen Mergel dagegen wurde dieser derart erweitert, daß der Raum unter dem Einbau begehbar blieb (Abb. 59). Wie Brandspuren belegen, wurde hartes Gestein durch Feuer und Abschreckung mit Wasser mürbe gemacht – ein Verfahren, das im Hinblick auf den Rauchabzug nur bei der «Qanat»-Technik anwendbar war.

Ein Rätsel gibt die Höhenlage des Stollens auf. Die Sohle seines Einlaufs liegt auf rund 438 m ü. M. oder etwa 1 m über dem heutigen tiefsten Punkt des Lüscherzmoos. Er diente wahrscheinlich nicht dessen Entwässerung, da dies nur einen bescheidenen Kulturlandgewinn gebracht hätte. Vielmehr dürfte der Stollen die Heerstraße Avenches–Augst vor Überflutung geschützt haben. Diese überquerte nördlich von Kallnach BE das Große Moos auf dem Weg zur Militärstation Petinesca (bei Studen BE, südöstlich von Biel). Das Gelände liegt daselbst heute auf etwa 443 m ü. M., so daß genügend Fallhöhe für einen rund 4 km langen Abzugsgraben zum Stolleneinlauf zur Verfügung stand, etwa im heutigen Trassee des Aarekanals. Man darf zudem die heutigen Koten, vor allem in einem versumpften Gelände, nicht den antiken Werten gleichsetzen, die ohne weiteres einige Meter höher oder tiefer gewesen sein können.

Trotz bzw. nebst ihren berühmten Straßenbauten maßen die Römer der Schiffahrt auf fließenden oder stehenden Gewässern große Bedeutung zu, vor allem für den Transport von Massengütern, z.B. Baumaterialien für ihre Städte und Ortschaften. Ein schönes Beispiel für die dazu erforderlichen Hafenbauten liegt in Avenches vor (Bonnet 1982)

(Abb. 60). In einer ersten Phase wurde eine Hafenmole in den See hinausgebaut, die aus einer mit Kies hinterfüllten Holzwand bestand; deren wasserseitiger Fuß war mit Blockwurf geschützt. Da der Wasserspiegel des Murtensees absank, entschloß man sich rund 140 Jahre später zur Anlage eines kurzen Schiffahrtskanals, der das Hafengebiet zudem erheblich näher an Avenches heranbrachte. Die Anfangsstrecke des Kanals war wiederum mit einer Wand aus Holzpfählen und -brettern versehen.

Reste von Pfahlsetzungen, welche die Fundamente von Schiffländen bildeten, wurden bei der Vergrößerung des Broye-Kanals zwischen dem Murten- und dem Neuenburgersee in den Jahren 1962–67 im Zuge der zweiten Juragewässerkorrektion an mehreren Stellen entlang dessen östlichem Drittel gefunden (Schwab 1973, S. 75–81). Am westlichen Ende kamen weitere Pfahlreste einer schon anläßlich der ersten Juragewässerkorrektion entdeckten Uferbefestigung zum Vorschein. Ebenfalls dem Uferschutz diente eine analoge Holzwand, die bei Carouge GE, 2 km südlich des vorgenannten Stadthügels von Genf, gefunden wurde (Bonnet 1986, S. 53 ff.). Dort befand sich nahe der Außenseite einer Kurve des Wildbachs Arve ein Militärlager.

Anfänge der Wasserkraftnutzung

Die Idee, den Strömungsdruck und die Schwerkraft des Wassers als Energiequelle zu nutzen, ist verhältnismäßig alt (Tab. 4). Philon von Byzanz beschrieb schon 230 v. Chr. das Reaktionsrad (= Rasensprenger), welches erst in den Turbinen des 19. Jahrhunderts zur prak-

tischen Anwendung gelangte. Interessant ist auch, daß die Idee der Wasserkraftnutzung im römischen Reich und in China trotz etwelcher Kontakte wohl unabhängig, aber fast gleichzeitig aufkam. Ferner entwickelte sich das horizontale Wasserrad (Stockmühle) parallel zum vertikalen Rad des Vitruv, ebenso wie dessen verschiedene Beaufschlagungsarten (ober-, mittel und unterschlächtig). Doch lange haperte es mit der Anwendung der neuen Erkenntnisse. Dies änderte sich erst in der Spätantike, als die durch die Stagnation und Kontraktion des römischen Reichs bewirkte Verknappung des Nachschubs von Sklaven sowie die christlich-humanere Einstellung zu ihnen technische Ersatzlösungen für die Energiebeschaffung attraktiv erscheinen ließen.

Im 3. und 4. Jahrhundert mehren sich die physischen Zeugnisse für die Nutzung der Wasserkraft; ein bedeutender Fund wurde in Hagendorn bei Cham ZG, 21 km südlich von Zürich, gemacht (Gähwiler 1984 und 1987). Dort wurden in einem alten Lauf der Lorze 85 angekohlte Bruchstücke aus Eichenholz ausgegraben, von denen 25 zu drei vertikalen Wasserrädern gehören. Die Räder wurden nicht nur auf dem Papier rekonstruiert, sondern im Maßstab 1:3, teilweise sogar 1:1 nachgebaut (Abb. 61). Sie weisen Durchmesser von 2,15–2,34 m und Schaufelbreiten von 22–23 cm auf.

Die 24–28 Schaufeln eines Rades bestehen mit dessen schmäleren Speichen je aus einem Brett, welches im Wellbaum verzapft ist. Die Felge wird durch Kranzbrettchen zwischen den Schaufeln bzw. Speichen gebildet und bei zwei Rädern durch aufgenagelte Wangenbretter an beiden Schaufelseiten verstärkt, so daß scheinbar Zellenräder vorliegen. Eines der Räder ist ein reines Schaufelrad ohne Wangen. Beaufschlagt wurden alle Räder wahrscheinlich aus gegen ihre untere Hälfte gerichteten, geneigten Schußrinnen, in der Art der Waschel (Fallrad) und wie bei horizontalen Wasserrädern üblich.

230 v. Chr.	Beschreibung kleiner vertikaler Wasserräder und des Reaktionsrades durch Philon von Byzanz.	2. Jh. n. Chr.	Mosaik einer «noria» in Apamoea, 55 km östlich von Latakia (Syrien).
80 v. Chr.	Getreidemühle mit Wasserantrieb in Cabira 350 km östlich von Ankara (Türkei).	270 n. Chr.	Chiu Theo und Wang Jung erfinden in China wasserkraftgetriebene Getreidemühle.
85 v. Chr.	Ode des Antipater über Getreidemühlen mit Wasserantrieb.	3. Jh. n. Chr.	Unterschlächtiges Wasserrad (Ø 3,70 m) in Haltwhistle, 64 km westlich von Newcastle (England).
65 v. Chr.	Beschreibung strömungsgetriebener Wasserschöpfräder («noria») durch Lucretius.	3. Jh. n. Chr.	Skizze eines oberschlächtigen Wasserrades in den St.-Agnes-Katakomben in Rom.
25 v. Chr.	Beschreibung von Schöpfrädern und unterschlächtigen Wasserrädern durch Vitruvius.	3. Jh. n. Chr.	Drei vertikale Wasserräder (Ø 2,12–2,30 m) in Hagendorn bei Cham, 21 km südlich von Zürich.
um Chr. Geb.	Zwei horizontale Wasserräder (Stockmühlen) bei Bolle in Jütland (Dänemark).	310 n. Chr.	Mühlenkomplex mit 16 oberschlächtigen Wasserrädern (Ø 2,20 m) in Barbegal, 7 km westlich von Arles (Frankreich).
31 n. Chr.	Ty Shih erfindet wasserkraftgetriebenen Blasebalg in Nanyant, 590 km westlich von Nanking (China).	460 n. Chr.	Oberschlächtiges Wasserrad (Ø 3,24 m) in Athen.
65 n. Chr.	Beschreibung einer wasserkraftbetriebenen Mühle in Pompeji, 20 km südöstlich von Neapel (Italien).	5. Jh. n. Chr.	Mosaik eines unterschlächtigen Wasserrades im Grossen Palast von Istanbul.
1. Jh. n. Chr.	Unterschlächtiges Wasserrad (Ø 1,85 m) in Venafro bei Tivoli, 25 km nordöstlich von Rom.		

Tab. 4 Zeugnisse antiker Wasserkraftnutzung.

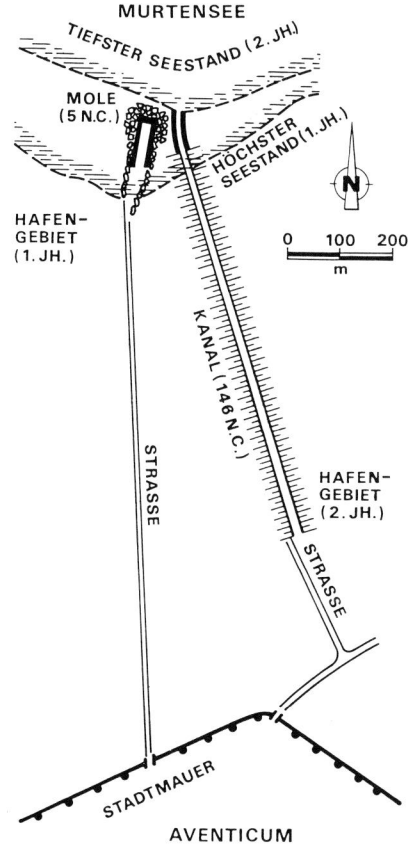

Abb. 60
Situationsplan der Hafenanlagen von Avenches VD (Aventicum). Die Jahreszahlen wurden aufgrund von Jahrringuntersuchungen von Hölzern festgestellt.

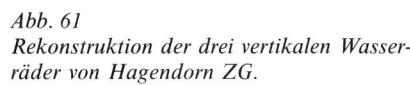

Abb. 61
Rekonstruktion der drei vertikalen Wasserräder von Hagendorn ZG.

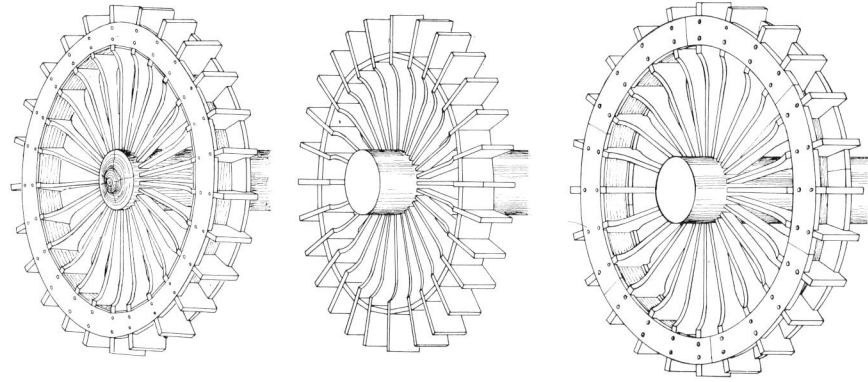

Literatur

Aubert, J. P.: Les aqueducs d'Aventicum. Bull. Assoc. Pro Aventico 20 (1969), S. 23–36.

Blackman, D. R.: The Volume of Water Delivered by the Four Great Aqueducts of Rome. Papers British School at Rome 1987, S. 52–72.

Blondel, L.: Chroniques des découvertes archéologiques dans le canton de Genève. Genava 1943, S. 41–44; 1946, S. 17–22; 1961, S. 3–11.

Bonnet, C.: Genève aux premiers temps chrétiens. Fond. Clefs Saint-Pierre, Genève 1986.

Bonnet, F.: Les ports romains d'Aventicum. Archäologie der Schweiz 1982, S. 127–131.

Bourquin, M.: Der römische Wasserstollen bei Hagneck. Bielerseebuch 1973, S. 87–93.

Drack, W.: Zur Wasserbeschaffung für römische Einzelsiedlungen gezeigt an schweizerischen Beispielen. Provincialia 1968, Festschrift R. Laur, S. 249–268.

Von Fellenberg, E.: Der römische Wasserstollen bei Hagneck am Bielersee. Anzeiger für Schweizerische Alterthumskunde 1875, S. 615–619 und 631–634.

Gähwiler, A.: Römische Wasserräder aus Hagendorn/ZG. Helvetia archaeologica 1984, Festschrift J. Speck, S. 145–168 und Industriearchäologie 2 (1987), S. 1–11.

Gerster, A.: Ein römisches Ziegellager bei Münchwilen/AG. Helvetia archaeologica 7 (1976), S. 112–115.

Grewe, K.: Planung und Trassierung römischer Wasserleitungen. Chemielorz GmbH, Wiesbaden 1985.

Heierli, J.:
Die bronzezeitliche Quellfassung von St. Moritz. Anzeiger für Schweizerische Altertumskunde 1907, S. 265–278.

Journal d'Yverdon dans «24 Heures», 22. 2. 1977.

Laur-Belart, R.: Vindonissa. W. de Gruyter & Co., Berlin 1935.

Laur-Belart, R.: Führer durch Augusta Raurica. Historisch-antiquarische Gesellschaft, Basel 1966.

Moosbrugger-Leu, Dr. R.: Schnurvermessung. Schweizer Baublatt Nr. 86, 28. 10. 1983.

Moritz, A.: Helvetia archaeologica 9 (1972), S. 21–28.

Neue Zürcher Zeitung, 5. 2. 1981.

Pélichet, E.: L'aqueduc romain de Nyon. Ur-Schweiz 1942, S. 68–71 und 1945, S. 76.

Schwab, H.: Die Vergangenheit des Seelandes in neuem Licht. Universitätsverlag, Freiburg 1973.

Wiblé, F.: Forum Claudii Vallensium. Antike Welt 2 (1983), S. 2–32.

Die Entwicklung
des schweizerischen Flußbaus

gezeigt am Beispiel der Kander-, Ersten Juragewässer- und Linthkorrektionen

Das 19. Jahrhundert kann aus der Sicht des schweizerischen Wasserbaus als das Jahrhundert der Gewässerkorrektionen bezeichnet werden. Fast alle großen Flußkorrektionen und Wildbachverbauungen wurden damals verwirklicht oder zumindest begonnen. Die Ursachen dieser Entwicklung lagen in einer Häufung von verheerenden Hochwassern infolge klimatischer Verschlechterungen und anthropogener Einflüsse, wie insbesondere Waldrodungen, dem Landhunger der wegen der Industrialisierung wachsenden Bevölkerung, der Änderung der politischen Strukturen nach dem Untergang der alten Eidgenossenschaft im Jahre 1798 sowie dem Aufblühen der Flußbaukunst aufgrund der bahnbrechenden Entdeckungen in der Hydraulik im 18. Jahrhundert.

Der vorliegende Artikel beschreibt die in den Jahren 1711–1714 durchgeführte Kanderkorrektion als Ausgangspunkt dieser Entwicklung und schildert dann die Erste Juragewässer- und die Linthkorrektionen als herausragende Beispiele. Dabei wird das Augenmerk auch auf bautechnische Einzelheiten gerichtet.

Die Kanderkorrektion (1711–1714)

Die Gnädigen Herren von Bern (die damalige Regierung des Standes Bern, heute Kanton Bern) waren die ersten, die in der Schweiz eine größere Flußkorrektion durchführten. Es handelt sich um die Ableitung der Kander durch einen Kanal in den Thunersee in den Jahren 1711–1714. Dieses für die damalige Zeit überaus kühne Werk darf als Vorläufer der schweizerischen Gewässerkorrektionen bezeichnet werden.

Erfahrungen aus mittelalterlicher Zeit

Wie kamen die erwähnten Gnädigen Herren überhaupt auf diese Idee? Dem Volksmund nach leiteten die Mönche von Interlaken bereits im Mittelalter die Lütschine, die ursprünglich bei Interlaken in die Aare mündete, in den Brienzersee. Damit erreichten sie, daß die Lütschine ihre Hochwasser- und Geschiebefrachten im See ablagerte und ihr ursprünglicher Schwemmkegel, das sogenannte Bödeli, nutzbar gemacht werden konnte. Schon diese mittelalterliche Korrektion diente also dem Hochwasserschutz und der Landgewinnung.

Über das Projekt und dessen Ausführung ist dem Verfasser trotz Nachforschungen leider nichts Zuverlässiges bekannt. Doch ist sicher, daß die tatsächliche oder vermeintliche Lütschinenumleitung gerade im Staat Bern und insbesondere im Oberland bewußt blieb und noch nach Jahrhunderten zur Nachahmung reizte. Auch der 1807 von Hans Conrad Escher und dem Berner Dekan Ith erlassene Aufruf zur Linthkorrektion nimmt ausdrücklich Bezug darauf (s. Abschnitt «Linthkorrektion»).

Den Gnädigen Herren stand aber noch eine andere wasserbauliche Erfahrung zur Verfügung: Auf ihrem Staatsgebiet wurde 1638–1664 der Canal d'Entreroches gegraben (Abb. 62). Bei diesem Kanal ging es allerdings nicht um eine Hochwasserschutzmaßnahme, sondern um eine Wasserstraße: Sie sollte eine rund 36 km lange Verbindung zwischen dem Neuenburger- und dem Genfersee schaffen und damit die europäische Wasserscheide zwischen dem Rhein- und dem Rhôneeinzugsgebiet überwinden. Die Konzession wurde einem von Holländern, Bernern und Genfern finanzierten Konsortium übertragen. Das Interesse der Holländer ergab sich, weil sie eine Verbindung zu den Mittelmeerhäfen suchten, die eine Alternative zum Seeweg über Gibraltar (am feindlichen Belgien und Spanien vorbei) bieten konnte.

Die Projekt- und Bauleitung übernahm deshalb anfänglich ein in holländischen Diensten stehender Hugenotte, Elie Gouret-du Plessis, der von Holland Wasserbautechniker und Zimmerleute für den Bau der Schleusen und Barken mitbrachte. Auf diese Weise wurde ein Stück holländische Wasserbaukunst in die Schweiz importiert.

Die Bauarbeiten schritten zunächst zügig voran; die ersten 16 km in der Orbe-Ebene bis Entreroches waren schon nach zwei Jahren fertiggestellt. Sie folgten zur Hälfte dem schiffbaren Flüßchen Zihl und wurden zur anderen Hälfte in der Orbe-Ebene ausgehoben. Das Normalprofil wies einen Trapezquerschnitt von 2,50 m Tiefe, 3 m Sohlenbreite und 5 m Spiegelbreite auf. Dann verlief die eigentliche Scheitelstrecke im gebirgigen Gelände, wo der Kanal teilweise ausgemauert werden mußte. Der Aufstieg zum Scheitel bedingte die Überwindung einer Höhendifferenz von 18 m und damit den Bau von wenigen Schleusen. Für den Abstieg bis zum 80 m tiefer liegenden Genfersee entlang des Flüßchens Venoge mußten nach dem damaligen Stand der Technik 47 Schleusen vorgesehen werden. Die Scheitelstrecke und der Abstieg waren also technisch auf-

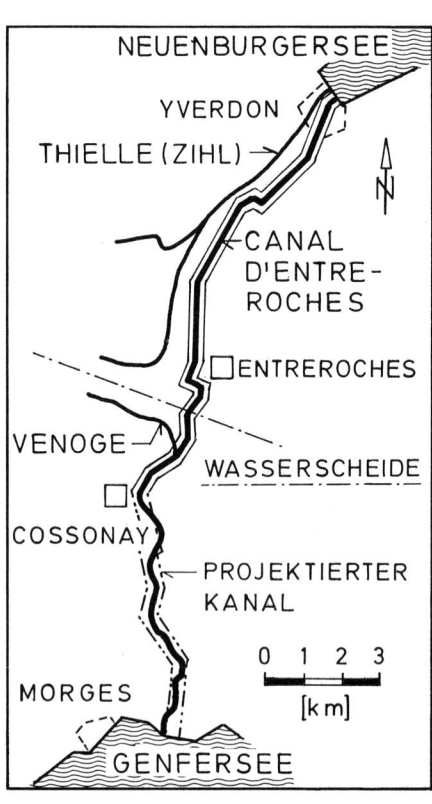

Abb. 62
Situation des Canal d'Entreroches.

wendig und äußerst kostspielig (Abb. 63 und 64). Die Schwierigkeiten mehrten sich und brachten die Bauarbeiten ins Stocken. In einem Zeitraum von acht Jahren wurde noch die rund 6 km lange Strecke bis Cossonay fertiggestellt, dann ging dem Konsortium etwa um 1648 das Geld aus. 1664 wurde es von Bern der Pflicht zur Fortsetzung der Arbeiten entbunden; der Plan zur Erstellung einer transhelvetischen Wasserstraße von europäischem Rang war damit gescheitert.

Zurück blieb ein Kanal, der nur noch regionale Bedeutung hatte. Die Strecke Cossonay–Entreroches wurde bald außer Betrieb gesetzt. Die 16 km lange Strecke Entreroches–Neuenburgersee blieb aber bis 1829 – also immerhin 180 Jahre – in Betrieb und diente vor allem dem Transport von Wein und Salz von der Westschweiz über den Neuenburger- und Bielersee sowie über die Aare nach Bern und anderen Orten, beispielsweise nach Solothurn.

Die Kanderkorrektion als bauliche Herausforderung

Die Kander floß ursprünglich am Thunersee vorbei und ergoß sich etwa 4 km unterhalb der Stadt Thun in die Aare.

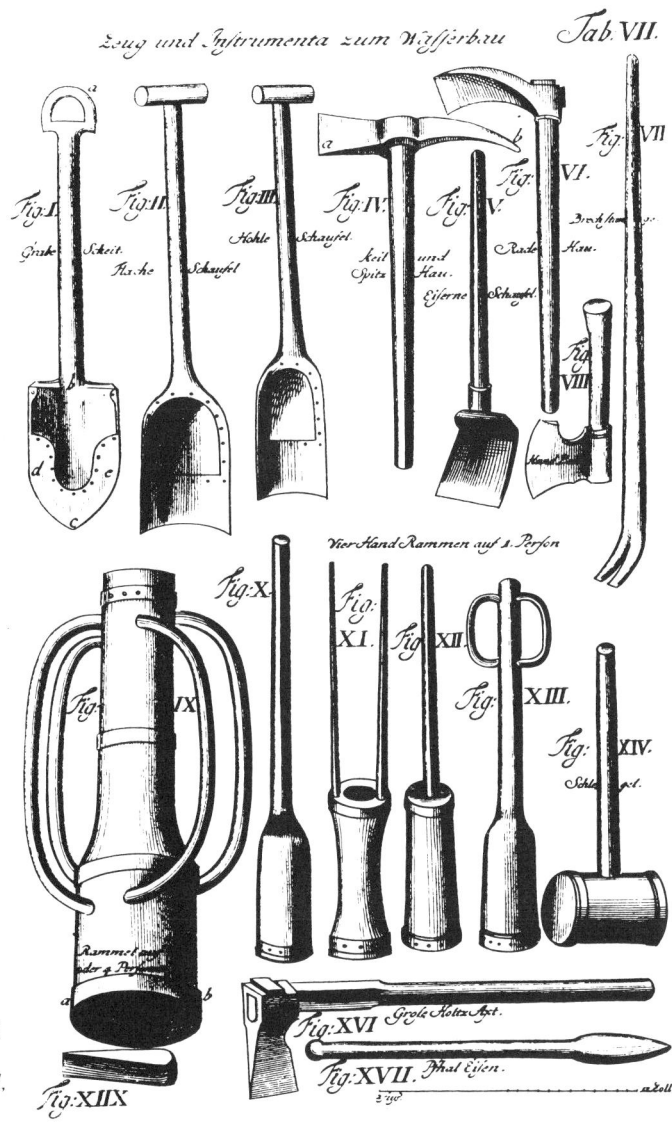

Abb. 63
Werkzeuge: «Zeug und Instrumente zum Wasserbau». Nach Leupold, 1724.

Ihr gegenüber mündete die Zulg ein. Sowohl diese als auch die Kander führten bei Hochwasser große Geschiebemengen heran und stauten damit die Aare auf. Die Folge waren häufige Überschwemmungen in den angrenzenden Ebenen, in Thun und rund um den Thunersee. Kein Wunder, daß sich die betroffenen Bewohner deswegen an die Gnädigen Herren von Bern wandten.

Bereits 1670 – der Verfasser folgt hier im wesentlichen den Ausführungen von Bachmann (1983) – lag ein Plan vor, den Hügelzug bei Strättligen zu durchschneiden und die Kander in den Thunersee zu leiten. Doch hatte die Regierung des großen Stadtstaates zunächst noch andere Sorgen. Als 1698 die längs der Aare erneut von Hochwassern heimgesuchten Gemeinden jedoch die Umleitung der Kander erflehten und sowohl Arbeiter als auch Geld für die Verwirklichung anboten, setzten die Gnädigen Herren 1698 einen Ausschuß ein, der die Sache fördern sollte. Sogleich erhob sich aber eine Opposition der Stadt Thun und der übrigen an den See anstoßenden Gemeinden. Dennoch fiel, gestützt auf die Planungsarbeiten des Ausschusses, 1700 der Grundsatzentscheid zugunsten der Kanderumleitung und 1711 der entsprechende Baubeschluß (Abb. 65).

Die Ausführung wurde einem neugeschaffenen Kanderdirektorium übertragen, die Projektierung und Bauleitung dem Vermesser und Leutnant Samuel Bodmer. Dieser arbeitete einen Korrektionsplan mit zwei zusammenhängenden Komponenten aus: einen offenen Durchstich des Strättligenhügels zur Umleitung der Kander in den Thunersee

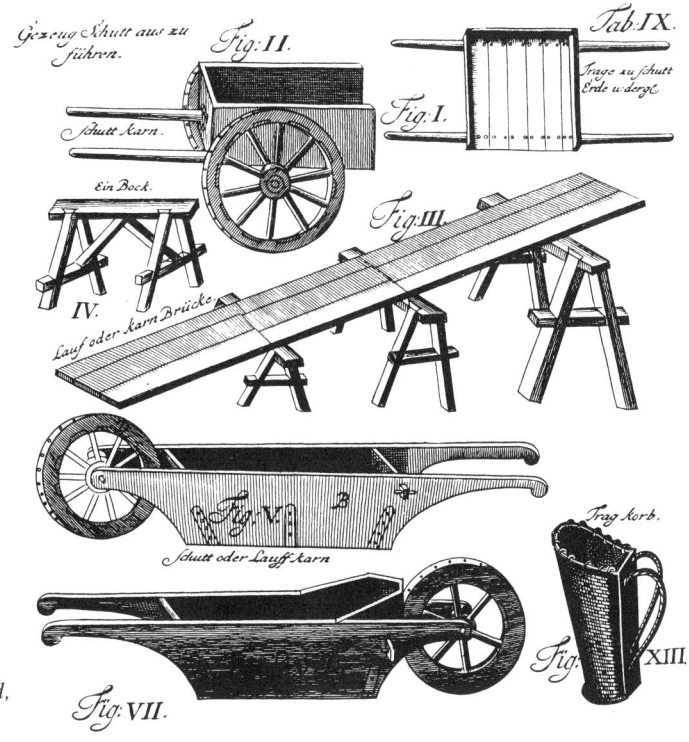

Abb. 64
Transportmittel: «Gezeug Schutt aus zu führen». Nach Leupold, 1724.

Abb. 65
Situation der Kanderkorrektion.

sowie eine Kanalisierung der Aare von Thun bis zum rund 7 km flußabwärts liegenden Uttigen zwecks Vergrößerung des Thunerseeabflusses.

Fatale Projektänderung: Stollen statt Kanal im Einschnitt

Verwirklicht wurde zunächst nur der erste Teil des Korrektionsplans. Die Bauarbeiten begannen im April 1711, indem der Strättligenhügel von der Kanderseite her längs des vorgesehenen Trassees abgetragen wurde (Abb. 66). Das Projekt Bodmer sah einen Einschnitt von rund 950 m Länge vor, mit einer Breite von 85 m und einer Maximaltiefe von 80 m; es erforderte also ausgedehnte Erdbewegungen. Die Arbeiter wurden jeweils um 5 Uhr morgens mit klingendem Spiel auf den Arbeitsplatz geführt. Der Arbeitstag dauerte damals von 5–19 Uhr, mit Essenspausen von 7–8 und 12–13 Uhr; es handelte sich also um einen 12-Stunden-Tag. Bodmer befehligte dabei vier Personalkategorien:

- 12–24 Vorarbeiter und Spezialhandwerker,
- 200–300 von ihm angeworbene und gedingte Taglöhner, jeweils für die Zeit von Mai bis Oktober,
- 50–80 von den Gemeinden gestellte und bezahlte «Ehrtauwner» (Ehren-Taglöhner),
- 60–100 arme Leute, die freiwillig kamen, sowie Bettler, Landstreicher, Heimatlose und Strafgefangene, die von den Gemeinden geschickt wurden, darunter auch viele Frauen und Kinder; sie erhielten, mit Ausnahme der Strafgefangenen, ein kleines Entgelt.

Bald stellte sich heraus, daß die Schwierigkeiten des Abtrages unterschätzt worden waren. Die geplante Tiefe des Einschnitts betrug, wie erwähnt, rund 80 m und erforderte Aushubleistungen und Böschungssicherungen, die mit den damaligen, auf Handarbeit beruhenden Mitteln nur schwer zu bewältigen waren. Deshalb schlug Architekt Samuel Jenner, Mitglied des Kanderdirektoriums, im Dezember 1711 eine Projektänderung

vor: Die Kanderumleitung sollte nicht durchwegs in einem offenen Kanal erfolgen, sondern in seiner Mittelpartie in einem Stollen. Anfang 1712 jedoch brach der Zweite Villmerger Krieg aus und erzwang einen Unterbruch der Arbeiten. Bodmer mußte einen großen Teil seiner Arbeitskräfte entlassen und sich mit Feldbefestigungen auf dem Brünigpaß beschäftigen. Erst im August 1712 konnte das Werk im Sinne Jenners weitergeführt werden.

Jenner ließ den Stollen sowohl von der Kander- wie von der Seeseite auffahren. Das Profil von 12 m Breite und 4,50 m Höhe war für das anstehende lockere Alluvion- und Moränenmaterial beträchtlich und erforderte einen Teilausbruch mit einem fachmännischen Rundholzbau. Da man auf besseres Gestein, nämlich auf Nagelfluh (Molasse) gehofft hatte, traten beim Stollenausbruch gewisse Schwierigkeiten und auch Unfälle auf. Doch konnte bereits im Dezember 1713 probeweise ein Teil des Kanderwassers den neuen Weg einschlagen. Die Durchflußmenge wurde dann laufend vergrößert, bis eine Entwicklung einsetzte, deren Kontrolle dem Kanderdirektorium völlig entglitt (Abb. 67).

Abb. 67
Wasserhaltung: «...auf was Art durch Menschen-Arme das Gewässer aus einem Grundbau zu schöpfen». Nach Bélidor, 1742.

Stolleneinsturz infolge enormer Erosion

Die Kander besaß in ihrem alten Bett ein Gefälle von 0,50%. Demgegenüber betrug das Gefälle im einige 100 m langen Stollen 7%, so daß die Kander dort eine große Schleppkraft entwickelte. Der ungenügend ausgekleidete Stollen wurde dementsprechend ausgeräumt und ausgeweitet und schluckte Mitte 1714 schon das gesamte Kanderwasser. Die fortschreitende Erosion führte schließlich zum Einbruch des Stollengewölbes und zum Nachsacken der Überlagerung. Die dabei im Strättligenhügel aufgetretenen Risse, Senkungen und Geräusche müssen unheimlich gewesen sein. So ereignete sich im Juli 1714 ein Rutsch, der zwei Herren von Wattenwil das Leben kostete; sie wurden vor den Augen einer Besuchergruppe in die Tiefe gerissen und fortgeschwemmt.

Vergeblich verlangte Landvogt Emanuel Gross von Thun, daß die Kander sofort wieder in ihr altes Bett zurückzuleiten sei; er kam zu spät. Die Kander weitete den Stollen schnell und unaufhaltsam zu einer Schlucht aus, deren Sohle schließlich 25 m unter der Projektsohle und damit auch unter der ursprünglichen Kandersohle lag. Das erodierte Material wurde zwangsläufig in den Thunersee geschleppt, wo es innerhalb von nur zwei Jahren ein Delta von mehr als einem halben Quadratkilometer bildete. Da nun vom Plan Bodmers bloß die erste Komponente verwirklicht war – wenn auch mit den von der Natur angebrachten Modifikationen –, zeigten sich bald die ersten Nachteile. Die Kanderkorrektion schützte zwar die Aare- und ehemaligen Kanderanlieger flußabwärts von Thun vor weiteren katastrophalen

Abb. 66
Kanderkorrektion 1711–1714. Die Zeichnung nach einem zeitgenössischen Gemälde zeigt links die Kander und das Stockhorn. In der Mitte wird der Strättligenhügel in Terrassen abgetragen, damit die Kander in den Thunersee (rechts im Bild) umgeleitet werden kann.

Überschwemmungen. Den Thunern und anderen Seeanliegern brachte sie dagegen vermehrte Seeausuferungen – genau wie sie es vorausgesagt und befürchtet hatten. Deshalb beschlossen die Gnädigen Herren von Bern bereits im Oktober 1716, der Aare einen besseren Auslauf aus dem Thunersee zu ermöglichen, d. h. im wesentlichen die zweite von Bodmer vorgesehene Komponente zu realisieren. Weil auch dieses Vorhaben für spätere schweizerische Gewässerkorrektionen und insbesondere für Seeregulierungen wegweisend war, soll hier kurz darauf eingegangen werden.

Ausweitung des Thunersee-Abflusses

Zur Zeit der Kanderumleitung bestand die Aare in Thun aus der heutigen Inneren Aare und einem südlich davon abzweigenden und flußabwärts wieder einmündenden Stadtgraben. Beide Gerinne besaßen an ihrem oberen Ende Schwellen, die einigen Mühlen dienten und im See einen Mindestwasserstand für die Schiffahrt gewährleisteten. Bei Niedrigwasser wurde jeweils nur die Schwelle der Inneren Aare überströmt, so daß die Aare nur dort durchfloß. Erst bei höherem Wasserspiegel lief das Aarewasser auch in und durch den Stadtgraben. Die gesamte Abflußkapazität war bei Hochwasser aber viel zu gering. Dies verursachte jeweils eine Überschwemmung der tieferliegenden Thuner Häuser bis zum ersten Stock (s. Abb. 65).

Deshalb kaufte die Regierung zunächst die Mühlen für schweres Geld (Nußbaum 1925) und ließ die abflußhemmenden Schwellen beseitigen. Die Folge war eine beschleunigte Aareströmung durch die Stadt mit Ufererosionen und Brückenkolken. Nach kurzer Zeit stürzten die Sinnebrücke und einige unterspülte Häuser in die Aare. Das eigentliche Ziel, nämlich die Verhinderung von Überschwemmungen, wurde aber nicht erreicht.

Mit einem von Landvogt Emanuel Gross ausgearbeiteten und 1720 genehmigten «Projekt wie die Inundation zu Thun und dortigen Seeörtheren zu verhindern» (Neumann 1979) wurden weitere Maßnahmen veranlaßt. Erstens wurde der Stadtgraben erweitert und vertieft (Abb. 68) und erhielt die Bezeichnung Neue oder Äußere Aare. Er kann als Vorläufer der heute wieder modern gewordenen und beispielsweise an der Donau bei Wien realisierten Hochwasser-Entlastungsgerinne bezeichnet werden. Zweitens wurde das Aarebett von Thun bis Uttigen ebenfalls korrigiert bzw. begradigt. Drittens wurden die beseitigten Schwellen durch sogenannte Schleusen (Regulierwehre) ersetzt. Sie sollten der Aare bei Hochwasser den Weg freigeben, um den Seespiegel sicher unter der Schadensgrenze zu halten. Bei Mittel- und Niedrigwasser mußten sie den Seespiegel auf eine normale Kote stauen.

In der Äußeren Aare wurde die rund 60 m lange Schleuse 1726 von Zimmermeister Michael Maurer von Trimstein ausgerüstet. Sie erhielt zehn Pritschen (Tafelschützen) von 4,70–5,70 m Breite, wovon zwei der Schiffsdurchfahrt dienten. Ungefähr zur gleichen Zeit wurde auch die Schleuse in der Inneren Aare mit fünf Pritschen einschließlich Holzspindelantrieb erstellt (Neumann 1979). Später wurden beide Schleusen erneuert, jene an der Inneren Aare bereits 1788 – ihr wurde unterhalb der Sinnebrücke ein neuer Standort zugewiesen – und jene an der Äußeren Aare 1818, und zwar nach Plänen des bei der Linthkorrektion erfolgreichen Gespanns Johann Gottfried Tulla und Hans Conrad Escher.

Die eigentliche Abrundung des mit der Kanderkorrektion begonnenen Werkes brachten aber erst die Aarekorrektionen von Thun bis Uttigen in den Jahren 1782–1792 und 1871–1873 (Schweizerisches Ober-Bauinspektorat 1916).

Dementsprechend wurden auch die Hilferufe der Bevölkerung immer lauter, bis die Berner Regierung – der Verfasser bezieht sich hier weitgehend auf die Ausführungen von Stambach (1970) und Ehrsam (1974) – vom Jahre 1704 an nacheinander ein Dutzend Sachverständige mit der Ausarbeitung von Korrektionsprojekten beauftragte. Einer der Sachverständigen war der badische Rheinwuhrinspektor Johann Gottfried Tulla, der in seinem Gutachten von der Erkenntnis ausging, daß die Ursache des Übels beim Geschiebe liege. Angesichts der hydraulischen Situation riet er deshalb zu einer Gewässerkorrektion in dem Bereich, in dem sich die Aare mit der aus dem Bielersee abfließenden Zihl vereinigte. Beide Gewässer sollten soweit verlegt und begradigt werden, daß die Vereinigungsstelle von Meienried bis Altreu, d. h. um rund 10 km flußabwärts, verschoben würde. Tulla erwog außerdem eine weitergehende Korrektion der Aare bis zur Emmemündung unterhalb

Abb. 68
Aushub. Vorschlag für eine Standseilbahn: «Das Erdreich oder Schut aus denen Canälen oder Wassergräben über die hohen Ufer mit guten Vortheil zu bringen». Nach Ramelli, 1588.

Die Erste Juragewässerkorrektion (1868–1891)

Beim Austritt aus der Hügelzone bei Aarberg BE tangierte der ursprüngliche Aarelauf – heute als alte Aare bezeichnet – die große Ebene zwischen dem Murten- und dem Neuenburgersee, das sogenannte Große Moos. Dann durchzog er in vielen Windungen die weiten Flächen über Büren bis Solothurn. Das geringe Gefälle dieser fast 30 km langen Strecke gab Anlaß zu Geschiebeablagerungen und Verengungen des Flußbetts, die den Hochwasserabfluß hemmten und zu immer wiederkehrenden Überschwemmungen führten. Aufgrund älterer Chroniken scheint es, daß die Häufigkeit dieser widrigen Ereignisse in der Mitte des 16. Jahrhunderts zunahm. Die Siedlungen in den Randzonen litten zunehmend unter Wasserschäden, die Saat und die Ernte in den bewirtschafteten Ebenen wurden immer wieder vernichtet, der Boden versumpfte allmählich.

von Solothurn, unter Beseitigung des abflußhemmenden Emmedeltas. Ebenso erwog er auch eine Korrektion der vom Murten- und vom Neuenburgersee führenden Broyestrecke und der vom Neuenburger- zum Bielersee führenden Zihlstrecke. Interessant ist ferner die im Sinne einer Alternative vorgebrachte Idee Tullas, die Aare entweder in den Neuenburger- oder den Bielersee umzuleiten.

Verheerende Überschwemmungen

Zunächst blieben die Projekte aber auf dem Papier, bis weitere Überschwemmungen deren Dringlichkeit erwiesen. Die von der Bevölkerung bei einer Flutkatastrophe gemachten Erfahrungen beschrieb der in Meienried aufgewachsene Arzt Johann Rudolf Schneider damals in bewegten Worten:
«... Wahrlich ein trauriger, schrecklicher Anblick, so viele tausend Jucharten fruchtbares Land mit all seinen Früchten unter Wasser begraben zu sehen! Das Unglück ist unermeßlich. Verloren, gänzlich

verloren sind die Früchte des eisernen Fleißes dieser arbeitsamen Bevölkerung. Es scheinen die drei Seen von Murten, Neuenburg und Biel nur ein großes Wasserbecken zu bilden. Landeron und Nidau stehen wie eine Häuserinsel mitten in demselben.

Ein Reisender erzählte mir heute, es seien auch die obere Broye und die Orbe ausgetreten, die Möser von Chablais, Orben und Iferten stünden ebenfalls unter Wasser. Furchtbar muß noch gestern der Anblick gewesen sein, als auch die Ebene von Jensberg bis Solothurn durch die Aare überschwemmt war, die sich bereits zurückgezogen hat. Unerwartet schnell stieg in der vorletzten Nacht die Aare und nahm die mit so vieler Mühe ausgeführten Schwellen, Wuhren und Dämme auf große Strecken Landes mit sich fort; besonders zerstörend wirkte sie von Kappelen herunter bis nach Meienried. Als ich des Morgens aufwachte, schlugen die Wellen bereits an meine Haustüre; bei anderen drang das Wasser bis in die Wohnungen, ja bis in die Bettstatt der noch Schlafenden.

Die Ortschaften von Schwadernau, Scheuren, Meienried, Reiben, Staad und Altreu standen ganz im Wasser. Bei Meienried stieg die Aare 21 Fuß 8 Zoll über ihren niedrigsten Stand. Unsere Wiesen waren größtenteils abgemäht, wegen des anhaltenden Regenwetters konnte jedoch nichts eingesammelt werden, und so wurde es ein Raub der Fluten, in denen auch ein Familienvater und ein Kind ihr frühzeitiges Grab fanden. Unsere Kornfelder sind mit Schlamm, Sand und Kies überfahren; in wenigen Tagen, besonders wenn heiße Witterung eintreten soll, werden wir kein gesundes Ährchen mehr haben. Die Kartoffeln sind durchaus verloren, die Dörfer mit zusammengeführtem Unrat angefüllt und die Wohnungen die Zufluchtstätte allen Ungeziefers geworden...»

Den Überschwemmungen folgten jeweils Epidemien, und die Sterblichkeit im Seeland war groß.

Die Katastrophenhochwasser von 1831 und 1832 führten eine Gruppe von Männern unter der Führung von Schneider zu einem Komitee zusammen, das die Möglichkeiten des Kampfes gegen die Aare untersuchte und mit Zeitungsartikeln, Flugblättern und Broschüren zum Handeln aufrief. Das Komitee hatte insofern Erfolg, als es von den Kantonen Bern, Freiburg, Waadt und Neuenburg durch Dekret in eine Vorbereitungsgesellschaft umgewandelt wurde, die 1840 den Bündner Oberingenieur und ersten Linthingenieur Richard La Nicca mit der Ausarbeitung einer Lösung betraute.

Vorgesehene Maßnahmen

Im März 1842 legte La Nicca sein erstes Projekt vor. Es enthielt folgende Korrektionsvorschläge (Abb. 69):

- Umleitung der Aare von Aarberg in den Bielersee
- Ableitung der vereinigten Aare- und Zihlgewässer vom Bielersee bis Solothurn
- Korrektion der vom Murten- in den Neuenburgersee führenden Broyestrecke sowie der vom Neuenburger- in den Bielersee führenden Zihlstrecke
- Entsumpfung des Großen Moos und der angrenzenden Gebiete

Der Vorschlag, die Aare von Aarberg über das Walperswil- und Täuffelen-Moos und durch einen Durchstich des Seerückens bei Hagneck in den Bielersee umzuleiten, war so radikal, daß anfänglich in weiten Kreisen kein Verständnis dafür vorhanden war. Selbst erfahrene Techniker sprachen sich dagegen aus; vielen war es unverständlich,

daß es möglich sein sollte, den Bielersee abzusenken, indem man ihm durch die Aare noch mehr Wasser zuführte. Um die Skeptiker zu verstehen, muß man sich vergegenwärtigen, daß die anfänglich negativen Erfahrungen mit der Kanderumleitung wohl noch nachwirkten; die damit verbundene Zweite Aarekorrektion von Thun bis Uttigen wurde ja erst 1873 vollendet. Als positives Beispiel stand einzig die weitgehend abgeschlossene Linthkorrektion zur Verfügung.

Es bedurfte deshalb seitens der Vorbereitungsgesellschaft einer intensiven Aufklärungsarbeit, um der Bevölkerung klarzumachen, daß bei Hochwasser eine viel geringere Wassermenge als früher aus dem Bielersee abzuführen sei und daß zugleich in diesem See die ganze Geschiebemasse der Aare versenkt werden könne. Noch 26 Jahre sollte es dauern, bis der erste Spatenstich zur Korrektion erfolgen konnte. Daran waren hauptsächlich die damaligen politischen Verhältnisse schuld – man denke etwa an die Wirren des Sonderbundkrieges – sowie das Fehlen gesetzlicher Grundlagen. Auch der Umstand, daß sich die Korrektion auf fünf Kantone erstreckte, zwischen denen die Verhandlungen oft sehr mühsam waren, trug erheblich zu dieser Verzögerung bei. Dazu gesellten sich Schwiergkeiten der Finanzierung, immer wieder auftauchende Zweifel, kleinliche Bedenken, Eigensinn und Eifersüchteleien. Der Kampf um das Projekt La Nicca wurde demzufolge recht heftig geführt.

Erst die Bundesverfassung von 1848 brachte die gesetzliche Grundlage zur Projektverwirklichung. In Artikel 21 heißt es dort: «Dem Bunde steht das Recht zu, öffentliche Werke auf Kosten der Eidgenossenschaft zu verrichten sowie die Errichtung derselben zu unterstützen und zu diesem Zweck selbst das Recht der Expropriation geltend zu machen.» Aber nun tauchten immer neue Gegenprojekte auf, weshalb sich der Bundesrat nacheinander zur Anordnung mehrerer technischer Expertisen veranlaßt sah. Im Dezember 1863 erklärte jedoch die Bundesversammlung, daß die Juragewässerkorrektion nach dem Plan La Nicca unter diesen Artikel 21 falle und bewilligte einen Bundesbeitrag von fast 5 Mio. Franken.

Baubeschluß im Jahre 1867

Im Frühjahr 1865 ereigneten sich wiederum Überschwemmungen größten Ausmaßes, die praktisch jedes Moos im Seeland überfluteten und aus dem Murten-, Neuenburger- und Bielersee gleichsam einen einzigen See machten. Unter dem Eindruck dieses Ereignisses beschlossen im Juli 1867 alle fünf Kantone die Ausführung des Korrektionswerkes. Der Bund rundete seinen Beitrag etwas

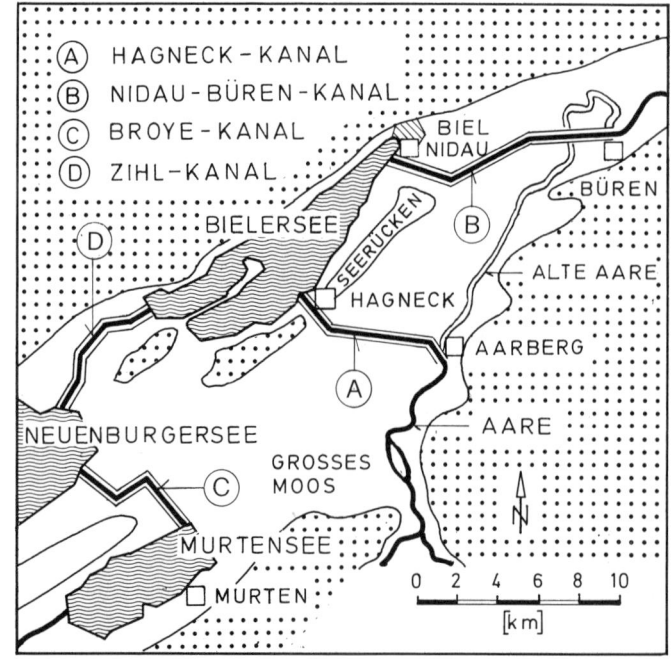

Abb. 69 Situation der Ersten Juragewässerkorrektion.

auf unter der Bedingung, daß die Korrektion nach dem von den bundesrätlichen Experten modifizierten Projekt La Nicca/Bridel ausgeführt werde und folgende Arbeiten umfassen müsse:

- Umleitung der Aare von Aarberg in den Bielersee durch den Hagneckkanal
- Ableitung der im Bielersee vereinigten Aare- und Zihlgewässer durch den Nidau-Büren-Kanal nach Büren
- Korrektion der oberen Zihl zwischen Neuenburger- und Bielersee
- Korrektion der unteren Broye zwischen Murten- und Neuenburgersee
- Ausführung der Korrektionsarbeiten zwischen Büren und der Emmemündung, soweit sich solche als notwendig erweisen.

Die Entsumpfung des Großen Moos und der angrenzenden Gebiete, welche La Nicca in seinem ersten Projekt vorgesehen hatte, war aus Kostengründen fallen gelassen worden. Der Nidau-Büren-Kanal sollte in sieben und der Hagneckkanal in zehn Jahren erstellt werden. Die Korrektionen an der Aare zwischen Büren und der Emmemündung sowie an der unteren Broye und an der oberen

Zihl wurden auf drei Jahre befristet, berechnet ab Fertigstellung des Nidau-Büren-Kanals und der Senkung des mittleren Wasserstandes im Bielersee.
Diese vom Bund gestellten Bedingungen nahmen die Kantone an und die Korrektion trat in das Vollzugsstadium. Jeder Kanton mußte dafür seine eigene Organisation schaffen, weil man sich nicht auf eine gemeinsame Bauleitung einigen konnte. Dem Kanton Bern oblagen die Umleitung der Aare von Aarberg in den Bielersee durch den Hagneckkanal und die Ableitung der im Bielersee vereinigten Aare- und Zihlgewässer durch den Nidau-Büren-Kanal nach Büren. Zum Oberingenieur wurde Ingenieur Gustav Bridel von Biel gewählt, nach ihm Karl von Graffenried von Bern; die Staatsaufsicht oblag der sogenannten Entsumpfungsdirektion, als eidgenössische Inspektoren amtierten die Ingenieure Fraisse von Lausanne und La Nicca.
In der Folge wurden die Bauprogramme ausgearbeitet, die Baupläne öffentlich aufgelegt, der Landerwerb organisiert und das Inventar beschafft (Abb. 70 und 71). Letzteres bestand aus zwei Dampfbaggermaschinen (Abb. 72), zwei Dampfkranen, 24 Transportschiffen, 122

Abb. 71
Baukran: «Ein Kran bey dem Bau sehr bequem». Nach Leupold, 1725.

Kippkisten, 60 Rollwagen, zwei kleinen Lokomotiven und 4 km Schienen mit den dazugehörigen Schwellen. Als Sitz für die technische Bauleitung stellte Nidau das alte Rathaus im Städtchen zur Verfügung und ließ ein Telegrafenbüro einrichten. Ebenfalls in Nidau wurde eine große Reparaturwerkstätte erstellt, in der später auch mehrere Eisenbahnbrücken konstruiert wurden. Überdies sicherte das Unternehmen den Bezug von ca. 300 000 m³ Kalksteinen für den Uferschutz sowie die für die Bauarbeiten nötige Energie. Die Baggermaschinen und Dampfkrane sowie die Reparaturwerkstätte benötigten nämlich monatlich rund 2200 kg Steinkohle. Und als deren regelmäßiger Bezug nach Ausbruch des Deutsch-Französischen Krieges und besonders nach der Besetzung des Saarlandes durch deutsche Truppen unmöglich wurde, mußten die Arbeiten in den Monaten Februar und April 1871 für längere Zeit eingestellt werden. Damals stieg der Steinkohlenpreis von Fr. 2,90 auf Fr. 5,– pro 100 kg.
Bevor die Aare in den Bielersee umgeleitet werden durfte, mußte – wollte man die bereits erwähnten negativen Erfahrungen bei der Kanderumleitung vermeiden – der Ausfluß aus dem Bielersee, nämlich der Nidau-Büren-Kanal, zur Hauptsache erstellt sein. Im August 1868 erfolgte dazu der erste Spatenstich. Als der Kanal bis Meienried erstellt war, machte sich die dadurch bedingte Abflußvermehrung aus dem Bielersee derart rasch geltend, daß der Wasserspiegel dort beinahe tiefer sank, als La Nicca vorausgesehen hatte. Dies verursachte, wie weiter unten beschrieben, gewisse Probleme.

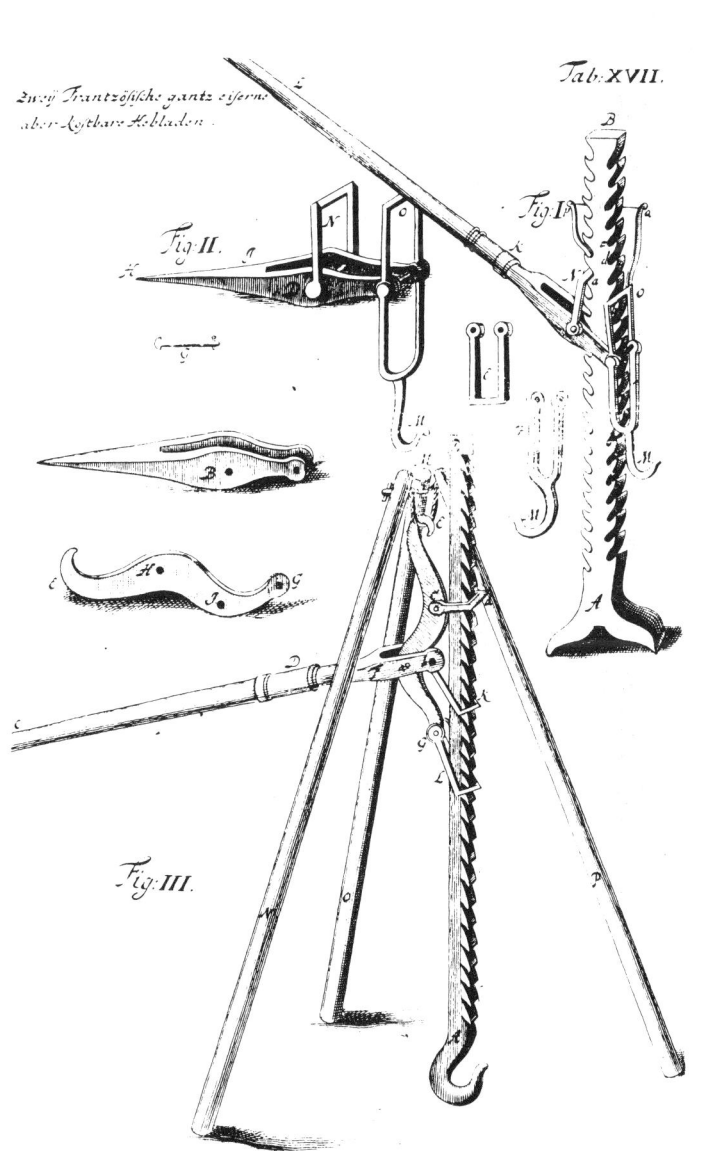

Abb. 70
Hebezeug: «Zwey Frantzösische gantz eiserne aber kostbare Hebladen». Nach Leupold, 1725.

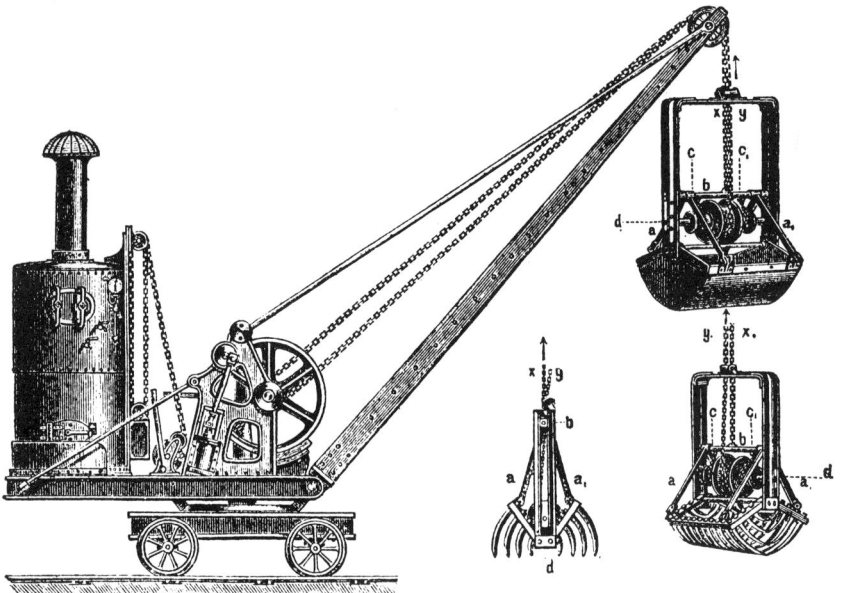

Abb. 72
Dampfbagger auf Schienen. Aus «Der Was-
serbau», von Franzius, 1890.

Umleitung der Aare in den Bielersee

Für die Umleitung der Aare wurde von Aarberg bis Hagneck vorläufig nur ein Leitkanal von 5–10 m Breite ausgehoben. Man wollte dem Aarewasser überlassen, sich einen breiteren Weg zu bahnen. Um jedoch zu verhindern, daß dieses Wasser zu früh in den Leitkanal einströmte, wurde bei Aarberg gesperrt. Dementsprechend behielt die Aare vorläufig noch ihren alten Weg bis Meienried bei Büren. Der weitere Fortschritt der Arbeiten erlaubte es dann, die Entfernung der Sperre bei Aarberg bzw. die teilweise Umleitung des Aarewassers in den Leitkanal auf den 17. August 1878 vorzusehen. Die auf diesen Tag eingeladenen Gäste mußten jedoch auf ihr Schauspiel verzichten, weil ihnen die Aare zuvorkam. Mit einem Hochwasser überströmte sie am 16. August die Sperre und floß teilweise Richtung Bielersee. Unter den geprellten, aber an sich zufriedenen Gästen befand sich auch der Arzt Rudolf Schneider.

Zunächst vermochten die rund 100 m³/sec Wasser, die von der Aare zum Leitkanal flossen, diesen allerdings nicht nennenswert zu erweitern. Der erwünschte Erosionsprozeß verlief wesentlich langsamer als erhofft. So flossen 1882 etwa 40 % des Aarewassers durch den Hagneckkanal in den Bielersee. Erst im Jahre 1887 war die Umleitung gänzlich verwirklicht bzw. die Ausweitung des Leitkanals auf die definitiven Abmessungen vollzogen. Dabei wurden immerhin an die 2 Mio. m³ Kies- und Erdmassen in den Bielersee befördert (Abb. 73).

Leiter schritt die Erosion im Hagneckkanal fort, so daß 1888 im Hagneck-Einschnitt größere Verbauungen ausgeführt werden mußten. 1891 wurden aber sowohl der Hagneck- als auch der Nidau-

Büren-Kanal kollaudiert. Ihre Gesamtkosten beliefen sich auf 14 Mio. Franken. Dieser Betrag schloß die Aufwendungskosten ein für die neu erstellten Brücken, wie beispielsweise jene von Nidau, Brügg, Safnern, Büren, Aarberg, Walterswil und Hagneck.

Wie bereits erwähnt, verursachte die Erstellung des Nidau-Büren-Kanals eine erhebliche Absenkung des Bielersees. Dieser Einfluß wurde von der zufließenden Aare nur teilweise kompensiert. Der außerordentlich niedrige Niederwasserstand des Bielersees wirkte sich nachteilig auf die Uferstabilität aus. In Verbindung mit anderen Faktoren gab es deshalb Ufereinstürze und Rutschungen bei Bipschal, Tüscherz und Neuenstadt. Für den Schaden mußte das Unternehmen aufkommen. Als Gegenmaßnahme wurde im Nidau-Büren-Kanal oberhalb von Brügg ein provisorisches Wehr errichtet. Auch erwog man schon damals den Bau einer Schleuse bei Nidau.

Bei Hochwasser entsprach die Bielersee-Absenkung aber ganz den Erwartungen und beseitigte damit die Gefahren der

Seeausuferung. Zudem legte die Seeabsenkung sehr viel Strandboden frei, der vom Unternehmen an Interessenten verkauft werden konnte. Das verschaffte ihm die dringend benötigten Einkünfte. So erwarb 1873 zum Beispiel die Stadt Biel 6 Jucharten Strandboden für 8850 Franken, was einem Quadratmeterpreis von 41 Rappen entsprach. Um dieselbe Zeit wurden in anderen Gemeinden 168 Jucharten versteigert, der Quadratmeter zu 7 Rappen! Ähnliche Strandbodenverkäufe fanden auch andernorts, so in den benachbarten und von der Absenkung günstig betroffenen Kantonen statt.

Weitere Flußkorrektionen

Obschon der Bundesbeschluß vom 15. Juli 1867 bestimmte, daß die weiteren Korrektionsarbeiten erst nach dem Bau des Nidau-Büren-Kanals ausgeführt werden dürften, lud die Berner Regierung die Kantone Freiburg, Waadt und Neuenburg schon im Oktober 1872 zur Korrektion der oberen Zihl ein. Dies wurde damit begründet, daß sich der Bielersee schon genügend gesenkt hatte, womit es im Gebiet der oberen Zihl keine Überschwemmungen mehr gab. Die eingeladenen Kantone trafen eine Übereinkunft zur gemeinschaftlichen Bauleitung und wählten Ingenieur Henri Ladame von Neuenburg und später Ingenieur Borel zu verantwortlichen Oberingenieuren. Der Sitz der Bauleitung befand sich zuerst in Murten, dann in Sugiez und später in Thielle. Technische Experten des Bundes waren wie bei der bernischen Korrektion die Ingenieure La Nicca und Fraisse. Kurzerhand wur-

Abb. 73
Blockwurf. Einsatz eines «Krahnen, genannt
Chèvre». Aus dem handschriftlichen Bericht
über «die eidgenössische Inspektion der
Rhônearbeiten», von Blotnitzki, 1867.

de das im Kanton Bern freigewordene Inventar von Baugeräten erworben, was für beide Teile vorteilhaft war. Das fehlende Inventar wurde auf einem eigenen Werkplatz in Sugiez hergestellt.

Die Korrektionsarbeiten bestanden bei der Broye in Baggerungen und drei großen Durchstichen bei Sugiez, Tour de Chêne und La Monnaie. Das im Trockenen gewonnene Aushubmaterial wurde zur Auffüllung benachbarter tiefliegender Gebiete verwendet. Das Baggergut dagegen wurde auf Klappschiffe verladen und im See versenkt. Die für die Kanalufersicherungen und für die Molen im Murten- und im Neuenburgersee benötigten Steine wurden aus Steinbrüchen am Neuenburgersee bezogen. 1878 waren die Hauptarbeiten abgeschlossen. Nachdem sich die Ufersicherungen für die Schiffahrt als zu schwach erwiesen hatten, mußten sie noch ergänzt werden, was bis 1883 dauerte. Mit den neuen Brücken von Sugiez und La Sauge kostete der Broyekanal rund 1,70 Mio. Franken. Er wurde 1886 kollaudiert (Abb. 74).

Die Arbeiten am Zihlkanal bestanden in Baggerungen und Durchstichen bei Cressier und Thielle. Wie beim Broyekanal wurde sämtliches Aushubmaterial im See versenkt. Die Steine für die Ufersicherung und die Molen stammten außer den bereits erwähnten Brüchen am Neuenburgersee auch noch aus solchen am Bielersee. Nachdem die Hauptarbeiten 1878 vollendet waren, erwiesen sich auch hier die Ufersicherungen als ungenügend. Ferner waren die Molen im Neuenburgersee zu kurz, was Ergänzungsarbeiten erforderte. Die eiserne Brücke von Thielle wurde neu erstellt,

Abb. 74
Blockwurf. Einsatz der Dampftraktion bei der Tessinkorrektion. Nach Martinoli, 1896 (Foto wahrscheinlich von 1889).

hingegen die alte Holzbrücke von St. Johannsen belassen. Vor der Korrektion hatte die Zihl die Grenze zwischen den Kantonen Neuenburg und Bern gebildet. Danach kamen einige Teile, z. B. das neuenburgische Schloß Thielle, vom linken auf das rechte Ufer zu liegen, während bei Cressier bernisches Gelände auf das linke Ufer geriet. Der verlassene Flußarm wurde nicht aufgefüllt (Abb. 69). Insgesamt kostete der Zihlkanal rund 2,70 Mio. Franken und wurde 1886 kollaudiert.

Die im Gefolge der Kanalbauten eintretenden Absenkungen des Murten- und Neuenburgersees hatten keine Ufereinstürze und Rutschungen zur Folge. Doch wurden die Häfen und zahlreichen Schiffsanlegestellen, wie vorausgesehen, trockengelegt. Für die entsprechenden Anpassungsarbeiten war ebenfalls die Unternehmung verantwortlich.

Die Korrektionsarbeiten auf der Aarestrecke Büren–Attisholz wurden nicht ausgeführt. Dies gab Anlaß zu gewissen Unstimmigkeiten und Vorstellungen beim Kanton Solothurn, der dafür verantwortlich zeichnete. Tatsächlich war diese Korrektion aber nicht unbedingt nötig, weil die vorangegangenen Korrektionsarbeiten den Aareabfluß bei Solothurn derart verminderten, daß das vorhandene Aarequerprofil nunmehr genügte. 1891 war die gesamte Jurageswässerkorrektion vollendet. Die nicht dazu gehörende Entsumpfung bzw. Melioration der an die Jurageswässer grenzenden Gebiete wurde den einzelnen Kantonen überlassen.

Selbstverständlich zeigten sich einige Nachwehen: von der fortschreitenden Erosion im Hagneck-Kanal war bereits die Rede. Die Uferbewegungen kamen im Hagneck-Einschnitt noch längere Zeit nicht zur Ruhe und machten schließlich eine Neukonstruktion der

Hagneck-Brücke nötig. Um endgültige Verhältnisse zu schaffen, wurde an der Kanalmündung im Bielersee 1897–1900 das Kraftwerk Hagneck gebaut. Es staute den Kanal auf fast 4 km Länge ein und brach damit dessen Erosionskraft.

Regulierung der drei Jurarandseen

Das provisorische Sperrwehr oberhalb von Brügg im Nidau-Büren-Kanal vermochte den Anforderungen auf Dauer nicht mehr zu genügen. Mehrmals wurde es umgebaut und verbessert, konnte aber das außergewöhnliche Hochwasser von 1910 kaum bewältigen. Auch erneute Umbauten hatten provisorischen Charakter, so daß der Kanton Bern in den Jahren 1936–1940 zur Errichtung einer modernen Schleuse bei Port schritt. Damit war die Regulierung des Bielersees und der damit verbundenen Seen von Neuenburg und Murten gewährleistet.

Im großen und ganzen war der Erfolg der Ersten Jurageswässerkorrektion aber durchschlagend. Die Korrektion bedeutete, wie Ehrsam (1974) schreibt, *«für das Seeland die Befreiung von jahrhundertelangen Überschwemmungen mit ihren Versumpfungen und anderen Störungen, welche die Bevölkerung in Armut vegetieren ließ, weil weder eine gesunde Landwirtschaft noch ein Gewerbe aufkommen konnte. Dort, wo das Land vorher kaum begehbar war, dehnten sich nach Erstellung der Binnenwasser-Kanalnetze und nach systematischer Bodenbearbeitung und Düngung die schönsten Gemüsekulturen aus. An die Stelle von Lischen und minderwertigem Gras traten wertvolle Getreide-, Kartoffel-, Zuckerrüben- und Gemüsepflanzungen aller Art. In den schönen Seeländerdörfern entwickelte sich eine gesunde Bevölkerung. Den Hauptförderern der Jurageswässerkorrektion, dem Arzt und Politiker Rudolf Schneider und dem genialen Bündner Ingenieur Richard La Nicca, errichtete das dankbare Seeland 1908 in Nidau, an der Stätte ihres ersten Wirkens, ein Denkmal.»* Der Umstand, daß sich 70 Jahre nach Vollendung der Ersten Jurageswässerkorrektion eine zweite als notwendig erwies, die in den Jahren 1962–1973 verwirklicht wurde, spricht nicht gegen die Weitsicht dieser Männer. Denn auch im Flußbau gibt es keine Maßnahmen, die ewig befriedigen; zum einen verändern sich ja die Gewässer und die von ihnen beeinflußten Böden, zum anderen auch die Ansprüche der betroffenen Anwohner (Abb. 75).

Abb. 75
Korrektion der Rhône bei Raron, harte
Männer- und Frauenarbeit. Gemälde nach
Raphael Ritz, 1888.

Die Linthkorrektion (1807–1816)

Die sich im 18. Jahrhundert mehrenden Überschwemmungen und insbesondere die Wassernot der Jahre 1762 und 1784 brachte die Bevölkerung längs der Linth und des Walensees in große Schwierigkeiten, um so mehr als die Zeiten ohnehin widrig waren. Ein wahrhaft trauriges Bild davon vermittelt Becker (1910):

«Zu den entsetzlichen Wasserverheerungen im Linthtal, die Millionenschäden brachten, kam ein Niedergang der Industrie mit Verdienstlosigkeit, die für die Einwohner, die sich auf den neuen Verdienst eingerichtet hatten, besonders drückend wurde; dazu eine böse Kartoffelkrankheit. Was noch übriggeblieben, wurde aufgezehrt durch die verhungernden Scharen fremder Heere, die in den Jahren 1798 und 1799 das Land durchzogen. Das Elend war so groß, daß man in einzelnen Gemeinden die Kinder auf die Weide führte, um sie an Gräsern und Wurzeln zu laben. Man führte sie auch in Scharen fort in andere Gegenden, in der Schweiz herum und ins Schwabenland hinaus. Einzig aus dem Großtal, dem Linthtal von Schwanden aufwärts, wurden über 500 Kinder weggeführt...

Noch schrecklicher waren die Zustände im Unterland. Da war, wo der Boden schon verwüstet war, auch die Luft, die in den Tälern drin wenigstens noch gut war, verpestet, und alles faulte. Ein einziger Sumpf erstreckte sich von Näfels und Oberurnen bis zum Walensee und von diesem bis zum Zürichsee und weit aufwärts ins Seetal. Das auf den hohen Felsen stehende Schloß Gräplang bei Flums mußte wegen der aufsteigenden Fieberdünste verlassen werden. Das kalte Fieber, auch Faulfieber, wie man es nann- te, die Malaria in schärfster Form, nistete sich ein und zehrte an der Gesundheit und am Leben der Bevölkerung. Die Bewohner der Niederung starben um ein Jahrzehnt früher als die der Höhen. Der ganze weite Talboden, früher ein liebliches Wiesgelände mit Mais- und Kartoffeläckern, war aufgegeben, ertrags- und herrenlos geworden, und der bleiche Tod fuhr über ihn weg. Eine Bevölkerung von über 16 000 Köpfen ging dem physischen und moralischen Untergang entgegen. Ein größeres Elend hat das Schweizerland nie gesehen, dauerten die schrecklichen Umstände ja nicht Jahre, sondern Menschenalter durch.»*

Sumpfentwässerung

Kein Wunder, daß dieses Elend, die Aufmerksamkeit weiter Kreise auf sich zog. Bereits ab 1738 befaßte sich die Glarner Landsgemeinde ernsthaft mit Entsumpfungspflichten, ohne jedoch mehr als nur Flickwerk zu veranlassen oder zu erreichen. Es wurde zunehmend der Ruf nach einer durchgreifenden Lösung laut und brachte schließlich einen kühnen Plan hervor, der zum erstenmal in der Chronik von 1774 von Pfarrer Christoph Trümpy aufscheint: *«Man hat schon oft von Vorschlägen geredet, die Höhe des Walensees zu vermindern und die niedrigen Flächen des Landes aus dem Sumpf zu retten. Ein verständiger Mathematiker soll möglich und tunlich gefunden haben, die Linth dem Walenberg nach in den See zu führen und dann dem See durch die tiefer führende Maag und mehrere Kanäle hinlänglichen Ablauf zu verschaffen. Allein ein solcher Entwurf hat so viele Schwierigkeiten und Hindernisse, daß wir ihn für einen Traum ansehen.»*

Wer war wohl dieser Mathematiker, dessen Plan eine Generation später verwirklicht werden sollte? Noch erschien der Plan aber als Traum, noch war es nicht so weit. Das Übel schritt weiter und veranlaßte die eidgenössische Tagsatzung 1783, dem Berner Hauptmann Andreas Lanz einen Projektierungsauftrag zu erteilen. Lanz arbeitete innert Jahresfrist vier Varianten aus, von denen der Plan, die Linth in einem neuen Bett direkt dem Walensee zuzuleiten, als den besten bezeichnete, weil allein er dauernde Hilfe verspreche. Der Kostenvoranschlag war jedoch so hoch, daß die Auftraggeber zunächst vor der Verwirklichung zurückschreckten.

1792 und 1793 nahm sich dann die Helvetische Gesellschaft der Sache an und fand im damals 26jährigen Hans Conrad Escher von Zürich ein aufmerksames und tatkräftiges Mitglied. Escher bereiste in der Folge das Linth- und Walenseegebiet mehrmals und berichtete 1796 darüber; er bekannte sich voll und ganz zum Plan von Lanz und referierte an der letzten Tagsatzung der alten Eidgenossenschaft darüber. Dann wurde dieses Regierungssystem von der neuen Zeit hinweggefegt, und die notwendige Hilfe für die Linthanwohner blieb weiterhin aus, obschon es an ergreiflichen Klageschriften nicht fehlte.

Baubeschluß nach Beseitigung politischer Hindernisse

Immerhin wurden private Spenden ins Unglücksgebiet geleitet; der Verfasser dieser Zeilen stieß bei seinen Recherchen beispielsweise auf eine von Diacon Leonhard Tschudi von Schwanden im Februar 1800 verfasste Schrift mit dem Titel «Verzeichnis und Rechenschaft der freiwilligen Steuern und Beiträge edler Schweizer und Schweizerinnen zur Unterstützung der leidenden Menschheit im Kanton Linth», welche die Spenden, insbesondere von vielen Berner Gemeinden, in Geldeinheiten sowie in Maß Korn, Hafer, Dörrobst, gedörrte Kartoffeln und in Pfund Speck, Käse usw. festhält.

Erst die Mediationsverfassung von 1803 gab der neuen Eidgenossenschaft die notwendige Ruhe und ein Mindestmaß an Handlungsfreiheit zurück. Mit der fortwährenden Not vor Augen setzte die Tagsatzung 1803 eine erste Kommission ein, die nochmals die Durchführung des Planes von Lanz empfahl, und 1804 eine zweite, die unter Escher ein entsprechend verfeinertes Projekt mit Kostenvoranschlag und Finanzierungsplan erarbeitete. 1805 erfolgte der Baubeschluß und die Einsetzung einer Linthaufsichtskommission mit Escher als Präsidenten, dem Glarner Ratsherrn Conrad Schindler und dem Berner Architekten Osterried als Mitglieder; Hauptmann Lanz war 1803 gestorben. Die 1805 wegen der internationalen Lage notwendige Grenzbesetzung und die 1806 über die Innerschweiz einbrechenden Hochwasserkatastrophen einschließlich des Goldauer Bergsturzes, der 400 Todesopfer forderte, beanspruchte die Öffentlichkeit zunächst derart, daß der Baubeginn am Linthwerk verschoben werden mußte. 1807 schritten aber die Verantwortlichen, allen voran, der damalige Landammann der Schweiz, Reinhard aus Zürich, zur Tat (Abb. 76).

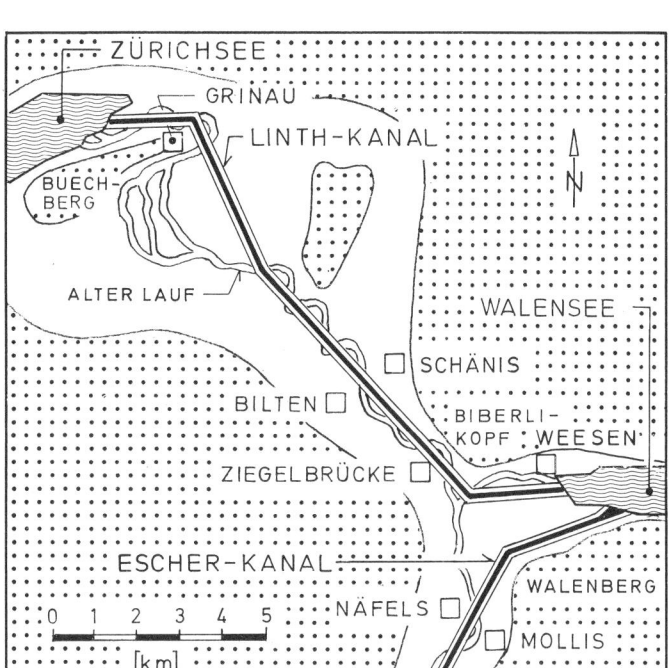

Abb. 76
Situation der Linthkorrektion.

kener Boden von diesen traurigen Morästen befreit – ihre verpestete Luft gereinigt – ihre Nachkommenschaft der Gefahr eines langsamen, aber unvermeidlichen Untergangs entrissen werde – dies ist die Wohltat, um welche sie bitten, welche ihr ihnen nicht versagen könnet.» Der Widerhall dieser Werbeschrift übertraf alle Erwartungen, indem in wenigen Monaten statt der vorgesehenen 1 600 Aktien à 200 Franken mehr als 2 000 gezeichnet wurden, und zwar von Kantonen, Korporationen, Gemeinden und Privat.

Anspruchsvolle Ingenieurarbeit

Woher aber stammte das Fachwissen für das Linthwerk? Bemerkenswerterweise ernannte die Tagsatzung den badischen Rheinwuhrinspektor und damaligen Hauptmann Johann Gottfried Tulla als «Hydrotekten» bzw. als Projekt- und Bauleiter. Dieser erhielt von seinem Brotherrn, dem Großherzog von Baden, zweimal Urlaub, um seine Kunst und Erfahrung zu zeigen; zuerst vom September bis November 1807 und dann einige Wochen im Jahr 1808. In dieser kurzen Zeit führte er aufgrund vorhandener geodätischer und eigens vorgenommener hydrologischer Messungen die flußbaulichen Berechnungen für die wesentlichsten Korrektionsteile durch (Abb. 77).

Ein Zeitgenosse, Ingenieur und Oberst Heinrich Pestalozzi (1852), und der nachmalige Linthingenieur Gottlieb Heinrich Legler (1868) beschreiben diese Arbeiten im Detail und bestätigen, daß Tulla sowohl in der Theorie der Flußhydraulik wie in der Praxis des Flußbaus ein großer Meister war. Dabei wurde er von seinem Mitarbeiter, Ingenieur Obrecht, der 1807 und 1808 je fünf Monate an der Linthkorrektion mitwirkte, vortrefflich unterstützt. Aus heutiger Sicht erstaunt insbesondere, wie gut Tulla schon damals über den Geschiebebetrieb der Flüsse Bescheid wußte und den Molliser Linthkanal, also den späteren Escherkanal, entsprechend dimensionierte. Kein Wunder, daß die Tagsatzung 1812 dem inzwischen zum Major aufge-

Erste Aktiengesellschaft der Schweiz

Da die Tagsatzung praktisch über kein Geld verfügte, wurde die Finanzierung mit Aktien sichergestellt, wodurch die erste Aktiengesellschaft der Eidgenossenschaft begründet wurde. Die von Escher und dem Berner Dekan Ith verfaßte Werbeschrift trug den Titel «*Aufruf an die schweizerische Nation zur Rettung der durch Versumpfung ins Elend gestürzten Bewohner der Gestade des Walensees und des unteren Linth-Tales*» und kam Anfang 1807 heraus. Sie ist nach Thürer (1966) eines der bemerkenswertesten Dokumente der Schweizer Geschichte und verbindet «die Klarheit eines Gutachtens mit dem Anruf des Herzens. Als Beispiel ruft sie die ermunternden Erfahrungen wach, welche das Berner Oberland mit der Ableitung der Lütschine in den Brienzersee und späterhin der Kander in den Thunersee machte, was die Gegend von Interlaken und von Thun vor der Versumpfung bewahrte, welcher das Linthgebiet anheimgefallen ist.»
Und sie wendet sich zum Schluß an die damaligen Miteidgenossen mit den Worten: «*Allein, noch ist Hülfe da! Laßt uns ihnen zur Rettung eilen. Daß ihr versun-*

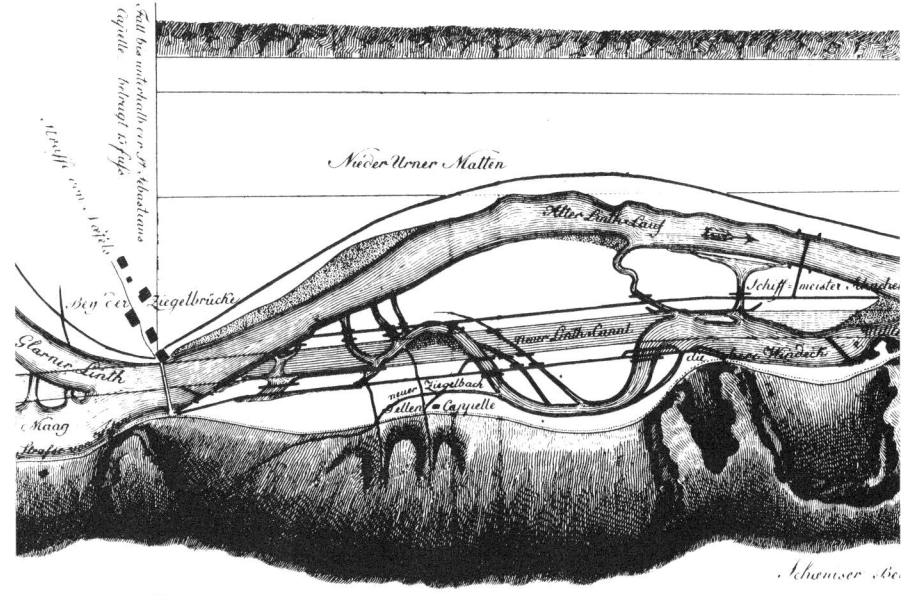

Abb. 77
Linthkorrektion: «Plan der Linth-Gegend zwischen der Ziegelbrücke und Schänis nebst

der correction des Stromlaufs in dieser Gegend, entworfen von J. G. Tulla, 1807».

stiegenen Tulla mit einem feierlichen Brief des Landammanns der Schweiz folgenden Protokollauszug zustellte (Zier 1970): *«Se. Excellenz der Landammann der Schweiz ist beauftragt, dem Großherzoglichen Badischen Ingenieur-Major Herrn Tulla und durch denselben Gehülfen, dem Herrn Ingenieur Obrecht, durch eine im Namen der Tagsatzung ausgestellte Zuschrift den Beifall, die Zufriedenheit und die Achtung zu bezeugen, welche die Stellvertreter der Eidgenossenschaft durch die sorgfältigen Berichte der Linth-Aufsichts-Commission von den großen und wesentlichen Verdiensten dieser einsichtsvollen Männer um die Linth-Unternehmung in Kenntnis gesetzt, gegen dieselben hegen und gegen sie aussprechen sich zum Vergnügen machten.»*

Escher wird Wasserbauspezialist

Die bloß kurze Verfügbarkeit Tullas zwang Escher dazu, neben seiner sonst schon großen Arbeit gleichsam die Nachfolge Tullas anzutreten und die Hydrotechnik selber zu erlernen. Escher hatte ja vorher nie mit Wasserbau zu tun gehabt, doch befähigten ihn seine breitgefächerten naturwissenschaftlichen Kenntnisse und seine rasche Auffassungsgabe, sich im Kontakt mit Tulla und Obrecht in wenigen Monaten einzuarbeiten. So findet sich in den Akten ein Brief von Tulla an Escher vom Februar 1808, der diesen Erfolg anerkennt (Pestalozzi 1852), was sowohl für den Lehrmeister als auch für den Schüler spricht. Jedenfalls führte Escher von 1808 sämtliche Projektierungs- und Absteckungsarbeiten praktisch allein durch. Die Last der Bauleitung teilte er mit seinem Kollegen Conrad Schindler aus der Aufsichtskommission.
Ab 1807 wurden die Arbeiten am Linthwerk zügig vorangetrieben. Eine ausgezeichnete Übersicht über die anlaufenden Arbeiten vermittelt der «Bericht der Commission zur Untersuchung der Linthangelegenheiten an die Eidgenössische Tagsatzung des Jahres 1810». Dieser Bericht wird hier, weil er leicht lesbar ist und viele bautechnisch interessante Einzelheiten bemerkenswert klar darstellt, in großen Teilen wiedergegeben. Um der Verständlichkeit willen wird aber die heutige Orthographie benutzt.

Auszüge aus dem Bericht der Untersuchungskommission an die Eidgenössische Tagsatzung 1810

«Es sei uns erlaubt, Ihnen, Hochgeachtete Herren, den Zustand des Linthtals, welcher die Linthunternehmung veranlaßte, durch eine kurze Darstellung ins Gedächtnis zurückzurufen.
Die Linth erhöht mit dem Geschiebe von Sand und Steinen, welche sie ununterbrochen aus den Glarnerischen Hochgebirgen herausschwemmt, ihr ganzes Bett bis zu ihrem Einlauf in den Zürichsee herab. Die Eindämmungen schützten wohl teilweise gegen Überschwemmungen, aber sie konnten nicht verhindern, daß das Wasser des im erhöhten Flußbett zusammengedrängten Stroms nicht in die niedrigeren Ebenen des Linthtals unter dem Boden durchdrang, und zugleich hemmten sie den Abfluß der Bergbäche. Auf diese Weise entstand der 2 600 Jucharten große Schäniser Sumpf. Bei der Ziegelbrücke, wo der Ausfluß des Walensees, die Maag, mit der Linth sich vereinigt, hatte sich im Lauf von etwa 50 Jahren das Bett des Flußes um volle 16 Fuß erhöht und den Abfluß des Sees dergestalt aufgehalten und geschwellt, daß oft das Wasser in denselben zurücklief, obgleich vom Wasserspiegel des Sees bis zur Ziegelbrücke der Entfernung nach ein Gefälle von 10 Fuß stattfinden sollte. Zugleich trieb diese Erhöhung des Linthbetts den Wasserstand des Walensees um 6 Fuß höher hinauf.
Gänzliche Unterwassersetzung der an den See stoßenden Ebenen, die bald erfolgende Unbewohnbarkeit der Städte Walenstadt und Weesen, immer zunehmende Versumpfung des ganzen Linthtals, Unmöglichkeit der Schiffahrt auf dem versandeten und durch regellosen Lauf in kleinere Arme zerteilten Strom, weitreichende Verpestung der Luft durch die Sümpfe und immer mehr sich verbreitende epidemische Krankheiten waren die augenscheinlichen Folgen jener Erhöhung des Flußbetts. Der wachsenden Macht dieses Verderbens vorzubeugen und beiläufig auch das schon verdorbene wieder einigermaßen herzustellen ist der Gegenstand der Linthunternehmung.
Um die Ursache des Übels, das Geschiebe der Glarner Linth, auf die Seite zu bringen, ist es hinreichend, dieselbe längst dem Walenberg hinab in den Walensee selbst hineinzuleiten. Dies war der Plan, welchen schon der selige Herr Hauptmann Lanz von Bern im Jahr 1783 vorlegte und welcher auf richtige Untersuchungen und eine einsichtsvolle Beurteilung des Ganzen gegründet war. Um aber die zweite Ursache der Versumpfung, die durch das Geschiebe bewirkte Erhöhung des Linthbetts, aufzuheben, ist durchaus ein neuer Kanal vom Walensee bis in den Zürichsee notwendig, welcher bei der Ziegelbrücke als dem höchsten Schwellungspunkt um volle 16 Fuß tiefer liegen und mit gleichem und möglichst starkem Gefälle, also auch in möglichst gerader Richtung, fortgehen muß.
Der Lauf dieses Kanals wird durch den Biberli-Kopf, die Windecken und die Ecken des obern und untern Buchbergs und zum Teil auch durch die Ziegelbrücke, welche in mehreren Beziehungen, besonders für die ununterbrochene Kommunikation und zur Erleichterung der Arbeit, wichtig war, als durch feste Punkte der Richtung angegeben. Die Unfehlbarkeit dieses Hilfsmittels wurde durch das von Herrn Fehr in Zürich mit bekannter Genauigkeit angestellte Nivellement … für jeden Sachverständigen völlig entschieden, indem es außer Zweifel war, daß ein Strom, der bei möglichst geradem Lauf auf nicht volle 50 000 Fuß einen Fall von 56 Fuß hat, mit hinreichender Geschwindigkeit abfließen werde, um jede fernere Anlage zur Versumpfung aufzuheben; so wie es durch eben diese Messung deutlich wurde, daß die Linth, welche in der obern Hälfte ihres Laufs ein dreimal stärkeres Gefälle als in der untern, in diesem Teil des Linthtals, welches sie unter weiten Krümmungen langsam durchzog, eine um sich greifende Versumpfung erzeugen mußte» (Abb. 76 und 78).

Berechnungen für den Molliser Kanal

«Der erste und wesentliche Teil der ganzen Linthunternehmung ist die Leitung der Glarner Linth in die Tiefe des Walensees durch den sogenannten Molliser Kanal. Gerade dieses Werk bot Schwierigkeiten dar, welche mehr durch das Genie des Hydrotekten als durch die gewöhnlichen Maßregeln der Kunst zu besiegen waren. Der ungleiche Abhang des Terrains, welches unterhalb der nördlichen Ecke des Walenberges fast horizontal in den See ausläuft, machte daselbst eine ansteigende Erhöhung der einschliessenden Dämme notwendig. Durch mühsame Herbeischaffung von Erde aus dem oberen Teil dieses Kanals, der vom Walensee bis zur Näfelserbrücke eine Länge von 13 000 Fuß begreift, wurde es möglich, demselben ein gleichförmiges Gefälle von 42 Fuß oder 3 Fuß 2 Zoll auf 1 000 Fuß zu erteilen.
So beträchtlich dieses Gefälle ist, so wird es doch von demjenigen, welches die Linth oberhalb Mollis hat, noch übertroffen; ein Umstand, welcher neue Schwierigkeiten herbeiführte. Es war zu befürchten, daß der Strom, wenn durch einen verminderten Fall die Schnelligkeit sich verlor, vermöge welcher er Sand und Steine fortgewälzt hatte, nicht vermögend wäre, sein Geschiebe ganz bis in den See hinauszuspülen, sondern einen Teil desselben im neuen Kanal zurückgelassen würde. Um dies zu verhindern, mußte dem Strom durch Beengung seines Betts diejenige Geschwindigkeit erteilt werden, welche der verminderte Fall ihm entzogen hatte. Diese Verengung war auch besonders deswegen notwendig, weil die Linth gleich allen Bergströmen die meiste Zeit des Jahres nur wenig Wasser führt und nur bei plötzlichen Anschwellungen ein geräumiges Bett erfordert, welches hinwiederum beim geringen Wasserstand nachteilig ist, indem es die Geschwindigkeit des Wassers vermindert. Eine Folge davon ist, daß das

Abb. 78
Unterwasserbetonierung: «Machine servant à plonger le Béton». Nach Bélidor, 1737.

Wasser den mitgeführten Sand ablegt, wodurch das Bett erhöht wird in demselben Sandbänke und Steinklingen sich anlegen, die dem Strom nachteilige Krümmungen erteilen, und ihn zu großer Gefahr auf die Ufer hindrängen.

Durch wiederholte und sorgfältige Messungen mit Instrumenten, welche die Bewegung des Wassers in einer gegebenen Zeit bestimmen, wurde die Quantität Wasser, welche die Linth beim höchsten Wasserstand des Jahres 1807 in einer Zeitsekunde geliefert hatte, auf 4750 Kubikfuß und für eine gewöhnliche Wasserhöhe auf 2140 Kubikfuß bestimmt. Diesen Angaben gemäß wurde dem neuen Kanal, dessen Seitenwände unter einem Winkel von 45 Grad abfallen, eine Tiefe von 8 Fuß und eine Breite von 56 Fuß unten und von 72 Fuß an der obern Kante gegeben, so daß er die gewöhnlichen größten Wasser zu fassen vermag, ohne jedoch für den geringen Wasserstand zu geräumig zu sein. Um jedoch das Land gegen außerordentliche Wassergrößen wie z. B. die der 60er Jahre des vorigen Jahrhunderts vollkommen zu sichern, wurden in einem Abstand von 25 Schuh zu beiden Seiten des Kanals 8 Fuß hohe Dämme errichtet, welche also eine noch 3- bis 4mal größere Wassermenge als die der größten gewöhnlichen Wasserhöhen unschädlich einschließen können. Um endlich noch dem Unwahrscheinlichsten zu begegnen, hat man den rechtsliegenden Damm, welcher am Fuß des Walenbergs sich hinzieht, um 1 Fuß niedriger ausgeführt, damit im gefährlichsten Falle das Wasser nach dieser Seite auf eine unschädliche Weise überlaufen könne, also

die linke Seite, welche das ganze Linthtal schützt, von allem Andrang des Wassers befreit werde.

In einem so verengten Bett einen reißenden, mit Geschieben beladenen Strom einzusperren, erfordert Uferverwahrungen, welche jedem äußern Anstoß widerstehen können. Die in 45 Grad abhängigen Ufer sind daher mit starken Steinwuhrungen verwahrt, die besonders bei der Biegung in der Gegend des Katzenbachs, wo der Kanal in einem Bogen von 1175 Fuß Radius um die nördliche Ecke des Walenbergs herumgeführt ist, eine vorzügliche Stärke erhalten haben. Ebenso sind die Dämme mit Rasen bekleidet und von solcher Stärke, daß sie auch den höchsten Wasserstand zusammenhalten können. Der untere Teil des Kanals, welcher durch die mit Wasser bedeckten Gegenden bis an die Tiefe des Walensees fortzuführen ist, wird erst nach Jahren allmählich vollendet werden; wenn die Linth diese Gegenden mit ihrem Geschiebe ausgefüllt und hinreichend erhöht haben wird. Endlich ist noch oberhalb der Näfelserbrücke, bis an die Näfelser Allmend hinauf, eine Verlängerung von 3500 Fuß erforderlich…» (Abb. 79).

Walensee-Absenkung mit neuem Linthkanal

«Mit dem Molliser Kanal wäre also die eine Hälfte des vorgesetzten großen Zwecks erreicht und der beschleunigten Fortwirkung jener verderblichen Ursachen ein Ziel gesetzt. Allein noch bleibt die Rettung der Städte Walenstadt und Weesen und die allmähliche Austrocknung der verpestenden Sümpfe übrig. Die Bedingungen, mit denen man diese Zwecke erreichte, sind: Erniedrigung des Walensees um 6 Fuß und eine möglichst gerade, gleichförmige Ableitung desselben bis zum Zürichsee. Was den Walensee allmählich höher aufgeschwellt hatte, die Erhöhung des Linthbetts bei ihrer Vereinigung mit der Maag oberhalb der Ziegelbrücke, mußte weggeschafft und das Flußbett daselbst um volle 16 Fuß tiefergelegt werden.

Zur Lösung dieser höchst schwierigen Aufgabe waren die Hilfsmittel der gewöhnlichen Strombaukunst nicht hinreichend; denn schon beim Ausgraben des sogenannten Ziegelbrück-Kanals drangen wegen der Nähe der Linth und des von vielen Wassergießen durchschnittenen Bodens überall die Horizontalwasser in wenigen Stunden durch; und nur dadurch, daß die Arbeiter sich in einzelne viereckige Gruben isolierten, deren Wände man stehen ließ, war es noch möglich, denselben auf 5 bis 6 Fuß unter die bisherige Wasserfläche auszugraben. Nur die neuen hydrotechnischen Erfahrungen und Kunstgriffe, die besonders unterhalb der Ziegelbrücke ihre Anwendung fanden, wo die Richtung des neuen Kanals das alte, von vielen Bächen und

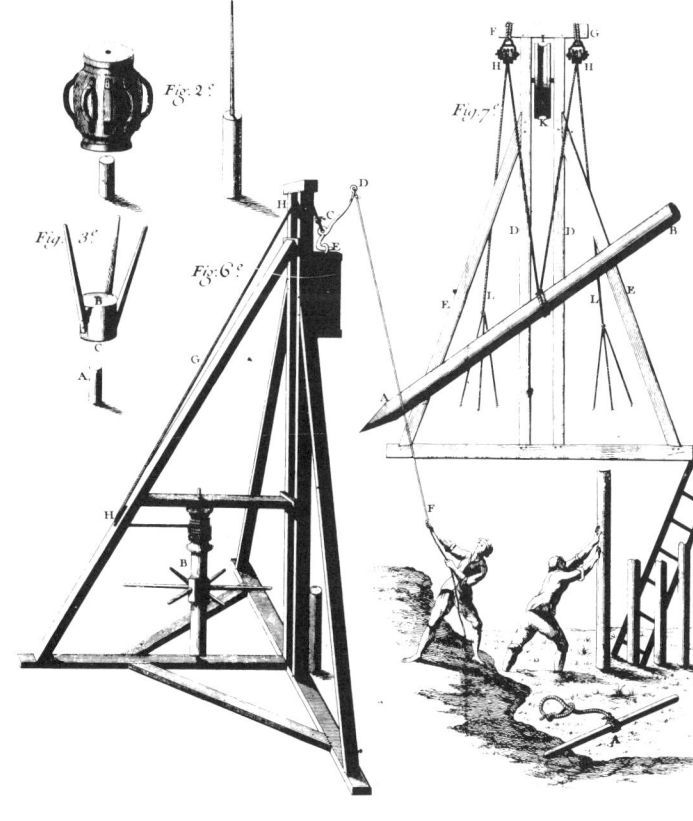

Abb. 79
Rammen von Pfählen von Hand oder mit einem Rammgerüst. Nach Bélidor, 1737.

Inseln zerteilte Strombett etwa 3 500 Fuß weit verfolgt, halfen, den schwierigen Endzweck zu erreichen.

Durch die Zusammendrängung des Wassers im neuen Kanal, welcher statt auf 90 nur auf 58 Fuß Breite ausgegraben wurde, konnte man den Strom zwingen, den Grund seines Bettes, der aus Sand und Geschiebe und nur bei der obern Windecke aus Lehmboden bestand, selbst tiefer auszuspülen. Ebenso wäre es eine höchst kostbare und doch unzureichende Mühe gewesen, die Inseln, Sandbänke und unregelmäßigen Hervorragungen des alten Linthbetts, die in der Richtung des neuen Kanals lagen, durchzustehen und die alten Höhlungen auszufüllen. All dieses wurde durch ein Mittel bewerkstelligt, welches hauptsächlich der neuen Hydrotechnik angehört und welches eigentlich der Schlüssel zum Geheimnis ist, einen Strom nach Belieben zu leiten: durch sogenannte Faschinenwerke».

Faschinenwerke

«Von einer festen Stelle des Ufers wird in einer etwas stromaufwärtsgehenden Richtung aus vielen Lagen von Stauden, die durch Geflechte verbunden sind, eine Art von Wand in den Fluß hinausgebaut, welche seinen Lauf etwas aufhält, auch desselben Richtung verändern kann. Ein solches Werk heißt ein Faschinensporn (Abb. 80). Werden zwei Sporne von beiden Ufern aus einander gegenübergesetzt, so wird durch diese Beengung die Geschwindigkeit des zusammengedrängten Stroms vermehrt. Diese, verbunden mit dem durch die Anhäufung vermehrten Druck des Wassers, greift den Boden an, wenn die Beschaffenheit desselben es zuläßt, und so spült der Strom den Grund seines eigenen Bettes aus. Durch eine gehörig geordnete Reihe mehrerer solcher Sporne wird nicht nur der Strom in einer beträchtlichen Länge vertieft, sondern auch das weggeschwemmte Geschiebe in die stille Wassermasse zwischen den Spornen längs der Ufer hineingetrieben und daselbst abgesetzt. So bilden sich neue, zusammenhängende Ufer aus dem Geschiebe, was sonst den untern Gegenden des Stromes zugeführt worden wäre. Indem der durch die Vertiefung vorn unterwaschene Sporn in einer krummen Linie unter das Wasser sich niedersenkt, wird seine Länge und mit derselben auch seine Wirkung vermindert, bis er endlich in das bestimmte Normalufer sich zurückgezogen hat.

Durch dieses Hilfsmittel, welches wohl schwerlich irgendwo in dieser Ausdehnung ist angewendet worden und welches nur von Sachverständigen und unter polizeilicher Aufsicht ins Werk gesetzt werden darf, wurden mittels 15 starker Faschinen in den hohen Wassern der Frühjahre 1808 und 1809 alle verlangten Endzwecke vollkommen erreicht (Abb. 81). Jene Inseln und Sandbänke waren jetzt weggetrieben und hatten sich in ausgedehnten Lagen hinter der neuen Uferlinie zwischen den Faschinenwerken angelegt. Das Strombett hatte sich so sehr vertieft, daß der vermehrte Abzug des Wassers auch aufwärts wirkt, wodurch der Ziegelbrück-Kanal um 10 Fuß tiefer ausgewaschen wurde. Gegenwärtig liegt der Boden des alten Linthbetts um 5 Fuß höher als die Oberfläche des im neuen Kanal laufenden Gewässers. Mehrere alte, längst vergrabene hölzerne Linthwuhre kamen zum Vorschein und konnten, zwar nicht ohne Mühe, ausgerissen werden. Ein 10 Fuß tief eingerammtes Joch der Ziegelbrücke wurde frei ausgewaschen, so daß die Brücke selbst verändert werden mußte. Ohne Zweifel würde die Vertiefung viel stärker geworden sein, wenn nicht an der obern Windecke ein quer durch den Strom ziehender Felsrücken, welcher jetzt zutage kam, den schnelleren Zug des Wassers gehindert hätte. Nichtsdestoweniger war die bewirkte Erniedrigung des Flusses doch so bedeutend, daß die Kanalabteilungen oberhalb der Ziegelbrücke, der sogenannte Biberli-Kanal und der Weesner Kanal, welche sonst auch beim niedrigsten Wasserstand größtenteils 4 bis 6 Fuß tief unter Wasser gelegen hatten, jetzt in Arbeit genommen werden konnten. Nicht ohne Verwunderung ging man jetzt auf ganzen

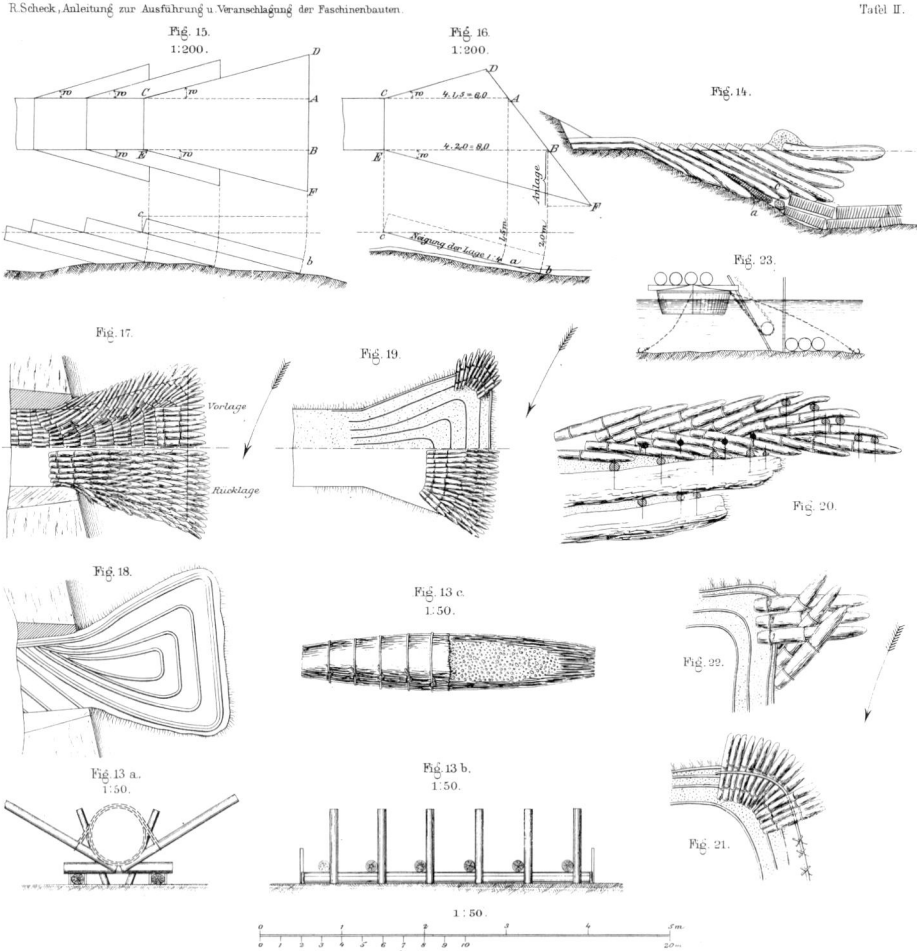

R.Scheck, Anleitung zur Ausführung u. Veranschlagung der Faschinenbauten.

Abb. 80
Faschinenherstellung. Aus «Anleitung zur Ausführung und Veranschlagung der Faschinenbauten», von Scheck, 1885.

Strecken Landes herum, die seit 40 Jahren kein menschlicher Fuß betreten hatte, und die Einwohner von Weesen und Walenstadt erfuhren jetzt die segensreichen Folgen der Unternehmung auf eine Weise, die auch den Ungläubigsten belehren mußte, da trotz dem Anschwellen aller übrigen Gewässer im März dieses Jahres ihre Wohnungen zum erstenmal von allem Andrang des Sees befreit blieben und man in Walenstadt bereits daran denken mußte, den Hafen, den der niedrigere Wasserstand unbrauchbar zu machen drohte, auszutiefen.

So vortrefflich im allgemeinen die vermehrte Strömung gewirkt hatte, so war sie doch nicht vermögend gewesen, jene Zwischenstellen, welche beim Graben des Kanals als Schutzwände gegen das eindringende Wasser gedient hatten, wegzuspülen, indem sie aus festem, mit zähen Wurzeln durchgezogenem Lehm bestanden. Ein neues Hilfsmittel, das selbst den ausländischen Hydrotekten unbekannt war, half auch dieser Schwierigkeit ab. Aus einem vor Anker gelegten Schiff wurde mit einem etwa 70 Pfund schweren, unten mit Eisen beschlagenen Ruder, das etwa 12 Fuß lang und mit einem 3 Fuß langen Querholz versehen

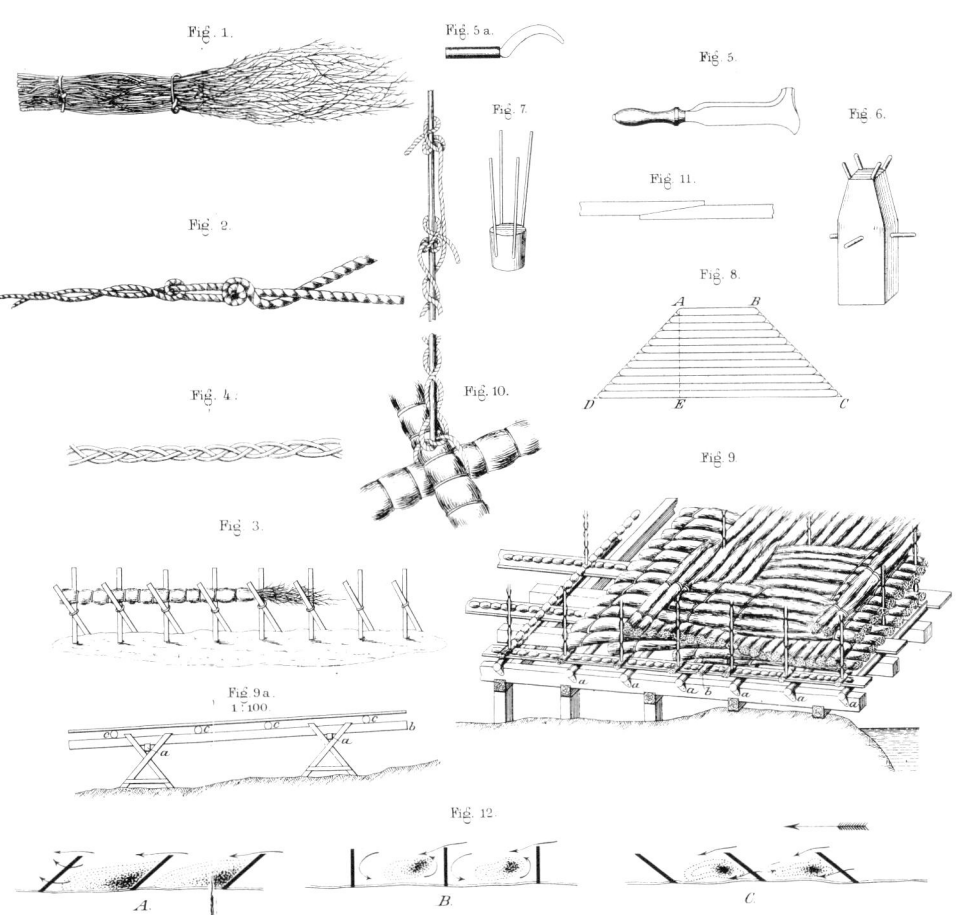

Abb. 81
Sporne oder Buhnen aus Faschinen. Gemäß «Anleitung zur Ausführung und Veranschlagung der Faschinenbauten», von Scheck, 1885.

war, stromabwärts die wegzuschwemmende Stelle aufgewühlt. Der Strom entführte dann die getrennten Wurzeln und den aufgelösten Schlamm. Diese Bohrruder dienten ebenfalls zur Wegschaffung alter Steinwuhre und Versenkungen, indem man mit denselben Felsstükke von mehr als 50 Kubikfuß Inhalt losmachte...»

Neues Sprengverfahren von Escher

«Da der Felsrücken, welcher in dem vertieften Ziegelbrück-Kanal zum Vorschein kam, den schnelleren Zug des Wassers und mithin die fernere Vertiefung hindert, so war es wesentlich, dieses unwillkommene Hindernis auf die Seite zu bringen. Den Fels zu umgehen, der mitten in einer Kanallinie von etwa 16 000 Fuß liegt, war nicht tunlich, und es war zu vermuten, daß man bei der Verbindung, welche die Lage der Schichten in den beidseitigen Gebirgen des Linthtals andeutete, auch bei einer anderen Kanalrichtung auf die Fortsetzung dieses Felsrückens stoßen würde. Es bleibt also nichts anderes übrig, als denselben mit Pulver teilweise wegzusprengen – eine Arbeit, welche bei der Härte und ungleichen Zusammensetzung die-

ses Gesteins, das aus einer sehr grobkörnigen Nagelfluh besteht, und bei der Tiefe um 12 Fuß, bis auf welche das Flußbett gereinigt werden soll, von besonderen Schwierigkeiten ist.

Auch diesen Teil der Lintharbeiten hat der kenntnisreiche Führer des ganzen Werkes [gemeint ist Escher] mit wesentlichen Verbesserungen bereichert, indem er an die Stelle der bisherigen kostspieligen Methode, unter Wasser zu sprengen, ein weit einfacheres, wohlfeileres und wirksameres Verfahren einführte, welches kürzlich in folgendem besteht: In das zum Sprengen in den Stein gebohrte Loch wurde eine hölzerne Röhre getrieben, welche über das Wasser hinausragte. Durch einen Flintenlauf, welcher in das Bohrloch gesteckt wurde, sog man das eingedrungene Wasser aus, verschloß nötigenfalls durch einen hineingestampften Lehmklumpen die kleinen Fugen und Risse, welche Wasser durchliessen. Dann schüttete man das Pulver hinein, in welchem man ein durchstochenes Schilfrohr mit der darin enthaltenen Stopine gesetzt hatte und füllte den übrigen Raum des Bohrlochs und der Röhre mit losem, trockenem Sand aus.

Durch dieses höchst einfache Verfahren erlangte man eben die Wirkungen, die man an anderen Orten (z. B. bei der Sprengung der Felsen des Donaustrudels) durch weit kostbarere Apparate, durch blecherne Patronen und eiserne Keile mit weniger sicherem Erfolg zu erreichen suchte. Die Besetzung mit lo-

sem Sand statt der festen Einstampfung des Steinsandes – eine Erfindung, welche vor fünf Jahren von Jessop in England gemacht wurde und die hier zum erstenmal beim Sprengen unter Wasser in Ausübung gebracht worden ist – wurde sogleich auch bei den Sprengarbeiten am Walenberg, welche die Steine für den Molliser Kanal liefern, mit Vorteil angewendet. Ihre Wirkung ist meistens stärker als die der gewöhnlichen Methode, welche überdies wegen des Einstampfens der Besetzung zeitraubend und sehr gefährlich ist» (Abb. 82).

Weitere Arbeiten

«Fast gleichzeitig mit den oberen Kanälen wurden auch die unteren Abteilungen mit Eifer bearbeitet. Bereits im März des Jahres 1809 wurde der sogenannte Niederurner Kanal in einer Länge von 2 300 Fuß dem Strom eingeräumt. Die sogleich erfolgte Auswaschung machte es möglich, ein altes, quer durch den Strom ziehendes Linthwuhr auszureißen. Ein anderes Wuhr dieser Art, das erst durch das Frühlingsgewässer des vorigen Jahres vom Sande befreit wurde, gab dem Strom eine äußerst nachteilige Richtung auf das linksseitige Ufer, welches in einer Tiefe von 24 Fuß unterwaschen wurde und den Einsturz eines Dammes herbeizuführen drohte, welcher vor anderthalb Jahren zum Schutz der großen Ebene zwischen Niederurnen und Bilten aufgeführt worden war. Durch Faschinenwuhre, die während des größten Wassers unter den schwierigsten Umständen gebaut wurden, gelang es, diesen Damm zu erhalten und das Land vor einer verwüstenden Überschwemmung zu bewahren. Im unteren Teil des Niederurner Kanals legten sich beträchtliche Sandbänke an als natürliche Folge des am Ausgang des Kanals durch den hohen Stand des alten Linthbettes gehemmten Wasserzugs. Allein auch diese sind bereits durch das hohe Wasser dieses Jahres vermittels einiger Faschinensporne weggetrieben.

In der folgenden Abteilung von 4 200 Fuß Länge, die den Namen des Schäniser Kanals führt, fließt die Linth seit dem 22. Dezember des vorigen Jahres. Das Einsinken der Dämme, welche dort meist auf lockerem Torfgrund ruhen und schon viermal nacheinander erhöht werden mußten, und der Durchbruch der alten Linthwuhr, welche im Frühjahr 1809 einen Teil der Linth in den damals noch unvollendeten Kanal leiteten, verursachten unerwartete Hindernisse.

Da dieses Land des niedrigen Terrains wegen nicht tief gegraben werden durfte, war man genötigt, die niedrigen Ufer desselben mit kleinen Faschinensporen zu belegen, um durch die Absetzung des Linthschlamms dieselben allmählich zu erhöhen, und zur Ergänzung der Dämme wurden bei dem Mangel an Erdreich

Abb. 82
Unterwassersprengung.
Anordnung der Spreng-
und Zündmittel im
Bohrloch. Nach Gilly
und Eytelwein, 1802.

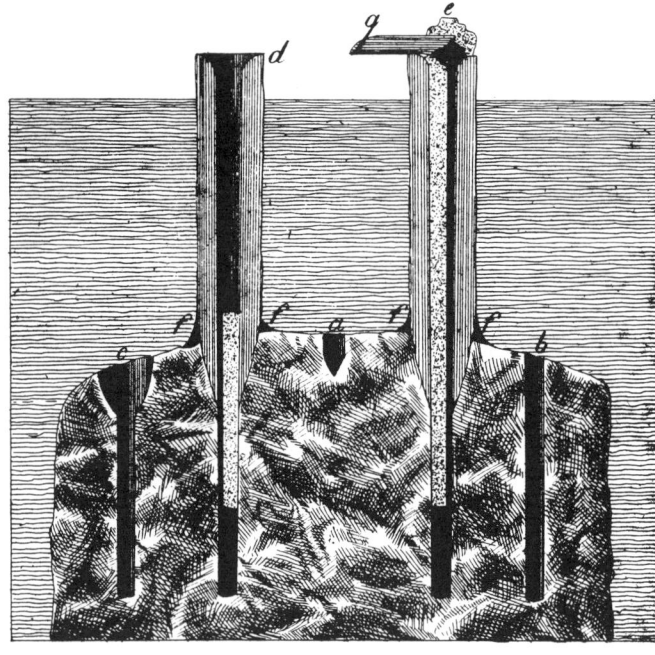

Der Autor dankt

Andreas Götz, Chef der Abteilung Flußbau, Abflußregulierung und Allg. Wasserwirtschaft, Bundesamt für Wasserwirtschaft, für die wertvollen Hinweise und Hans Rohner, Chef der Abteilung Rheinbau, Amt für Wasser- und Energiewirtschaft des Kantons St. Gallen, für die Zurverfügungstellung einschlägiger Literatur.

große Gruben in den Uferplätzen gemacht, welche durch den abgesetzten Schlamm des hohen Linthwassers in wenigen Jahren sich wieder ausfüllen werden. Der Auslauf dieses Kanals, welcher über Sandboden geht, hat sich bald nach der Eröffnung desselben um volle 10 Fuß vertieft. Unterhalb des Schäniser Kanals wird noch in zwei Kanälen, dem Biltener und Steinerried-Kanal, gearbeitet, von denen der erstere wegen der Beschaffenheit seines Bodens, der aus fester Tonerde besteht, vorzüglich rein ausgegraben ist; der zweite hingegen, welcher den Schäniser Sumpf berührt, wird der geringen Tiefe wegen, die er erhalten darf, durch Faschinenspornen gesichert. Eben dieses ist auch für jenen im Auschachen, der ganz durch Sumpf geht, erforderlich. Die über denselben liegende Kanalabteilung im Hängelgiessen, die weniger sumpfig ist, wird noch vor dem diesjährigen großen Wasser ausgegraben sein ...

So weit reicht bis jetzt der Umfang der mehr und weniger ausgeführten Arbeiten der Linthunternehmung. Der Molliser Kanal ist bis auf einen Viertel seiner Länge fertig und bedarf nur noch einer Vervollständigung des Steinwuhrs; von der ganzen Kanallänge dann zwischen dem Walensee und Zürichsee, welche 50 000 Fuß betrifft, ist nahezu die Hälfte gegraben und etwa 15 000 Fuß bereits der Linth eingeräumt. Alle diese Kanäle sind von hohen und starken Dämmen eingeschlossen, die mit Rasen bekleidet sind und auch bei den größten Anschwellungen des Stromes das Land zu schützen vermögen. Der Damm auf der rechten Seite des Flusses ist verstärkt und oben mit Kies überführt worden, um als Reckweg zum Heraufziehen der nach Walenstadt fahrenden Schiffe zu dienen – ein Vorteil, den jeder höchst verdankenswert finden muß, der die scheußlichen alten Reckwege, die nicht

ohne Gefahr für Menschen und Pferde gebraucht werden konnten, gesehen hat. Hinter den Dämmen befinden sich breite Abzugsgräben, welche an einigen Stellen zur Aufnahme der Bergwasser, allgemein aber auch dazu dienen, das Vieh von den Dämmen abzuhalten und die Beschädigung dieser kostbaren Werke zu verhüten ...»
Soweit der Kommissionsbericht an die Eidgenössische Tagsatzung von 1810.

Nachfolgende Arbeiten

Die Umleitung der Linth von Mollis in den Walensee erfolgte am 8. Mai 1811, der Maag-Linth-Kanal von Weesen bis Grinau wurde am 17. April 1816 eröffnet; er zeitigte bald seine ersten positiven Auswirkungen. Hochwasser im Jahre 1817 verursachten zwar nochmals Überschwemmungen und bedingten neue Arbeiten, doch waren sie insofern von Nutzen, als sie die neuen Flußbetten auswuschen und verbreiterten. Bemerkenswert ist, daß 1872 das Aktienunternehmen abgeschlossen und die Aktien bis 1845 zurückgenommen bzw. abgegolten werden konnten, abzüglich eines geschenkten Betrages in der Größenordnung von 10 % der gesamten Kosten (Meier 1985).
Das Linthwerk war 1816 erst in seinen wesentlichsten Zügen vollendet und bedurfte auch nach dem Tode Eschers († 1823) der Anpassung und der Verfeinerung. So mußte der Escherkanal durch das von ihm im Walensee angeschüttete Delta hindurch verlängert werden, ebenso der Linthkanal von Grinau abwärts bis in den Zürichsee. «Namentlich aber waren die Hinterwässer», wie Becker (1910) schreibt, «nun auch noch zu regulieren und ihnen neben dem Hauptkanal, in den sie sich wegen der hohen Dämme nicht ergießen konnten, Abfluß zu verschaffen.»

Literatur

Bachmann, G.: Die Ableitung der Kander und die Juragewässerkorrektion. In: Die Geschichte der Gewässerkorrektion und der Wasserkraftnutzung in der Schweiz, Band 9 E. 9. Internationale Fachmesse Pro Aqua / Pro Vita, Basel 1983.

Badische Wasser- und Straßenbaudirektion: Johann Gottfried Tulla, sein Leben und sein Wirken. Selbstverlag, Karlsruhe 1929.

Becker, F.: Das Linthwerk und seine Schöpfer. Jahresbericht der Geographisch-Ethnographischen Gesellschaft, Zürich 1910.

Ehrsam, E.: Zusammenfassende Darstellung beider Juragewässerkorrektionen. Interkantonale Baukommission der II. Juragewässerkorrektion. Selbstverlag, Bern 1974.

Legler, G.: Hydrotechnische Mitteilungen über Linthkorrektion, Runsenbauten, Zürichseeregulierung usw. Selbstverlag, Glarus 1868.

Meier, P.: Die Linthebene. Unveröffentlichtes Vortragsmanuskript, 1985.

Neumann, K.: Projekt wie die Inundation zu Thun und dortigen Seeörtheren zu verhindern. Wasser, Energie, Luft 9 (1979), Baden.

Nussbaum, F.: Kleine Heimatkunde des Kantons Bern. Lehrbuch für das V. Schuljahr. Kantonaler Lehrmittelverlag, Bern 1925.

Pestalozzi, H.: Das Linthwerk in hydrotechnischer Beziehung. Anhang zu Hottinger, J. J.: «Hans Conrad Escher von der Linth; Charakterbild eines Republikaners». Orell-Füssli, Zürich 1852.

Schweizeriche Bauzeitung: Zum Vollausbau des Lungernsee-Kraftwerkes. Schweizerische Bauzeitung (18. November 1939), Band 114, Zürich.

Schweizerisches Ober-Bauinspektorat: Flußkorrektionen der Schweiz; Aare zwischen Thuner-See und Bieler-See. Bern 1916.

Stambach, E.: Die Juragewässerkorrektion. Schweizerische Technische Zeitschrift 24/25, (1970), Zürich.

Thürer, G.: Das Linthwerk Hans Conrad Eschers. Neue Zürcher Zeitung, 30. Oktober 1966, Zürich.

Zier, H. G.: Johann Gottfried Tulla, ein Lebensbild. Badische Heimat 4 (1970), 50. Jahrgang, Freiburg im Breisgau.

Kapitel 4
Hochbau

Im Gegensatz zu Anwendungen der Bautechnik im Tiefbau, wie sie in den ersten drei Kapiteln dargestellt sind, sind diejenigen im Hochbau einerseits mannigfaltiger, andererseits aber auch feiner. Dies gilt in besonderem Maße für die in früheren Zeiten erstellten größeren Hochbauten wie Patrizierhäuser, fürstliche Palais oder sakrale Bauwerke.

Da der Herausgeber des vorliegenden Werkes nicht Architekt (im heutigen Sinne), sondern Bauingenieur ist, liegt es ihm fern, in die Geschichte der Architektur eindringen zu wollen. Ein bedeutender Unterschied zwischen Hoch- und Tiefbau liegt in der größeren Vielfalt der Anforderungen, die an die Baufachleute im Hochbau gestellt werden.

Nach heutiger Ansicht gehören zum Tiefbau der Straßenbau, der Brückenbau, der Wasserbau, der Tunnelbau, der Festungsbau sowie alle Bauteile, die bei einem Hochbau unter der Erdoberfläche liegen.

Aus diesen Gründen beschränkt sich der Herausgeber im Kapitel 4 auf Tiefbauanwendungen im Hochbau, mit Ausnahme des letzten Beitrages «Ländliche Bauten».

Im ersten Beitrag «Grubenhäuser» befaßt sich der Verfasser, ein Archäologe, mit den «Hochbauten», in denen unsere Vorfahren in Mitteleuropa, sofern sie nicht zu den «Besseren» gehörten, im frühen Mittelalter gelebt und gewohnt haben. Besonders interessant sind die bautechnischen Details, die dank den Bemühungen der Archäologen ans Tageslicht gebracht worden sind. Sie zeigen, daß die Menschen auch damals schon versuchten, mit Hilfe der Bautechnik das Beste aus ihren Wohnheimen zu machen.

Auch der überzeugteste Technikfeind muß heute (innerlich wenigstens) zugeben, daß die technische Entwicklung, besonders im Bauwesen, nicht nur Nachteile, sondern auch bedeutende Vorteile gebracht hat, deren er sich übrigens täglich erfreut.

Im zweiten Beitrag, der ebenfalls auf Grund archäologischer Untersuchungen möglich wurde, wird gezeigt, daß die auch heute noch risikoreiche Arbeit des Unterfangens von Gebäuden zum mindesten im Mittelalter des öfteren angewendet worden ist. Zur Zeit der Römer dagegen war diese Bautechnik, wenigstens nach heutigen Erkenntnissen, noch nicht bekannt. Auch Vitruv erwähnt die Technik des Unterfangens nicht (was allerdings nicht notwendig bedeutet, daß die römischen Ingenieure diese Bautechnik nicht gekannt hätten). Daß man bis jetzt in keinem eindeutig römischen Gebäude eine Unterfangung, sondern nur «Nebenfangungen» gefunden hat, ist noch kein Beweis dafür, daß die römischen Ingenieure und Baumeister, die in manchen Techniken ihren nachfolgenden Kollegen im Mittelalter überlegen waren, diese bautechnische Spezialität nicht gekannt haben. Der Verfasser dieses Beitrages vermittelt deshalb den Lesern einige Hinweise, auf die die Ausgräber bei archäologischen Untersuchungen zu achten haben. Da bei solchen Ausgrabungen oft auch Baufachleute zugezogen werden, dürfte die Lektüre dieses Beitrages von allgemeinem Nutzen sein.

Besonders interessant sind die Hinweise auf die Verwendung von Holzkeilen bei Unterfangungen. Hier zeigt sich, daß die Baumeister und Ingenieure vergangener Zeiten weit mehr über das Verhalten der damals verwendeten Baustoffe wußten, als dies heute der Fall ist. (Zur Ehrenrettung der heutigen Baufachleute muß allerdings gesagt werden, daß die Baumeister auf den Bauplätzen von heute mit weit mehr Baustoffen zu arbeiten haben, als dies früher der Fall war.) Eine ähnliche Ausnützung des verlängerten Abbindens des Kalkmörtels und seiner plastischen Eigenschaften wurde auch bei mittelalterlichen Bogenbrücken entdeckt. Statische Nachberechnungen einiger dieser Bögen (aus Natursteinmauerwerk) ergaben jeweils das verblüffende Ergebnis, daß die Bögen dieser Brücken gerissen sein müßten. Sie sind aber rissefrei. Man erklärt sich den Bauvorgang wie folgt: Nach dem Aufmauern des eigentlichen Bogens mit einer Steinreihe auf dem Leergerüst

wurde dieses im Laufe der Aufmauerung der Brückenkonstruktion mit
entsprechendem «bautechnischen Feingefühl» abgesenkt, so daß die Steine
und die Mörtelschichten stets in innigem Verbund waren und blieben und
der Bogen deshalb nie Gefahr lief, rissig zu werden. Voraussetzung war, daß
das Leergerüst im Vergleich zur endgültigen Bogenform vor Beginn der
Mauerarbeiten nach persönlichem Ermessen und gemäß der Erfahrung des
Baumeisters überhöht wurde.

Im letzten Beitrag wird die Entwicklung der ländlichen Bauten, ihre Abhängigkeit von den in der Nähe vorhandenen Baustoffen wie auch die Einflüsse
der Städte auf die Landschaft näher beleuchtet, wobei nach Möglichkeit
bautechnische Aspekte beachtet werden. Dieser Beitrag beschränkt sich zur
Hauptsache auf die ländlichen Bauten in der Schweiz.

Grubenhäuser – eine Bauform des frühen Mittelalters am Beispiel der Basler Befunde

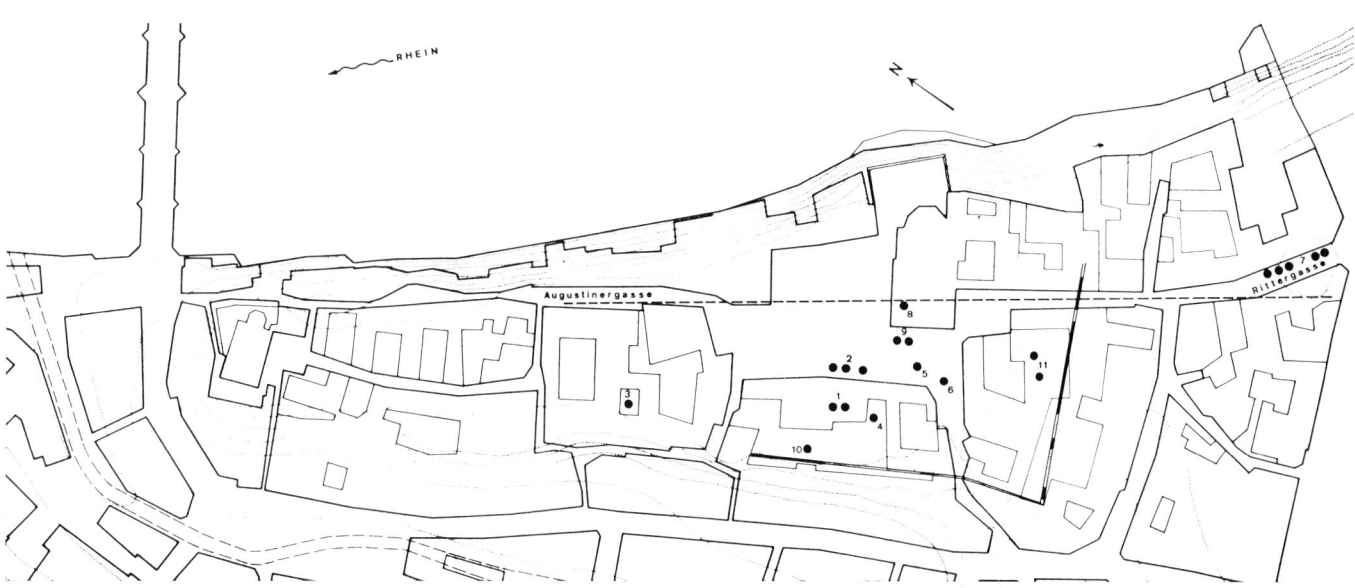

Auch bautechnische Details der Vergangenheit können oft nur mit Hilfe von archäologischen Grabungen und deren Auswertungen festgestellt werden. Am Beispiel von ausgegrabenen Grubenhäusern aus dem Mittelalter rekonstruiert der Verfasser die mögliche Baukonstruktion und den Zweck dieser ca. 50 cm in den Boden eingetieften Gebäude, halb Keller, halb Haus. Das Baumaterial war vorwiegend Holz und Lehm, für das Fundament wurde eventuell Naturstein verwendet. Berichte antiker Schriftsteller lassen, kombiniert mit den Ausgrabungsresultaten, auch auf die Bautechnik jener Zeiten schließen.

Zuweilen kann es Jahre, wenn nicht Jahrzehnte dauern, bis archäologische Spuren und Strukturen älterer Ausgrabungen eine überzeugende Deutung durch die neuere Forschung erfahren. Dies liegt einerseits daran, daß der Archäologe – gerade in der Stadtkernforschung – oft eine allzu enge Optik in bezug auf seine aktuellen Spezialgebiete hat. Andererseits bewirkt auch das Ausbleiben ähnlicher Befunde im engeren Arbeitsgebiet, daß entsprechende Vergleichsmöglichkeiten fehlen. Eine meist nur in einem begrenzten Grabungsschnitt aufgezeichnete Befundsituation erlaubt vorerst keine schlüssige Interpretation – zumal gerade dann, wenn es sich um in den vor- und frühgeschichtlichen Epochen mehr oder weniger ähnlich auftretende Strukturen, in unserem Falle «Gruben», handelt. Noch schwieriger wird diese Interpretation, wenn keine repräsentativen Funde geborgen werden können. Umgekehrt gibt es den häufigeren Fall, daß aufgrund bereits gemachter archäologischer Funde und anderweitiger – beispielsweise historischer – Parallelen das

Vorhandensein gewisser Elemente vom Wissenschaftler postuliert werden muß. Vielfach kann deren Nachweis in späteren Grabungen erbracht werden. Als Beispiel sei lediglich der «Murus Gallicus», die den Basler Münsterhügel gegen Südosten abschließende keltische Befestigung (mit quer und längs gelegten Holzstämmen als Armierung einer Natursteinmauer und davorliegendem Graben), genannt. Sie wurde erst 1971 entdeckt und erlaubte, zusammen mit früheren Einzelbeobachtungen, die vor Jahrzehnten bereits vorgeschlagene, dann wieder mangels Befunden abgelehnte Existenz eines spätkeltischen Oppidums (Siedlung mit Stadtcharakter) klar zu beweisen.

Für die frühmittelalterliche Besiedlung des Münsterhügels stand man bis vor wenigen Jahren vor einer ähnlichen Situation. Zwar war man im Vorgelände des Münsterhügels an der Aeschenvorstadt schon vor rund 250 Jahren auf Gräber der Nekropole (Begräbnisstätte, griech. Totenstadt) des spätrömischen Kastells gestoßen. Neben eindeutig römischen Gräbern konnten schließlich 1956 auch jüngere Bestattungen des 6./7. Jahrhunderts beobachtet werden. Von einer zu erwartenden zeitgleichen Überbauung des alten Siedlungszentrums auf dem Münsterhügel schien jedoch jede Spur zu fehlen. Erst die durch Umbauarbeiten notwendig gewordene Ausgrabung im Reischacherhof, Münsterplatz 16 (Abb. 1 und 2) lieferte den konkreten Nachweis zweier für das Frühmittelalter typischer Hausgrundrisse sogenannter Grubenhäuser. Weitere Befunde, die seither in den schmalen, für das Legen der Fernheizungs- und anderer Werkleitungen ausgehobenen Gräben erfaßt werden konnten,

Abb. 1
Der Basler Münsterhügel mit den bisher lokalisierten Fundpunkten von Grubenhäusern.

ergänzen die 1977 gemachten Beobachtungen und lassen ältere, bisher lediglich als «Gruben» gedeutete Strukturen in einem neuen Blickwinkel erscheinen.

Die Basler Befunde

Abb. 3 zeigt einen Blick auf die Profilwände in einem der ersten Sondierschnitte im Reischacherhof. Im Vordergrund des Bildes ist die helle Oberfläche des freigelegten «gewachsenen» (= anstehenden) Kieses, worin sich deutlich die dunkle Einfüllung der Hausgrube A abzeichnet. Das Schichtenprofil im Hintergrund zeigt – wenigstens in der unteren Zone neben der Fotonummer – die steil ansteigende Materialgrenze zwischen älteren Kulturschichten mit Kieseleinschlüssen und dunkler homogener Grubenfüllung; nach oben hin ist kein klarer Abschluß der Grube faßbar. Eine Serie von Abbildungen (Abb. 2, 4–6) veranschaulicht verschiedene Abbauphasen der im Sondierschnitt erkannten Grubenfüllung und der sie umgebenden älteren Kulturschichten.

Auf Abb. 4 zeichnet sich deutlich das zur Hausgrube A zeitgenössische Außenniveau in Form einer Bauschuttlage ab. Das Steinmaterial, worunter auch viele Ziegelbrocken zu finden waren, stammt offenbar von unmittelbar benachbarten spätantiken Gebäuderesten, zu denen auch eine Hypokaustanlage (antike Bodenheizungsanlage, Abb. 2 H) gehörte.

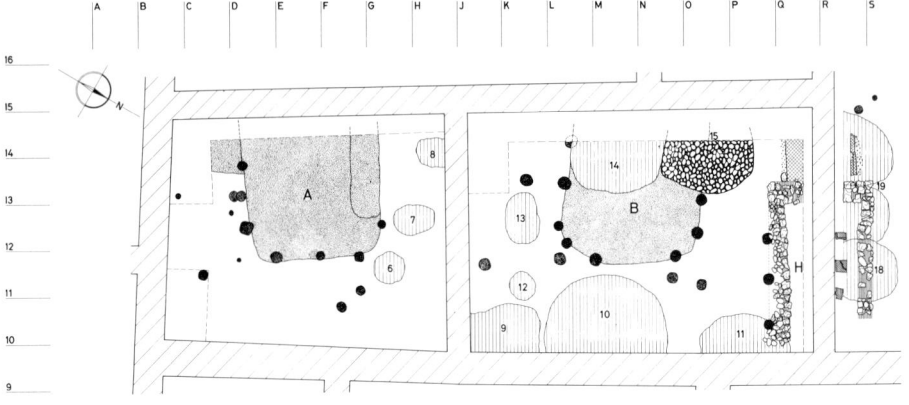

Abb. 2
Reischacherhof (Münsterplatz 16, Basel):
Grundplan der Grabungssektoren I–IV mit
Eintragung der wichtigsten Strukturen aller
Epochen. 6–14: spätlatènezeitliche Gruben;
15, 18 und 19: frührömische Gruben; A und B:
Grundrisse der frühmittelalterlichen Hausgru-
ben. Die dunklen Punkte markieren Pfosten-
löcher; H: Fundamentreste (Kalkbruchsteine
und Wacken mit Lehm versetzt) einer spät-
römischen Hypokaustanlage.

Auffällig ist die Begrenzung der Grubenfüllung durch eine randparallele
Steinreihe entlang der nordöstlichen
Schmalseite der Grube. Abb. 5 stellt eine
spätere Abbauphase derselben Fläche
dar, wo bereits dunkle Verfärbungen an
der Randzone der Grubenfüllung auf
Pfosten hindeuten, die schließlich im
letzten Abbaustadium auf Abb. 6 am
Rand des Grubennegatives in Form von
runden Pfostenlöchern klar erkennbar
sind. Die Abbildung gibt den Zustand
nach dem Abbau sämtlicher Kulturschichten wieder, auch der ältesten also,
in die ja ursprünglich die Grube abgetieft worden war. Der so erschlossene,
leider nicht vollständig erfaßbare
Grundriß dieser Anlage (A) ist zusammen mit dem zweiten Befund (B) auf
dem Plan Abb. 2 ersichtlich, worin alle
archäologischen Strukturen, die bis in
den anstehenden Kies reichten, festgehalten sind. Die beiden Grubenhäuser A
und B erscheinen hier als die jüngsten
Eingriffe in die beobachteten Schichten,
wie die Überschneidungen mit älteren
Gruben zeigen.

Abb. 3
Blick in die angeschnittene Hausgruben-
füllung von Grundriß A (s. Abb. 2).

Die durchschnittlich 20–25 cm starken
runden Pfosten dienten einerseits zur
Aussteifung der steilen Grubenwandver-
kleidung, andererseits aber auch zur
Konstruktion der oberirdischen Wände
und teilweise als Träger einer einfachen

Abb. 4
Blick auf die Hausgrube A (s. Abb. 2). Die
Struktur zeichnet sich erstmals in der Fläche
ab.

Die Konstruktion der Grubenhäuser

Beide Hausgruben wurden vom zeitgenössischen Gehniveau an gerechnet etwa 50 cm in die älteren Kulturschichten
eingetieft und greifen sogar noch wenige
Zentimeter in den anstehenden Kies.
Die flachbodigen Grubensohlen sind
festgestampft und leicht nach Norden
geneigt; im Falle von Grundriß A endet
die Bodenfläche in einem zur nördlichen
Längswand parallelen Gräbchen, auf
dessen mögliche Deutung wir weiter unten zurückkommen werden.
Von der Auskleidung der Grubenwände
konnten, außer einer undeutlichen Ver-
färbung in die Randzone (Abb. 5) keine
weiteren Hinweise gewonnen werden. Es
kommen sowohl Flechtwerk wie auch
senkrecht gestellte Bohlen in Frage. Eine
an anderer Stelle beobachtete zusätzliche Auskleidung der Flechtwerkwände
mit Lehm konnte während dieser Grabung nicht festgestellt werden.

Abb. 5
Hausgrube A (s. Abb. 2): Am Grubenrand sind Wandreste und Pfosten nur noch als dunkle Verfärbungen erkennbar.

strohgedeckten Dachhaut. Von den zum Bau verwendeten Hölzern waren nur vereinzelte, völlig verkohlte Überreste erhalten geblieben, die immerhin eine Bestimmung der Holzbauarten zuließen. Es handelt sich um Esche und Eiche.
Bei Haus A darf der mittlere Pfosten der nordöstlichen Schmalseite als Firstsäule bezeichnet werden. Auch er war randständig, aber innerhalb des Hausgrundrisses und nur wenige Zentimeter in die gestampfte Bodenfläche eingetieft. Die nächstliegenden giebelseitigen Pfosten waren ebenfalls nur wenig und maximal bis auf das Niveau der Grubensohle in

die Randzone derselben eingelassen (Abb. 6). Sie hatten kaum eine dachtragende Funktion, sondern scheinen vielmehr der Konstruktion der Giebelwand gedient zu haben. Über deren Aufbau kann nur spekuliert werden; so könnte die oben erwähnte Steinreihe entlang der Giebelseite auf dem zeitgenössischen Aussenniveau (Abb. 4) als mögliche Unterlage für eine entweder aus liegenden Bohlen aufgeführte oder als Schwellbalkenauflage einer in Stabbautechnik errichteten Wand angesehen werden.
Auch die Möglichkeit einer Flechtwerkwand muß in Erwägung gezogen werden; allerdings konnten keinerlei Spuren eines Lehmbewurfes festgestellt werden, wie er für diese Wandtechnik anzunehmen ist.
Die Pfosten an den Längsseiten – bei Grundriß A konnten nur auf der Südseite mehrere nachgewiesen werden – waren ebenfalls randständig, aber tiefer eingegraben und trugen vermutlich die horizontalen Pfetten, die als Auflagen der am Firstbaum aufgehängten Rofen dienten (ein Rofendach ist ohne tragende Pfetten, nur mit einem Firstbalken und evtl. einer Sattelschwelle konstruiert). Zusätzlich waren vermutlich zumindest die äußersten Pfosten an den Längsseiten durch Queranker, sogenannte Binder, miteinander verbunden. Sie bildeten zusammen mit den Pfetten und der Firstkonstruktion das eigentliche tragende Gerüst des Daches. Möglicherweise reichten die Rofen bis zum Boden, so daß sich das Gebäude äußerlich als eigentliches Dachhaus zu erkennen gab. Die Wandpfosten unserer Befunde A und B weisen diese Bauten jedoch als *Grubenhäuser* aus im Gegensatz zu den *Grubenhütten*, von denen weiter unten die Rede sein wird.
Bei Grundriß B beobachten wir eine etwas abweichende Konstruktionsweise. Hier konnten bei der Grabung keine Anzeichen einer Firstsäule festgestellt werden, wie die Lücke auf der Schmalseite zeigt. Es ist anzunehmen, daß bei dieser Konstruktion die Firstsäule auf einem Queranker der nachgewiesenen seitlichen Pfosten abgefangen wurde, was – je nach Standort dieser Firstsäule – zu einer Abwalmung des Daches zur Schmalseite hin oder zu einem Giebel geführt haben könnte. Möglicherweise bezeichnet die erwähnte Lücke auf der Schmalseite den Eingang, wohingegen ein treppenartiger Absatz auf der südlichen Längsseite von Haus A den Eingang an jener Stelle vermuten läßt.
Die beiden bisher vorgestellten Grundrißtypen entsprechen in groben Zügen einer abgewandelten Form des sogenannten Sechspfostenhauses und können konstruktiv weitgehend mit den Rekonstruktionen der frühmittelalterlichen Siedlungen von Gladbach bei Neuwied (Abb. 7 rechts) und Kirchheim bei München (Abb. 8) verglichen werden.

Abb. 6
*Hausgrube A
(s. Abb. 2): Die Grubenfüllung und die sie umgebenden Kulturschichten sind abgebaut und die Pfostenlöcher am Rand ausgehoben.*

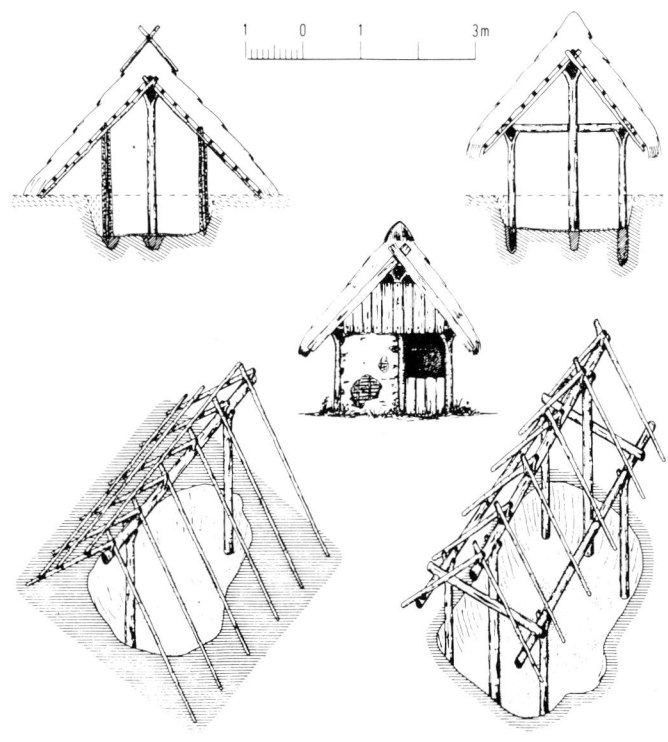

Abb. 7
*Rekonstruktionsvorschläge für Grubenbauten der Siedlung Gladbach b. Neuwied, Deutschland (nach W. Sage).
Links: Zweipfostenhütte, rechts: Sechspfostenhaus.*

gewachsener Boden   ergänztes Erdreich   künstliche Einfüllung des Grubenrandes   Pfostengrube   ■ Pfostensubstanz   ⋅ Lehmverkleidung der Flechtwand   künstlicher Hüttenboden(Sand)   --- vermutliche alte Oberfläche

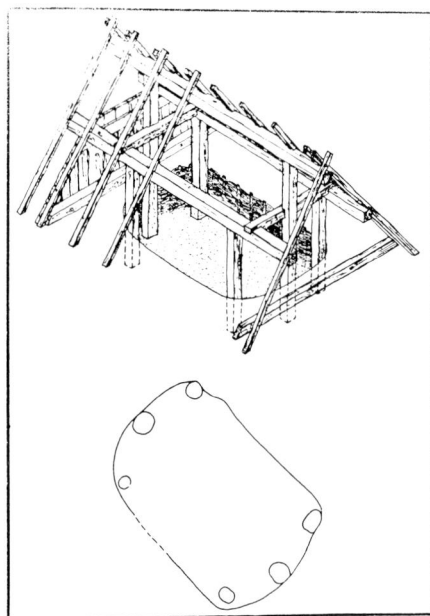

Abb. 8
Rekonstruktionsvorschlag des Grubenhauses
G von Kirchheim b. München
(nach H. Dannheimer).

Zweipfostenhütten

Grabungen im Jahre 1978 ergaben weitere Nachweise von Hausgruben abweichender Konstruktionsart (Abb. 9 und 10). Es handelt sich dabei um sogenannte Zweipfostenhütten. Diese durchschnittlich etwas über 2 m breiten und etwa 4 m langen Gruben waren ebenfalls bis in den anstehenden gewachsenen Kies abgetieft. An beiden Schmalseiten befanden sich etwa 30 cm starke runde Pfostenlöcher der Firstsäulen. Entlang der Grubenwände konnten in ein- oder mehrreihiger Folge Stakenlöcher einer Flechtwand nachgewiesen werden (man beachte die Herkunft des Wortes «Wand» von «winden»). Auch kamen Reste einer abschließenden Lehmauskleidung zum Vorschein.

Dieser einfachere Bautyp besaß ein bis zum Erdboden reichendes Rofen- oder Sparrendach. Die Flechtwände reichten entweder bis unter die Dachhaut (Abb. 7 links), zumindest aber bis zur Oberkante der ausgeschachteten Grube (ähnlich wie Abb. 8).

Wozu dienten nun diese in den Boden eingetieften Bauten, die auf dem Basler Münsterhügel die bisher einzige nachweisbare Bauform des Frühmittelalters darstellen? Zur Beantwortung dieser Frage müssen wir etwas weiter ausholen und auch Befunde von anderen Grabungen heranziehen.

Wandlungen im Siedlungsbild

Bisher war stets die Rede von Grubenhäusern und Grubenhütten, einer Bauform, die, wie wir sehen werden, nur einen Teilaspekt einer frühmittelalterlichen Siedlung bildet – nämlich den heute mit archäologischen Methoden noch

am besten faßbaren. Vielleicht geht aus dem bisher Gesagten zu wenig deutlich hervor, daß es sich bei den Siedlungsspuren um solche germanischer Prägung handelt.

Bereits am Ende des 1. Jahrhunderts lieferte uns der römische Schriftsteller Tacitus (ca. 55–120 n. Chr.) in seiner «Germania» in Kap. 16 eine knappe Übersicht zum Siedlungsbild der Germanen: *«Ihre Dörfer legen sie nicht in unserer Weise an, daß die Gebäude verbunden sind und aneinanderstoßen: jeder umgibt sein Haus mit freiem Raum, sei es zum Schutz gegen Feuergefahr, sei es aus Unkenntnis im Bauen. Nicht einmal Bruchsteine oder Ziegel sind bei ihnen im Ge-*

Abb. 9
Blick auf die freigelegte nordöstliche Partie der Grubenhütte bei Punkt 5 auf Abb. 1.

brauch; zu allem verwenden sie unbehauenes Holz, ohne auf ein gefälliges oder freundliches Aussehen zu achten. Einige Flächen bestreichen sie recht sorgfältig mit einer so blendend weißen Erde, daß es wie Bemalung und farbiges Linienwerk aussieht. Sie schachten auch oft im Erdboden Gruben aus und bedecken sie mit reichlich Dung, als Zuflucht für den Winter und als Fruchtspeicher. Derartige Räume schwächen nämlich die Wirkung der strengen Kälte ...»

Abb. 10
Der bisher einzige vollständig freigelegte Grundriß einer Grubenhütte auf dem Basler Münsterhügel bei Punkt 3 auf Abb. 1.

Zwei Dinge wollen wir dieser Beschreibung entnehmen. Zum einen, daß die Germanen mit Holz *(materia)* und Lehm *(terra)* bauten, zum anderen, daß sie «unterirdische» Gruben anlegten, die zugänglich waren und die sie mit einer dicken Dungschicht bedeckten. Mit diesen wenigen Angaben zum Hausbau der Germanen sind die antiken überlieferten Quellen praktisch ausgeschöpft. Was bleibt, sind die archäologischen Relikte. In der Tat war Holz in unseren Breiten in vor- und frühgeschichtlicher Zeit, aber auch im freien West- und Ostgermanien über Jahrhunderte hinweg der Baustoff schlechthin. Auch der teilweise enge Kontakt der Germanen mit den Römern und deren Steinbauweise führte nicht zur Adaption dieser Bautechnik.

Noch am Ende des 4. Jahrhunderts berichtete der römische Historiker Ammianus Marcellinus von der Abscheu gewisser Germanen vor der römischen Siedlungsweise. Dies widerspiegelt allerdings wieder nur die Sicht aus dem römischen Lager, die nicht zu sehr verallgemeinert werden darf.

Der Rückzug der römischen Truppen von den Rheinprovinzen zu Beginn des 5. Jahrhunderts und das allmähliche Näherrücken der germanischen Völkerschaften zu den «aufgegebenen» Gebieten fand im Basler Raum während der folgenden Jahrzehnte in den frühen Gründungen rechts des Rheines, gegenüber den von Romanen weiter besiedelten Zentren, ihren Niederschlag. Wir kennen zwar deren Gräberfelder; von den sicher in Holz gebauten Siedlungen fehlt aber bis heute jede Spur.

Der Sieg der Franken über Teile der alemannischen Stämme am Ende des 5. Jahrhunderts hatte vorerst keine spürbaren Folgen für unseren Raum. Ende des ersten Viertels des 6. Jahrhunderts begann, auf fränkische Veranlassung hin, die eigentliche Kolonisation der linksrheinischen Gebiete der Schweiz und des Mittellandes, wobei gleichzeitig vermehrt fränkische Einflüsse faßbar werden. Deutlich erkennbar wird dies beispielsweise am linksrheinischen Gräberfeld von Basel-Bernerring, wo eine fränkische oder «frankisierte» Bevölkerungsgruppe ihre Toten bestattete. Schließlich weisen sich durch Grabbau und Beigaben innerhalb der Basler Kastellnekropole auch einzelne Gräber als fränkische Bestattungen aus. Die für Basel zu Beginn des 7. Jahrhunderts nachgewiesene Münzprägung und das Martinspatrozinium (die Schutzherrschaft des heiligen Martin von Tours (316–397 n. Chr.) über die nach ihm benannte Basler Kirche) sprechen neben der Zunahme entsprechender Funde im Kastellinnern eine deutliche Sprache.

Der allmähliche Wandel in der Bevölkerungsstruktur zog offensichtlich auch einen Wechsel in der Siedlungsweise und damit der Bautechnik mit sich. Die römische Steinbautechnik vermochte sich in der Spätantike offenbar nur noch in den romanischen Zentren zu halten. Nicetius, Bischof von Trier, mußte beispielsweise bereits im 6. Jahrhundert wieder Handwerker in Italien anwerben, um überhaupt eine *steinerne* Kirche bauen zu können. Den Nachweis einer echten Siedlungskontinuität antiker Orte von der nachrömischen Zeit bis ins Mittelalter dürfte auch eben dieser Wandel in der Bautechnik erschweren, da hauptsächlich leicht vergängliche Materialien zur Anwendung kamen, die naturgemäß nur geringe Spuren im Erdreich hinterließen; dies gilt in Basel übrigens bereits für die keltische Epoche. Insbesondere an Orten, die im Mittelalter wieder an Bedeutung gewannen und wo ein erneuter Aufschwung im Bauwesen zu verzeichnen ist, wurden die ohnehin nur dürftigen Spuren durch die anwachsende Bautätigkeit größtenteils verwischt.

Vielfach liefern erst beigabenführende Gräber der fraglichen Epoche indirekt den Nachweis für eine mehr oder weniger ausgeprägte Kontinuität in der Besiedlung eines Platzes, da der aus ihnen geborgene Fundstoff durch die Forschung in chronologischer und auch typologischer Hinsicht bereits weiträumig untersucht und eingestuft werden konnte. Allerdings handelt es sich dabei meist um Teile von Trachten und Waffen, Fundgruppen also, die eben gerade nicht häufig in Siedlungsschichten gefunden werden. Keramik, der umfassendste Fundstoff aus Siedlungen, fand zwar auch als Grabbeigabe Verwendung, ist aber meistens zeitlich nicht so eng definierbar und teilweise von stark lokaler Ausprägung. Dabei ist zu berücksichtigen, daß die Typen der «Grabkeramik» nicht unbedingt denen der «Siedlungskeramik» entsprechen müssen. Und doch war es gerade Keramik, die in relativ großer Menge in der Auffüllung des Grubenhauses A im Reischacherhof am Münsterplatz zum Vorschein kam und eine erste grobe Datierung erlaubte. Bildeten aber solche Grubenhäuser die effektive derzeitige und ausschließliche Bauform?

Die Funktion der Grubenhäuser im Gesamtbild einer frühmittelalterlichen Siedlung

Eine erste Antwort zur oben gestellten Frage liefert uns – wenigstens für die Frühzeit – der Text des Tacitus: «*Sie pflegen auch Gruben auszuschachten, die sie mit Dung überhäufen ...*» (vgl. oben). Das Wort «*Dung*» in der deutschen Übersetzung trifft den Nagel auf den Kopf. In isländischen Sagen finden wir den verwandten Begriff «*dyngia*», der ein in die Erde eingetieftes Frauengemach bezeichnete, das im Winter als Schlafraum, im Sommer als Speicher benutzt wurde. Verwandt ist dieses Wort ebenfalls mit dem mittelhochdeutschen Ausdruck «*tunc*» für «*Webkeller*».

In der Tat finden wir in sehr vielen frühmittelalterlichen Grubenhäusern oft Gerätschaften, die mit Textilherstellung in Verbindung gebracht werden können. Schon Plinius d.Ä. (23–79 n.Chr.) erwähnt in seiner «*Naturalis Historia*» ausdrücklich, daß die Germanen diese Beschäftigung «*in Gruben unter der Erde*» betrieben (Naturalis Historia XIX, 9).

Damit haben wir die Deutung der beiden Grubenhäuser vom Reischacherhof bereits vorweggenommen. Auf den Sohlen beider Hausgrundrisse fanden sich nämlich aus Lehm geformte, nur leicht gebrannte Webgewichte, vor allem entlang der nordwestlichen Längsseiten (Abb. 11). Im Falle von Hausgrube A darf man das randparallele Gräbchen, wo etliche Webgewichtfragmente zum Vorschein kamen, als möglichen Standort eines Senkrechtwebstuhles annehmen, ähnlich dem in Abb. 12 dargestellten. Weitere Utensilien der Weberei und Textilverarbeitung, die in den Füllungen dieses und benachbarter Grubenhäuser zum Vorschein kamen, belegen gerade diese handwerkliche Tätigkeit (Abb. 13). Daß diese Funktion der Grubenhäuser jedoch nur eine – allerdings wohl eine

Abb. 11
Tönernes Webgewicht in Fundlage auf dem Boden von Hausgrube B (s. Abb. 2).

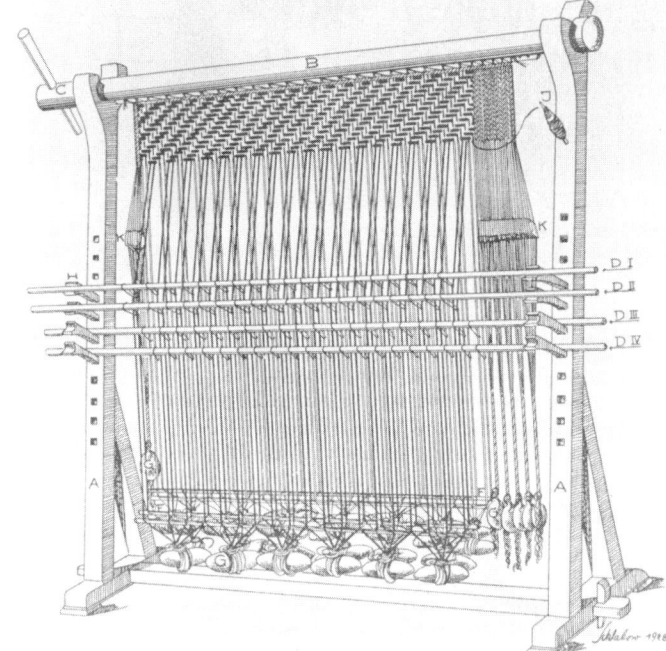

Abb. 12
Rekonstruktion eines
Senkrechtwebstuhls mit
hängenden Webgewich-
ten. Die Gewebekante
wird durch Brettchen-
weberei gebildet (nach
Schlabow).

der häufigsten – darstellte, zeigen uns von anderer Seite die frühmittelalterlichen Rechtsquellen, die westgermanischen Volksrechte und später die karolingischen Capitularien. Unseren Raum betreffen vor allem der *«Pactus Alamannorum»* aus der ersten Hälfte des 7. Jahrhunderts, die *«Lex Alamannorum»* der ersten Jahrzehnte des 8. Jahrhunderts und auch die fränkischen Gesetzestexte. In den vielen einzelnen Kapiteln werden Begriffe zu Haus und Hof genannt, die ein anschauliches Bild der Siedlungsweise vermitteln.

Unter den Bezeichnungen *«screona»* und *«genicium»* finden wir die oben genannten Frauen- oder Arbeitshäuser wieder. Daneben aber widerspiegeln die Begriffe *«granica»* (Kornspeicher) und *«cellaria»* (Keller) den schon von Tacitus erwähnten Verwendungszweck als Speicherraum. *«Coquina»* (Kochhaus) und *«pistrina»* (Backhaus) aus dem karolingischen *«capitulare de villis»* stellen weitere mögliche Zweckbestimmungen von Grubenbauten dar.

Damit ist nun allerdings die Aufzählung der Gebäulichkeiten längst nicht abgeschlossen. Unter den kleineren, meist ebenerdigen Gebäuden werden genannt: *«spicaria»* (Scheunen), *«scuria»* (Stadel/ Stall), *«domus porcaritia»* (Schweinestall), *«ovile»* (Schafstall) und *«stuba»* (Badehaus).

Schließlich wird mit *«domus»*, *«sala»* oder *«casa»* das über alles dominierende Hauptgebäude einer *«curtis»* erwähnt, eines Herren- oder Bauernhofes (der Begriff umfaßt beide Bedeutungen). Bei den Hauptgebäuden handelt es sich um ebenerdige, mehrschiffige Pfostenbauten mit langrechteckigem Grundriß. Sie sind größer als alle übrigen Bauten und weisen beträchtliche Ausmaße auf. Längen von über 10 m sind die Regel. Zuweilen läßt sich auch bei diesen Großbauten ein leichtes Absenken der Bodenfläche feststellen. Bedingt durch die ebenerdige

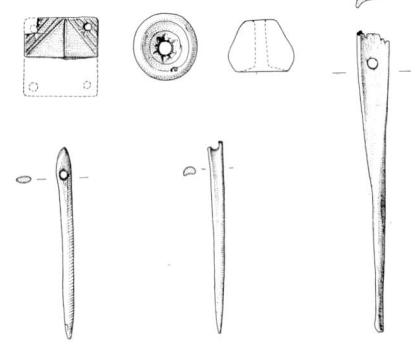

Abb. 13
Gerätschaften der Textil-
verarbeitung (Webbrett-
chen, Spinnwirtel,
Knochennadeln) aus
Hausgrube A (s. Abb. 2).
Maßstab 1 : 3.

Abb. 14
Plan der frühmittelalterlichen Siedlung
Berslingen im Kanton Schaffhausen (nach
W. U. Guyan und H. R. Sennhauser).

Konstruktionsweise – es handelt sich bei den bisher nachgewiesenen Gebäuden um Pfosten- oder Gerüstbauten – blieben meist nur wenige Spuren zurück. Man darf in dieser Gebäudeform das den Freien vorbehaltene Herrenhaus des vielgliedrigen Gehöftes vermuten, dessen sämtliche Gebäude, insbesondere die Frauengemächer, mit einem Zaun *(sepsis)* «umfriedet» wurden, womit quasi ein Rechtsbezirk geschaffen wurde.

Als eines der besten Beispiele für eine derartige ländliche Siedlung, bestehend aus scheinbar mindestens zwei Gehöften und zugehöriger Kirche, sei die Siedlung Berslingen im Kanton Schaffhausen angeführt (Abb. 14). Ein vor dem Zweiten Weltkrieg aufgenommenes Foto der Siedlung Markhausen in Oldenburg mag mit seinen altertümlich wirkenden Gebäudeformen das Nebeneinander ähnlicher «primitiver» Hausbauten illustrieren (Abb. 15).

Auf dem Münsterhügel in Basel dürfte der Nachweis auch nur eines der ehemals ebenerdigen Gebäude schwerfallen. Die Schichten, die diese Spuren enthielten, wurden durch jüngere Eingriffe, vor allem Gräber, weitgehend gestört. Es stellt sich auch die Frage, ob auf dem Münsterhügel zwingend Großbauten der geschilderten Art bestanden haben müssen oder ob nicht ältere, noch bestehende Gebäude oder Gebäudeteile innerhalb des alten römischen Kastells deren Funktion vorübergehend übernahmen.

Die Grabungen der letzten Jahre haben zu dieser und einer Menge anderer Fragen neue Befunde geliefert, umgekehrt aber auch neue Probleme aufgeworfen. Nicht erwähnt wurden bisher beispielsweise Grubenhäuser außerhalb des Kastellbezirkes (Abb. 1/7). Sie entsprechen in der Bauweise dem bereits geschilderten Typ des Zweipfostenhauses, der, wie der Vergleich mit anderen Ausgrabungsplätzen im nahen Elsaß und in Deutschland zeigt, jünger ist als die komplizierten Pfostenbauten. Die Funde aus den Basler Grubenhütten bestätigen diese Annahme von anderer Seite. Die Bauten im Vorgelände des Kastells scheinen eine Verlagerung des Siedlungsgeländes anzudeuten. Welche Beweggründe dafür ausschlaggebend waren, bleibt vorläufig dahingestellt. Zahllose Fragen zum frühmittelalterlichen Siedlungswesen auf dem Basler Münsterhügel stehen im Raum. Weitere Forschungen sind nötig, um das bisher entworfene Bild abzurunden.

Abb. 15
Die Siedlung Markhausen in Oldenburg, Deutschland. Foto vor dem Zweiten Weltkrieg (nach K. Hucke).

Literatur

Basler Stadtbuch 1977, S. 119ff.; 1979, 281ff.

Drack, W. (Hrsg.): Ur- und frühgeschichtliche Archäologie der Schweiz, Bd. 6: Das Frühmittelalter. Verlag der Schweizerischen Gesellschaft für Ur- und Frühgeschichte, Basel 1979.

Helmig, G.: Frühmittelalterliche Grubenhäuser auf dem Münsterhügel – Ein Kapitel Stadtgeschichte. Archäologie der Schweiz 5 (1982), S. 153ff.

Jahresberichte der Archäologischen Bodenforschung Basel-Stadt. Basler Zeitschrift für Geschichte und Altertumskunde 78 (1978), S. 221ff.; 79 (1979), S. 340ff.; 80 (1980), S. 238ff.

Zur Unterfangungstechnik im Mittelalter – archäologische Beispiele aus Basel

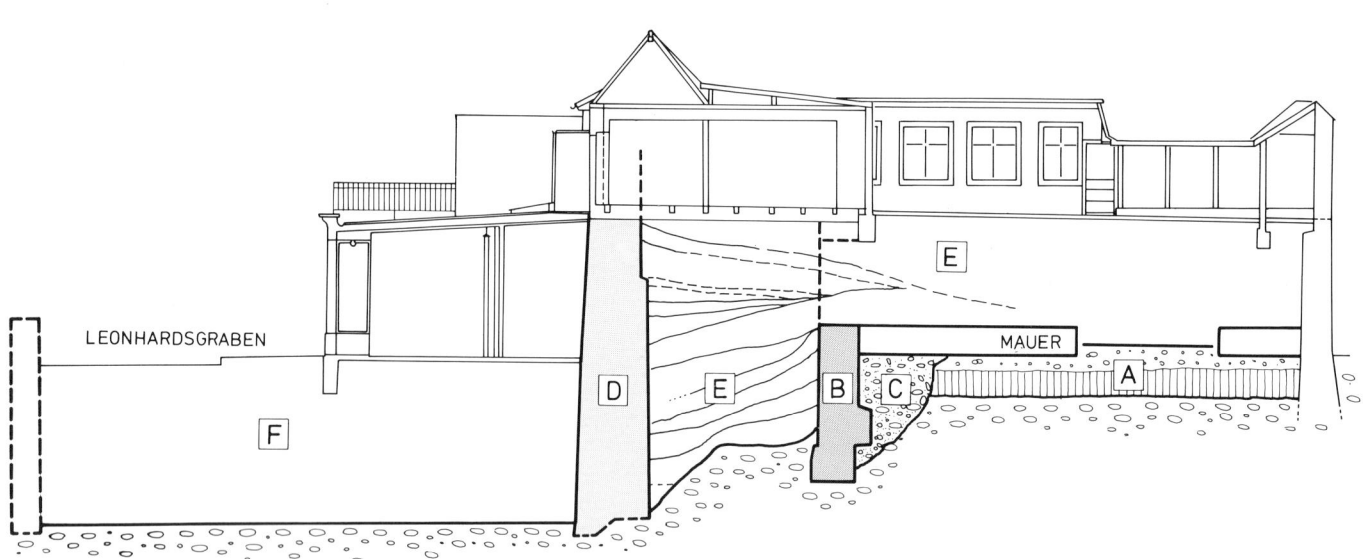

Als «Unterfangung» bezeichnet man eine Steinbautechnik, mit Hilfe derer das Fundament einer bestehenden Mauer im Zuge einer Umnutzung durch Unterhöhlung des Bodens und durch Untermauerung nach unten abgetieft wird. Im allgemeinen wird diese Bautechnik angewandt, um bestehende, nicht unterkellerte Gebäude im nachhinein mit Kellern zu versehen. Es gibt aber auch andere Möglichkeiten für den Einsatz dieser Technik. So können beispielsweise auch Hofmauern unterfangen werden, wenn sie nachträglich in ein Haus einbezogen werden; aus dem Mittelalter ist sogar der Fall eines unterfangenen Stadtturms bekannt.

Zur archäologischen Arbeitsmethode

Ähnlich wie in der Geologie geht man in der Archäologie davon aus, daß die Erd- bzw. Kulturschichten in Siedlungen im Laufe der Zeit «anwachsen». Dies geschieht durch natürliche oder künstliche Ablagerungen, die sich bilden, indem z.B. Bauschutt vom Brand oder Abbruch von Häusern planiert wird oder wenn in Holzhäusern liegende gestampfte Lehmböden, Feuerstellen usw. erneuert werden. Dadurch entstehen verschiedene Erdschichten. Man spricht von einer Stratigraphie (Schichtungsbeschreibung), bei der die untere Schicht normalerweise als die ältere anzusehen ist. In diesen Schichten finden sich Gegenstände des damaligen Lebens, die als Abfall oder verlorene Objekte in den Boden geraten und in ihrer Ausgestaltung typisch für die jeweilige Epoche sind. Durch den Vergleich der in den verschiedenen Schichten abgelagerten

Fundgegenstände erhält man Anhaltspunkte für die Datierung der betreffenden Siedlungsschichten, denn im Laufe der Zeit verändert sich die Sachkultur der entsprechenden Epochen gemäß den neu auftretenden und vorherrschenden Stilrichtungen.

Analog geht man bei der Untersuchung von Steinhäusern aus historischen Zeiten vor. Auch ein historisches Gebäude ist gewissermaßen «gewachsen». Heute sieht man beispielsweise bei einem Wohnhaus kaum je den ursprünglichen Bau vor sich, sondern nur einen in späterer Zeit vielfach umgebauten Baukörper. Durch Freilegen der Mauern (Abspitzen des Verputzes) versucht man, die verschiedenen älteren Bauteile, Erweiterungen, Aufstockungen, Fenster- und Türausbrüche bzw. -zumauerungen festzustellen und deren zeitliche Abfolge zu definieren. Auf diese Weise läßt sich zunächst die relative Abfolge der Baugeschichte herausfinden – was ist älter, was jünger? Das Baudatum des Gebäudes muß durch eine absolute Datierung in Jahrzehnten noch fixiert werden. Aus der Art des Mauerbaus, aus den Stilelementen im Aufgehenden, wenn vorhanden auch aus den Jahrringuntersuchungen von Holzbalken (Dendrochronologie), aus Bauinschriften oder historischen Überlieferungen lassen sich Datierungshinweise gewinnen. Aber auch die archäologische Schichtdatierung aufgrund des Fundmaterials in Baugruben, im zugehörigen Baugelände und in Böden ermöglicht die Datierung insbesondere der in der Frühzeit des mittelalterlichen Steinbaus entstandenen Gebäude. So entsteht ein Bild der Entwick-

lung einer historischen Liegenschaft im Laufe ihrer Geschichte durch die Jahrhunderte.

Wer mit der stratigraphischen Methode der Archäologie arbeitet, ist es gewohnt, die unten liegenden Kulturschichten als die älteren zu betrachten. Es läßt sich unschwer einsehen, daß die einfache Gleichung – das untere ist das ältere – im Falle von Unterfangungen zu verhängnisvollen baugeschichtlichen Fehlschlüssen führen kann.

Wir wollen die stratigraphische Methode am Beispiel der Mittelalter-Archäologie erläutern: Die Ausgrabung im Haus Leonhardsgraben 43 in Basel vermag das Wechselspiel zwischen Schichten und Mauern deutlich aufzuzeigen. Ein Längsschnitt durch die Liegenschaft gibt den besten Überblick über die Baugeschichte.[1] Auf Abb. 16 ist ein Schnitt durch ein Gebäude aus dem 19. Jahrhundert zu sehen, das auf archäologischen Siedlungsschichten und älteren Mauern steht. So kommt etwa der Vorbau auf den zu Beginn des 18. Jahrhunderts aufgefüllten Stadtgraben (Abb. 16 F) zu liegen, die Vorderfassade des Hauses benutzt eine alte Stadtmauer als starkes Fundament weiter

(Abb. 16 D). Soweit war der Befund von Anfang der Untersuchungen an klar, war doch diese Stadtmauer und ihr zugehöriger Graben – die sogenannte Innere Stadtmauer aus der Zeit zwischen ca. 1200 und 1250 – von alten Abbildungen her schon seit langem bekannt. Die mächtigen, rechts hinter der Stadtmauer liegenden Kiesschichten zeigen an, daß der Grabenaushub hinter die Stadtmauer als Wall geschüttet wurde (Abb. 16 E). Auf diese Weise war im 13. Jahrhundert eine äußerst starke Stadtbefestigung entstanden, lange vor dem Einsatz von Feuerwaffen!

Die Untersuchung der Kiesschichten zeigt eindeutige Ablagerungsschichten (auf der Abbildung 16 E durch feine Linien hervorgehoben), die klar erkennen lassen, daß der Aushub aus dem Graben stammen muß. Bemerkenswert ist aber insbesondere eine starke Mauer, die unter diesen Kiesschichten liegt und somit älter sein muß (Abb. 16 B). Beidseits dieser Mauer wurden zugehörige Gehniveaus gefunden – auf der linken Seite etwa 3 m tiefer gelegen als auf der rechten, stadtwärts gewandten Seite (Abb. 16 A). Die stratigraphische Überlagerung dieser Mauer weist sie eindeutig als älter als die Innere Stadtmauer aus. Wegen ihrer Stärke sowie wegen des tief gelegenen Gehniveaus auf der der Stadt abgewandten Seite läßt ihre Interpretation als Vorgänger-Stadtmauer mit dem zugehörigen Stadtgraben als zwingend erscheinen. Aufgrund der klaren Schichtverhältnisse darf man sie somit bedenkenlos mit der bisher kaum bekannten Stadtmauer des Bischofs Burkard von Fenis aus dem ausgehenden 11. Jahrhundert identifizieren, die ungefähr 150 Jahre nach ihrer Erbauung durch eine neuere und stärkere Stadtmauer mit einem tieferen Graben ersetzt wurde. Das Fundmaterial aus den zugehörigen Schichten steht im Einklang mit dieser Deutung.

Die Keller und die Baugeschichte

Versucht man, in einem aus älteren Bauteilen gewachsenen Gebäude mittels Bauuntersuchungen den ursprünglichen Kern herauszuschälen, so wird man einem allfälligen Untergeschoß auf jeden Fall große Aufmerksamkeit schenken müssen. Einerseits haben sich die ältesten Bauteile meist in den Fundamenten erhalten, da sie im Aufgehenden durch Umbauten oft weitgehend beseitigt wurden, andererseits wird häufig als Folge nachträglicher Unterkellerungen gerade unter den bestehenden alten Fundamenten noch jüngere Bausubstanz sichtbar.

In der Stadt Basel hat man die Erfahrung gemacht, daß die Häuser in der mittelalterlichen Talstadt beidseits des kleinen Stadtflusses Birsig kaum je unterkellert waren. Erst mit steigendem Platzbedarf und in dicht überbauten Gebieten suchte man Raum in der Tiefe zu gewinnen, doch setzt dieser Prozeß nach unserem Kenntnisstand erst in der Neuzeit in nennenswertem Umfang ein (16.–19. Jahrhundert). Generell muß man auch die Topographie und die allgemeine Siedlungsgeschichte des betreffenden Stadtgebietes in Rechnung stellen, bilden doch Grundwasser- und allgemeine Platzverhältnisse eine wesentliche Voraussetzung für den Bau von Kellern. Ein wichtiger Grund für den Verzicht auf Kellerbau in der Frühzeit wird der Grundwasserspiegel gewesen sein, der wohl wegen des Quellhorizonts am Fuße der Abhänge in der Talstadt relativ hoch stand.

Etwas anders sieht es am unteren Teil der Talhänge aus, wo die Gebäude ohnehin mehr oder weniger in den Hang gestellt werden mußten. Dort sind durchaus schon im 13. Jahrhundert entstandene Häuser mit in den Hang geschobenen Untergeschossen bekannt.[2] Die Seltenheit von Kellern in dieser frühen Zeit geht aber nicht zuletzt auch daraus hervor, daß der ab 1241 in den Urkunden gelegentlich auftretende Haus- und Familienname «Steinkeller» eben das Außergewöhnliche eines Kellers in dieser frühen Zeit betont.[3] Ein ähnlicher Haus- und Geschlechtsname, «zum Neuen Keller», läßt ebenfalls solche Rückschlüsse zu. Darf man aus der Kombination von früherem Namen und dem Attribut «neu» vielleicht sogar schließen, daß ein bestehendes Gebäude nachträglich mit einem neuen Keller versehen worden war?[4]

Anders dürfte die Situation auf den Hochterrassen gewesen sein, wo keine Grundwasserprobleme zu befürchten waren. Auch dort wurden Häuser mit Kellern errichtet; allerdings waren sie kaum die Regel, wie neuere Untersu-

Abb. 17
Basel–Andreasplatz/Schneidergasse: Die Lage der ältesten Steinbauten aus der Zeit zwischen ca. 1100 und 1300 (fette schwarze Linien) und die der jüngeren Keller (dunkles Raster) schließt sich gegenseitig aus. Die heutige Überbauung ist gerastert hervorgehoben. Maßstab 1:500.

chungen gezeigt haben. So sind z. B. am Nadelberg bisher nur zwei frühe Keller des 13. / 14. Jahrhunderts nachgewiesen.[5]
Zwei früher einmal geäußerte Vermutungen bezüglich des Standes ihrer Erbauer und des Alters unterkellerter Gebäude haben sich jedoch nicht bestätigt: Die Errichtung von Untergeschossen war in der Frühzeit des mittelalterlichen, nicht-kirchlichen Steinbaus (11.–13. Jahrhundert) eine Frage der wirtschaftlichen Bedürfnisse bzw. der finanziellen Leistungsfähigkeit der Bauherren und nicht eine Frage von «Adel oder Bürgertum», wie einmal postuliert wurde.[6] Ferner läßt sich aus dem Vorhandensein von Kellern oder Untergeschossen keinesfalls die Lage der ältesten Bauten eines Viertels ablesen. Vergleicht man beispielsweise im archäologisch gut bekannten Gebiet Schneidergasse / Andreasplatz (Basel) die vor den großen Sanierungsmaßnahmen vorhandenen unterkellerten Bereiche mit den ältesten Kernbauten, so stellt man fest, daß sich die beiden Bereiche überhaupt nicht decken (Abb. 17). Die durchwegs jüngeren Keller liegen sogar ausnahmslos neben den ältesten Steinbauten! Entweder stammen sie von neuzeitlichen Gebäuden, oder es handelt sich um nachträglich unterfangene Keller.
Daher muß man auch anderweitigen Versuchen mit Vorsicht begegnen, aus der Lage von Kellern Hinweise auf die Entstehungsgeschichte von Altstadtquartieren zu gewinnen. In Bern wurde beispielsweise um 1980 versucht, aus einem «Kellerplan» Rückschlüsse auf die Entstehung der Parzellen und auf die ältesten Bauten zu gewinnen. Der Versuch muß in dieser Art als mißlungen gelten.[7]

Erste Versuche in römischer Zeit

Auf der Suche nach Beispielen für Unterfangungstechnik aus römischer Zeit ist aus Basel nichts bekannt geworden. Das mag einerseits damit zusammenhängen, daß in der römischen Monumentalarchitektur ein nachträgliches Einpassen von Kellern wohl ohnehin weniger zu erwarten ist als in den dichtbebauten städtischen Siedlungen. Andererseits ist in solchen Siedlungen das Steinmaterial der Gebäude nach deren Aufgabe zur Wiederverwendung meist bis unter den Boden abgebrochen und geplündert worden. Falls Häuser nachträglich unterkellert worden sein sollten, ist der Nachweis der Unterfangung somit schwer zu erbringen. Auch wenn man in römischer Zeit die echte Unterfangungstechnik dem Anschein nach nicht angewendet hat, so wollte man dennoch gelegentlich ein Gebäude nachträglich unterkellern, wie zwei Beispiele aus Basel und aus Augst (in römischer Zeit: Augusta Raurica) zeigen.

Ein Basler Keller wird in eine Mauerecke eingepaßt

Bei einer Ausgrabung auf dem Basler Münsterhügel stieß man im Frühling 1970 in einem Hof an der Rittergasse 16 auf römische Mauern (Abb. 18). Ein Mauerwinkel, wahrscheinlich eine Hofmauer, konnte über eine größere Fläche freigelegt werden (Abb. 18 B). In die Nordecke war ein Mauergeviert eingepaßt worden: ein niedriger kleiner Keller mit einem schmalen Zugang (Abb. 18 A 1), einem nur 0,80 m breiten Kellerhals (Abb. 18 A 2), doch lassen wir den Ausgräber selber sprechen[8]: «Zur Ausstattung des Kellers … kann folgendes gesagt werden: es läßt sich ablesen, daß die Abgangstreppe im Kellerhals aus massiven Holztritten bestand. Am ehesten hat man sie sich in der Form dreieckiger Spaltklötze vorzustellen, die auf schräg fallenden Längsdielen befestigt waren … Am Eingang zum Keller befand sich eine Türe. Ihr Standort ist an den Mauereinsprüngen leicht zu erkennen. Es müssen dort als Türwangen [Türzargen] 10 cm dicke und 40 cm breite Balken eingelassen gewesen sein. An dieser Stelle fanden sich auch entsprechende Eisenteile wie Türangeln, Rundstabriegel und zudem noch Reste einer Sicherheitskette. Gegen Süden öffnete sich ein Fensterloch mit nach innen stark abgeschrägten Wangen, auch diese sauber mit Mörtel verputzt. Da in seiner Nähe kräftige Angelbänder gefunden wurden, ist anzunehmen, daß es mit Läden verschlossen werden konnte. Längs der Nord- und Westwand des Kellers zog sich eine Schüttung von feinem Sand, abgeschrankt durch Längsbretter, deren verkohlte Spuren sich deutlich ablesen ließen. Mag sein, daß hier Ackerfrüchte zur Frischhaltung eingeschlagen wurden. Obwohl man direkt auf dem Boden keine Amphorenscherben fand, muß aber auch die Möglichkeit erwogen werden, ob auf dieser ‹Sandbank› nicht Amphoren abgestellt wurden.»
Bemerkenswert ist die in die Ecke eines älteren Gevierts geschobene Stellung dieses niedrigen, nur 3 × 3 m messenden kleinen Kellers aus dem 2. Jahrhundert. Ganz offensichtlich ist es jünger als das Geviert (wäre es älter, würde die Mauer zweifellos an den Keller anstoßen und ihn nicht umgehen). Die Umfassungsmauer war beim Kelleraushub im Eckbereich bis über die Unterkante des Fundaments hinaus freigelegt worden und stand über eine gewisse Zeit frei – ein nicht ganz risikoarmes Vorgehen! Als Unterfangung im eigentlichen Sinn kann man das jedoch nicht bezeichnen, da die Umfassungsmauer ja nicht unter-, sondern lediglich vorgemauert wurde (Abb. 19 A).

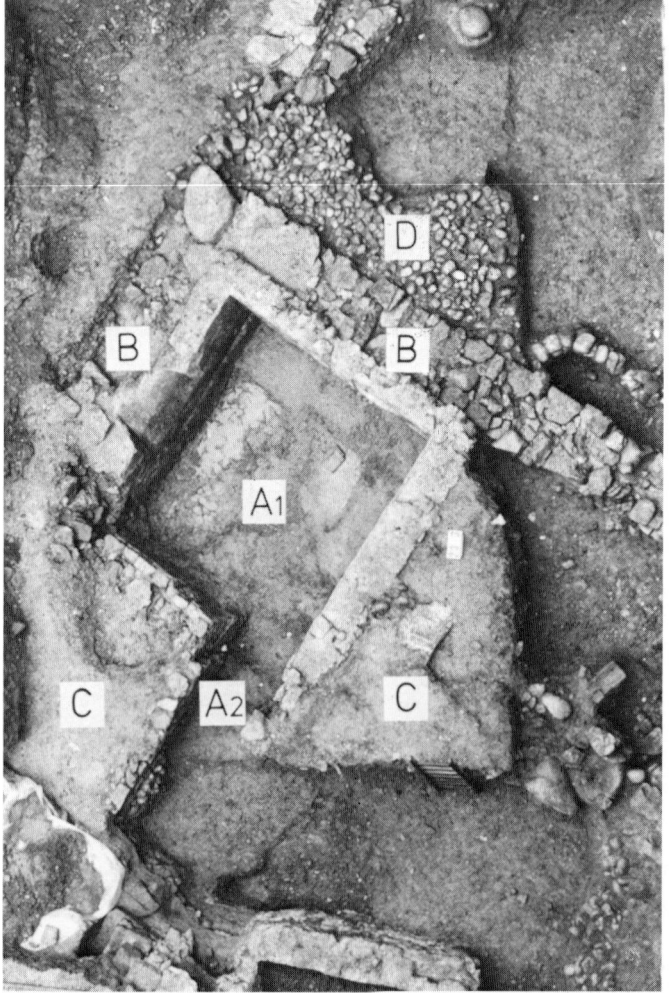

Abb. 18
Basel–Rittergasse 16: Ausgrabung im Höflein. Der römische Keller (A 1) mit dem Kellerhals (A 2) steht satt in der Ecke eines Mauerwinkels (B); daneben ist innerhalb des Mauerwinkels das mit Brandschutt bedeckte zugehörige Gehniveau zu erkennen (C), außerhalb eine Steinpflästerung (D).

Abb. 19
Verschiedene Möglichkeiten der Unterfangung. A: «Nebenfangung» in römischer Zeit; der neue Keller wird neben einer bestehenden Mauer abgetieft, B: teilweise Unterfangung (Beispiel Roßhof), C: abgestufte Unterfangung dicker Mauern (Beispiel Leonhardsgraben 47), D: vollständige Unterfangung; an der Außenseite schiebt sich ein Erdkeil zwischen den alten und neuen Mauerteil (Beispiel Engelhof), E: teilweise Unterfangung mit «kissenartig» vorstehendem Mauerfuß (Beispiel Haus zum Worms), F: Keller mit noch erkennbarem Fundamentsockel der älteren Mauer.

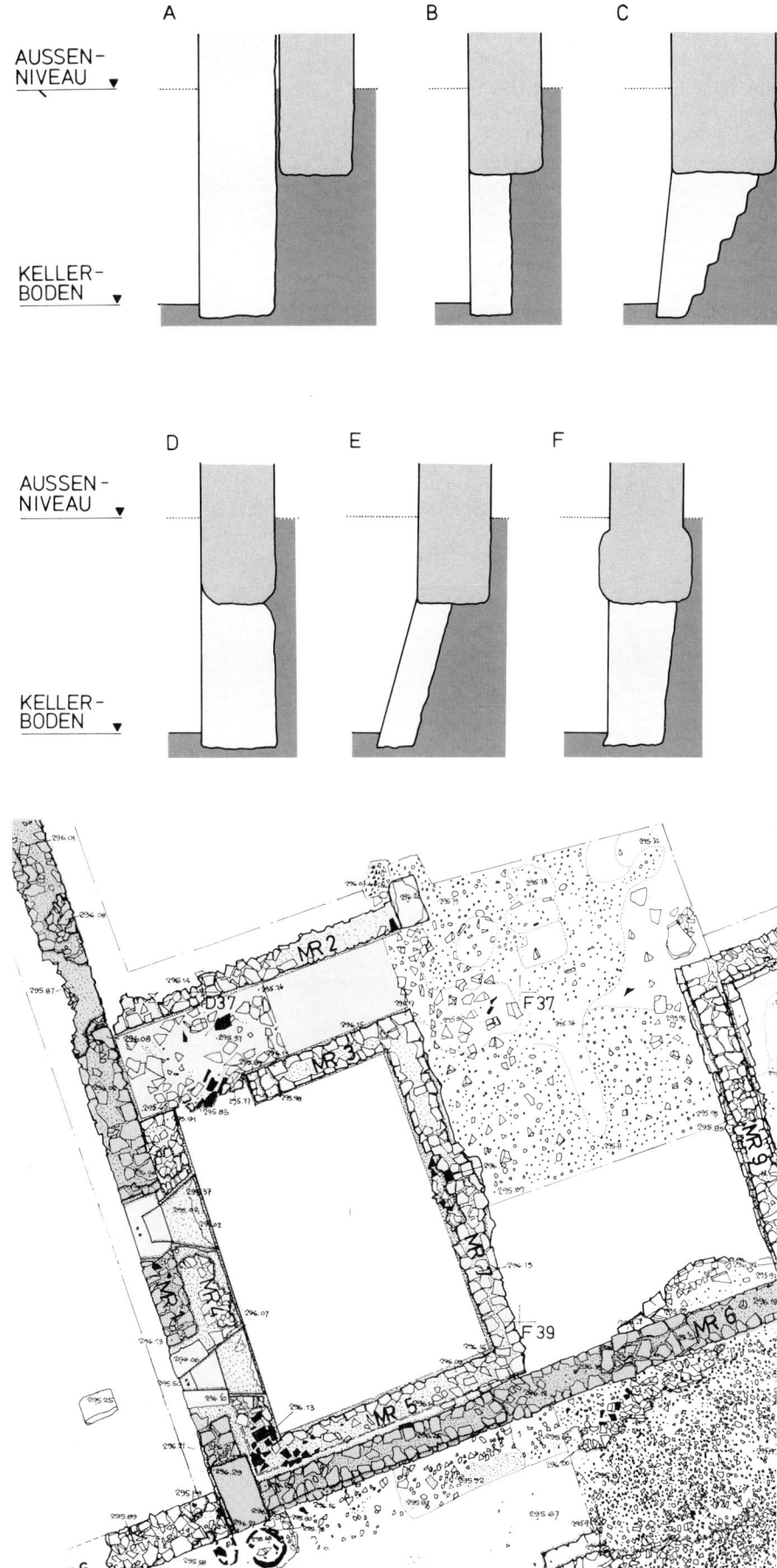

In Augst geschieht dasselbe

Dieser Basler Fund steht nicht vereinzelt da, gibt es doch ein identisches Beispiel im nahegelegenen römischen Augst[9] in einem heute an der Autobahn liegenden Stadtviertel. Hier ließ sich das ganze Areal beobachten: Ein mindestens 15 × 25 m messender Hof enthielt zwei Gebäude. Das eine, etwa quadratische Gebäude war im gleichen Zug wie die Umfassungsmauer an diese angebaut worden. Das andere, rechteckige war ein in den Boden eingetiefter Keller mit Kellerhals (Abb. 20, dunkles Raster). Es baute jedoch nicht wie das erste unmittelbar an die Umfassungsmauer an, sondern war als selbständiges, von vier Mauern gebildetes Gebäude in die Ecke gesetzt und brachte somit eine Verdoppelung der Mauerstärke. Über die ganze Länge ist die Baunaht zwischen den beiden Mauern zu sehen, außer an der Stelle der beiden Fensterschächte, die in die ältere Umfassungsmauer eingreifen.

Auch in diesem Fall standen die Fundamente der Umfassungsmauer über eine Länge von 4,50 und 7,50 m an der Innenseite frei, bis sie durch die neuen Kellermauern gestützt wurden. Da die Umfassungsmauer eine Geschoßhöhe kaum überstiegen haben wird, und die rund 0,70 m breiten Fundamente auf eine genügend starke Basis abgestützt waren, wird auch keine ernsthafte Einsturzgefahr bestanden haben, zumal die Baugrube des Kellers ja unmittelbar nach dem Aushub ausgemauert worden war. Von einer eigentlichen Unterfangung, wie man sie aus mittelalterlichen und neuzeitlichen Kellern kennt, kann allerdings auch hier keine Rede sein.

«Nebenfangung» statt Unterfangung?

Es macht also den Anschein, als ob in römischer Zeit die Unterfangungstechnik im eigentlichen Sinne nicht bekannt war oder von den Bauleuten zumindest nicht häufig angewandt wurde. Diese Behauptung muß nicht gleich für das ganze römische Reich gelten, doch zumindest für die Nordwestschweiz mit der römischen Koloniestadt Augusta Raurica (Augst) und dem Militärlager Vindonissa (Windisch bei Brugg) lassen

Abb. 20
Augst – Grabungen (Autobahn/Lärmschutzwall): In die Ecke einer Hofmauer (dunkles Raster) wurde nachträglich ein Keller mit Kellerhals (helles Raster) gestellt. Zwei zum
Keller gehörende Fensternischen wurden durch die Hofmauer gebrochen. Inner- und außerhalb der Hofmauer liegt eine Steinsetzung, das damalige Gehniveau. Maßstab 1:100.

sich unseres Wissens keine Beispiele für
echte Unterfangungstechnik namhaft
machen.[10] Auch die bekannten Handbü-
cher zur römischen Architektur erwäh-
nen keine diesbezüglichen Beispiele.[11]
Die auf Repräsentation angelegten öffentlichen Gebäude und Tempel boten
sich wohl auch nicht gerade für solches
ergänzendes «Flickwerk» an. Bei Privat-
bauten, insbesondere in Siedlungen, wo
der zur Verfügung stehende Platz beschränkt war, mochte hingegen bei Bedarf die «Pseudo-Unterfangung» gelegentlich angewendet worden sein. In
Analogie zum technischen Ausdruck
Unterfangung könnte man in solchen
Fällen von einer «Nebenfangung» sprechen (Abb. 19 A).

Eine mittelalterliche Mauer wird unter-
fangen – ein Musterbeispiel vom Roß-
hofareal

In Basel sind auf dem Roßhofareal (Petersgraben 51) unmittelbar an der Inneren Stadtmauer verschiedene Mauern
zum Vorschein gekommen; es handelt
sich um eine Arealmauer mit angebau-
tem Gebäude. An diese Hofmauer wurde zu einem nicht genauer bestimmba-
ren Zeitpunkt ein unterkellertes Haus
angebaut. Ein Teil der Arealmauer wurde unterfangen. Der Fund dieses Mauer-
zuges ist ein Glücksfall, konnte doch die
Bautechnik beidseits untersucht werden.
Da das Gelände mitsamt den im Boden
steckenden Resten der Hofmauer im
späten Mittelalter mit Brandschutt überdeckt wurde, kann das Gebäude nicht
allzulange nach dem Bau der Hofmauer
errichtet worden sein (Abb. 21 und 22).[12]
Wie stellte sich dieser Befund dar? Das
älteste Element war die an die Stadtmauer angebaute Arealmauer des 13. Jahrhunderts mit einer Fundamentbreite von
0,80 m (Abb. 21 B). Im 15. Jahrhundert
wurde sie bodeneben abgebrochen, doch
vorher war noch ein Haus im Winkel
zwischen Hofmauer und Stadtmauer angebaut worden (wohl im 14. Jahrhundert), dessen Keller mittels einer interessanten Technik unter die bestehende
Hofmauer gebaut wurde.
Als erstes hob man die Baugrube bis in
die erforderliche Tiefe aus. Dabei ließ
man zweifellos die notwendigen Böschungen vorerst noch stehen, um die
alte Hofmauer zu stützen und in einzelnen Etappen über eine Länge von 10 m
zu unterfangen. Die Hofmauer lag auf
einem guten Baugrund auf, nämlich auf
dem natürlichen Kies. Über eine Länge
von vielleicht maximal 1,50 m wurde
nun die halbe Mauerbreite der Hofmauer unterhöhlt (Abb. 23 und 19 B). Unmittelbar danach wurde die jetzt teilweise
frei schwebende Mauer durch einen
Holzstamm von rund 0,20 m Durchmesser unterstützt (Abb. 21 E). Offenbar hatte man dafür diejenigen Stellen ausge-
sucht, wo in der untersten Fundamentla-

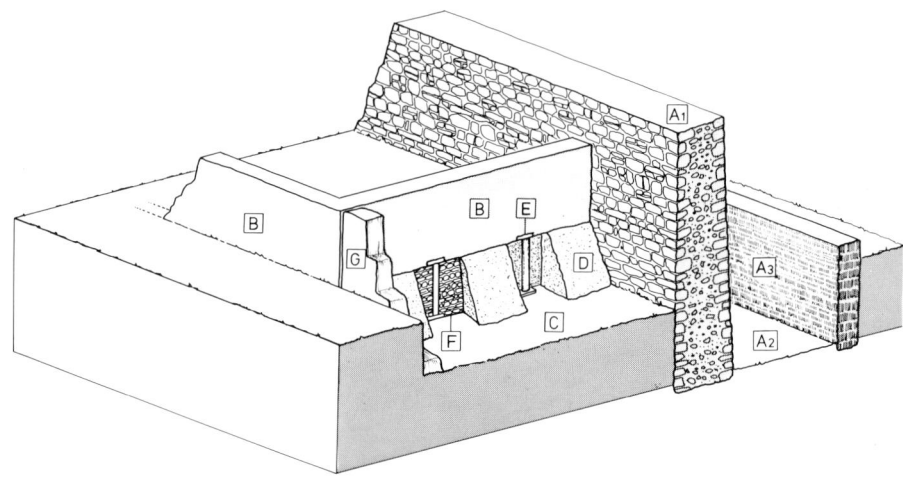

Abb. 21
*Basel–Roßhof, Petersgraben 55: isometrische
Rekonstruktion der älteren Arealmauer mit
dem angebauten, zu einem jüngeren Haus
gehörenden Keller. Dargestellt sind die verschiedenen Arbeitsvorgänge der Unterfangung. A 1: Stadtmauer (erste Hälfte 13. Jahr-*
*hundert), A 2: Stadtgraben, A 3: Konter-
mauer, B: Hofmauer (13. Jahrhundert),
C: Baugrube, D: stehengelassene Böschung,
E: Baumstamm, eingespannt zwischen zwei
Steinplatten, F: ausgemauerte Unterfangungsetappe, G: an die Hofmauer angebaute
Kellermauer.*

Abb. 22
*Basel–Roßhof, Petersgraben 55: Überblick
über den in Unterfangungstechnik erbauten
Keller (Abb. 24).*

ge der Hofmauer größere, plattige Steine
vorhanden waren, die sich als Wider-
bzw. Auflager für den Stamm eigneten
und die Last des Fundamentes auffan-
gen konnten. Auch am Boden fand man
größere Steinplatten als Auflager für den
Holzstamm. Unmittelbar nach Erstellung dieser Hilfsstütze wurde die Lücke
ausgemauert, dabei wurde das Rundholz
vollständig eingemauert (Abb. 21 F). Im
Laufe der Jahrhunderte ist das Holz natürlich vermodert, doch blieb es in Form
eines Hohlraumes in der Mauer erhalten
(Abb. 23 und 24). In der 10 m langen
erhaltenen Kellermauer sind insgesamt
zwei von solchen Rundhölzern stammende Hohlräume zum Vorschein gekommen; ob allenfalls ein weiterer oder
weitere unerkannt im Mauerwerk verborgen geblieben sind, muß offen bleiben. Das eine Rundholz war ursprünglich so stark (rund 30 cm dick), daß der
vordere Teil vom Verputz nicht oder nur

knapp bedeckt war. Der Pfostenschlitz
war zum Zeitpunkt der Ausgrabung
denn auch klar sichtbar (Abb. 22 und
24). Ein zweiter, etwas dünnerer Hohlraum in der Mauer mußte erst freige-
spitzt werden. Möglicherweise wurden
nicht alle Unterfangungsetappen mit
Baumstämmen abgestützt, sondern vielleicht nur gerade die beiden ersten. Jedenfalls lassen sich daraus etwa sechs
Unterfangungsetappen mit einer durchschnittlichen Breite von je 1,50 m rekonstruieren.
Da wir die Anzahl der eingemauerten
Stützpfosten nicht mit Sicherheit kennen, können wir auch die durchschnittliche Unterfangungsbreite nicht angeben.
Die Breite kann jedoch aus Sicherheits-

Abb. 23
Basel–Roßhof, Petersgraben 55: Querschnitt durch die Kellermauer. Oben ist das breite Hofmauerfundament zu erkennen, unten (links vom Maßstab) der als Unterfangung errichtete Mauerteil mit dem Negativabdruck des eingemauerten Baumstamms, unmittelbar links davon der anstehende Kies, im Hintergrund die Stadtmauer.

gründen kaum 1,50 m übertroffen haben, da die Hofmauer aus Bruchsteinmauerwerk bestand. Die Unterfangung scheint jedenfalls ohne Schwierigkeiten vonstatten gegangen zu sein, ließen sich doch im Fundament der wiederverwendeten Hofmauer keine Setzungsrisse beobachten.

Ein anderes Phänomen konnten wir zunächst nicht erklären: zwischen der älteren Arealmauer und der neuen Kellermauer war über die ganze Länge eine Reihe von schmalen, horizontalen Schlitzen zu erkennen. Sie waren etwa 2–3 cm hoch, reichten rund 15 cm tief in die Mauer und waren 7–12 cm breit; ursprünglich waren sie vom Verputz überdeckt (Abb. 24 und 25). Im Innern hatten sich noch Reste von Holzfasern erhalten, zudem zeigte sich ein spitz zulaufendes hinteres Ende. Offensichtlich handelte es sich um die Hohlräume vermoderter Holzkeile, die zwischen den alten und den neuen Mauerteilen eingeschlagen worden waren. Zweck dieser Keile dürfte es gewesen sein, die nicht ganz einfach verschließbare Lücke zwischen dem alten Mauerfundament und der neuen Unterfangung möglichst fest zu verspannen, um den Dehnungsschwund des Mörtels beim Trocknen etwas auszugleichen. Während wir eingemauerte Rundhölzer auch von anderen Fundstellen kennen, scheinen diese Holzkeile bis jetzt einmalig zu sein.

Unterfangung eines mittelalterlichen Wehrturms

Im Eingangskapitel haben wir am Beispiel der mittelalterlichen Stadtmauern im Hause Leonhardsgraben 43 die archäologische Arbeitsmethode aufzuzeigen versucht. Nur 20 m weiter östlich ist

in der Liegenschaft Leonhardsgraben 47 an derselben Stadtmauer ein Mauerturm mit rechteckigem Grundriß zum Vorschein gekommen, der zeitlich zwischen der älteren Stadtmauer des Bischofs Burkard von Fenis (spätes 11. Jahrhundert) und der jüngeren, nur wenige Meter davorliegenden sog. Inneren Stadtmauer (wohl vor oder um 1250) errichtet wurde (Abb. 26).[13] Er datiert in die Zeit um oder kurz nach 1200. Er baut an die Burkardsche Mauer an und steht im Graben dieser Stadtmauer, wird seiner-

seits aber nachträglich in die jüngere Stadtmauer einbezogen. Diese Stadtmauer nimmt seine Vorderfront als neue Baulinie auf und setzt beidseits des Turmes an.

Dieser Mauerturm stand zunächst also vor der bestehenden Stadtmauer, nach dem Bau der neuen Inneren Stadtmauer dahinter. Das hatte verteidigungstechnische Nachteile: Es war nun nicht mehr möglich, die Mauerfront flankierend zu bestreichen. Wegen der Stärke des Turms mit einer Gesamthöhe von knapp 14 m, einem Grundriß von 7 × 10 m und einer Mauerdicke von 1,40 m hat man diesen Nachteil jedoch offenbar in Kauf genommen.

Für den Baumeister war ein anderer Nachteil wohl gravierender: Gleichzeitig mit dem Bau der (jüngeren) Inneren Stadtmauer mußte der Graben zusätzlich um 1 m abgetieft werden. Die neue Stadtmauer sollte stärker sein, der Graben tiefer und wohl auch breiter als

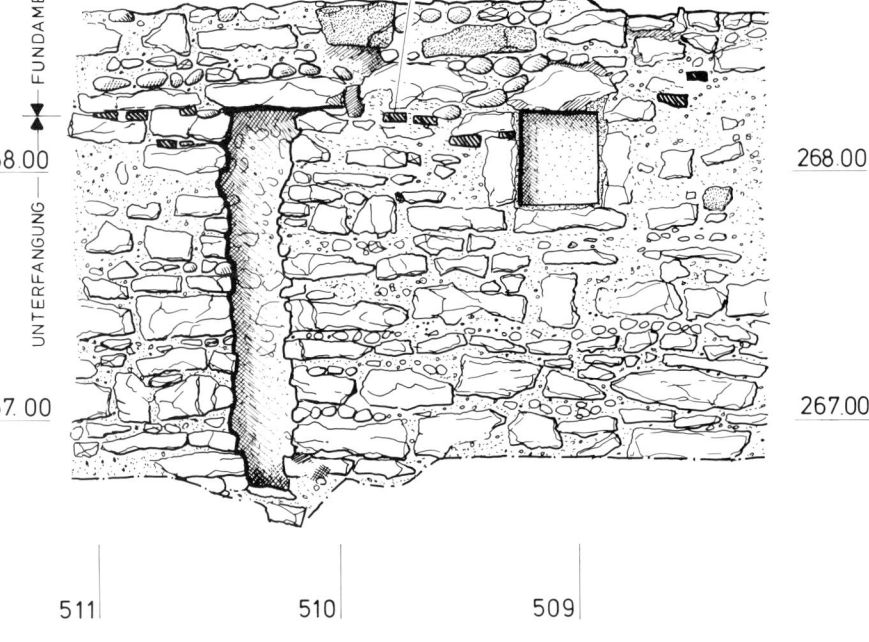

Abb. 24
Basel–Roßhof, Petersgraben 55: Zeichnung der unterfangenen Kellermauer (Abb. 22). Links in der Kellerwand ist der Hohlraum des eingemauerten, inzwischen vermoderten Baumstammes sichtbar, rechts eine Licht- nische. Die waagrechten kleinen Schlitze (Keil-Negative) geben die Grenze zwischen dem älteren Hofmauerfundament (oben) und dem jüngeren, unterfangenen Mauerteil (unten) an (Abb. 25). Maßstab 1:20.

Abb. 25
Basel–Roßhof, Petersgraben 55: drei unmittelbar nebeneinander liegende horizontale Schlitze von mittlerweile vermoderten Holzkeilen. Breite eines Keils: ca. 6 cm.

derjenige der Vorgängermauer. Wollte
man den bestehenden Turm also weder
abbrechen noch auf einer Berme stehen
lassen, so mußte man ihn unterfangen.
Dies ist gelungen. Zwar ist im Laufe der
Jahrhunderte bei der Turmecke (heute
Brandmauer zum Nachbarhaus) ein Set-
zungsriß entstanden, doch Einsturzgefahr bestand nie, und die Turmmauer
wurde noch im 19. Jahrhundert als Gie-
belmauer eines herrschaftlichen Hauses
weiterbenutzt. Die Unterfangung dieses
Turms mit 1,40 m breiten Mauern ist
somit ein Beweis dafür, daß die Unterfangungstechnik im frühen 13. Jahrhundert beherrscht wurde.

Der Arbeitsvorgang war ähnlich wie bei
der oben beschriebenen Arealmauer im
Roßhof. Die Turmfront wurde in Etappen von außen her unterhöhlt, jedoch
nicht gleichmäßig. Unmittelbar unter
dem 1,50 m breiten Turmfundament
wurde ein Schlitz keilförmig gegen die
Turminnenseite vorgetrieben. Das obere
Ende des Schlitzes reichte bis 1,30 m
hinter die Turmfront, das untere Ende
gar nur noch 0,70 m. Da die Unterfangung deutlich über die Turmfront gegen
den Graben zu vorsteht, greift die unterste Unterfangungslage effektiv nur noch
wenig unter den Wehrturm (Abb. 27 und
19 C). In der Front der Unterfangung
stecken zwei Stützbalken, deren Hohlräume noch heute sichtbar sind
(Abb. 28).[14] Sie konnten unmöglich die
darüber liegende Last des Wehrturmes
tragen und hatten wohl eher die Aufgabe, die Steine der Mauerschale an der
Turmfront vor dem Ausbrechen zu
schützen. Ein moderner Querschnitt
durch die Frontmauer des Turms zeigt,
wie schon im Roßhof, das knapp 1,50 m
breite Turmfundament und darunter
die 0,70–1,30 m breite Unterfangung
(Abb. 27). Der Turm wurde gleichzeitig
mit dem Bau der Inneren Stadtmauer
unterfangen, wie sich aus der Mauer-
analyse klar ergeben hat.

Das Beispiel des Mauerturms in der Liegenschaft Leonhardsgraben ist insbesondere deshalb von großer Bedeutung,
weil auch in diesem Falle die Unterfangungstechnik nicht nur beispielhaft
untersucht, sondern auch erhalten und
der Öffentlichkeit zugänglich gemacht
werden konnte.

**Alte Häuser mit neuen Kellern – die Kel-
ler im «Engelhof» und im «Haus zum
Worms»**

Nach römischen «Nebenfangungen»,
einer unterfangenen Hofmauer und
einem unterfangenen Stadtmauerturm
(alle Beispiele aus dem 13. / 14. Jahrhundert) wenden wir uns jetzt zwei völlig
verschieden gearteten Wohngebäuden
zu. Das eine gibt sich noch heute als
repräsentativer Patriziersitz, der einen

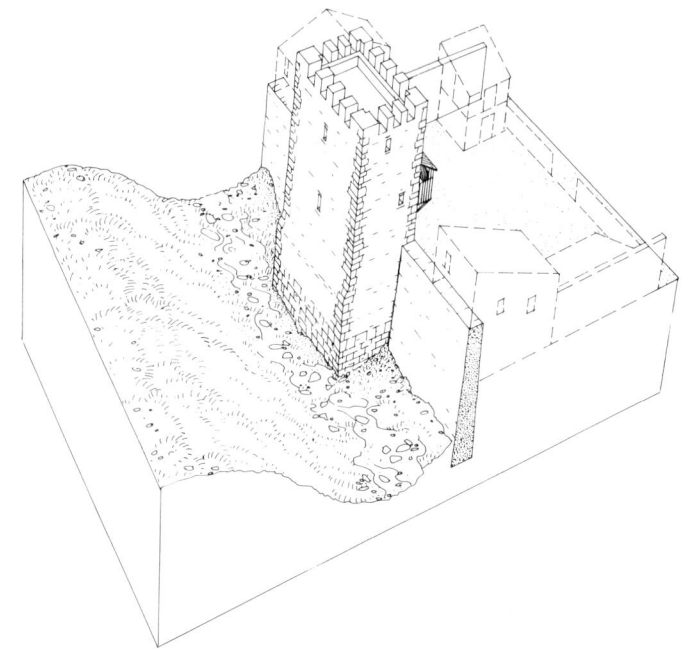

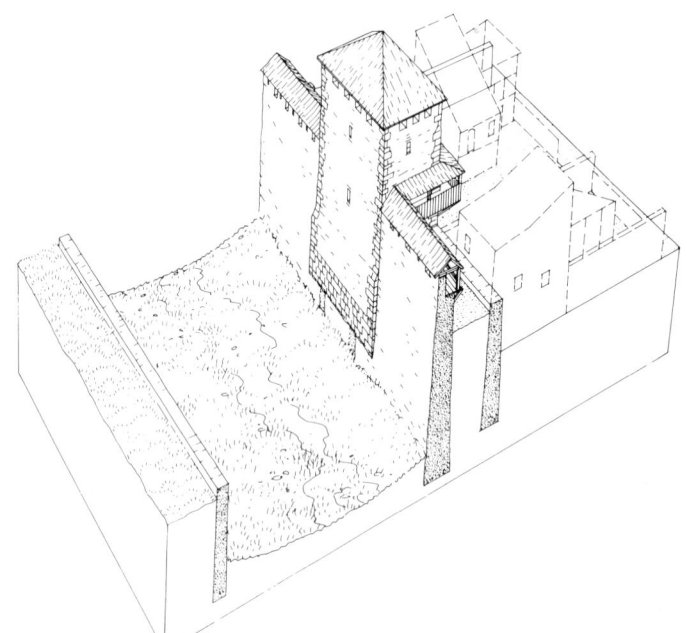

Abb. 26
*Basel–Leonhards-
graben 47: Rekon-
struktionszeichnun-
gen. Oben: Stadt-
mauer des späten
11. Jahrhunderts mit
nachträglich ange-
bautem Wehrturm
(um 1200). Unten:
jüngere, davorgebau-
te Stadtmauer aus
der ersten Hälfte des
13. Jahrhunderts mit
Unterfangung des
Wehrturms.*

Abb. 27
*Basel–Leonhards-
graben 47: Ansicht
des Wehrturms und
des Mauerdurch-
bruchs von innen mit
Blick auf die unter-
sten Fundamente des
unterfangenen
Wehrturms. Deutlich
hebt sich die schma-
lere, zurückweichen-
de, unruhige Unter-
fangungszone (un-
ten) vom breiten
Turmfundament mit
der klaren Mauer-
flucht (oben) ab.*

Abb. 28
Basel – Leonhardsgra-
ben 47: Ansicht des
Wehrturmfundaments
im Bereich der Unter-
fangung von außen.
Rechts und links liegen
die ehemals mit hölzer-
nen Stützbalken aus-
gefüllten Hohlräume, in
der Mitte der in
Abb. 27 gezeigte Durch-
bruch durch das Wehr-
turmfundament.

Straßenzug in der Altstadt seiner guten Erhaltung und eindrücklichen Gestalt wegen dominiert; das andere, vor seinem Abbruch ein schmales, bescheidenes Bürgerhäuschen in der Talstadt, ist mittlerweile einem Neubau gewichen. In beiden Fällen lassen sich nachträglich eingebaute, unterfangene Keller nachweisen: im großartigen Engelhof ein riesiger doppelgeschossiger Keller aus dem 16. Jahrhundert, im bescheidenen Haus zum Worms ein niederer kleiner Keller

aus dem 18. bzw. frühen 19. Jahrhundert.

Die riesigen Keller des Engelhofs

Die ältesten Siedlungsspuren reichen ins 13. Jahrhundert zurück.[15] Es handelt sich dabei um die Reste eines einfachen Holzhauses, das im Hof des Engelhofes in unmittelbarer Nachbarschaft zur Gasse (Nadelberg) lag. Vielleicht gleichzeitig, jedenfalls aber wohl noch im

13. Jahrhundert entstanden weiter westlich, etwas von der Gasse abgesetzt, die ersten Steinbauten (Abb. 29/4), die in verschiedenen Ausbauschritten im Laufe des 14. Jahrhunderts um einen Hauptbau an der Ecke Nadelberg/Petersgasse erweitert wurden (Abb. 29/6). Dieser palaisartige Neubau mit einem leicht trapezförmigen Grundriß entstand in einem Zuge als dreigeschossiger, nicht unterkellerter Bau und enthielt zur Zeit der archäologischen Untersuchungen noch Reste von gotischen Wandmalereien. Von den späteren Umbauten sei nur der hier interessierende erwähnt, der auf eine neue Blütezeit im 16. Jahrhundert zurückgeht: die Errichtung eines mächtigen Dachstuhls und die doppelgeschossige Unterkellerung (Abb. 30). Beide sind heute noch im Originalzustand vorhanden.

Bei der Ausgrabung unmittelbar außerhalb des oben erwähnten palaisartigen Neubaus konnte überaus deutlich eine Zweiphasigkeit der Fundamente beobachtet werden. Der obere Teil, die Fundamente des Hauptbaus, ist wie in Basel üblich auf dem natürlichen Kies fundiert, der jeweils in 1–2 m Tiefe ansteht. Darunter setzt ein anders gearteter Mauerteil mit einer deutlichen Baufuge ein – die Kellermauer, die nachträglich unter

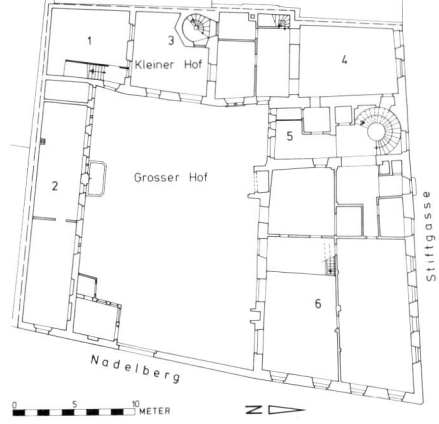

Abb. 29
Basel – Nadelberg 4, Engelhof: Grundriß mit den verschiedenen Gebäudeteilen. Maßstab 1:600. 1: Südwestbau, 2: Südflügel, 3: Treppenturm, 4: Westbau, 5: Zwischenbau, 6: Hauptbau, unterkellert.

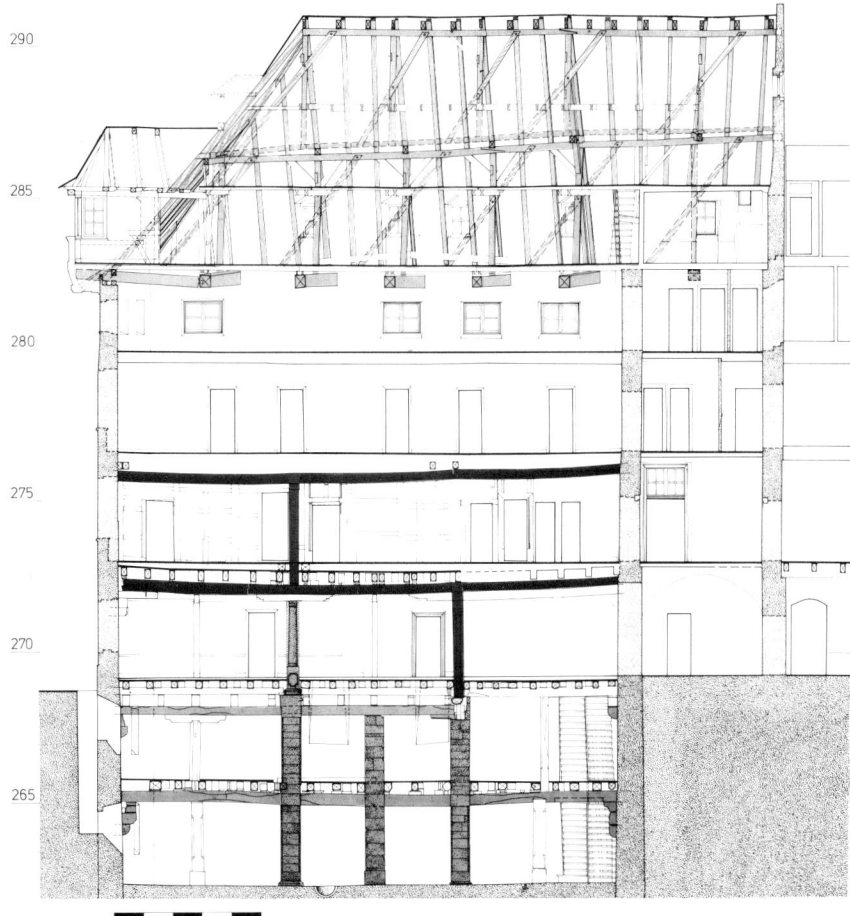

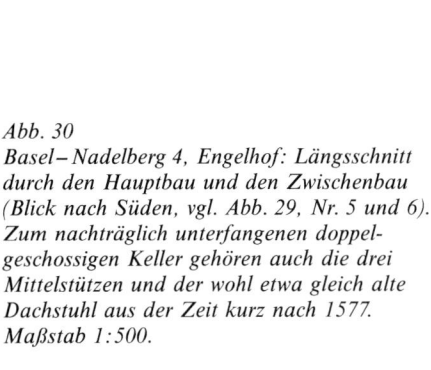

Abb. 30
Basel – Nadelberg 4, Engelhof: Längsschnitt durch den Hauptbau und den Zwischenbau (Blick nach Süden, vgl. Abb. 29, Nr. 5 und 6). Zum nachträglich unterfangenen doppelgeschossigen Keller gehören auch die drei Mittelstützen und der wohl etwa gleich alte Dachstuhl aus der Zeit kurz nach 1577. Maßstab 1:500.

das bestehende Gebäude gestellt wurde. Auf diese Weise entstand ein insgesamt 6,50 m tiefer, doppelgeschossiger Keller mit einer Länge von 16–18 m und einer Breite von 10,50–12 m, dessen Decken von drei mächtigen Sandsteinpfeilern getragen werden (Abb. 30). Diese Pfeiler nehmen auch die Last der Decken von Erdgeschoß und erstem Obergeschoß auf, wo ursprünglich zwei Säle von denselben Dimensionen wie die Kellerräume vorhanden waren. Im Kellerinnern ließen sich die Unterfangungen insbesondere in Form von vermauerten Schlitzen beobachten.

Das Besondere an diesem Keller des 16. Jahrhunderts ist die Regelmäßigkeit, mit der die bestehende Mauer mittels Holzstützen in einzelnen Unterfangungsetappen abgestützt und vermauert wurde. Im Gegensatz zum Beispiel Roßhof wurde hier offenkundig eine durchgehende Unterstützung mittels Holzbalken angewendet. Nach dem Abschlagen des Verputzes zeigt sich dieser Befund auf eindrückliche Weise (Abb. 31). Es ließen sich so an der einen Längswand des unteren Kellers insgesamt sechs Hölzer, an der anderen vier oder fünf[16], und an der Querwand vier Hölzer beobachten. Sie sind an der heute unverputzten Kellerwand über die ganze Höhe zu sehen. Nimmt man pro Holzstütze eine Unterfangungsetappe an, so läßt sich die Breite der Etappen auf je rund 2,50–3 m berechnen, was angesichts der Mauerdicke und der Größe und Tiefe des Kellers jedoch als unwahrscheinlich groß erscheint. Da nur im unteren Kellergeschoß der alte Verputz entfernt wurde, wurden die Stützen denn auch nur gerade dort beobachtet. Wir halten es aber für ausgeschlossen, daß die gesamte Unterfangungstiefe von immerhin 5,50–6 m in einem Zuge ausgemauert wurde. Die Höhe der Unterfangungsetappen kann die eines Kellergeschosses kaum überschritten haben. Einige der ausgemauerten Balkenschlitze scheinen eine leicht geknickte Flucht aufzuweisen, vielleicht ein Hinweis auf zwei übereinanderliegende Unterfangungsetappen? Die Höhe einer solchen Etappe scheint jedenfalls recht groß gewesen zu sein.

Damit stellen sich aber auch Fragen zum genauen Vorgang der Unterfangung, kann doch ein Holzbalken mit einer durchschnittlichen Breite von nur 23 cm und einer Länge von wohl rund 2–3 m unmöglich die gesamte, darüberliegende Last tragen, und dies bei einer angenommenen Unterfangungsbreite von 2,50–3 m! Der Bauvorgang muß deshalb komplizierter gewesen sein, ohne daß dies mit einer Bauuntersuchung der Kellerwände heute noch im Detail festgestellt werden kann. Vielleicht steckten zwei oder gar drei Stützbalken hintereinander oder seitlich versetzt in der Mauertiefe, wovon aber nur noch der vorder-

ste erkennbar ist. Vielleicht hat man beispielsweise zunächst jeweils nur gerade einen schmalen Schlitz von einem knappen Meter unterhöhlt, mit Balken abgestützt und ausgemauert (was bautechnisch sehr wahrscheinlich ist) und dann die Zwischenräume der auf diese Weise verstärkten, jetzt vermauerten Holzstützen zugemauert.

In jedem Fall muß der Engelhof damals eine Großbaustelle gewesen sein. Allein das Aushubvolumen des Kellers betrug gegen 1700 m³ Material, das im Handaushub zu entfernen war. Das bestehende Gebäude muß zweifellos mittels umfangreicher Stützkonstruktionen versprießt worden sein, damit die Mauern weder gegen innen nachrutschen noch gegen unten absacken konnten. Nirgends, weder in den Fundamenten noch im Aufgehenden, lassen sich jedoch Setzungsrisse von nennbarem Ausmaß beobachten – ein Hinweis auf die Qualität der damals ausgeführten Arbeiten! Man kann sich vorstellen, daß eine Arbeit

Abb. 31
Basel–Nadelberg 4,
Engelhof: unteres Kellergeschoß. Beidseits der
Fensternische zeichnen
sich deutlich die nachträglich vermauerten
Pfostenschlitze der
Holzstützen ab, die
nach erfolgter Unterfangung entfernt wurden.

dieses Umfangs ein schwieriges Unterfangen war; die hervorragende Lösung der gestellten Aufgabe erfordert Respekt.

Das niedrige Kellerchen im Haus zum Worms

Ein unscheinbares Gebäude ganz anderer Art – aber in der baugeschichtlichen Praxis wohl alltäglicher – war ein schmales, unlängst abgebrochenes Reihenhaus am Birsig in der Nähe des Barfüßerplatzes. Seine Baugeschichte reicht bis ins 13., wenn nicht sogar ins 12. Jahrhundert zurück (Abb. 32a).[17] Die historischen

Nachrichten sind spärlich, doch gibt es immerhin Hinweise darauf, daß das Gebäude erst zu Beginn des 19. Jahrhunderts (ev. aber schon vorher) unterkellert wurde. Das einfache Gebäude ist bezüglich des nachträglichen Einbaus eines Kellers beispielhaft: der hohe Grundwasserstand legte vernünftigerweise hier wie auch anderswo in der Talstadt den Verzicht auf ein Untergeschoß nahe. Erst in der jüngeren Vergangenheit (18.–20. Jahrhundert) werden wegen des erhöhten Platzbedarfs Häuser unterkellert, die wegen Bodenfeuchtigkeit und Grundwasserströmen besser ohne Untergeschoß geblieben wären. Generell fällt auf, daß die frühesten, ins 12./13. Jahrhundert zurückreichenden Steinbauten im feuchten Talboden nicht unterkellert waren.

Im Falle unseres bescheidenen Handwerkerhauses mit dem anspruchsvollen Namen Haus zum Worms (oder auch Zur Stadt Worms) läßt sich diese Unterfangung recht bescheidenen Ausmaßes sehr deutlich fassen. Es wurde recht viel Baukeramik verwendet, so daß sich die Unterfangung nach dem Abspitzen des Verputzes durch die roten Backsteine überaus deutlich vom älteren Fundament abhob (Abb. 32d und Abb. 33D). Auch hier hat man zweifellos in Etappen gearbeitet, doch weil die Mauerfundamente nicht mit Holzbalken unterstützt wurden, lassen sich die einzelnen Arbeitsgänge nicht mehr ablesen. Auch in diesem Falle reichten die alten Gebäudemauern bis auf den natürlichen Kies hinunter. Sie wurden nur um weniges unterfangen, denn wenig tiefer, knapp unter dem damaligen Boden, steht be-

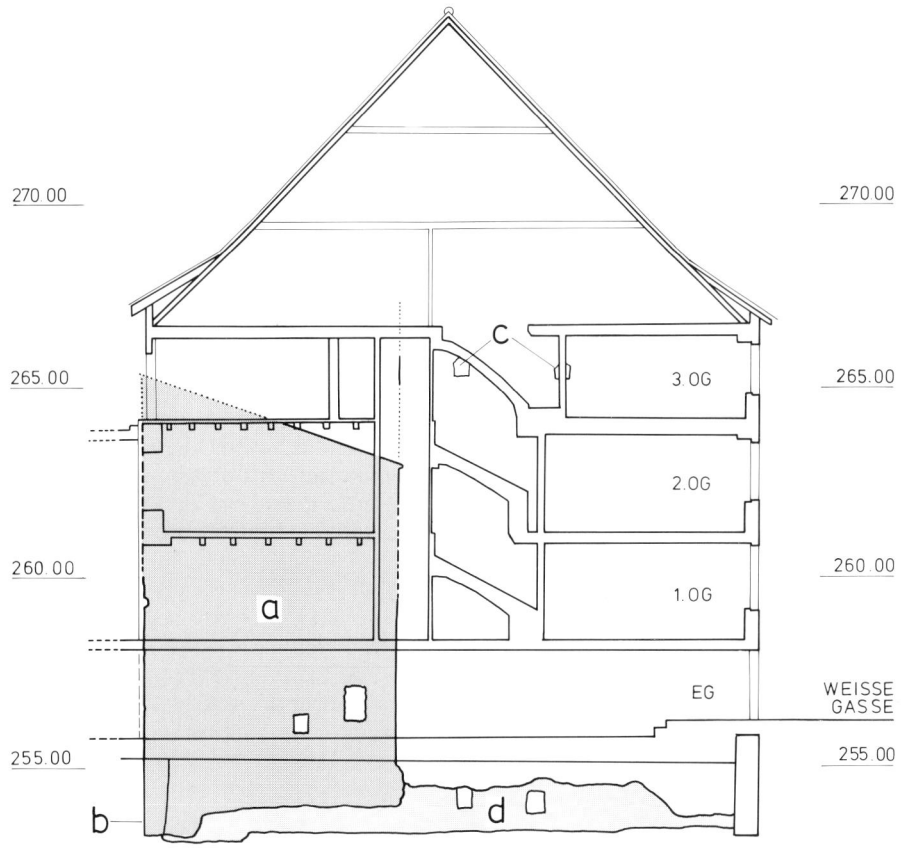

Abb. 32
Basel–Falknerstraße 14, Haus zum Worms:
Nordbrandmauer. Längsschnitt (Ansicht)
durch das Vorderhaus mit den verschiedenen
Bauphasen. Maßstab 1:200. a: Steinhaus
(12./13. Jahrhundert) mit zwei Mauernischen
und ergänzter Pultdachlinie, b: Fundament
der Westmauer, c: zwei Wandnischen eines
jüngeren Hausteils, d: unterfangene Keller-
mauer mit zwei Wandnischen, Unterfangung
der Fundamente des nördlichen Nachbarhau-
ses.

reits der sogenannte Blaue Letten an, eine äußerst harte, fast felsige Molasse, die abzugraben man sich offenbar scheute. Die Unterkante der Hausfundamente lag unterschiedlich tief: im Fassadenbereich war sie deutlich tiefer als unter dem Giebel. Unterschiedlich umfangreich sind denn auch die Unterfangungen ausgefallen. Eine Besonderheit zeichnet diese einfache Unterfangung hier wie auch in anderen, ähnlich gelagerten Fällen aus: Anders als die sorgfältigen Unterfangungen etwa im Roßhof oder im Engelhof waren die neuen Mauerteile nicht im Lot gebaut, sondern wiesen einen mehr oder weniger schrägen Mauerfuß auf (Abb. 19 E und 33 D). Die

Abb. 33
Basel–Falknerstraße 14, Haus zum Worms:
ältere Hausfundamente und Unterfangung.
A: Fundament eines Steinhauses (12./
13. Jahrhundert), B: Fundament eines an A
gebauten Erweiterungsbaus (14./15. Jahrhun-
dert), C: anstehender Kies, D: Kellermauer,
vor C geblendete Unterfangung von A und B.

Unterfangung umfaßte weniger als die halbe Mauerbreite, zudem stand sie leicht ins Kellerinnere vor und bildete einen «kissenartigen» Vorsprung am Fuß der Kellermauern.

Erkennen der Unterfangung – Entdecken des Alltäglichen

Generelle Beobachtungen

Wie lassen sich nun aber Unterfangungen feststellen? Im folgenden wollen wir einige Merkmale zusammenstellen, die

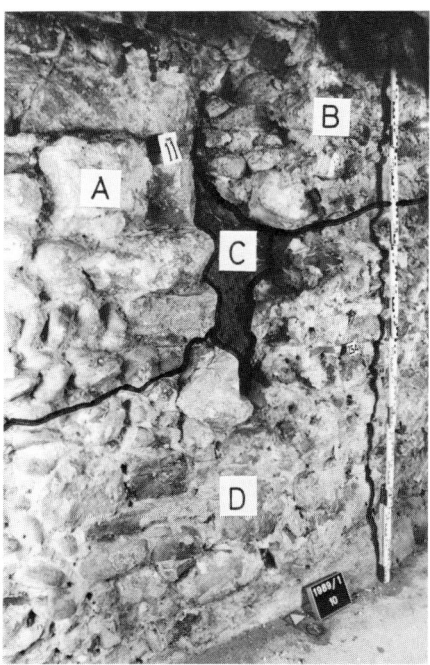

eine Unterfangung anzeigen können.[18] Ohne eigentliche Maueruntersuchung, also ohne großflächiges Freilegen der Fundamente, ohne Abschlagen des Verputzes und Freispitzen des Mauerkörpers lassen sich solche Untersuchungen nicht machen. Es ist auch nicht selbstverständlich, daß man die entsprechenden Kellermauern beidseitig untersuchen und vielleicht sogar noch einen Schnitt durch die Mauer anlegen kann. Diese idealen Bedingungen bleiben in der Praxis häufig verwehrt. Meist kann man die Mauer nur von einer Seite her beobachten, doch auch in diesem Fall gibt es durchaus Möglichkeiten, einer Unterfangung auf die Spur zu kommen.

Unabdingbare Voraussetzung für das Erkennen einer Unterfangung ist zunächst das Feststellen einer mehr oder weniger horizontalen Baunaht zwischen zwei sich unterscheidenden Mauerteilen im Kellerbereich. Normalerweise stehen die Fundamente auf gutem Baugrund; in Basel ist dies zumeist der natürlich anstehende, glaziale Kiesschotter. Falls ein Mauerwechsel im Keller ausgerechnet auf dieser Höhe beobachtet werden kann, ist als naheliegendste Deutung ein nachträglich unterfangener Keller in Betracht zu ziehen, bevor der untere Mauerteil als Rest eines älteren, durch jüngere Bauten ersetzten Gebäudes interpretiert wird. Sollte wirklich ein bestehendes Gebäude durch ein jüngeres ausgewechselt worden sein, so sind kaum alle vier Wände gleichzeitig auf der gleichen Höhe abgebrochen worden.[19] Gute Indizien für eine Unterfangung sind auch folgende Beobachtungen: die Mauerteile werden sich in der Auswahl des Steinmaterials, in der Größe der Steine, der Art ihrer Vermauerung und in der Zusammensetzung des Mörtels zweifellos unterscheiden. Auch eine gewisse «Ausbauchung» der Kellermauern über der Höhe der anzunehmenden Fundamentunterkante bzw. des natürlichen Untergrundes (Abb. 19 F) kann auf einen breiten Fundamentsockel über dem aktuellen Kellerboden zurückgehen und die nachträgliche Unterfangung eines Mauerfundamentes ebenso anzeigen wie ein kissenartig vorstehender «Mauerfuß» unterhalb dieser Höhe (Abb. 19 E; s. unten), doch sind diese Indizien durch Maueruntersuchungen immer noch zu verifizieren. In jedem Fall ist jedoch der Keller als ganzes, nicht nur eine seiner Mauern, im Auge zu behalten, müssen sich doch die Befunde letztlich zu einem dreidimensionalen Raumgefüge ergänzen lassen.

Erfaßt man die Unterfangung von außen her durch Ausgrabung der Kellermauer, so wird der hohe Mörtelanteil auffallen, der die Mauersteine in der Regel weitgehend verdeckt. Der Grund liegt darin, daß in der auszumauernden Unterfangungsetappe zunächst das anstehende

Erdprofil mit Mörtel angeworfen und damit vor dem Ausbrechen gesichert wird. Häufig, aber bei weitem nicht immer, werden die zu unterfangenden Fundamente mit Holzbalken gestützt, die beim Ausmauern der betreffenden Unterfangungsetappe einfach mitvermauert werden. Entweder werden sie vollständig eingemauert und sind dann dem späteren Betrachter verborgen (Abb. 23)[20], oder ihre Vorderkante liegt bündig auf der inneren Kellerflucht. Sie wird dann nur knapp vom Verputz überdeckt (Abb. 24) oder kann nachträglich nach Entfernung des Holzbalkens zugemauert werden (Abb. 31). Solche Holzstützen sind das sicherste Erkennungsmerkmal für eine Unterfangung. Es ist jedoch anzunehmen, daß nicht immer jede Unterfangungsetappe einzeln mit Holzbalken unterstützt wurde. Vermutlich wurden zumindest bei einfacheren Bauten nur die ersten Etappen solchermaßen abgestützt; die restlichen zur Schließung der Lücken bedurften dieses provisorischen Haltes wohl nicht immer. Oft liegen die Stützen jedoch so nahe an der Mauerfront oder scheinen wie im Falle Leonhardsgraben 47 sogar über die Front vorzustehen (Abb. 28), daß sie nicht der Abstützung der Mauer gedient haben können, sondern wahrscheinlich eher das Abbröckeln einzelner Steine der Mauerfront verhindern sollten.

Nicht jeder Fall eines vermauerten Holzbalkens berechtigt allerdings zur Annahme einer Unterfangung. Wir kennen auch Beispiele eingemauerter, senkrechter bzw. waagrechter Holzstützen, deren Funktion offenbar die einer zusätzlichen Verstärkung war. Sie sollten wohl ein rascheres Hochziehen der Fundamente ermöglichen und als Anker die Last des aufgehenden Mauerwerks mittragen helfen, solange der Mörtel noch nicht völlig abgebunden hatte. Die im Roßhofareal festgestellte Technik des Verspannens der beiden verschiedenen alten Mauerteile mittels Keilen dürfte jedoch ein Einzelfall sein (Abb. 25).

Der bei der Unterfangung neu angelegte Mauerteil kann gleich breit wie die zu unterfangende Mauer sein (Abb. 19 D). In diesem Fall ist an der Außenseite zwischen bestehendem und neuem Mauerteil jedoch in der Regel ein mehr oder weniger markanter, nicht ausgemauerter Zwickel feststellbar. Es handelt sich dann um eine sorgfältige und gründliche Unterfangung, wie sie bei größeren Umbauten erforderlich ist (Beispiel Engelhof).

Man kann sich aber auch mit einer Technik begnügen, die man gewissermaßen «Teilunterfangung» nennen könnte; dabei wird nur die halbe Mauerbreite (oder noch weniger) unterhöhlt und ausgemauert (Beispiele: Roßhof, Haus zum Worms; Abb. 19 B). Dieses Vorgehen war auch am Leonhardsgraben 47 festzustellen: Die knapp 1,50 m mächtige

Mauer des Stadtturms am Leonhardsgraben wurde ebenfalls nur etwa zur Hälfte untermauert, doch ergibt dies bei der großen Mauerbreite des Turms immer noch ein respektables und tragfähiges Fundament (Abb. 19 C). Der Vorteil dieser einfacheren Methode ist folgender: Bei der betreffenden Unterfangungsetappe hängen die Fundamente nie vollständig im Leeren, sondern werden immer noch in einem wenn auch geringen Maße vom anstehenden Boden abgestützt. Vielleicht ließen sich auf diese Weise auch größere Unterfangungsetappen in Angriff nehmen. In solchen Fällen und insbesondere bei Unterfangungen von nur geringfügiger Tiefe lassen sich häufig auch «kissenförmig» am Mauerfuß vorstehende, aus dem Lot weichende Unterfangungen beobachten (Abb. 19 E). Gerade bei den vielen, wohl im Laufe des 18./19. Jahrhunderts nachträglich eingerichteten Kellerchen einfacher Bürgerhäuser lassen sich diese «schrägen Mauerfüße» öfters feststellen.

Die Unkenntnis des Alltäglichen

Unter Laien herrscht häufig die Ansicht, daß von früheren Zeiten meist irgendwelche Berichte oder Abbildungen vorhanden sein müssen, welche die mittelalterliche Baugeschichte erhellen. Sie sind erstaunt, wenn sie die Lückenhaftigkeit der historischen Überlieferung und die Bedeutung der noch vorhandenen archäologischen Quellen erfahren, die zumindest für gewisse Zeitepochen wesentliche neue Ergebnisse zu liefern imstande sind. Wie in den meisten Fällen gibt es denn auch zum Thema Unterfangung keine bildlichen oder schriftlichen Quellen aus dem vorindustriellen Zeitalter. Selbst so aufwendige und risikoreiche Unterfangungen wie die oben erwähnte des Engelhofes oder öffentliche Bauvorhaben wie der Stadtturm am Leonhardsgraben haben keine schriftlichen Spuren, geschweige denn zeitgenössische Abbildungen hinterlassen. Denn gemäß mittelalterlicher Betrachtungsweise wurden so banale Dinge wie die Erbauung von Profanbauten nicht der schriftlichen Fixierung für würdig befunden.

Eine Ausnahme macht diesbezüglich die Darstellung kirchlicher Bautätigkeit, denn damit ergibt sich einerseits Gelegenheit zur Darstellung biblischer Motive, andererseits begreift das christliche Mittelalter die Sakralarchitektur auch als Abbild des göttlichen Kosmos und sieht die kirchliche Bautätigkeit dementsprechend in einem höheren Sinne als Symbol der allmählichen Vollendung der Kirche bis zum Jüngsten Tag.[21] Die schwierig darzustellende, im Vergleich etwa zum Turmbau wenig attraktive Unterfangungstechnik hat denn auch im

Mittelalter keinen Künstler zur Abbildung gereizt.

Als Beispiel dafür, was im mittelalterlichen Basel als gewöhnlich galt und was allenfalls nicht, möge eine Stelle aus dem sogenannten Roten Buch dienen, einer Art Stadtbuch zum Festhalten von Ratsbeschlüssen und *«ewiger dinge oder ander stucken, die lange weren sullent»:* *«Man sol wissen, daz dise stat von dem ertpidem [Erdbeben] zerstörte und zerbrochen wart, und beleib enhein [keine] kilche, turne noch steinin hus, weder in der stat noch in den vorstetten gantz, und wurdent grösseclich zerstöret. Ouch viel der burggrabe an vil stetten in».*[22] Das schrecklich-eindrückliche, als Gottesgericht empfundene Ereignis des Erdbebens von Basel am 18. Oktober 1356, das weit über Basel hinaus Zerstörungen angerichtet hat, galt als denkwürdiges Ereignis *(«man sol wissen»).* Alltägliche Angelegenheiten wie die Bezeichnung der Schäden im einzelnen oder gar die Regelung der Wiederherstellungsarbeiten fanden keinen Eingang ins Schrifttum des Mittelalters. Öffentliche Bauvorhaben erscheinen bestenfalls als wenig aussagekräftige Ausgabeposten in den städtischen Abrechnungen.

Man ist versucht zu sagen, daß sich in dieser Beziehung nicht viel geändert hat; so gibt es heute im Baufachwesen zu allen möglichen bautechnischen und organisatorischen Problemen eine umfangreiche Literatur, doch zu unspektakulären, wenig Prestige verheißenden Themen, wie etwa Unterfangung oder Umbau von Altbauten, ist wenig Literatur vorhanden. Sie muß mühsam aus Baufachzeitschriften zusammengesucht werden. Bei diesen Arbeiten sind Architekt, Ingenieur, Baumeister und Polier auf der Baustelle auf ihr praktisches Können angewiesen.

Bei Bauuntersuchungen von mittelalterlichen und neuzeitlichen Gebäuden stößt man immer wieder auf die Beweise der Baukunst früherer Generationen und stellt fest, wie geschickt die anfallenden bautechnischen Probleme im allgemeinen gelöst wurden. In diesem Sinne verhelfen die archäologischen Bauuntersuchungen auch dazu, die mittelalterliche Alltagskultur zu erhellen und die sonst nirgends erwähnten, «gewöhnlichen» Leistungen der früheren Bevölkerung ins Licht zu rücken.

Literatur und Anmerkungen
(BZ: Basler Zeitschrift für Geschichte und Altertumskunde).

1 Rolf d'Aujourd'hui, Guido Helmig, Fundbericht Leonhardsgraben 43; Die Burkhardsche Stadtmauer aus der Zeit um 1100, BZ 83 (1983), S. 250–270, S. 353–365.

2 Beispiele: Spalenhof, Spalenberg 12, BZ 88 (1988), S. 301–308; Keller des Marthastiftes, Kellergäßlein 7, unpubliziert (vgl. Basler Zeitung Nr. 85 vom 10. 4. 1990).

3 Als Gebäude- bzw. als davon abgeleiteter Familienname ist «Steinkelre» (oder ähnlich) zwischen 1241 und 1300 nachgewiesen, siehe Urkundenbücher der Stadt Basel (BUB), Namensregister unter «Basel – Lokalitäten/Bürger», Bände 1–3, Basel 1890–96. Das Gebäude läßt sich nicht mit letzter Sicherheit lokalisieren, liegt aber jedenfalls auch im Bereich des Abhangs oder des Hangfußes (Schneidergasse 24 oder Spalenberg 44, vgl. Staatsarchiv Basel-Stadt, Historisches Grundbuch).

4 Die Nennung dieses Namens als Haus- oder Geschlechtsname erfolgte verschiedentlich in der zweiten Hälfte des 13. Jahrhunderts, siehe BUB. Der Hausname ist für mehrere Liegenschaften überliefert, nämlich für die Freie Straße 47 (nachgewiesen nur gerade im ausgehenden 16. Jahrhundert, vorher und nachher hieß das seit 1355 nachgewiesene Haus anders), am Spalenberg 23 (schon 1252 unter diesem Namen aufgeführt) und Weiße Gasse 3 (1305 erstmals so genannt); Angaben gemäß BUB und Historischem Grundbuch des Staatsarchives Basel-Stadt.

5 Christoph Ph. Matt, Bernard Jaggi, Archäologische und baugeschichtliche Untersuchungen auf dem Roßhof, BZ 87 (1987), insbesondere S. 277–295 (v. a. S. 285ff.).

6 Rudolf Moosbrugger hat versucht, anhand zweier, wie sich heute herausstellt, falsch interpretierter Befunde eine «Frühform des gotischen Adelskellers» von einer «Frühform des Bürgerkellers» abzugrenzen (R. Moosbrugger-Leu, Das Altstadthaus, BZ 72 (1972), S. 413f. und S. 419–430). Beim sogenannten Adelskeller dürfte es sich jedoch um einen nachträglich unterfangenen und mit einem Gewölbe versehenen Keller gehandelt haben, im andern Fall waren es zweifelsfrei ausgemauerte Latrinengruben, siehe Christoph Matt, Ehemalige Augustinerkirche . . ., Jahresbericht der Archäologischen Bodenforschung Basel-Stadt (JbAB) 1988, S. 31–34.

7 Paul Hofer u. a., Der Kellerplan der Berner Altstadt, Aufnahme eines Stadtplans auf Kellerniveau, Berner Zeitschrift für Geschichte und Heimatkunde 1982, Heft 1. Vergleiche dazu die richtigen Einwände in der Rezension von Peter Eggenberger und Werner Stöckli in der Zeitschrift für Schweizerische Archäologie und Altertumskunde 40/2 (1983), S. 151f.

8 Im folgenden nach Rudolf Moosbrugger-Leu, Die Grabung Rittergasse 16, BZ 73 (1973), S. 250–264.

9 Grabung Lärmschutzwall, Parzelle 464/465. Ein kurzer Vorbericht ist publiziert in: Jahresberichte aus Augst und Kaiseraugst 1 (1980), S. 9–18. Für weiterführende Angaben, die Abbildungsvorlagen und die Publikationserlaubnis bedanke ich mich bei Peter A. Schwarz, Augst.

10 Trotz der umfangreichen Ausgrabungstätigkeit konnte kein Beispiel für Unterfangungstechnik nachgewiesen werden. Für freundliche Auskünfte bedanke ich mich bei den Herren Alex Furger und Peter A. Schwarz (Ausgrabungen Augst und Kaiseraugst) und Franz Maier (Vindonissa–Museum Brugg).

11 In Auswahl zu nennen sind etwa: J.-P. Adam, La construction romaine, matériaux et techniques, Paris 1984; G. Lugli, La technica edilizia romana, Rom 1957; M. Blake, Roman construction in Italy from Tiberius through the Flavians, Washington 1959; R. Ginouvès, R. Martin, Dictionnaire méthodique de l'architecture grècque et romaine, tome I: matériaux, techniques et construction, techniques et formes du décor, Paris 1985.

12 Auch der Mauercharakter der Kellermauer verbietet einen späteren Ansatz, kommt darin doch beispielsweise kaum Baukeramik vor. Christoph Ph. Matt, Ein Überblick über die mittelalterliche Besiedlung am Rande der Inneren Stadtmauer – Vorbericht über die Ausgrabungen am Roßhof-Areal, BZ 85 (1985), S. 315–323.

13 Rolf d'Aujourd'hui, Basel, Leonhardsgraben 47: Eine Informationsstelle über die mittelalterliche Stadtbefestigung im Teufelhof, Unsere Kunstdenkmäler 41 (1990), S. 169–180 und Basler Stadtbuch 1989, S. 156–163.

14 Turmfundament und Stadtmauer sind heute im «Archäologischen Keller» des Restaurants Teufelhof zu besichtigen.

15 Genaue Adresse: Nadelberg 14/Stiftsgasse 1. Für Informationen zur Baugeschichte bedanke ich mich bei Bernhard Jaggi, Basler Denkmalpflege. Zusammenfassung der Baugeschichte siehe Bernard Jaggi, Die baugeschichtlichen Untersuchungen am Engelhof, in: Der Engelhof, Umbau für die Universität Basel 1988–1990, Schrift des Baudepartements Basel-Stadt, Hochbauamt, Basel 1990, S. 18–23 (Vorbericht). Ein ausführlicher Bericht ist vorgesehen für JbAB 1991.

16 Sichtbar sind heute vier vermauerte Stützen; eine fünfte ist im Bereich einer modern eingebrochenen Tür anzunehmen.

17 Christoph Ph. Matt und Bernard Jaggi, Zur baulichen Entwicklung einer Häuserzeile am Birsig, Untersuchungen in der Liegenschaft Falknerstraße 29/Weiße Gasse 14 (1989/1), JbAB 1989, S. 176–201.

18 Für mannigfaltige Hinweise und Diskussionen der beschriebenen Basler Befunde bedanke ich mich bei Christian Bing sowie bei Bernard Jaggi (Basler Denkmalpflege).

19 Meist werden die bei nachträglichen Umbauten ins neue Konzept passenden Mauern weiterbenutzt. Zu beachten ist auch die Möglichkeit von Fassadenauswechslungen, die im Laufe der Neuzeit vielerorts feststellbar sind. Sie sind ein geeignetes Mittel, die Straßenseite mit einer zeitgemäßen, einheitlichen Befensterung zu versehen bzw. einen Neubau vorzutäuschen, und werden deshalb häufig angewandt.

20 Deshalb ist bei der Untersuchung von Kellermauern sorgfältig auf Hohlräume zu achten, welche solche vermauerte Balken anzeigen können. Aus Basel, aber auch andernorts, sind sie verschiedentlich bekannt.

21 Günther Binding (Hrsg.), Der mittelalterliche Baubetrieb Westeuropas, Katalog der zeitgenössischen Darstellungen, 32. Veröffentlichung der Abteilung Architektur des Kunsthistorischen Institutes der Universität zu Köln, Köln 1987.

22 Zitiert nach Basler Chroniken Bd. 4, Leipzig 1890, S. 3 und S. 17.

Ländliche Bauten

Unter «ländlichen Bauten» versteht man in der Umgangssprache meistens Bauern-häuser bzw. die Vielzweckbauten mit Wohnteil der ländlichen Bevölkerung. Vielfach werden dabei die Häuser anderer ländlicher Bewohner, wie Hirten, Sennen, Küher, Taglöhner, die keine eigentlichen Bauern im Sinne von Landwirtschaft mit Ackerbau sind, nicht berücksichtigt. Zu «Bauernhäusern» gehören auch nicht die Scheunen, Stadel, Speicher, Backhäuser, Wasch- und Dörrhäuser, um nur einige wenige der zahlreichen Nebengebäude zu nennen (Abb. 34). Es fehlen ferner die Häuser der früheren ländlichen Handwer-ker, die zumeist zusätzliche Landwirt-schaft betrieben, sowie die Bauten des ländlichen Gewerbes (z. B. Mühlen, Ölen, Walken, Stampfen). Sie alle aber darf man als «ländliche Bauten» bezeichnen. Wenn man über den ländlichen Hausbau sprechen will, so müßte man alle diese Bauten berücksichtigen. Da aber die Wohnung der ländlichen Bevölkerung be-deutungsvoll ist, beschränkt man sich ge-wöhnlich auf diese.

In den meisten Publikationen über den ländlichen Hausbau steht die Darstellung der regionalen Hausformen verständli-cherweise im Vordergrund. Im nachfol-genden Abschnitt sollen nun abweichend von dieser Art und ohne Anspruch auf Vollständigkeit einige der wichtigsten Ein-flüsse auf die Entwicklung der ländlichen Bauten gezeigt werden. Die Entwicklun-gen der Umwelt hinsichtlich Landschaft, Klima, Baumaterialien, Vegetation etc. werden nicht dargestellt. Es sollen ledig-lich die wichtigsten Einflüsse, die mit dem

*Abb. 34
Fusio TI. Speicher von 1651, durch Stützel vom Kellergeschoß ab-gehoben, mit umlaufen-der Laube und schwe-rem Steinplattendach.*

Menschen als Erbauer und Benützer der ländlichen Bauten zusammenhängen, be-handelt werden.

Vorausgesetzt sei die Tatsache, daß die-selben Konstruktionen, Materialien und Techniken, dieselben Baugesetze und Pro-portionen der Baukörper sowohl bei den einfachsten Nebengebäuden, wie Schwei-neställen, als auch bei hochentwickelten Bauernhäusern angewendet werden. Dies ist besonders bemerkenswert und auch ein weiterer Grund, den gesamten Baube-stand in eine Untersuchung einzubezie-hen, sind doch zahlreiche Formen und Elemente gerade bei einfachen Bauten

leicht erkennbar, klar entwickelt und oft-mals in ursprünglicher, althergebrachter Weise erhalten. Das darf allerdings nicht zur Annahme führen, jedes in alter Tech-nik erbaute Gebäude, wie z. B. ein Krag-kuppelbau (Abb. 35), sei jahrhundertealt. Die angewandten Techniken wurden nicht selten erstaunlicherweise über lange Zeit unverändert überliefert. Zum Teil werden sie noch bis in die Gegenwart gebraucht.

Die ländlichen «Baumeister»

Für das Verständnis der ländlichen Bau-ten der Schweiz ist wesentlich, daß die Gebäude, die heute noch den Charakter des ländlichen Baubestandes und der Ortsbilder bestimmen, Leistungen von Handwerkern sind. Mindestens seit dem hohen Mittelalter ist in der Schweiz, be-sonders in den Städten, die Ausbildung einer Handwerkerschicht nachzuweisen. Zuerst waren die Handwerker meist viel-seitig und beherrschten mehrere Hand-werke; später spezialisierten sie sich. Auch auf dem Land beschäftigten sich besonders begabte Leute neben ihrer Landwirtschaft schon früh mit dem Hausbau. Der Bauherr und seine Fami-lie oder gar alle übrigen Bewohner des Dorfes halfen in Gemeinschaftsarbeit (Nachbarhilfe) mit. Der stete Umgang mit den üblichen Baumaterialien, die

*Abb. 35
Poschiavo GR. In Kragkuppeltechnik (fal-sches Gewölbe) ca. 1954 errichteter Rundbau, der als Milchkeller dient.*

Abb. 36
Lenk BE. Doppelwohnhaus von 1777 mit seitlichen typischen Treppen zu den Lauben. Reiche Verzierung des Baus durch Handwerker.

gute Kenntnis der Arbeitstechniken und eine weitgehende Begabung in praktischen Dingen erlaubten auch dem Bauern, spätere Reparaturen und Umbauten selbst durchzuführen oder einfache Gebäude, wie sie auf Maiensäßen oder Alpen anzutreffen sind, selbst zu errichten. Aber die eigentlichen Bauernhäuser, die größeren und wertvolleren Wirtschaftsbauten, wurden unter Mitwirkung von Handwerkern ausgeführt, die allerdings eng mit der landwirtschaftlichen und dörflichen Kultur, in der sie lebten, verbunden waren.

Im Gegensatz zu verschiedenen europäischen Ländern, wo es noch heute üblich ist, daß die Hausbewohner ihr Haus bemalen, wurden bei uns auch die Verzierungen, sowohl geschnitzte wie gemalte, weitgehend, wenn nicht vollständig, von Handwerkern angebracht (Abb. 36). Oft wanderten diese auf der Stör durch weite Gebiete und stellten dem Bauherrn ihre Dienste zur Verfügung, wie z. B. Hans Ardüser im 16. und 17. Jahrhundert in den Bündner Tälern. Die ländliche Baukunst der Schweiz ist im Grunde der Ausdruck einer spätmittelalterlich-neuzeitlichen Handwerker- und vor allem Zimmermannskultur.

Die Schweiz – schon immer die «Drehscheibe Europas»

Auf engem Raum überschneiden sich in der Schweiz Einflüsse von verschiedenen Seiten. Nicht nur wirtschaftlich und kulturell ist die Schweiz die «Drehscheibe Europas» – auch die verschiedenen mitteleuropäischen Hausformenbereiche überschreiten ihre Grenzen. Daß die Handwerker und Bauern es jedoch verstanden, durch die Betonung bestimmter Einzelheiten oder baulicher Elemente etwas spezifisch «Schweizerisches» zu erbauen, ist ihre kulturelle, eigenständige Leistung.

Abb. 37
Böckten BL. Stallscheune mit durchgehenden Ankerbalken beidseits des Fensters, ebenso durchgesteckte Schwellen mit Zapfensicherung.

Der Holzbau

Im Nordwesten gelangten südliche Ausläufer des oberrheinischen Fachwerkbaus in die Schweiz. Im nördlichen Tafeljura gibt es sogar vereinzelte Ständerbauten mit Ankerbalkenkonstruktionen (Abb. 37), wie sie das westliche atlantische Europa kennzeichnen. Diese Konstruktionsform findet man übrigens in entsprechender Funktion, aber als durchgesteckten Balken, wieder im südwestlichen Mittelland, vor allem am Greifensee; ihre Nordgrenze liegt im Gebiet des Kantons Freiburg. Beide An-

kerbalkengebiete haben in unserem Land keinen Zusammenhang. Diese Einzelheit ist erwähnenswert, weil es sich um eine sehr alte und weitverbreitete Konstruktion handelt, deren Vorhandensein in unserem Land bisher unbeachtet blieb. Ein zweiter Ausläufer des süddeutschen Fachwerkes erreichte die Nordostschweiz, führte dort zur Ausbildung des charakteristischen Riegelbaus und verschiedener, für diese Region besonders kennzeichnende Elemente. Er drang – vor allem im 18. und 19. Jahrhundert – im Mittelland nach Südwesten vor, um in der Gegend der Jurarandseen zu enden (Abb. 38 und 39).

Zwischen diese beiden unterschiedlichen Fachwerkgebiete schiebt sich eine ursprünglich ausgedehntere Zone des Ständerbaus (Abb. 40), der jedoch in breiten Randgebieten zurückgedrängt und durch andere Konstruktionen ersetzt wurde. Heute findet der Ständerbau im Norden über die Rheingrenze hinaus seine Fortsetzung im Schwarzwald. Aber noch im 18. Jahrhundert gehörten zahlreiche Ständerbauten in der Nordostschweiz zum großen Verbreitungsgebiet beidseits des Bodensees. Seit dem 19. Jahrhundert werden besonders die als «Hochstudbauten» bekannten Firstständerhäuser nicht mehr erbaut (Abb. 41). Es handelt sich um «auslaufende» Bauten, deren Bestand sich langsam, aber sicher verringert. So sind sie im Thurgau, wo es um 1800 noch häufig Ständerbauten gab, bis auf wenige klägliche Reste verschwunden, ein Vorgang, der sich auch im Tafeljura abspielte (Abb. 42). Auf den Zeichnungen von C. F. Meyer aus der Mitte des 17. Jahrhunderts sind viele Ständerbauten zu erkennen. Nur noch vereinzelte Relikte sind heute zu sehen, überall hat eine «Versteinerung» eingesetzt, d. h. das Baumaterial Holz mußte dem Baustoff Stein oder Mauerwerk weichen.

Der Steinbau

Auch im Hochjura wurden seit dem ausgehenden Mittelalter die ehemals verbreiteten Holzbauten durch gemauerte Häuser ersetzt, die jedoch im Innern noch stets das alte Ständergerüst besitzen, welches das breite Dach trägt. Es sind vor allem die Vorschriften der Fürstbischöfe von Basel, die hier die Herrschaft ausübten und die im 17. und 18. Jahrhundert verlangten, daß die Wände gemauert und die Dächer mit Ziegeln anstatt mit Schindeln gedeckt wurden (Abb. 42). Den Fürstbischöfen war die Holzbeschaffung für die Verhüttung des Bohnerzes wichtiger. Sie versuchten daher, die Übernutzung der Wälder durch die Bauern zu verhindern. Schon diese wenigen Hinweise zeigen, daß Hausformen nicht etwas Starres, Unveränderliches darstellen. Der ländli-

Abb. 38
Marthalen ZH. Cha-
rakteristische Fachwerk-
bauten im Kanton
Zürich.

Abb. 39
Darstellung des einfachen Fachwerks aus
dem 16. Jahrhundert. Oben rechts eine be-
merkenswerte Scheune, deren Typus längst
ausgestorben ist.

Abb. 40
Uster ZH. Typischer Bohlenständerbau,
erbaut vermutlich im 17. Jahrhundert,
1753 mit reicher Bemalung ausgestattet.

Abb. 41
Kölliken AG. Ständerbau mit Hochstüden
und großem, strohbedeckten Walmdach,
erbaut 1801.

Abb. 42
La Chaux-du-Milieu NE. Breitgelagertes
Haus mit schwach geneigtem Dach im
Hochjura.

Abb. 43
Satigny GE. In Steinbau errichtetes Bauern-
haus, das gotische Elemente in Türe und
Fenster aufweist. Der Wohnteil liegt im
Obergeschoß über den im Erdgeschoß vor-
handenen Wirtschaftsräumen.

che Hausbau ist abhängig von vorhandenen Baumaterialien, von den in der betreffenden Region bekannten Konstruktionen, von den technischen Fähigkeiten
der Erbauer und nicht zuletzt von den
wirtschaftlichen, historischen, rechtli-
chen und kulturellen Verhältnissen.
Wenn diese Voraussetzungen sich ändern, müssen sich auch die Hausformen
ändern. Dies läßt sich schon in früheren
Jahrhunderten, aber auch in neuester
Zeit in unerwarteter Deutlichkeit feststellen. Die tiefgreifenden wirtschaftlichen Veränderungen der Nachkriegs-
zeit haben zu vollständig neuen, nach
rationellen betriebswirtschaftlichen Gesichtspunkten ausgerichteten Haus- und
Hofformen geführt. Von Bauämtern und
Architekten geplant und gebaut, stehen
sie in schroffem Gegensatz zu den alt-
hergebrachten landschaftsgebundenen
Hausformen.

In der Westschweiz dominiert heute der
Steinbau, während noch im Mittelalter
weite Gebiete den Ständerbau kannten.
Bestimmt beeinflußten die am Genfersee besonders spürbare städtisch-bürger-
liche Kultur und der in den fruchtbaren
Ackerbau- und Weinbaugebieten gewonnene Reichtum der bäuerlichen Bevölkerung diese Entwicklung (Abb. 43).
Dagegen ist auf dem Lande kaum eine
Verbindung mit der schon in römischer
Zeit üblichen Steinarchitektur nachzuweisen, wie es einzelne Autoren glauben.
Reine Steinbaugebiete gibt es in unserem Land eigentlich nur in den südalpinen Talschaften (Abb. 44). Hier sind sie
seit Jahrhunderten nachweisbar und
hängen vermutlich mit dem Kulturkreis
des Mittelmeeres zusammen, der sich bis
zu den Alpen erstreckte. Der schon erwähnte Kragkuppelbau (Abb. 35), der in
der Schweiz in den südlichen Bündner
Tälern und im Tessin noch angetroffen
werden kann, wurzelt in der Antike.
Uralt ist die Technik des Trockenmauer-
werkes, aus dem die Wände vieler Bauten bestehen. In den mediterranen Kulturkreis gehören zweifellos auch die früher zahlreichen strohbedeckten Häuser
im Tessin, von denen nur noch vereinzelte erhalten sind (Abb. 45). Laut urkund-
lichen Belegen waren Strohdächer schon
im 13. Jahrhundert in der Gegend von
Locarno und Bellinzona sogar auf
Wohnhäusern verbreitet. In anderen
Bereichen kommen Steinbauten nur
vereinzelt vor oder haben sich später
entwickelt.

Einfluß der Verordnungen und der Umwelt

Sogar im Engadin, das uns heute als
typisches Steinbaugebiet erscheint, wurden im Mittelalter ausgesprochene
Holzbauten in Blockbauweise erstellt.
Vor allem die Verwüstungen im Schwa-
benkrieg (1499) und in den Bündner
Wirren (ca. 1625) förderten die langsame

Abb. 44
Someo TI. Vollstän-
diger Steinbau domi-
niert die südalpinen
Talschaften. Auch die
Dächer sind mit Stein-
platten belegt.

Abb. 45
Cavinao TI. Strohbedeckte Häuser hoch über
den Ufern des Langensee sind heute eine
Seltenheit, früher waren sie weitverbreitet.

Abkehr vom Holzbau. Außerdem wurde
hier ein auch in anderen Bündner Tälern
bekanntes Gebäudesystem, die Ver-
schmelzung von Wohnhaus und Stallscheune, verwirklicht (Abb. 46). Einflüsse aus Handelsbeziehungen zu Oberitalien und der Beizug von Handwerkern
aus diesen Landschaften schufen zusammen mit dem gewonnenen Reichtum
Hausanlagen ganz besonderer und her-
vorragender Art.

Die ursprünglichen Rauchküchen verschwanden erst spät. Noch um 1610
wurden in St. Moritz ausdrücklich Gewölbe mit niedrigen Rauchabzügen und
erst um 1692 die übers Dach reichenden
Kamine vorgeschrieben. Sicher übten
behördliche Vorschriften der verschiedensten Art, wie die bereits erwähnten
Verordnungen der Fürstbischöfe von Basel oder die Dorfordnungen im Engadin,
wesentlichen Einfluß auf die Ausbildung ländlicher Bauten aus. Wir wissen
darüber mangels genügender Untersuchungen allerdings noch recht wenig.
Vermutlich haben jedoch Bauordnungen
der Städte, verschiedene Gesetze und
Vorschriften, zu denen im weitesten Sinn
auch Gerichtsentscheide gehören, dazu

Abb. 46
La Punt-Chamues-ch
GR. Großer repräsen-
tativer Vielzweckbau;
die Scheune ist an den
großen, mit Holz ver-
schlossenen Bogen
erkennbar. Der Bau
stammt von 1647.

beigetragen, daß Änderungen auch unter äußerem Zwang mit der Zeit nicht nur durchdrangen, sondern jeweils durchgeführt werden mußten.

Nachweisbar sind beispielsweise der vorgeschriebene Einbau von Rauchfängen, von Rauchabzügen und Kaminen, das Umdecken der Stroh- oder Schindeldächer mit Ziegeln, die Umwandlung von hölzernen Bauten (Ständerwerk oder Blockbau) in Fachwerk- und Steinbauten. Zahlreiche verheerende Stadtbrände zwangen die Obrigkeit zu entsprechenden Vorschriften, verbunden oftmals mit finanzieller Unterstützung. Die rücksichtslose Ausnützung der vorhandenen Wälder, besonders der Eichenbestände, führten zum Erlaß von Holzordnungen, zum Sparen der Zuteilung von Bauholz auf dem Lande und damit zur Aufgabe von alten Konstruktionen und zur Anwendung von holzsparenden Bauweisen. Seit dem 19. Jahrhundert ist der Einfluß der Feuerversicherungen auf den Rückgang der Strohdächer deutlich zu erkennen. Aber nicht nur solche direkten Vorschriften wurden wirksam, wie z. B. in Sachsen, wo eine königliche Verordnung im 18. Jahrhundert die Errichtung von Vielzweckbauten anstelle der früher üblichen getrennten Bauweise verlangte. Nicht vergessen darf man auch die indirekten Einwirkungen der obrigkeitlichen Bauten auf dem Lande. Für diese wurden häufig – um Macht zu manifestieren und aus dem Streben nach Repräsentation – bessere Baustoffe (d. h. vor allem Stein und Ziegel), eine beachtliche Größe und nicht selten damals moderne Konstruktionen verwendet. Der Einfluß solcher Bauten lag zweifellos in bestimmten Einzelheiten, da eine eigentliche Nachahmung die finanzielle Kraft der ländlichen Bevölkerung überstieg.

Das Haus als Prestigeobjekt

Ein schönes Bauernhaus, mit Verzierungen reich geschmückt, war geeignet, die soziale Stellung des Besitzers im Dorf und in der Gemeinde zu kennzeichnen, seinen Reichtum zu zeigen und sein Ansehen zu vergrößern. Die wichtigsten Gebäude auf dem Lande, vor allem die Wohnhäuser und die Vielzweckbauten, die großen Scheunen und die Speicher wurden schon immer aus der übrigen großen Masse durch ihre bemerkenswerten Verzierungen herausgehoben (Abb. 47). Es sind aber nicht nur wirkliche Zierformen, sondern auch verschiedene andere Einzelheiten, die an ländlichen Bauten zu finden sind und die dem Betrachter etwas ganz Bestimmtes mitteilen sollen. Sie alle sind bekannt unter dem Begriff «Ausdrucksformen». Sie sind nicht unbedingt notwendig, auch ohne sie würde das Haus stehen und

Abb. 47
Matten BE. Teilweise in Ständer-, teilweise in Blockkonstruktion erbautes Haus von 1754, reich verziert mit Friesen, Malereien, Inschriften und fratzenartigen Balkenköpfen.

Abb. 48
Chironico TI. Wand eines Hausstalls mit angenagelten Ziegenhörnern.

Abb. 49
Chironico TI. Balkenkopf als Träger des über die Kellerwand vorgezogenen Blockteils, ausgestaltet als Drachenkopf. Das Haus stammt aus dem Jahre 1814.

wäre bewohnbar. Die Bewohner verbinden mit ihnen ganz eindeutige Vorstellungen, und früher wußte der Betrachter genau, was damit ausgedrückt wurde. Diese Ausdrucksformen tragen häufig auch nicht zur Verschönerung des Hauses bei, wie z. B. vertrocknete Pferde- oder Rinderköpfe oder Hörner (Abb. 48). Sie enthalten aber alle eine genaue Aussage und gehören damit zum Gedankengut der ländlichen Bevölkerung.

In erster Linie gilt dies für die Ornamente, die wirklichen Zierformen, die am Haus zu finden sind und nur seiner Verschönerung dienen. Sie haben deshalb schon lange die Aufmerksamkeit der Forscher auf sich gezogen. So ist z. B. die künstlerische Bearbeitung eines Balkenkopfes für die Konstruktion und Haltbarkeit des Hauses unwichtig

(Abb. 49). Aber für den Bewohner, der selbst das Bedürfnis hat, die von ihm benützten Gegenstände zu verzieren und zu verschönern, sind sie wesentlich. Er kann damit repräsentieren und gleichzeitig seine Stellung im Dorf und seinen Reichtum dokumentieren. Schmuckformen drücken aber auch einen geistigen Gehalt aus, sie sind häufig Symbole und damit auch magisch wirksam. Das religiöse Empfinden zeigt sich vor allem in Inschriften, Sprüchen und heiligen Zeichen (z. B. Kreuze, Initialen), die insbesondere Schutz für das Haus und seine Bewohner vor Feuer, Blitz und Ungewitter erflehen. In diesen Zusammenhang gehören auch Einzelteile wie Tierköpfe, Fratzen, Diebschreckfiguren, Hörner und Geweihe, die nach abergläubischen Vorstellungen das Haus vor allem Bösen bewahren sollen. Nicht selten enthalten Inschriften spöttische oder ironische Bemerkungen, die an den vorübergehenden Leser gerichtet sind. Aber auch einfache Mitteilungen, Hinweise auf verschiedene Vorkommnisse oder Kritzelinschriften auf Hausmauern an früher vielbegangenen Wegen zeugen vom Mitteilungsbedürfnis der Dorfbewohner oder Passanten.

Es ist besonders bemerkenswert, daß es in der Schweiz Gebiete gibt, in denen die Bauern und Handwerker bereit und fähig waren, sich mit großem Geschick dieser Ausdrucksformen zu bedienen. Man kann geradezu von hervorragenden Ausdruckslandschaften sprechen, wie z. B. dem Berner Oberland (Abb. 50), dem Engadin, dem Prättigau, dem Wallis. In anderen Gebieten sind die Leute zurückhaltender, so im Mittelland, in der Nordwestschweiz, im Jura oder auch in den südalpinen Talschaften.

Auch sind nicht alle Konstruktionen oder Baustoffe so leicht zu bearbeiten wie Holz. Beim reinen Steinbau ergeben

Abb. 51
Evolène VS. Bei den aus Holz und Stein erbauten Häusern im Wallis wurde der gemauerte Küchenteil häufig verputzt und bemalt. Das Haus wurde 1786 erbaut.

sich dagegen, vor allem wenn er nicht verputzt ist, wenig Möglichkeiten, Zierformen anzubringen (Abb. 51). Auch die wirtschaftlichen und sozialen Zustände in den schmuckfreudigen Jahrhunderten (besonders 17. und 18. Jahrhundert) sind wesentlich. Damals wirtschaftlich blühende Landschaften weisen einen großen Bestand an ausdrucksreichen Häusern auf; in den benachteiligten Regionen dagegen fehlen sie.

Mode im Hausbau

Wie in anderen Bereichen der Volkskultur spielen auch beim ländlichen Hausbau bestimmte Modeerscheinungen eine Rolle. Dank des starken Beharrungsvermögens der Landbevölkerung wechseln sie nicht so schnell wie im 20. Jahrhundert. Folgende Beispiele mögen solche

Erscheinungen zeigen: Die Kleb- und Vordächer im voralpinen Raum, vor allem in der Nordostschweiz, schützen ohne Zweifel die Hauswände und Fenster vor Regen und Unwetter. Sie wurden jedoch häufig auch auf der wetterabgekehrten Hausseite (wo sie eigentlich nicht nötig wären) angebracht und fehlen dazu noch überraschenderweise auf der Wetterseite, wenn diese die Rückseite des Hauses ist. Man kann deshalb den Schluß ziehen, sie seien eher zur Verschönerung des Hauses und zur Präsentation der Schauseite angebracht und nicht, wie ihr ursprünglicher Zweck, zum Schutz gegen Unwetter (Abb. 52).

Ein anderes Beispiel, das mit der Sucht zu repräsentieren zusammenhängt, ist das «Junkerhaus» in der Zentralschweiz. Die ursprünglichen Blockbauten in diesem Gebiet tragen ein schwach geneigtes Pfettendach, auf dem die aufgelegten Schindeln von Steinen und Schwerhölzern festgehalten wurden (Abb. 53). Im 18. Jahrhundert begann sich das in den Städten übliche Steildach mit angenagelten Schindeln auch auf dem Lande auszubreiten. Es ist offensichtlich, daß die steildachigen Häuser bei den vermögenden Bauern an Beliebtheit gewannen. Man konnte es damit den städtischen Junkern gleichtun. Der zusätzliche Raum, der im ausgebauten Dachteil gewonnen wurde, spielte dabei nur eine untergeordnete Rolle (Abb. 54). Eine ähnliche Modeerscheinung ist die «Rundi», jene elegant geschwungene Verschalung des Freibinders an der Giebelseite von Bauernhäusern mit einem Halbwalmdach. Der Ursprung dieser Konstruktion dürfte in der bernischen städtischen Architektur liegen. Zunächst wurde sie beim Bau von Pfarrhäusern auf dem Land übernommen. Sehr bald trat dieser Baustil seinen Triumphzug durch viele Täler bis in die Voralpen und

Abb. 50
Därstetten BE. Hervorragend gestaltete und verzierte Giebelfassade eines Wohnhauses, erbaut 1756.

Abb. 52
Mogelsberg SG.
Dieser hervorste-
chende Bau von
1672 besitzt mehrere
Reihen von Kleb-
dächern.

sogar ins Alpengebiet (z. B. Simmental)
an (Abb. 55). Heute ist dieses Element
im Mittelland verbreitet, sogar im Jura
und in anderen Bereichen, wo vor dem
19. Jahrhundert niemals eine Ründi anzutreffen war.

Mancher Bauer will diesen Ausdruck
bäuerlicher Behäbigkeit und beteiligt
sich damit an der Ausbreitung einer Modeerscheinung. Wie sehr die zahlreichen
Berner Bauern, die im 19. und 20. Jahrhundert in andere Teile der Schweiz aus-
wanderten und die Ründi am neuen
Wohnort anbringen ließen, zur weiten
Verbreitung beitrugen, wäre noch zu untersuchen.

«Wandernde» Hausformen

Es ist oft sehr schwer nachzuweisen, welche Formen und Elemente bei Bevölke-
rungsverschiebungen wirklich mitge-

Abb. 53
Giswil OW. Hausgruppe mit den ursprüng-
lichen, schwach geneigten Dächern. Mit dem
Wohnhaus ist durch eine kleine Brücke ein
Wohnspeicher (ursprünglich Altenwohnung –
«Stöckli») verbunden.

nommen wurden. So nimmt man häufig
an, es seien ganze Hausformen ver-
pflanzt worden. Man spricht beispielsweise von einem «Walserhaus». Niemand kann jedoch sicher belegen, welche der vielen in den verschiedenen
Siedlungsgebieten der Walser heute
noch vorhandenen Hausformen nun
wirklich das Walserhaus ist (Abb. 56).
Hierzu müßte man den Hausbau der
Walser in ihrer Heimat, dem Oberwallis,
im 12. und 13. Jahrhundert kennen. Man
könnte dann versuchen nachzuweisen,
welche Elemente sie auf ihren Wanderungen in andere Gebiete brachten. Die
besondere Schwierigkeit liegt darin, daß
seit der Walserwanderung, die übrigens
in verschiedenen Schüben erfolgte, mehrere Jahrhunderte vergangen sind und
ohne Zweifel die heute vorhandenen
Hausformen in den Walsergebieten bestenfalls aus dem späten 15., 16. oder
17. Jahrhundert stammen.

Welche Hausformen dazwischen üblich
waren, wissen wir nicht. Sicher feststellbar sind in ehemaligen Walsergebieten
nur verschiedene, mit Vorliebe von den
Walsern verwendete Hausformen.

Die Veränderung der Hausformen

Betrachtet man den ländlichen Hausbe-
stand der Schweiz in seiner historischen
Entwicklung, so stellt man fest, daß er
sich sowohl in der Verbreitung der Hausformen als auch in der zu einem bestimmten Zeitpunkt vorhandenen Anzahl von Haustypen und Gebäuden
stark änderte. Der Baubestand um 1700
ist in weiten Teilen unseres Landes ein
ganz anderer als um 1800. Noch stärker
waren solche Unterschiede im ausgehenden Mittelalter. Bestimmte Hausformen,
die vor Jahrhunderten vorhanden waren,
sind völlig verschwunden, andere haben
sich in ihrem zahlenmäßigen Bestand
verschoben.

Das Beispiel Fenster

An alten Häusern sind die Fenster ge-
wöhnlich sehr klein. Es sind eigentlich
nur Luftöffnungen, die auch etwas Licht
einströmen lassen. Diese Öffnungen waren aus den Wandbalken herausge-
stemmt oder -gesägt, sie wurden nicht
selten mit passenden Balkenstücken,
Pergament, Lappen oder Schweins-
blasen verschlossen. Das wachsende
Bedürfnis nach größeren Öffnungen und
mehr Licht spiegelt sich oftmals in den
Resten verschieden großer Fenster, die
an den Fassaden sichtbar sind (Abb. 57).
Wohl hängt dieses Bedürfnis mit zunehmenden Anforderungen an die Hygiene oder mit den Erfordernissen der
Hausindustrie zusammen, aber ohne
Zweifel ebensosehr mit dem Wunsche
nach besserer Repräsentation. Kleine
Fenster sind noch heute ein Zeichen
von Armut!

Abb. 54
Einsiedeln SZ.
Wohnhaus mit
steilem, heute mit
Ziegeln bedeckten
Dach, erbaut 1812.

Abb. 55
Köniz BE. Prachtvoll gestaltete «Ründi» mit
Malereien; das Haus stammt von 1783.

Abb. 56
Obersaxen GR. Doppelwohnhaus in First-
richtung getrennt.

Abb. 57
Morissen GR. Wohnbau mit alten Fenster-
gurtbalken, in die nachträglich ein größerer
Fensterrahmen geschnitten wurde.

Das Beispiel Industrie

In gewissen Landesteilen, vor allem im
Zürcher Oberland, in der Ostschweiz
oder im Tafeljura, hat die starke Industrialisierung des 18. und 19. Jahrhunderts den Hausbau beeinflußt. Zwar haben sich die ländlichen Grundformen
weitgehend erhalten, aber in verschiedenen Einzelheiten spürt man die Einflüsse. Der Hausbau wird einerseits durch
die Notwendigkeit, die entsprechende
Hausindustrie (Abb. 58) ausüben zu
können (Vergrößerung der Fenster, Ausbau von Räumen, Erstellen von Anbau-
ten, Vereinigung von Wohn- und Wirtschaftsbauten zu einem sekundären
Vielzweckbau usw.), und andererseits
durch den besseren Lebensstandard
(Aufstockung der Gebäude, Vermehrung
der Bevölkerung, Verschönerung des
Hauses, Verlangen nach Repräsentation)
bestimmt. Der Siegeszug der «Kreuz-
first»-Häuser in der Ostschweiz ist nicht
zuletzt der Industrialisierung zu verdanken (Abb. 59).

Abb. 58
*Urnäsch AR. Hausfront
mit typischen
Fenstern des Webkellers
sowie Schiebeläden
vor den Strebenfenstern.*

Einheit von Landschaft und Bauwerk

Der ländliche Hausbau ist in seinen eindrücklichen Formen des Ergebnis eines
komplizierten, vielschichtigen und
wechselseitigen Zusammenwirkens verschiedener Faktoren, deren Wirkungs-
kraft wesentlich von den Erbauern und
Bewohnern beeinflußt wurde. Die Ergebnisse sind daher oft nicht leicht
durchschaubar, und insbesondere fällt
es den heutigen Menschen schwer, sich
in die Gedankenwelt und Lebensauffas-
sung der Leute vor drei- oder vierhun-
dert Jahren zu versetzen, um zu erkennen und zu verstehen, warum gerade so
und nicht anders gebaut wurde.
Die ländliche Bevölkerung verstand es
schon immer, unter den vorhandenen
Möglichkeiten, seien es nun die verschiedenen ortsgebundenen Baumaterialien oder die möglichen Konstruktionen, auszuwählen und die ihr günstig
erscheinenden zu benützen. Diese Auswahl wurde aber auch beeinflußt durch
kulturelle Faktoren, von denen einige
erwähnt wurden. Die Vielfalt der ländlichen Baukultur geht auch auf diese Tat-
sachen zurück. Mit zunehmender Kultur
und besseren Techniken konnten sich
auch die Bauern immer stärker von den
Zwängen lösen, die vor allem die natürlichen Faktoren ihnen auferlegten. Dennoch ist der ländliche Hausbau aufs
engste mit der Umwelt verflochten
(Abb. 60). Unsere Vorfahren hatten eine
ausgesprochen intuitive Begabung, die
ländlichen Bauten in die umgebende
Landschaft einzuordnen und einzupas-
sen. Sie erreichten oftmals eine Einheit
von Landschaft und Bauwerk, die uns
wohltuend beeindruckt. Dennoch verändert man mit einem Bau ein Stück der
Natur und schafft eine Landschaft, in

Abb. 59
*Teufen AR. Kreuzfirst-
haus, Wohnhaus und
Scheune senkrecht
zueinanderstehend.
Das Zusammenrücken
der ursprünglich
getrennten Bauten ist
typisch für das stark
industrialisierte
Voralpengebiet.*

Abb. 60
*Sils GR. Die alten
Bauernhäuser wurden
stets mit sicherem
Gefühl in die umgeben-
de Landschaft gestellt.*

der sich die Leistungen der vorhandenen
Kultur auswirken. In diesem Sinn hat Le
Corbusier recht, wenn er sagt: «Jedes
Bauen ist ein Akt gegen die Natur». Der
ländliche Hausbau aber ermöglicht dem
Bauern, in der natürlichen Umgebung zu

leben, zu wirtschaften und sogar die Verbindung mit der Natur nicht zu verlie-
ren. Die historischen ländlichen Hausformen zeigen klar und deutlich, daß die
ländliche Bevölkerung stets in der Lage
war, mit der Natur zu bauen.

Autorenverzeichnis

HELMUT MINOW, Dipl. Ing., Obmann Arbeitskreis «Geschichte des Vermessungswesens», Dortmund, Bundesrepublik Deutschland

JOHANNES CRAMER, Dr. Ing. habil., Architekt, Frankfurt am Main, Bundesrepublik Deutschland

KURT HASLER, Alt-Primarlehrer, Olten, Schweiz

HERBERT LIMAN, Dipl. Ing., Senatsverwaltung für Bau- und Wohnungswesen, Berlin, Bundesrepublik Deutschland

KARL-EUGEN KURRER, Dipl. Ing., Berlin, Bundesrepublik Deutschland

WALTER HÄBERLI, Dr. jur., Bern, Schweiz

FRITZ SCHEIDEGGER, Dipl. Bauing. ETHZ, Sitio de Calahonda, Mijas Costa (Malaga), Spanien

CARL PETER EHRENSBERGER, Dr. Ing. Chem. ETH, Schaffisheim, Schweiz

ALFRED LÜTHI, Dr., Aarau, Schweiz

JÜRG RAGETH, Dr., Assistent des Kantonsarchäologen im Archäologischen Dienst des Kantons Graubünden, Chur, Schweiz

HEINZ-OTTO LAMPRECHT, Prof. Dr. Ing., Köln, Bundesrepublik Deutschland

NIKLAUS SCHNITTER, Dipl. Ing. ETHZ, Zürich, Schweiz

DANIEL VISCHER, Prof. für Wasserbau an der ETHZ, Zürich, Schweiz

GUIDO HELMIG, Archäologische Bodenforschung des Kantons Basel-Stadt, Basel, Schweiz

CHRISTOPH PH. MATT, Archäologische Bodenforschung des Kantons Basel-Stadt, Basel, Schweiz

MAX GSCHWEND, Dr. phil., Brienz, Schweiz

Abbildungsnachweis

Kapitel 1
Messen, Berechnen, Planen

Abb. 1, 18: British Museum, London
Abb. 2: Pelizäus-Museum, Hildesheim
Abb. 3, 5, 34, 35, 38: Helmut Minow, Verfasser
Abb. 4: Deutsches Museum, München
Abb. 6: Papyrus Rhind, British Museum, London
Abb. 7: H. Straub, Die Geschichte der Bauingenieurkunst, Birkhäuser Verlag, 1949
Abb. 8: Museo di Antichità, Turin
Abb. 9: Nach G. Goyen, Die Cheops-Pyramide. Geheimnis und Geschichte, Bergisch Gladbach, 1979
Abb. 10, 11, 15, 21: Zeichnung Helmut Minow, Verfasser
Abb. 12: Ausstellungskatalog Praxis Geometriae, Dortmund, 1969
Abb. 13, 17: Louvre, Paris
Abb. 14: Nach La Nature Nr. 2413, 1920
Abb. 16: Universitätsmuseum Philadelphia, USA
Abb. 19: Friedrich-Schiller-Universität, Jena
Abb. 20: Nach R. Geiger, Indische Geodäsie, Erlangen, 1920
Abb. 22–24: Nach Zeitschrift für Instrumentenkunde 1904, S. 81f.
Abb. 25: Nach H.W. Racki, Tauchfahrt in die Vergangenheit. Archäologie unter Wasser, Wien und Heidelberg, 1964
Abb. 26–28: K. Peters, Der Tunnel. Das Eupalineum auf der Insel Samos, Dortmund, 1984
Abb. 29: Blume, Lachmann, Rudorff, Die Schriften der römischen Feldmesser, Berlin, 1848, 1852
Abb. 30: Nach O.A.W. Dilke, The Roman Land Surveyors, Newton Abbot, 1971
Abb. 31: Nach A. Piganiol. Les Documents Cadastraux de la Colonie Romaine d'orange, Paris, 1962
Abb. 32, 33: Nach Carettoni et al., La pianta marmorea di Roma antica, Rom, 1960
Abb. 36: Nach J. Bradford, Ancient Landscapes, London, 1957
Abb. 37: Bilddokumente römischer Technik, Düsseldorf, 1967
Abb. 39: Nach Atkinson
Abb. 40: Nach E Anati, La Civilisation du Val Camonica, Paris, 1960
Abb. 41: Musée de la Marine, Paris
Abb. 42: Nach K. Miller, Mappae mundi, Stuttgart, 1895
Abb.: 43–46, 48: Rivius, Von der Geometrischen Messung, Nürnberg, 1547
Abb. 47: Nach Stephan und Liebhalt, Siben Bücher von dem Feldbau, Straßburg, 1579
Abb. 49–70: Fotos, Zeichnungen, Stiche: Archiv Johannes Cramer, Verfasser
Abb. 71–76, 79, 80: Archiv Kurt Hasler, Verfasser
Abb. 77: Reproduziert mit Bewilligung des Bundesamtes für Landestopographie (11. 9. 1991), Bern
Abb. 78: Bundesamt für Landestopographie, Historische Sammlung, Wabern
Abb. 81–91: Archiv Herbert Liman, Verfasser
Abb. 92, 99, 100, 102, 104: Zeichnungen: Archiv Karl-Eugen Kurrer, Verfasser
Abb. 93, 109–111: Musschenbroek, P.V.: Physicae, experimentales et geometricae. Utrecht: Samuelem Luchtmans, 1729
Abb. 94, 107: Timoshenko, S.P.: History of Strenght of Materials; Neudruck der Ausgabe von 1953. New York: Dover Publications, 1983.
Abb. 95: Leonardo da Vinci: Codices Madrid (Codex Madrid I), hrsg. von L. Reti, deutsche Faksimile-Ausgabe, Frankfurt/Main: S. Fischer-Verlag, 1974
Abb. 96–98, 101, 103, 105, 106: Galilei, G.: Discorsi e Dimostrazioni matematiche, intorno à due nuove scienze. Leiden: Elsevier, 1638
Abb. 108: Szabó, I.: Geschichte der mechanischen Prinzipien und ihrer wichtigsten Anwendungen, 3. korr. u. erw. Aufl., hrsg. von P. Zimmermann und E.A. Fellmann, Basel/Boston/Stuttgart: Birkhäuser, 1987

Kapitel 2
Tiefbau – Straßenbau

Abb. 1: Hayen, Hajo: Achse, Rad und Wagen, hrsg. von Wilhelm Treue, Vandenhoeck und Rupprecht, Göttingen
Abb. 2, 3, 84, 85, 106, 129: F. Reuleux, Das Buch der Erfindungen, Gewerbe und Industrien, Verlag Otto Spamer, Leipzig und Berlin, 1884
Abb. 4: Nachzeichnung aus Hermann Schreiber: Sinfonie der Straße, Econ-Verlag GmbH, Düsseldorf, 1959
Abb. 5, 6: Archiv Fritz Scheidegger, Herausgeber
Abb. 7: R. Topffer: Voyages en Zigzag, Dubochet et Co, Paris, 1844
Abb. 8–10, 13–15, 17–20, 22–28: Carl Peter, Ehrensperger, Verfasser
Abb. 11, 30: Ergänzt nach K.A. Müller, G. Schneider: IVS-Bulletin No. 90/2, S. 13
Abb. 12: Aus Bulle, Geleisestraßen des Altertums, Verlag der bayrischen Akademie der Wissenschaften, München, 1948
Abb. 16, 21: Bundesamt für Landestopographie, Bern, Landeskarte 1:25000, Blatt 1051 (Eglisau) und Blatt 1069 (Frick)
Abb. 29: Nachzeichung aus R. Laur-Belart, Zwei alte Straßen über den Bötzberg, Mitteilungen zur Ur- und Frühgeschichte der Schweiz, No. 32, 1968 (10)
Abb. 30, 31: Nachzeichnung aus R. Laur-Belart, Alte Straßen über den Bötzberg, Brugger Neujahrsblätter, 1971, S. 5
Abb. 32: Bundesamt für Landestopographie, Bern, Landeskarte 1:25000, Blatt 1089, Nachzeichnung von Fritz Scheidegger, Herausgeber
Abb. 33–40, 47–62, 64–72, 74–78, 80–83: Alfred Lüthi, Verfasser
Abb. 41–45, 73: Kantonsbibliothek Sitten
Abb. 46: Umzeichnung aus Schweizerische Verkehrszentrale: Die Schweiz und ihre Gletscher, Verlag Kümmerly und Frey, 2. Auflage, 1980
Abb. 63: Bundesamt für Landestopographie, Bern, Landeskarte 1:25000, Blatt 1308
Abb. 79: Walliser Volksfreund, Brig
Abb. 84, 86, 87: Der Weltverkehr und seine Mittel, Verlag Otto Sparner, Leipzig, 1901
Abb. 85, 106, 129: Das Buch der Erfindungen, Gewerbe und Industrien, Verlag Otto Sparner, Leipzig, 1884
Abb. 88–94, 96, 98–100: Archiv Herbert Liman, Verfasser
Abb. 95: Deutsche Fotothek, Dresden
Abb. 97: Jacob Leupold: Theatrum Machinarum, Mathematico und Mechanico, Verlag Joh. Friedr. Gleditscher Seel. Sohn, Leipzig, 1725
Abb. 101–105, 108, 111–113, 115, 119–122, 125–127, 130: Archiv Fritz Scheidegger, Herausgeber
Abb. 107, 114: Walter Häberli, Verfasser
Abb. 109: Brückensammlung ETHZ, Bibliothek Zürich
Abb. 110: Andrea Palladio: Die Vier Bücher zur Architektur, Nach der Originalausgabe, Venedig, 1570
Abb. 116, 117: PTT-Museum, Bern
Abb. 118: Schweiz. Landesbibliothek, Bern
Abb. 123: F.M. Feldhaus, R. Löwit: Die Technik. Ein Lexikon, Wiesbaden, 1970
Abb. 124: ETH-Bibliothek, Zürich
Abb. 128: W. Bertschinger, Straßenbau, Zürich
Tab. 1, 2: Herbert Liman, Verfasser

Kapitel 3
Tiefbau – Wasserbau

Abb. 1, 2: A. Maissen: Die hölzerne Wasserleitung, Romanica, Helvetica, Band 20 (Sonderdruck)
Abb. 3–5: Basler Zeitschrift für Geschichte und Altertumskunde, 54. Band, 1955, Historische und Antiquarische Gesellschaft, Basel, Universitätsbibliothek Basel
Abb. 6–14: Archäologischer Dienst des Kantons Graubünden, Chur
Abb. 15–41: Heinz-Otto Lamprecht, Verfasser
Abb. 42: Anzeiger für die schweizerische Altertumskunde, 1907 (nach Heierli)

Abb. 43: Fritz Scheidegger, Herausgeber
Abb. 44–48, 53–55, 58–60: Archiv Niklaus Schnitter, Verfasser
Abb. 49–52: Reproduziert mit Bewilligung des Bundesamtes für Landestopographie vom 3. 9. 1988. Kartenausschnitte aus LK 1:50 000 und 1:100 000, Einzeichnungen vom Verfasser
Abb. 56, 57: Kantonale Denkmalpflege, Zürich
Abb. 61: Nach A. Gähwiler, Schiers
Abb. 62, 65, 69, 76: Daniel Vischer, Verfasser
Abb. 63, 64, 70, 71: Jacob Leupold: Theatrum Machinarum, Mathematico und Mechanico, Verlag Joh. Friedr. Gleditscher Seel. Sohn, Leipzig, 1725
Abb. 66: Pressefoto Linth-Limmatverband, Baden
Abb. 67, 78, 79: Nach Belidor, Architecture hydraulique, Paris, 1737–1753
Abb. 68: Nach Augustin de Ramelli, Schatzkammer Mechanischer Künste, Paris 1588 resp. Leipzig 1620
Abb. 72: Franzius: Der Wasserbau, 1890
Abb. 73: Blotnitzki: Handschriftlicher Bericht über die Eidgenössische Inspektion der Rhônearbeiten
Abb. 74: Nach Martinoli
Abb. 75: Gemälde von Raphael Ritz, 1888
Abb. 77: Nach J. G. Tulla, 1807
Abb. 80, 81: Scheck: Anleitung zur Ausführung und Veranschlagung der Faschinenbauten, 1885
Abb. 82: Nach Gilly und Eytelwein, 1805
Tab. 1: Heinz-Otto Lamprecht, Verfasser
Tab. 2–4: Niklaus Schnitter, Verfasser

Kapitel 4
Hochbau

Abb. 1–6, 9–12: Archäologische Bodenforschung Basel-Stadt, Basel
Abb. 7: W. Sage: Die fränkische Siedlung bei Gladbach. Kleine Museumshefte Nr. 7, Düsseldorf, 1969
Abb. 8: H. Dannheimer: Die frühmittelalterliche Siedlung bei Kirchheim, in: Germania 51, 1973
Abb. 13: K. Schlabow: Trachten der Eisenzeit. Schleswig-Holsteinisches Landesmuseum für Vor- und Frühgeschichte, Wegweiser durch die Sammlung Nr. 5, Neumünster, 1967

Abb. 14: H. Sennhauser: Der Profanbau, in: Ur- und Frühgeschichtliche Archäologie der Schweiz, Bd. 6, S. 158, Abb. 16 (nach W. U. Guyan, 1971), Zürich, 1979
Abb. 15: K. Hucke: Die Totenhäuser von Nienberg, Kr. Ahaus, Westfalen, in: Germania 22, Tafel 19,2 (nach Ottenjann), 1938
Abb. 16, 17: Archäologische Bodenforschung des Kantons Basel-Stadt, Basel (Umzeichnung Ch. Bing, H. Eichin)
Abb. 18: Archäologische Bodenforschung des Kantons Basel-Stadt, Basel (Foto vom 23. 3. 1970)
Abb. 19, 21: Archäologische Bodenforschung des Kantons Basel-Stadt, Basel (Umzeichnung Ch. Bing)
Abb. 20: Archiv Ausgrabungen Augst und Kaiseraugst, Grabung Lärmschutzwall
Abb. 22: Archäologische Bodenforschung des Kantons Basel-Stadt, Basel (Foto 1983/15, 153)
Abb. 23: Archäologische Bodenforschung des Kantons Basel-Stadt, Basel (Foto 1983/15, 387)
Abb. 24: Archäologische Bodenforschung des Kantons Basel-Stadt, Basel (Zeichnung 1983/15, P 75, F. Goldschmidt, Ch. Bing)
Abb. 25: Archäologische Bodenforschung des Kantons Basel-Stadt, Basel (Foto 1983/15, 150)
Abb. 26: Archäologische Bodenforschung des Kantons Basel-Stadt, Basel (Zeichnung St. Tramèr)
Abb. 27: Archäologische Bodenforschung des Kantons Basel-Stadt, Basel (Foto 1985/10, 213)
Abb. 28: Archäologische Bodenforschung des Kantons Basel-Stadt, Basel (Fotodokumentation Ausstellung)
Abb. 29, 30: Basler Denkmalpflege, Basel (nach Plan D 1987/5, Zeichnung St. Tramèr)
Abb. 31: Archäologische Bodenforschung des Kantons Basel-Stadt (Foto 1987/6, 52)
Abb. 32: Jahresbericht der Archäologischen Bodenforschung des Kantons Basel-Stadt, Basel 1989
Abb. 33: Archäologische Bodenforschung des Kantons Basel-Stadt, Basel (Foto 1989/1, 10)
Abb. 34–60: Max Gschwend, Verfasser

Stichwortverzeichnis

Der Herausgeber

Fritz Scheidegger wurde 1914 in Basel geboren und besuchte dort die Schulen. Er studierte an der ETH Zürich und schloß als diplomierter Bauingenieur ab.

Seine langjährige praktische Tätigkeit umfaßte die Projektierung einer Brücke, Projektierung und Bauleitung beim Festungsbaubüro Sargans, Bauführung von zwei Abschnitten des Hochdruck-Kraftwerkes Mörel (Wallis) sowie Entwicklungen und Beratungen in der Betontechnologie und Ausführungen von Bauabdichtungen. Außerdem arbeitete er mehrere Jahre als Chefredaktor und Verlagsleiter einer Baufachzeitschrift in Zürich, gründete ein eigenes Büro für Public Relations im Baugewerbe und übernahm als freier Baufachjournalist unter anderem die redaktionelle Betreuung von Spezialbeilagen in Baufachzeitschriften.

Während des Krieges verbrachte er längere Zeit auf einer von der Außenwelt abgeschnittenen Gebirgsbaustelle und begann dort, sich im Selbststudium mit der Geschichte der Technik und besonders der Bautechnik auseinanderzusetzen. Die Ergebnisse seiner Arbeit wurden in verschiedenen Beiträgen und Artikeln zur Geschichte der Bautechnik veröffentlicht.